国家级一流本科专业建设成果教材

U0606126

浙江省普通本科高校"十四五"重点立项建设教材

安全人机工程

SAFETY ERGONOMICS

刘　辉　主　编

石东平　王　睿　副主编

化学工业出版社

·北京·

内容简介

安全人机工程是安全工程专业的一门重要基础课程，它不仅为学生后续学习专业课程奠定理论基础，还为学生扩展专业知识领域、提升实践能力提供重要的理论支撑。

全书共分为 9 章。第 1 章为绪论，介绍人机工程学的形成与发展，安全人机工程学的基本概念、主要任务和研究内容。第 2 章探讨人机系统的基本组成和相互作用，为后续内容奠定理论基础。第 3 章研究人体形态测量与应用，帮助读者理解如何根据人体尺寸设计符合人类使用的设备和工具。第 4 章分析人的生理特性与心理特性，探讨人体在不同工作条件下的表现及其对安全的影响。第 5 章聚焦人的作业能力与可靠性，研究作业类型的划分、作业时人体机能的调节与适应以及人在复杂环境中的工作表现及其对系统安全的作用。第 6 章探讨人机界面安全设计，强调通过优化界面布局和信息呈现方式减少操作错误。第 7 章研究作业环境与作业空间的设计原则，分析环境因素对人机系统安全性的影响。第 8 章介绍人机系统可靠性分析与评价方法，为系统的安全性评估提供科学依据。第 9 章展望安全人机工程学的新发展，探讨人工智能、虚拟现实等新兴技术对安全人机工程学的推动作用。本书配套有扩展阅读素材，可通过扫描书中二维码阅读。

本书可作为安全工程、应急技术与管理、消防工程、工业工程、工业设计等专业的本科生教材，也可供有关工程技术人员、管理人员和相关专业的研究生等参考使用。

图书在版编目（CIP）数据

安全人机工程 / 刘辉主编；石东平，王睿副主编.
北京 ：化学工业出版社，2025.7. —（浙江省普通本科
高校"十四五"重点立项建设教材）. — ISBN 978-7
-122-48376-8

Ⅰ. X912.9

中国国家版本馆 CIP 数据核字第 2025KV0757 号

责任编辑：高　震　　　　　文字编辑：李　静
责任校对：宋　玮　　　　　装帧设计：韩　飞

出版发行：化学工业出版社
　　　　（北京市东城区青年湖南街 13 号　邮政编码 100011）
印　　装：大厂回族自治县聚鑫印刷有限责任公司
710mm×1000mm　1/16　印张 27¼　字数 503 千字
2025 年 10 月北京第 1 版第 1 次印刷

购书咨询：010-64518888　　　售后服务：010-64518899
网　　址：http：//www.cip.com.cn
凡购买本书，如有缺损质量问题，本社销售中心负责调换。

定　　价：59.00 元　　　　　　版权所有　违者必究

前　言

　　安全是人类社会发展的永恒主题，也是现代工业生产和日常生活中不可忽视的核心问题。随着科技的进步和工业化进程的加速，人机系统的复杂性和交互性日益增强，安全问题也随之变得更加突出。安全人机工程作为一门交叉学科，旨在通过研究人、机、环境三者之间的相互作用，优化系统的安全性和效率。它不仅关注如何减少事故和伤害，还致力于提升人的工作舒适度和系统的整体性能。安全与人机工程密不可分，前者是目标，后者是实现这一目标的重要手段。通过科学的人机工程设计，可以有效预防事故、降低风险，从而实现更高水平的安全保障。

　　安全人机工程的研究以安全人机工程学为理论基础。安全人机工程学的研究内容涵盖了人机系统的各个方面，主要包括人的基本特性、机的基本特性、环境因素以及它们之间的相互作用。具体而言，安全人机工程学是以安全为着眼点，研究如何运用人机工程学的原理和方法解决安全问题的一门学科。其通过在系统中建立合理、科学的方案，更好地在人机之间进行合理、科学的功能分配，使人、机、环境有机结合，充分发挥人的作用，最大限度为人提供安全、卫生和舒适的工作系统，保障人能够健康、舒适、愉快地活动，同时提高活动效率。此外，安全人机工程学还关注人机系统的可靠性分析与评价，旨在通过科学的方法评估系统的安全性，并提出改进建议。这些研究内容不仅为工程设计提供了理论依据，也为安全管理提供了实践指导。

　　安全人机工程学的研究领域广泛，涉及工业制造、交通运输、医疗卫生、航空航天等多个领域。在这些领域中，安全人机工程学发挥着至关重要的作用。例如，在工业制造中，它通过优化工作流程和设备设计，减少工人的操作失误和职业伤害；在交通运输中，它通过改进驾驶舱设计和交通信号系统，提高行车安全性；在医疗卫生领域，它通过设计符合人体工程学的医疗设备，提升医护人员的工作效率和患者的治疗体验。可以说，安全人机工程学的研究成果直接关系人类生活的质量和社会的可持续发展。随着安全科学的发展，安全人机工程学的研究领域也在不断扩大，不仅仅局限于人机结合面的安全匹配问题，而是深入更加广泛的应用领域，如人与生产工艺、人与操作技能、人与工程施工、人与生活服务、人与组织管理等要素的相互协调适应问题，科学研究归根到底是为了指导实践，因此安全人机工程的研究有着重要的现实意义和广阔的发展空间。

本书以安全人机工程学的相关理论为基础，围绕人、机、环境三要素，坚持以人为中心的设计理念，以安全为目标，以工效为条件，系统性地展开论述。全书按照人机系统的基本组成和相互作用、人体形态测量与应用、人的生理与心理特性、人的作业能力与可靠性、人机界面安全设计、作业环境与作业空间、人机系统可靠性分析与评价、安全人机工程学的新发展为顺序展开，逐步深入探讨安全人机工程学的核心内容。本书不仅注重理论知识的阐述，更侧重于如何将安全人机工程学的原理与方法应用于实际工程中，指导人机系统的安全设计与分析评价。本书旨在帮助读者掌握科学的安全人机工程理论与方法，提升人机系统的安全性、可靠性和效率，为工程设计与实践提供理论依据和技术支持。

在本书编写过程中，编者广泛收集并整理了国内外学者、专家的最新研究成果和成熟的理论知识，力求做到资料新颖、数据翔实、方法先进、适用面广，同时注重理论性与实践性的有机结合。书中内容不仅涵盖了安全人机工程学的基础理论，还结合了实际工程案例，力求为读者提供具有较强应用指导性的知识体系。此外，编者在编写过程中始终秉持科学性、系统性和逻辑性的原则，确保各章节内容层次清晰、衔接紧密。

全书共分9章，第1章由刘辉（中国计量大学）编写；第2章由王睿（浙江工业大学）编写；第3～4章由刘辉、张亦雯（中国计量大学）共同编写；第5章由孔松（宁波工程学院）、孔杰（中国计量大学）共同编写；第6～7章由徐畅（中国计量大学）、刘辉共同编写；第8章由聂荣山（中国计量大学）编写；第9章由石东平（湘潭大学）编写。

本书得到了浙江省高等教育学会、中国计量大学等单位的大力支持。在此，编者向以上支持单位以及本书的审阅者、文献作者和专家学者一并表示衷心的感谢。尽管在编写过程中力求做到精益求精，但由于编者水平有限，书中恐有疏漏，敬请广大读者批评指正。

刘　辉

2025 年 3 月

目 录

第 1 章

绪　论

学习目标:

① 了解人机工程学的形成与发展,理解我国在人机思想形成过程中所作的贡献。

② 掌握人机系统、人机工程学和安全人机工程学的概念。

③ 掌握人机工程学的研究内容与研究方法,掌握安全人机工程学的主要任务和研究内容。

重点和难点:

① 人机工程学和安全人机工程学的定义、研究内容和研究方法。

② 人机工程学和安全人机工程学的主要任务和区别。

1.1　人机工程学的形成与发展

1.1.1　人机工程学的起源

人机工程学的形成与发展经历了漫长的历史阶段。自人类社会形成以来,人类在求生存、求发展的过程中,开始创造各种各样的简单器具,并利用这些器具进行狩猎、耕种,从而形成一种最原始、最简单的"人机关系"——人与器具的关系。在古老的人类社会中尽管没有系统的人机工程学的研究方法,但

1

人类通过实践启发所创造的各种简单工具，从形状的发展变化来看就比较符合人机工程学原理。例如，旧石器时代的石刀、石枪、石斧、骨针等工具大部分呈直线形状，在当时条件下有利于使用；新石器时代的锄头、铲刀及石磨等工具的形状更适合人的握持及操作。"工欲善其事，必先利其器"，这个道理早就被人类的祖先所认知。随着人类社会的发展，人类对工具的使用经验和体会促使人机关系由简单到复杂、由低级到高级、由自发到自觉逐渐发展，并日臻科学化。但是，早期的人机关系及其发展仍只是建立在人类不断积累经验和自发的基础上，因此称为经验人机关系或自发人机关系。

在漫漫的历史长河中，人类通过劳动改造自然，同时也改造人类本身，推动人类社会的前进，人类的文明程度和改造客观环境的能力也得以不断提高。产业革命以后，随着科学技术的发展，人们所从事的作业活动在复杂程度和载荷量上均有很大变化，从多方面提高作业效率便成了当时的研究重点。为此，世界上一些工业发达国家就在客观需要的条件下，研究了有关"操作方法"的课题。他们进行过一些著名的试验，如"铁锹作业试验""砌砖作业试验"及"肌肉疲劳试验"等，研究如何耗费最少的体力来获得较多的效益。因为当时机器和设备的操作、调整和维修主要由人直接完成，所以为了寻求更好、更简便的手工操作方法，人们进行了大量的研究，如工作分解、过程分解、动作分解、流程图解、瞬间操作分解、知觉与运动信息分析等，同时也提出了多种行之有效的节省动作的原则，其目的是得出如何耗费最少的体力换取最大的劳动成果。

随着机器的不断改进，人与机器的关系越来越复杂，机器操作者需要接收大量的信息和进行迅速而准确的操纵。特别是在第二次世界大战期间，复杂的武器系统要求人们在特殊条件下进行高效率的搜索、控制。当人无法适应武器的操作要求时，就会引发各类事故。例如：飞机的飞行，由于座舱及仪表位置设计不当，造成驾驶员误读仪表盘和错误使用操作器而发生意外失事；战斗时操作不灵敏、命中率降低等事故也会经常发生。发生这类事故的原因可总结为两方面：一是这些仪器本身的设计没有充分考虑人的生理、心理和生物力学特性，致使仪器的设计和配置不能满足人的要求；二是操作人员缺乏训练，无法适应复杂机器系统的操作要求。这些事故给决策者和设计者敲响了警钟，使他们充分认识到"人的因素"在设计中是不可忽视的一个重要条件，同时还认识到要设计好一个先进的设备，满足高效率的要求，仅有工程技术知识是不够的，还必须有其他学科知识的配合。在这种情况下，人机结合的一门新兴学科——人机工程学应运而生。但这时的人机工程学主要应用于军事领域。第二次世界大战结束后，人机工程学的研究与应用逐渐从军事领域向非军事领域发展，并且在世界范围内不断扩大，最后成为一门应用极为广泛的技术科学。

综上所述，人机工程学这门学科是随社会的进步而前进，随着科学技术的发展而不断完善的。现代社会正处于由工业经济向知识经济过渡的时期，产品的机械化、自动化、电子化的程度都已有所提高，人的因素在生产中的增效作用越来越大，人机协调问题越来越重要，人们对作业条件和保证人身免受危害的要求也越来越高，由此促进了人机工程学的迅速发展。

1.1.2　人机工程学的发展历程

人机工程学在英国、美国、日本、俄罗斯以及西欧各国都得到了广泛的应用。英国在 1950 年成立了人机工程学研究学会（Ergonomics Research Society），该学会 1957 年创办了会刊 Ergonomics，此刊编辑由英国剑桥大学人机心理研究所（Psychological Laboratory）的 A. T. Wetford 担任，来自法国、德国、荷兰、瑞士和瑞典等国家的代表也担任了此刊的编辑。现在，Ergonomics 是国际工效学协会的会刊。英国拉夫伯勒大学（Longhborong Collegeof Technology）开设了世界上最早的人机工程学课程，而且负责对社会进行教育以及担负咨询、科研任务。在英国，人机工程学已应用到了国民经济的各个部门。

英国是世界上开展人机工程学研究最早的国家之一，但本学科的奠基性工作实际上是在美国完成的。美国在 1957 年成立了美国人因工程学会（Human Factors and Ergonomics Society）。该学会除发行会刊外，还有不少专刊和其他方面的书刊。E. J. Mcormick 教授 1957 年发表的著作《人因工程》（Human Engineering）已成为美国各大学广泛采用的教材。美国的人因学研究机构大部分设在大学里，如哈佛大学、麻省理工学院、普林斯顿大学、约翰斯·霍普金斯大学、密西根大学、普渡大学、俄亥俄州立大学等院校；另一部分设在海、陆、空的军队系统中，其服务对象主要是国防工业，其次才是其他产业部门。

日本于 1964 年成立了人间工学会，随即大力引进和借鉴欧美各国在人机工程学方面的基础理论和实践经验，并且逐步改造成自己的"人间工学"体系，将其广泛用于工业建设中。由于充分运用了人机工程学原理，日本所生产的照相机、汽车、电气产品、机械设备、日用产品都更加优化，是其占领国际市场的一个重要条件。此外，不少大学也开设了这门课程，出版了不少关于"人间工程"与"安全人间工程"的专著。

除了上述国家外，德国、俄罗斯、法国、荷兰、瑞典、瑞士、丹麦、芬兰等国家在 20 世纪 60 年代初也相继成立了人机工程学学会和专门从事人机工程学方面研究和教育工作的机构。世界各国对人机工程学研究的侧重点有所不同，从各国的学科发展过程可以看出，他们对本学科的研究内容呈现一定规律。一般工业化程度不高的国家往往是从人体测量、作业强度、疲劳因素等方面着手研究；随着这些问题的解决，才开始感官知觉、作业姿势、运动范围等方面的研究；然后进一步转到操纵器、显示器的研究与设计，人机系统控制等方面的研究；最后进入本学科的理论前沿领域，如人机关系、人与生态、人体特性、模型仿真、人的心理包容、团体行为甚至智能人机系统等方面的研究。

人机工程学作为一门独立的学科，其发展大致可以分为三个阶段。

1）经验人机工程学

早在石器时代，人类就学会了挑选石块打制成可供敲、砸、刮、割的各种工具，从而形成了人与工具的关系——原始人机关系。此后在漫长的历史岁月里，人类为了提高自己的工作能力和生活水平，不断地创造发明，研究制造了各种工具、用具、机器、设备等，尤其是工业革命带来了新的机械和产品，产生了大量从来没有过的新产品，特别是机械产品，但是忽略了对自己制造的产品与自身关系的研究，在使用、操纵这些新产品时出现了以前使用传统产品时所没有遇到的问题，于是导致了低效率，甚至对自身的伤害。直到19世纪末期人们才开始进行这方面的研究。从20世纪初到第二次世界大战时期，称为经验人机工程学阶段，这一阶段机械设计的主要着眼点在于力学、电学、热力学等工程技术的原理设计，在人机关系上以选择和培训操作者为主，使人适应机器。在经验人机工程学阶段出现了三大著名试验，具体如下。

（1）肌肉疲劳试验

1884年，德国学者莫索（Mosso）进行了人体疲劳试验研究。当操作者开始工作时，对人体通以微电流，随着人体疲劳程度的增加，电流也发生变化，如图1-1所示。这是由于人体产生疲劳的时候，皮肤电阻上升，电位下降。用不同的电信号来反映人的疲劳程度。但是，经过锻炼的人，在相同的劳动量下，其疲劳程度要比未经锻炼的人低。

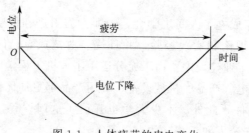

图1-1　人体疲劳的皮电变化

（2）铁锹作业试验

1898年，美国学者泰勒（Taylor）从人机工程学角度出发，对铁锹的使用效率进行了研究。他用形状相同，铲量分别为 5kg、10kg、17kg 和 30kg 的四种铁锹去铲同一堆煤，虽然 17kg 和 30kg 的一次铲量较大，但试验结果表明，铲量为 10kg 的铁锹作业效率最高。泰勒后续又经过多次试验，找出了铁锹的最佳设计和搬运煤屑、铁屑、沙子和铁矿石等松散粒状材料每铲最适当的质量，这就是人机工程学发展过程中著名的"铁锹作业试验"。

（3）砌砖作业试验

1911 年，吉尔布雷斯（Gilreth）对美国建筑工人砌砖作业进行了试验研究。他用快速摄影机把工人的砌砖动作拍摄下来，通过对砌砖动作的分析研究，去掉多余无效动作，把砌砖的基本动作由原来的 18 个减少到 4.5 个，使工人砌砖速度由当时的每小时 120 块提高到每小时 350 块。

人机工程学的兴起时期为第一次世界大战初期至第二次世界大战之前。第一次世界大战为工作效率研究提供了重要背景，客观上促进了人机工程学的发展。该时期主要研究如何减轻疲劳及人对机器的适应问题。当时参战国都很重视研究发挥人力在战争和后勤生产中的作用问题，如英国设立了疲劳研究所，研究减轻工作疲劳的对策，德国开始重视对工人施以与工作有关的科学训练。研究内容包括工作研究、工作评估、工作压力、工作心理、工业卫生与职业生理（工作环境、肌肉负荷、生理测量与医学评估等）。美国为了合理使用兵力资源，进行了大规模智力测验。此外，各参战国几乎都有心理学家解决战时兵种分工、特种人员的选拔训练以及军工生产中的人员疲劳等问题。由于在战争中已使用了现代化装备，如飞机、潜艇和无线电通信等，新装备的出现对人员的素质提出了更高的要求。选拔、训练兵员或生产工人，主要是为了使人适应机器装备的要求，在一定程度上改善人机匹配，使工作效率有所提高。第一次世界大战后，人员选拔和训练工作在工业生产中受到重视，从而得到广泛应用。心理学的作用也普遍受到关注，许多国家成立各种工业心理学研究机构。

自 1924 年开始，美国芝加哥西方电气公司在霍桑工厂进行了长达 8 年的"霍桑实验"，这是对人的工作效率研究中的一个重要里程碑。这项研究的最初目的是找出工作条件（如照明等）对工作效率的影响，以寻求提高效率的途径。通过一系列试验研究发现，作业过程工作效率不仅受物理、生理等方面因素的影响，而且还受组织因素、工作气氛和人际关系等因素的影响。从此人们在研究提高工作效率时，开始重视情绪、动机等社会因素的作用。

2）科学人机工程学

第二次世界大战开始至 20 世纪 60 年代为人机工程学的成长时期，即科学人机工程学时期。人机系统复杂程度增加，人机界面多样化，人的能力特性尤为重要。第二次世界大战期间，军队使用的兵器更加复杂，而战争设备也比第一次世界大战期间复杂得多。许多国家大力发展效能高、威力大的新式武器和装备，飞机、坦克自不必说，新的大型航空母舰、远程轰炸机、雷达设备等都是前所未有的新产品，但由于片面注重新式武器和装备的功能研究，忽视了人的能力限度，人机不能很好地匹配，经常发生机毁人亡和误击目标的事故。据美国军方统计，第二次世界大战期间，22 个月内，超过 400 架战机在遭遇战争或紧急状况下坠毁，但这些坠毁的战机并非被敌方炮火击中，而是在紧张状态之下，飞行员对显示信息做出了错误判断和解读，或错误操作控制器所致。战斗机中座舱及仪表位置设计不当，造成飞行员误读仪表和误用控制器而导致意外事故，或因为操作系统复杂、不灵活及不符合人的生理、心理特征而造成命中率低的现象。失败的教训使人们认识到，只有当武器装备适应操作者的生理、心理特征和人的能力限度时，才能发挥其高性能。人的因素是设计中不能忽视的一个重要条件，通过人机工程学的研究为作战中的人找到更好的设计方法便成为解决这类问题的关键。因此，在第二次世界大战期间，率先在军事领域开始了与人机设计相关学科的综合研究与应用。从此，人机关系的研究从使人适应机器转为使机器适应人的新阶段，这是人机工程学的一个新的重大进步，为人机工程学的诞生奠定了基础。

1945 年，第二次世界大战结束时，研究与应用逐渐从军事领域向工业等领域发展，并逐步应用军事领域的研究成果来解决工业与工程设计中的问题。1945 年，在英国医学研究所、科学和工业研究部的鼓励下，英国于 1949 年成立了工效学学会。同年，查帕尼斯（Chapanis）等人出版了《应用实验心理学——工程设计中人的因素》一书，系统论述了新学科的基本理论和方法。后来，研究领域不断扩大，研究队伍中除心理学家外，还有医学、生理学、人体测量学及工程技术等各方面的学者专家，因而有人把这一学科称为"人的因素"或"人因工程学"。随后有关人机工程方面的著作相继出版，一些大学开始设置相关课程、建立相关研究部门和实验室，一些咨询公司也陆续出现。

1957 年是人机工程学科发展比较重要的一年，该年英国的 *Ergonomics* 创刊，该期刊目前是人机工程领域最重要的学术期刊。同年，美国人因工程学会正式创立，美国心理学会也成立工程心理学会。1958 年美国人因工程学会创立 *Human Factors* 杂志。为了加强人机工程学的国际交流，1959 年国际工效学协会（IEA）正式成立，它将世界各国的人因工程学会联合起来，为共同推进人因工程的研究和应用而携手合作。此后，陆续有一些国家成立了人因工程学会。

可以看出，在这个时期，人机工程学术组织不断发展，学者的不断研究使得这些国家的人机工程研究和应用有较快的发展。

3）现代人机工程学

20 世纪 60 年代以后，人机工程学进入了一个新的发展时期。日本人间工学会成立于 1964 年 10 月，于次年发行了《人间工学》期刊（*Ningen-Kogaku*），加入了国际工效学协会，并设立了许多地方性的研究团体。1962年，荷兰正式成立人因工程学会，促进了成员间对人因工程的研究和交流。1963 年，法语系国家成立人因工程学会，其组织成员来自 20 个不同的国家。1969 年 4 月 18 日，北欧人因工程学会成立，该学会由丹麦、瑞典、挪威及芬兰人因工程学会组成。1964 年，澳大利亚和新西兰联合成立人因工程学会，1986 年分开，各自独立。国际组织、学会的成立，促进了人机工程学的学科研究和技术发展。

20 世纪 80 年代，随着微电子及计算机技术的迅速发展以及自动化水平的提高，人的工作性质、作用和方式发生了很大变化，使人机工程学的研究面临新的挑战。人机工程学的研究领域已不限于人机界面匹配问题，而是把人-机-环境系统优化的基本思想、原理和方法，应用于更广泛的领域。随着人机系统的发展，操作者在人机系统中承担的体力作业越来越少，以往许多由人直接参与的作业，现已由自动化系统代替，人的作用由操作者变为监控者或监视者，人的体力作业减少，而脑力或脑体结合的作业增多，脑力负荷越来越大。因此，研究人在人机系统中的表现和脑力负荷对人机系统效率的影响有重要作用。

21 世纪以来，陆续有《人机工程》《人因工程学》《武器装备人机工程》《安全人机工程》等图书出版，更有大量的与人机工程学相关的科研论文相继发表，人机工程学的发展呈现欣欣向荣的局面。人机工程学的应用扩展到社会的各行各业，几乎渗入与人有关的一切方面，涵盖人类生活的衣、食、住、行各个领域，如学习、工作、文化、体育、休息等各种设施、用具的科学化、宜人化。由于不同行业应用人机工程学的内容和侧重点不同，因此出现了学科的各种分支，如航空、航天、机械电子、交通、建筑、能源、通信、农林、服装、环境、卫生、安全、管理、服务等。近几年，随着机器人技术的发展，人机工程的理念和相关原则也应用到人与机器人的交互设计系统开发中。总之，随着人类工作和生活的丰富，人机工程学的应用领域将不断充实和发展。

今后，将有越来越多的智能化机器装备代替人的某些工作，人类社会生活必将发生很大的改变。面对新的改变，人与系统的协同和配合会产生新的人因问题，而这些都需要人机工程学科发挥相应的作用。例如，数字化核电站的建立改变了人在系统中的作用，人的主要工作为监控和管理，人机交互模式也发生了改变，由传统的显示器、控制器发展到计算机交互界面，新的交互方式及角色的改变带来的最大问题是系统的可靠性问题。因此，数字化核电站系统人因失误可靠性分析以及团队协调与沟通研究就是该系统中人机工程研究的重要问题。此外，人机协同是未来的发展趋势，在航天等恶劣的环境中，机器人不仅可以协助人进行摆放物品等空间操作，还能与人协同执行复杂的故障判断任务，这就需要从认知和行为层面，从相互理解和学习角度，研究人机协同问题。高新技术与人类社会有时会产生不协调的问题，只有综合应用包括人机工程在内的交叉学科理论和技术，才能使高新技术与固有技术的长处很好地结合，协调人的多种价值目标，有效处理高新技术领域的各种问题。

1.1.3　我国人机工程学发展进程

在新中国成立之初，我国开始将人机工程学作为一门独立的学科进行研究，中国科学院心理研究所和杭州大学的心理学家开展了操作合理化、技术革新、事故分析、职工培训等劳动心理学研究。虽然这些研究对提高工作效率和促进生产发展起到了积极作用，但还是侧重于使人适应机器的研究。20 世纪60 年代初，各种装备由仿制向自行设计制造转化，需要提供人机匹配数据。一部分心理学工作者转向光信号显示、电站控制室信号显示、仪表盘设计、航空照明和座舱仪表显示等工程心理学研究，取得了可喜的成果。20 世纪 70 年代后期，我国进入现代化建设的新时期，工业心理学的研究获得较快的发展。一些研究单位和高等学校成立了工效学或工程心理学研究机构，并了解到更多国外人机工程学的研究应用成果和发展态势。到 20 世纪 80 年代，人机工程学得到迅速发展。

国家标准总局于 1980 年 5 月成立了全国人类工效学标准化技术委员会，主要负责研究制定有关标准化工作的方针、政策，规划组织我国民用方面的人类工效学国家标准及专业标准的制定、修订工作。由于军用标准的特殊要求，1984 年国防科学技术工业委员会成立了军用人-机-环境系统工程标准化技术委员会。1989 年成立了中国心理学会工业心理专业委员会。在上述委员会的规划和推动下，我国制定了 100 多个有关民用和军用的人类工效学的基础性和专业性技术标准。这些标准及其研究工作对我国人机工程学科的发展起着有力的推动作用。

20 世纪 80 年代末，我国已有几十所高等学校和研究单位开展了人机工程学研究和人才培养工作，许多高等学校在应用型学科开设了有关人机工程学方面的课程。为了把全国有关的工作者组织起来，共同推进学科的发展，1989年 6 月 29 日至 30 日，在同济大学召开了全国性学科成立大会，定名为中国人类工效学学会。目前，学会下设人机工程专业委员会、认知工效专业委员会、生物力学专业委员会、管理工效学专业委员会、安全与环境专业委员会、工效学标准化专业委员会、交通工效学专业委员会、职业工效学专业委员会、复杂系统人因与工效学专业委员会、设计工效学专业委员会、智能交互与体验专业委员会、智能穿戴与服装人因工程专业委员会、汽车人因与工效学专业委员会、医疗保健工效学专业委员会等 14 个分会。目前，我国开设"人机工程学""人因工程学""安全人机工程（学）"等课程的高校和科研机构共有 200 多所，主要面向工业工程和安全工程两个专业。教育部工业工程类教学指导委员会将人机工程作为工业工程专业的核心课程，以"人因工程学"命名该课程；安全科学与工程教学指导委员会将安全人机工程作为安全工程专业的核心课程。有越来越多的教师从事人机工程的教学、科研工作，人机工程学的研究队伍不断发展壮大。

在科学研究方面，20 世纪 90 年代至今，我国学者在人机工程学领域开展了一系列研究，研究领域可分为人的职业和素质研究、工作环境研究、产品设计与评价、任务安全、工作负荷与疲劳、作业方法与场所设计改善、认知工效、人机系统、组织和管理中的人因问题、先进技术中的人机工程及人体研究等 11 个方向。国家自然科学基金项目研究内容包括驾驶安全、职业健康安全、安全标志感知机制、视觉搜索、人机交互设计、核电站人因可靠性、老年产品设计、产品情感设计、残疾人体力作业行为建模、数字化人体建模、用户体验、班组沟通与协作、脑力负荷、人与机器人协同研究等。国家自然科学基金项目研究推动了我国人机工程研究水平的提升，研究成果促进了人机工程在企业中的应用。

职业健康安全一直是人机工程学关注的重点内容。职业健康安全的研究内容一方面包括作业环境对人的健康安全的影响，以及不同作业性质、作业姿势、承担的负荷、使用的工具等多个因素对人的健康安全的影响。作业环境研究中，包括空气污染、噪声、微气候环境、照明、操作者工作的表面材料等对人的健康影响，对企业而言重点是按照相应标准对生产系统进行改善，以保护现场操作人员的身体健康。职业健康安全研究的另一个方面是从生物力学角度开展研究，包括手动工具设计与人手的局部疲劳、坐姿作业人的压力分布及疲劳、长途汽车驾驶人腰部及颈椎疲劳、生产线作业工人作业疲劳、物料搬运工人体力疲劳、医护人员的疲劳等方面。在研究方法上，从单一的通过问卷进行的主观疲劳调查，发展到目前通过表面肌电、压力测试、EEG（脑电图）系统、动作捕捉系统、虚拟现实系统等多种研究手段，可动态测量体力和精神疲劳。此外，交通领域、医疗领域的安全生产事故在近年频繁发生，这些事件的主要原因是人的失误。人机工程研究不仅注重人适机、机宜人，更关注人在作业活动中的安全与健康问题。由此，在人机工程学的基础上，安全人机工程学应运而生。安全人机工程学以高效、安全、经济为目的，在完成人机系统工作任务的前提下，保证人-机-环境系统的安全与舒适。

1.2　人机工程学科的命名与相关概念

1.2.1　学科命名

人机工程学（ergonomics）是 20 世纪中期发展起来的交叉学科，它运用人体测量学、生理学、卫生学、医学、心理学、系统科学、社会学、管理学及技术科学和工程技术学等学科的理论和知识，研究系统中人、机及其工作环境，特别是人、机与环境结合面之间的关系，其意义在于通过恰当的设计，使人机系统获得高工效和安全。由于人机工程学研究和应用的范围极其广泛，它所涉及的各学科领域的专家、学者主要从自身角度来给这一学科命名和定义，因而世界各国对本学科的命名不尽相同，即使是同一个国家，对本学科名称的提法也不统一，甚至有很大差别。

美国早期的人机工程学叫作人类工程学（human engineering），后来又有人因工程学（human factors engineering）的提法。在心理学研究领域，人机工程学被命名为工程心理学（engineering psychology），该名称下的学科研究更侧重于心理学的方面。目前常用的"ergonomics"，由两个希腊词根"ergo"和"nomics"组成，前者的意思是"出力、工作"，后者的意思是"正常化、规律"，因此"ergonomics"的含义也就是"人出力正常化"或"人的工作规律"。由于该词能够比较全面地反映本学科的本质，而且词义保持中性，没有偏向各相关学科，因此目前较多国家采用这一词作为本学科的名称。

在我国，人机工程学的研究重点略有差别，因而名称也较多，主要有人机工程学、工效学、人因工程学、人体工程学、人类工程学、工程心理学、宜人学等，其中使用最为广泛的是人机工程学。国内学者一般认为人机工程学是根据人的心理、生理和身体结构等因素，研究系统中人、机、环境相互间的合理关系，以保证人们安全、健康、舒适地工作，并取得最佳工作效果的一门学科。

1.2.2　相关概念

（1）人-机系统

系统（systems）是由若干要素（或元素）相互联系、相互作用，形成的一个具有某些功能的整体。一般系统论的创始人、理论生物学家贝塔朗菲（Bertalanffy）把系统定义为相互作用的诸元素（或要素）的综合体。美国著名学者阿柯夫（Ackoff）教授认为系统是由两个或两个以上相互联系的任何种类的元素（或要素）所构成的集合。综上所述，一个系统通常是由多个元素所构成的，是一个有机的整体，并具有一定的功能。人机系统（man-machine systems）是指由人和机器构成，并依赖于人机之间相互作用而完成一定功能的系统，是为了达到某种预定目的，由相互作用、相互依存的人和机器两个子系统构成的一个整体系统。人机系统有简单和复杂之分。简单的人机系统如工人用车床加工零件，构成了工人-车床人机系统；复杂的如飞行员驾驶飞机。一个复杂的人机系统往往包含许多简单的人机系统。现代社会的生产系统、操作系统、管理系统等，都可视为人机系统。

人机系统之所以能够不断发展，是因为人机系统中人与机器能够互相补偿各自的不足。任何一个人机系统都需要解决人与机器的合理分工问题，在人与机器之间进行最优的功能分配，充分发挥人和机器的作用。这就需要解决人与机器的信息交换问题——人机界面问题。人的行为特性十分复杂，因此有必要了解人的机能，才能使系统安全、高效地运行。为了使系统达到预期目标，人机之间的信息交换必须保证准确、迅速。人机系统的改善，不仅依赖工程技术人员对机器进行改进，使机器更适合人体因素，同时也依赖选择适当的操作者或对操作者进行有目的的训练。

（2）人-机-环境系统

人类社会的发展过程就是一部人、机、环境三大要素相互关联、相互制约、相互促进的历史。因此，人、机、环境便构成了一个复杂的系统。这一系统由共处同一时间和空间的人与其所使用的机以及他们周围的环境所构成，在系统中，人、机、环境相互依存、相互作用、相互制约，完成特定的生活、生产和生存活动过程。其中，系统中所称的"人"，是活动的主体，包括个人和人群；"机"是指人所控制的一切对象的总称，大至飞机、轮船，小至个人装备和工具；"环境"是指人、机共处的特定条件，包括自然环境、人造环境和社会环境等。它所研究的基本问题是人、机、环境相互协调与适应，实质上是使机械设备、环境如何适合于人的形态、生理、心理特性的问题，其根本目的是实现系统整体的"效益最大化"。人-机-环境相互作用见图 1-2。

可见，狭义的人机系统主要是指人与机器组成的共存体系。而人们为了达到某种预定目标，针对某些特定条件，利用已经掌握的科学技术，组成的人、机、环境共存的体系，就是广义的人机系统，也称人-机-环境系统。

（3）人机工程学

与本学科的命名一样，随着学科的发展，其定义也在不断发生变化（表 1-1）。国际工效学协会（International Ergonomics Association，IEA）最初对人机工程学所下的定义是：研究人在工作环境中的生理学、解剖学、心理学等方

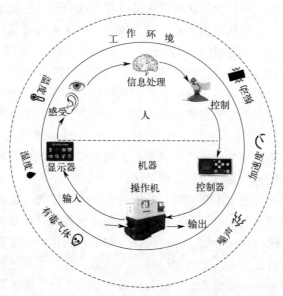

图 1-2　人-机-环境相互作用示意

面的特点、功能，以进行最适合于人类的机械装置的设计、制造，使工作场所布置合理化、工作环境条件最佳化的实践科学。2000 年 8 月，IEA 理事会又将 ergonomics 的定义修改为：研究系统中人和系统其他元素之间的相互作用的一门科学，其目的是使人在系统中工作、生活的舒适性与系统总的绩效达到最优。

表 1-1　对人机工程学的定义

提出者	定义
美国人机工程学家 伍德(Charles C. Wood)	设备设计必须适合人的各方面因素，以便在操作上付出最小的代价而取得最高效率
美国人机工程学专家 伍德森(W. B. Woodson)	人机工程学研究的是人与机器相互关系的合理方案，即对人的知觉显示、操作控制、人机系统的设计及布置和作业系统的组合等进行有效的研究，其目的在于获得最高的效率及在作业时感到安全和舒适
美国人机工程学及 应用心理学家查帕尼斯 （A. Chapanis）	人机工程学是在机械设计中，考虑如何使人获得简便而又能准确操作的一门科学
英国心理学家海维尔· 莫雷尔(K. F. Hywel Murrell)	研究人们劳动、工作效果、效能的规律性
日本千叶大学 小原二郎	人体工程学是根据人体解剖学、生理学和心理学等特性，了解并掌握人的作业能力与极限，以及工作、环境、起居条件等与人体相适应的科学

提出者	定义
前苏联	人机工程学是研究人在生产过程中的可能性、劳动活动方式、劳动的组织安排,从而提高人的工作效率,创造舒适和安全的劳动环境,保障劳动人民的健康,使人从生理上和心理上得到全面发展的一门学科
国际工效学协会	研究系统中人和系统其他元素之间的相互作用的一门科学,其目的是使人在系统中工作、生活的舒适性与系统绩效达到最优
《辞海》(第三版)	人机工效学(即人机工程学)是运用系统工程的理论与方法,研究人-机-环境中各要素本身的性能,以及相互间关系、作用及其协调方式,寻求最优组合方案,使系统的总体性能达到最佳状态,实现安全、高效和经济的综合效能的一门综合性的技术学科
《中国企业管理百科全书》	人机工程学是研究人和机器、环境的相互作用及其合理结合,使设计的机器与环境系统适合人的生理、心理等特点,达到在生产中提高效率、安全、健康和舒适的目的的学科
《人机工程学》(丁玉兰)	人机工程学是以人的生理、感知、社会和自然环境因素为依据,为研究人与人机系统中其他元素的相互关系,创造健康、安全、舒适、协调的人-机-环境系统提供理论和方法的学科
《安全人机工程学》(董陇军)	人机工程学是研究生活和工作中人、机、环境的相互作用,应用系统工程的观点,以人-机系统的健康安全、舒适为目标,为人、机、环境的配合达到最佳状态的工程系统提供理论和方法的科学

人机工程学把人的工作优化问题作为重要追求,以实现人、机、环境之间的最佳匹配为目标,其标志是使处于不同条件下的人能高效、安全、健康、舒适地工作和生活。高效是指在保证高质量的同时,具有较高的工作效率;安全是指减少或消除差错和事故;健康是指设计和创造有利于人体健康的环境因素;舒适是指作业者对工作有满意感或舒适感,它也关系到工作效率和安全,是对工作优化的更高要求。能同时满足上述条件要求的工作,无疑是高度优化的工作。但实际上同时实现这四方面要求是很困难的。在实际工作中,应根据不同情况,在执行好有关人机工程学标准的前提下允许有轻重之别。随着社会的进步,人的价值日益受到尊重,安全、健康、舒适等因素在工作系统设计和评价中将会受到更广泛的重视。

1.3 人机工程学的研究内容和方法

1.3.1 人机工程学的主要任务和研究内容

人机工程学是按照人的特性设计和改善人-机-环境的学科,最终使人-机-

环境的配合达到最佳状态。其主要任务是使机器的设计和环境条件的设计适应于人，以保证人的操作简便、省力、迅速、准确，使人感到安全舒适、心情愉快，从而充分发挥人、机效能，使整个系统获得最佳经济效益和社会效益。

人机工程学的主要研究对象即为人机系统。从广义上讲，人机系统包括"人"和"机"两大部分。"人"是指活动的人体，人有意识有目的地操纵物（机器、物质）和控制环境，同时又接受其反作用。"机"指的是除了人以外的一切，包括劳动工具、机器（设备）、劳动手段和环境条件、原材料、工艺流程等所有与人相关的物质因素。从狭义上讲，人机系统可理解为"人-机-环境"，这是因为人与机器构成的任何系统都处于一定的环境中。由此可归纳人机系统的主要研究内容如下。

① 人的因素方面：主要研究人在工作过程中人体生理和心理的特征参数、人的感知特性、人的行为特性和可靠性，为生产系统中与人体相关的机器设备和工具以及人机系统设计提供和人有关的数据资料和要求，更好地符合人的特性，使人可以更舒适、愉悦地工作。

② 机的因素方面：主要包括显示器和控制器等物的设计。现代先进制造系统对信息传递和人机交互的要求越来越高，各种控制装置的形状、大小、位置以及作用力都需要考虑人的定向动作和习惯动作等。

③ 环境因素方面：主要包括采光、照明、尘毒、噪声等对人身心产生影响的因素，同时还包括工作空间设计、座位设计、工作台和操纵台设计以及生产系统的总体布置，这些设计都需要应用人机工程学进行科学考量。

④ 人机系统的综合研究：研究人机系统的整体设计、作业空间设计、作业方法及人机系统的组织管理等。整个生产系统工作效能的高低取决于人机系统总体设计的优劣，从系统角度考虑，人与机要相适应，根据人机各自的特点，合理分配人、机功能，取长补短，有机配合，更好地发挥各自的特长，保证系统功能最优化。

1.3.2　人机工程学的研究方法

人机工程学的研究方法除本学科建立的独特方法外，还广泛采用了人体科学和生物科学等相关学科的研究方法和手段，也运用了系统、控制、信息、统计与概率等其他学科的一些研究方法。这些方法包括人体结构尺寸、功能尺寸的测量，人在活动中的行为特征，对人的活动时间和动作的分析，人在作业前后及作业中的心理状态和各种生理指标的动态变化，分析人的活动可靠性、差错率、意外伤害原因等；运用电子计算机模拟或仿真人的作业过程；运用统计学的方法找出各变数之间的相互关系；等等。具体介绍如下。

（1）测量法

测量法是一种借助器具、设备进行实际测量的方法。测量方法是人机工程学中研究人形体特征的主要方法，它包括尺度测量、动态测量、力量测量、体积测量、肌肉疲劳测量和其他生理变化的测量等几个方面。

（2）调查法

人机工程学中许多感觉和心理指标很难用测量的方法获得。有些即使有可能，但从设计师的角度及工作范围来判断也无此必要，因此常以调查的方法获得这方面的信息。如每年持续对 1000 人的生活形态进行宏观研究，收集和分析人格特征、消费心理、使用性格、扩散角色、媒体接触、日常用品使用、设计偏好、活动时间分配、家庭空间运用以及人口计测等，并建立起相应的资料库。调查的结果尽管较难量化，但却能给人以直观的感受，有时反而更有效。

（3）试验法

试验法是在人为控制的条件下，排除无关因素的影响，系统地改变一定变量因素，以引起研究对象相应变化来进行因果推论和变化预测的一种研究方法。在人机工程学研究中这是一种很重要的方法。它的特点是可以系统控制变量，使所研究的现象重复发生、反复观察，不必像观测法那样等待事件自然发生，使研究结果容易验证，并且可对各种无关因素进行控制。试验法分为实验室试验法和自然试验法。

① 实验室试验法。该方法借助专门的试验设备，在试验条件严加控制的情况下进行。由于对试验条件严格控制，该种方法有助于发现事件的因果关系，并允许人们对试验结果进行反复验证。缺点是主试者严格控制试验条件，使试验情境带有极大的人为性质，被试者意识到正在接受试验，可能干扰试验结果的客观性。

② 自然试验法，也称现场试验。自然试验法虽然也需要对试验条件进行适当控制，但由于试验是在正常的情境中进行的，因此试验结果比较符合实际，在某种程度上克服了实验室试验法的缺点。但是，由于试验条件控制得不够严格，有时很难得到精密的试验结果。

（4）观察分析法

观察分析法是指观察、记录被观察者的行为表现和活动规律等，然后进行分析的方法。观察可以采用多种形式，它取决于调查的内容和目的，如可用公开或秘密的方式（但不应干扰被调查人的行为）等。例如，要获取作业人员在车间的行为以及车间设备的运行状态，可以用摄像机把观察对象在车间里的一切活动及设备的运行状态记录下来，然后逐步整理、分析。

（5）系统分析评价法

系统分析评价法是指通过人机系统的分析评价，从中找出不合理、浪费的因素并加以改进，以达到有效利用现有资源、增进系统工效和安全性的目的。人机系统分析评价是现代安全管理的重点工作。对人机系统的分析评价应包括作业者的能力、生理素质及心理状态，机械设备的结构、性能以及作业环境等诸多因素。

（6）模型试验法

由于机器系统一般比较复杂，因而在进行人机系统研究时常采用仿真建模及模型试验的方法。如美国宾夕法尼亚大学研制的 Jack 技术，可以提供人体模型的视野范围和活动空间信息。模型试验方法包括各种装置的模型，如操作训练模拟器、机械模型以及各种人体模型等。通过这类模型方法可以对某些操作系统进行逼真的试验，得到更符合实际的数据。

（7）模拟仿真法

由于人机系统中的操作者是具有主观意志的生命体，用传统的物理模拟和模型方法研究人机系统，往往不能完全反映系统中生命体的特征，其结果与实际相比必定存在误差。另外，随着现代人机系统越来越复杂，采用物理模拟和模型方法研究复杂人机系统，不仅成本高、周期长，而且模拟和模型装置一经定型，就很难修改。为此，一些更为理想而有效的方法逐渐被研究创建并得以推广，其中就有计算机数值仿真法，它已成为人机工程学研究中的一种现代方法。数值仿真法是通过计算机利用系统的数学模型进行仿真性试验研究。研究者对处于设计阶段的系统进行仿真，并分析系统中的人、机、环境三要素的功能特点及相互间的协调性，从而预知所设计产品的性能，并进行改进。应用数值仿真研究可大大缩短设计周期，并降低成本。

1.4　安全人机工程学概述

安全人机工程学是从安全和人机工程学的角度出发研究人与机关系，是运用人机工程学的原理和方法解决人机结合面的安全问题的一门新兴学科。安全人机工程学立足于安全，主要阐述保证人身安全所需人与机的相互关系。它是人机工程学的一个应用学科的分支，也是安全工程学的一个重要分支学科。人机工程学的发展和应用，促使人们从人机结合的角度分析和解决与安全相关的问题。因此，安全人机工程以人的安全作为立足点，以确保人在活动过程中不受到伤害为目标，是从安全的角度研究人机关系的一门学科。其立足点放在安全上面，以对在活动过程中的人实行保护为目的，主要阐述人和机保持什么样的关系才能保证人的安全。也可以理解为，在实现一定的生产效率的同时，如何最大限度地保障人的安全健康与舒适愉快。这主要是从活动者的生理、心理、生物力学的需要等诸多因素出发，去着重研究人在作业或其他活动过程中能实现一定活动效率的同时最大限度地免受外界因素影响的作用机理，为研究预防或消除危害的标准与方法提供科学依据，从而实现安全健康的愿望，确保人类能在舒适愉快的条件与环境中从事各项活动。从某种角度上讲，安全就是人-机-环境的协调。

1.4.1　安全人机工程学的定义与主要任务

（1）定义

现代化生产中"机"向着高速化、精密化、复杂化、智能化方向发展，这些特性必然要求操纵这些"机"的人具有更高的判断力、注意力和熟练程度。但事实上，人的视力、身体活动能力、大脑注意力并没有随着"机"的发展而产生明显变化，这就加大了人与"机"之间的不协调、不平衡。其结果是：一方面"机"增大了人类的负担，使人受到了很大的影响；另一方面人影响和决定着"机"的性能。因此，所设计的"机"若是忽略了操作者的身心特性、生物力学特征，则"机"的功能不仅不可能充分发挥，而且还会诱发事故的发生。为了实现安全活动，应把人与"机"结合起来考虑，要求在"机"的设计、制造、安装、运行管理等阶段均应以安全为着眼点，充分考虑人的生理、心理及生物力学特性，把人-机作为一个整体、作为一个系统加以考虑，使"机"与人始终处在安全、舒适、高效率的状态。因此，可以定义：安全人机工程学（safety ergonomics）是以安全为着眼点，运用人机工程学的原理和方法解决人机结合面的安全问题的一门学科，其通过在系统中建立合理、科学的方案，更好地进行人机之间合理、科学的功能分配，使人、机、环境有机结合，充分发挥人的作用，最大限度地为人提供安全、卫生和舒适的工作系统，保障人能够健康、舒适、愉快地活动，同时带来活动效率的提高。

（2）主要任务

人类社会进步的重要标志，就是创造适合人类生存与发展的作业条件，使他们能够在优美、舒适的环境中生活、生存，即让人类劳动、生活、生存在一个安全、卫生、和谐的社会之中。为了实现这一目的，从安全的角度来说，就是要分别以人的活动效率为条件和以人的身心安全为目标，将安全人机工程学从人机工程学中分解出来，并作为安全工程学的一个重要分支学科自成体系。显然，安全人机工程学作为安全工程学的重要分支学科和人机工程学的一个应用学科，其性质是一个跨门类、多学科的交叉科学，既有人体科学与工程技术的交叉，又有社会科学与自然科学等学科的融合。

由此可见，安全人机工程学发展是现代科学技术发展的必然趋势，也是文明生产、生活、生存的象征。其主要任务是为人机系统设计者提供系统安全性设计，特别是确保人员安全的理论、方法、准则和数据。建立合理而可行的人机系统，更好地实施人机功能分配，更有效地发挥人的主体作用，并为劳动者创造安全、舒适的环境，实现人机系统"安全、高效、经济"的综合效能。

1.4.2　安全人机工程学的研究内容

安全人机工程学的研究目的是通过建立合理而可行的人机系统，为作业者创造安全、舒适的作业环境和工作条件，其研究内容主要包括以下几个方面。

① 人机系统中人的各种特性。包括人体形态特征参数、人的生物力学特性、人的感知特性、人的反应特性、人在作业中的心理特征等。

② 人机功能分配。其功能分配要根据两者各自特征，发挥各自的优势，达到高效、安全、舒适、健康的目的。

③ 各类人机界面。研究不同人机界面的特征以及安全标准的依据，研究不同人机界面中各种显示器、控制器等信息传递装置的安全性设计准则和标准。

④ 工作场所和作业环境。研究工作场所布局的安全性准则，研究如何将影响人的健康安全及功效的环境因素控制在规定的标准范围之内，使环境条件符合人的生理和心理要求，创造安全的条件。

⑤ 安全装置。许多设备都有"危区"，若无安全装置、屏障、隔板、外壳将危区与人体隔开，便可能对人产生伤害。因此，设计可靠的安全装置是安全人机工程学的任务之一。

⑥ 人员选拔问题。研究如何依据人机关系的协调性需求选择合适的操作者。

⑦ 人机系统的可靠性，保证人机系统的安全。主要研究人因事故的预防和人误的控制。

⑧ 人机系统总体安全性设计准则和方法以及安全性评价体系和方法。

 习 题

1. 解释安全人机工程学诞生的原因。
2. 简述人机工程学的定义和发展史。

3. 阐述人机工程学与安全人机工程学的联系与区别。

4. 举例分析你所熟悉的一个人机系统的人、机及其结合面。

5. 简述安全人机工程学的研究内容和方法。

6. 简述安全人机工程发展的新趋势。

7. "工欲善其事，必先利其器"最早出自《论语·卫灵公》。子贡问为仁。子曰："工欲善其事，必先利其器。居是邦也，事其大夫之贤者，友其士之仁者。"请结合该典故，阐述其中蕴含的人机关系，并了解我国古代在人机学思想形成过程中所作的贡献。

第 2 章

人机系统

学习目标：

① 了解人-机-环境系统的类型，掌握人-机-环境系统的基本功能。

② 了解人与机各自的功能及特性，熟悉人机功能分配的方法，掌握人与机的功能分配原则。

③ 熟悉人机系统事故模式的分类与各自内涵，了解人机系统事故模式的应用与意义。

④ 在学习过程中培养科学精神、以人为本的设计理念，强化安全意识和社会责任感。

重点和难点：

① 人机系统的类型及基本功能，以及人机功能分配的方法和原则。

② 人机系统事故模式及其在安全设计中的应用。

2.1 人机系统概述

所谓系统是指由具有相互联系、相互制约的事物，以某种形式结合在一起并具有特定功能的有机整体。把整体系统的组成部分称为子系统。整体系统与子系统之间既有相对性也有统一性。

人机系统是由相互作用、相互联系的人和机器两个子系统构成，且能完成特定目标的一个整体系统。人机系统中的人是指机器的操作者或使用者；机器的含义是广义的，是指人所操纵或使用的各种机器、设备、工具等的总称。研究人机系统时，既要研究子系统各自的特点和功能，还要研究它们之间相互形成有机整体的功能。研究人机系统的设计和改进，都是以具体的人机系统为对象的，例如由人与汽车、人与机床、人与计算机、人与家电、人与工具等构成的特定的人机系统。

由于人的工作能力和效率随周围环境因素而变化，任何人机系统又都处于特定环境之中，因此在研究人机系统时，环境因素也是其中一项很重要的因素。把人、机、环境三者之间相互联系、相互作用构成的整体系统称为人-机-环境系统。这里所说的环境是一个广义的概念，不仅仅是纯粹的自然环境，还指人类在自然环境中通过技术手段创造出来的作业（生活）环境。例如，在茫茫宇宙中飞行的载人飞行器内，在数百米地下开采矿石、煤炭的采掘工作面，等等。

2.2　人机系统的类型及功能

2.2.1　人机系统的类型

人机系统的分类方法多种多样，有些简单，有些复杂。下面主要介绍三种分类方法。

2.2.1.1　按有无反馈控制分类

反馈是指系统的输出量与输入量结合后对系统发生作用。人机系统按有无反馈控制分类，有开环人机系统和闭环人机系统。

（1）开环人机系统

开环人机系统是指系统中没有反馈回路或输出过程也可提供反馈的信息，但无法用这些信息进一步直接控制操作，即系统的输出对系统的控制作用没有直接影响。例如操纵普通车床加工工件。

（2）闭环人机系统

闭环人机系统是指系统有封闭的反馈回路，输出对控制作用有直接影响。若由人来观察和控制信息的输入、输出和反馈，如在普通车床加工工件时，再配上质量检测构成反馈，则称为人工闭环人机系统。若由自动控制装置来代管人的工作，如利用自动车床加工工件，人只起监督作用，则称为自动闭环人机系统。

2.2.1.2 按系统自动化程度分类

（1）人工操作系统

人工操作系统包括人和相应的辅助机械及手工工具。人负责提供作业动力，并作为生产过程的控制者。如图 2-1 所示，人直接把输入转变为输出，是影响系统效率的主要因素。

图 2-1　人工操作系统

（2）半自动化人机系统

半自动化人机系统由人和机器设备或半自动化机器设备构成，人控制具有动力的机器设备，也可以为系统提供少量的动力，以对系统做某些调整或简单操作。在这种系统中，人与机器之间的信息交换频繁、复杂。在生产过程中，人感知来自机器、产品的信息，经处理后成为进一步操纵机器的依据，如图 2-2 所示。这样不断地反复调整，保证人机系统得以正常运行。

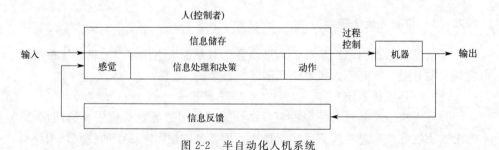

图 2-2　半自动化人机系统

（3）自动化人机系统

自动化人机系统由人和自动化设备构成，如图 2-3 所示。机器负责系统中信息的接收、储存、处理和执行等工作；人只起管理和监督作用，只有在发生意外情况时，人才采取强制措施。系统从外部获得所需的能源，人的具体功能是启动、制动、编程、维修和调试等。为了安全运行，系统必须对可能产生的意外情况设有预报及应急处理的功能。值得注意的是，系统的设计不宜过分追求自动化，脱离现实的技术和经济条件，把一些本来适合于人操作的功能也自动化了，反而导致系统的可靠性下降，人与机器不相协调。

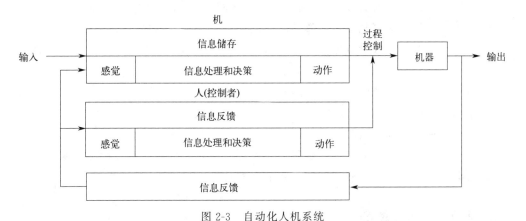

图 2-3　自动化人机系统

2.2.1.3　按人机结合方式分类

人机系统按人机结合方式可分为人机串联、人机并联和人与机串/并联混合三种方式（图 2-4）。

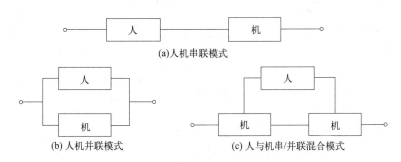

图 2-4　人与机的结合方式

（1）人机串联

人机串联结合方式如图 2-4(a) 所示。作业时人直接介入工作系统，操纵工具和机器。人机串联结合突出了人的长处和作用，但是也存在人机特性互相干扰的一面。由于受人的能力特性的制约，机器特长不能充分发挥，而且还会出现种种问题。例如，当人的能力下降时，机器的效率也随之降低，甚至由于人的失误而发生事故。所以，采用串联系统时，必须进行人机功能的合理分配，使人成为控制主体，并尽量提高人的可靠性。

23

（2）人机并联

人机并联结合方式，如图 2-4（b）所示。作业时人间接介入工作系统，人的作用以监视、管理为主，手工作业为辅。人通过显示装置和控制装置，间接地作用于机器，产生输出。采用这种结合方式，当系统正常时，人管理、监视系统的运行，系统对人几乎无操作要求，人与机的功能有互相补充的作用，如机器的自动化运转可弥补人的能力特性的不足。但是人与机结合不可能是恒定不变的，当系统正常时机器以自动运转为主，人不受系统的约束；当系统出现异常时，机器由自动变为手动，人必须直接介入系统之中，人机结合从并联变为串联，要求人迅速而正确地判断和操作。

（3）人与机串/并联混合

人与机串/并联又称混合结合方式，也是最常用的结合方式，如图 2-4（c）所示。这种结合方式的表现形式很多，实际上都是人机串联和人机并联两种方式的综合，往往同时兼有这两种方式的基本特性。

2.2.2 人机系统的功能

人机系统是为了实现安全与高效的目的而设计的，也是由于能满足人类的需要而存在的。在人机系统中，虽然人和机器各有其特征，但在系统中所表现的功能却是类似的。完整的人机系统都有六种功能，这些功能是连续进行的，是由人和机共同作用实现的，其关系如图 2-5 所示。

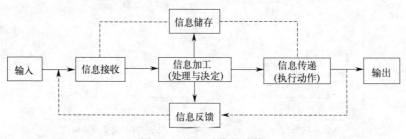

图 2-5　人机系统的功能

① 信息接收。人通过感觉器官来完成，"机"通过感受装置（电子、光学或机械的传感装置）来完成。

② 信息加工。脑接收感觉器官发来的信息或调用储存的信息，通过一定的过程（如分析、比较、演绎、推理和运算）形成决定或主意。现代化的机器也可以进行一些程序化的信息加工。信息加工的结果是决定下一步是否行动和如何行动。

③ 信息储存。人的信息储存是靠大脑的记忆能力或借助录像、照相和文

字记载等方式来完成的。机器的信息储存一般要靠磁带、磁鼓、磁盘、凸轮、模板等储存系统。

④ 信息传递。即执行人脑或"机脑"的指令。这种功能一般有两种：一种是由人直接操纵控制器或由机器本身产生控制作用；另一种是传送指令，即借助声、光等信号，将指令从一个环节送到另一个环节。

⑤ 信息反馈。将系统中各过程的信息逐步返回输入端。返回的信息是继续控制的基础，也是调节的依据。反馈可以弥补系统的不足，纠正偏离作业的动向。在人工调节系统中，反馈可促使操作者及时调节；在自动化系统中，反馈可自动触发调节。例如，当电冰箱内温度高于预定温度时，压缩机就开始运转，否则就自动停机。

⑥ 输入与输出。物料或待加工物从输入端输入，经过系统的加工过程，改变输入物的状态，变成系统的成果而输出。

2.3　人机系统的基本模式

人机系统基本模式由人的子系统、机器的子系统和人机界面组成。图 2-6 为人机系统的基本模式。人的子系统可概括为 S-O-R［感受刺激（stimulus）-大脑信息加工（organism）-做出反应（response）］；机器的子系统可概括为 C-M-D ［控制装置（controller）-机器运转（machine）-显示装置（display）］。在人机系统中，人与机器之间存在着信息环路，人机相互具有信息传递的性质。系统能否正常工作，取决于信息传递过程能否持续、有效地进行。

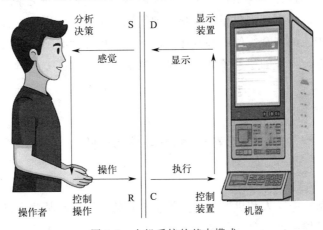

图 2-6　人机系统的基本模式

（1）人的子系统

人的子系统又分为 S-O 系统和 O-R 系统。S-O 系统由各种感觉器官（视觉、听觉、触觉等）与大脑中枢组成，以传入神经作为联络纽带。这个系统的任务是收集信息、发现问题，并传递到大脑进行加工整理，即判断和决策。O-R 系统由大脑中枢与运动器官（手、脚、肢体、声带等）组成，以传出神经作为联络纽带。这个系统的任务是执行大脑发出的指令，去改变客体的状态。对输入的信息，有的只需要存储记忆或分析判断，不必启动 O-R 系统做出直接反应；有的则要求动用 O-R 系统做出相应的反应。

（2）机的子系统

机的子系统分为 C-M 系统和 M-D 系统。C-M 系统由控制器和机器的转换机构（或计算机主机）组成。这个系统的任务是使机器接收操作者的指令，实现机器运转、调控，把输入转换为输出。M-D 系统由机器的转换机构和显示器组成。这个系统的任务是反映机器运行过程和状态的信息。

有些功能简单的机器子系统不一定都具备 C-M 系统和 M-D 系统，有的只有 C-M 系统，如自行车等；有的只有 M-D 系统，如某种信息显示仪表等。M-D 系统可以看作借助人的直观感觉或测试工具实现的，C-M 系统可以看作人获得显示信息后的某种反应行为。

（3）人机界面

如图 2-6 所示，人与机器之间存在一个相互作用的"面"，所有的人机信息交流都发生在这个作用面上，通常称为人机界面。显示器将机器工作的信息传递给人，人通过各种感觉器官接收信息，实现机-人信息传递。大脑对信息进行加工、决策，然后做出反应，通过控制器传递给机器，实现人-机信息传递。

人机界面的设计主要是指显示器、控制器以及它们之间关系的设计。人机界面设计的目的是实现人机系统优化，即实现系统的高效率、高可靠性、高质量，并有益于人的安全、健康和舒适。因此，人机界面必须符合人机信息传递的规律和特性，设计的主要依据始终是系统中人的因素。

2.4 人机功能分配

在人机系统中，人和机器各自担负着不同的功能，在某些人机系统中，人和机器还通过控制器和显示器联系起来，共同完成系统所担负的任务。为使整个人机系统高效、可靠、安全以及操纵方便，必须了解人和机器的功能特点、优点和缺点，使系统中的人与机器之间达到最佳配合，即达到最佳人机匹配。

2.4.1　人的主要功能

人在人机系统的操纵过程中所起的作用，可通过心理学提出的带有普遍意义的规律"刺激(S)→意识(O)→反应(R)"来加以描述，即在信息输入、信息处理和行为输出三个过程中体现人在操作活动中的基本功能，如图 2-7 所示。

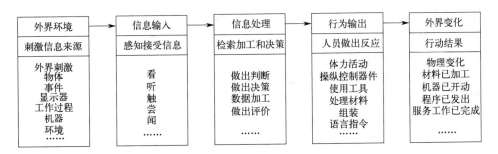

图 2-7　人在操作活动中的基本功能示意

由图 2-7 可知，人在人机系统中主要有三种功能：

① 人的第一种功能——传感器。人在人机系统中首先是感觉功能或称信息发现器，是联系人与机之间的枢纽和信息接收者。人通过感觉器官接收信息，即以感觉器官作为联系渠道，感知工作情况和机的使用情况。

② 人的第二种功能——信息处理器。有关人作为信息处理器的研究还不是很成熟，目前还在持续进行。

人的判断可分为相对判断和绝对判断。相对判断即有条件的判断，是在对已有的两种或两种以上事物进行比较后做出的。绝对判断是在没有任何标准或比较对象的情况下做出的。据估计，在相对判断的基础上，大多数人可以分辨出 1～30 万种不同的颜色，而绝对判断仅能有 11～15 种。因此，一个系统总是利用相对判断。

③ 人的第三种功能——操纵器。人的第三种功能是通过机器的控制器进行操纵，控制器的设计就像显示器的设计一样，让使用它的人易于操作和少出差错。

在人机系统中，控制器的作用是对得到的刺激做出反应。任何显示-反应模式，如果违反原有的习惯，很可能出现差错。不论在什么特殊情况下，设计人员总要求操作者改变其已成为习惯的行为方式都是错误的。

2.4.2　机的主要功能

本书所指的机是广义的，包括机器及人和机器所处的环境。但为了说明问题，此处的机侧重于机器。机器是按人的某种目的和要求而设计的，虽然机器与人的特征不同，但在人机系统工作中所表现的功能都是类似的，自动化的机器更是如此，它具有接收信息、储存信息、处理信息和执行等主要功能。

① 接收信息。对机器来说，信息的接收是通过机器的感觉装置，如电子、光学或机械的传感装置来完成的。当某种信息从外界输入系统时，系统内部对信息进行加工、处理，这些经加工、处理的信息可能被储存或被输出，也可能反馈到输入端再被重新输入，使人或机器接收新的反馈信息。接收的信息也可不经处理直接存储起来。

② 储存信息。机器一般要靠磁盘、磁带、磁鼓、打孔卡、凸轮、模板等储存系统来储存信息。

③ 处理信息。对接收的信息或储存信息通过某种过程进行处理。

④ 执行。一是机器本身产生控制作用，如车床自动加深或减少铣削深度；二是借助声、光等信号把指令从这个环节输送到另一个环节。

2.4.3　人与机功能分配

（1）人机特性比较

设计和改进人机系统，首先必须考虑人和机器各自的特性，根据两者的长处和弱点，确定最优的人机功能分配。表 2-1 是人与机器的特性（简称人机特性）的对照比较。

表 2-1　人机特性比较

能力	机器	人
检测	物理量的检测范围广,而且精确;可检测如电磁波等一些人不能检测的物理量	具有与认知直接联系的检测能力,凭感官接收信号,掌握标准困难,易出错;具有味觉、嗅觉和触觉
操作	在力量、速度、精确、操作范围、耐久性等方面远比人优越;处理液体、气体和粉状体等比人优越,但处理柔软物体则不如人	肢体具有许多自由度,可在三维空间进行多种运动,可进行微妙的协调,但人的力量、速度有限;可通过获取视觉、听觉、位移和重量感等信息控制运动器官灵活操作
信息处理	按预先编程可进行快速、准确的数据处理;记忆正确并能长时间储存,调出速度快;反应速度快;学习能力较低,灵活性差	具有抽象、归纳能力以及模式识别、联想、发明创造等高级思维能力;善于积累经验并运用经验判断;记忆力有限;需要反应时间;具有很强的学习能力,灵活性强

能力	机器	人
持续性	可连续、稳定、长期运转,也需要适当的维修保养;可进行单调的重复性作业	易疲劳,很难长时间保持紧张状态,需要休息、保健和娱乐;不适合从事负荷刺激小、单调乏味的作业
可靠性	与成本有关;设计合理的机器对设定的作业有很高的可靠性;无法处理意外事件;特性是固定不变的;不易出错,如出错不易修正	在紧急突发的情况下,可靠性差;可靠性与动机、责任感、身心状态、意识水平等心理和生理条件有关;有个体差异,与经验有关,并受别人影响;应变性强;容易出差错,但易修正错误;如有时间和精力,可处理意外事件
信息交流	与人之间的信息交流只能通过特定的方式进行	人际之间很容易进行信息交流,组织管理很重要
效率	功率可大可小;可以根据目的设计必要的功能,避免浪费;功能简单的机器速度快且准确;新机器从设计、制造到运转需要一定时间	适于功率小于 100W 的轻巧作业;人是综合整体,有多种功能,需要补充能耗,还必须适应处理必要功能以外的时间;必须采取绝对安全措施;需要教育和训练
适应性	专用机械的用途不能改变,只能按程序运转,不能随机应变;比较容易进行改造和革新	通过教育训练,有多方面的适应能力,有随机应变能力;改变习惯定型比较困难
环境	能适应各种环境条件,可在放射性、有毒气体、粉尘、噪声、黑暗、强风暴雨等恶劣和危险环境下工作	要求环境条件对人是安全、健康和舒适的,但对特定环境能较快适应
成本	包括购置费、运转和保养维修费;一旦出现事故,也只失去机器本身价值	包括工资、福利和教育培训费;万一发生事故,可能失去宝贵生命
其他		具有特定的动机,渴望在集体中工作和生活,得到集体保护,否则会产生孤独感、疏远感,影响作业效能

（2）人机功能分配的含义

对人机特性进行权衡分析,将系统的不同功能恰当地分配给人或机,称为人机功能分配。人机功能分配就是通过合理的功能分配,将人与机器的优点结合起来,取长补短,从而构成高效与安全的人机系统。从人机特性比较可以看出,人和机各有所长,根据两者特性利弊进行分析,将系统的不同功能合理地分配给人或机,既能提高人机系统效率,同时又能确保系统的安全性。

人与机器的结合形式,依据复杂程度不同可分为劳动者-工具、操作者-机器、监控者-自动化机器、监督者-智能机器等几种。机器的自动化与智能化使操纵复杂程度提高,因而对操纵者提出了严格要求。与此同时,操纵者的功能限制也对机器设计提出了特殊要求。人机结合的原则改变了传统的只考虑机器设计的思想,要求同时考虑人与机器两方面因素,即在机器设计的同时把人看成是有知觉有技术的控制机、能量转换机、信息处理机。凡需要由感官指导的间歇操作，要留出足够的间歇时间；机器设计中，要使操纵要求低于人的反应速度，这便是获得最佳效果的设计思想。在这种思想指导下，机器设计（应为广义机器）同工作设计（含人员培训、岗位设计、动作设计等）便结合起来了。

从安全的角度出发，人机匹配主要解决的问题是：信息由机器的显示器传递到人，需要选择适宜的信息通道，避免信息通道过载而失误，以及显示器的设计如何符合安全人机工程学原则；信息从人的运动器官传递给机器，如何考虑人的极限能力和操作范围，控制器如何设计得高效、安全、可靠、灵敏；如何充分运用人和机各自的优势；怎样使人机界面的通道数量和传递频率不超过人的能力，以及机器如何适合大多数人的应用。

（3）人机功能分配的一般原则

美国人机学家麦克考米克总结出，人能完成并能胜过机器的工作有：发觉微量的光和声，接收和组织声、光的形式，随机应变和应变程度，长时间大量储存信息并能回忆有关的情节，进行归纳推理和判断并形成概念和创造方法，等等。

目前机器能完成并胜过人的工作有：对控制信号迅速做出反应，平稳而准确地产生"巨大力量"，做重复和规律性的工作，短暂地储存信息然后删除这些信息，快速运算，同一时间执行多种不同的功能。

在采用机器和采用人时各有其有利点，如表 2-2 所列。

表 2-2　采用人和机器时的有利点

采用机器时的有利点	采用人时的有利点
重复性的操作、计算，大量的情报资料存储	由于各种干扰，需要判断信息时
迅速施加大的物理力时	在图形变化情况下，要求判断图形时
大量的数据处理	要求判断各种各样的输入时
根据某一特定范围，多次重复做出判断	需要对发生频率非常低的事态进行判断时
由于环境约束，对人有危险或人操作容易犯错误时	解决问题需要归纳、判断时
当调节、操作速度非常重要，具有决定意义时	预测不测事件的发生时
控制力的施加要求非常严格时	
必须长时间地施加控制力时	

人机功能分配是一个复杂问题，要在功能分析的基础上依据人机特性进行，其一般原则为：笨重、快速、精细、规律性、单调、高阶运算、支付大功率、操作复杂、环境条件恶劣的作业以及需要检测人不能识别的物理信号的作业，应分配给机器承担；而指令和程序的安排，图形的辨认或多种信息输入，机器系统的监控、维修、设计、创造、故障处理及应对突发事件等工作，则由人承担。

（4）人机功能匹配对人机系统的影响

以前，由于不明白人与机的匹配关系特性，使机的设计与人的功能不适应而造成很多失误，如作战飞机的高度计等仪表的设计与人的视觉不适应是造成飞机失事的主要原因，这给人们以深刻的教训。过去的设计总是把人和机器分开，认为两者是彼此毫不相关的个体。事实上，机器对人的影响很大，而人又操纵机器，相互之间是一个紧密联系的整体，不能把它们分割开来考虑。因此，我们首先必须掌握人体的各种特性，同时也应明了机的特性，然后才能设计出与此适应的机器。否则，人机作为一个整体（系统）就不可能安全、高效、持续而又协调地运转。

随着现代化的发展，操作者的工作负荷已成为一个突出的问题。在工作负荷过高的情况下，人往往出现应激反应（即生理紧张），导致重大事故的发生。芬兰有一锯木厂，机械化程度较高，但有些工序如裁边，还需手工劳动。工人对每块木块做出选择和判断的时间仅为 4s，不仅要考虑木板的尺寸、形状，而且要考虑加工质量。这种工作对工人来说，无论是体力还是精神负担都较重。每个工作班到了最后一个阶段，不仅时常出现废品，而且易发生人身事故。后来把选择和判断的时间从 4s 缩短到 2s，问题就更加突出。1971 年库林卡对锯木机做了一些小改革，收到一些效果。后来，重新考虑人和机之间的匹配关系，将这种工作所用的机器重新设计，终于造出了一台全新的自动裁边机。

在设备（机器）的设计中，必须考虑人的因素，如果不考虑人与机器的适应，那么人既不舒适也无法高效工作，图 2-8 就说明了这个问题。

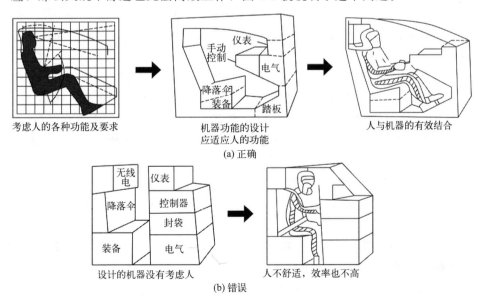

图 2-8　设备设计中人的因素工程

进行合理的人机功能分配，也就是使人机结合面布置得恰当，从安全人机工程学的观点出发，分析人机结合面失调导致的工伤事故，进而采取改进措施。

在企业工伤事故原因分析中，不少的事故是由人因失误造成的，特别是违章操作，而违章操作的主要原因，有相当一部分是人机结合面失误，即人机系统协调失控而导致事故发生。如一位青年工人操作辊式矫直机时，在违背正常操作程序的情况下，擅自打反车，也未与操作台人员联络好应急措施，用手将 $\phi11$ 的钢筋送入矫直辊时竟连手臂也被带入矫直辊中，造成手臂截断事故。此事故说明，操作者一方面出自贪多图快、急于完成任务的心理状态，不仅违章打反车，而且双方联系脱节，连人的子系统关系也未处理得当；另一方面存在人机协调性差，人机结合面失调，操作姿势不当，手握钢条位置与机器距离过近导致来不及脱手，致使手臂连同钢条一并卷入。另外，操纵器、显示器、报警器设计上存在问题，未能达到最佳的人机匹配要求。针对这种情况应该特别对人机结合面加以考虑，提出改进措施，以防同类事故重现。最好的办法是建立安全保护系统，如触电保护器的应用等。

(5) 人机分工不合理的表现

① 把可以由人很好执行的功能分配给机器，而把设备能更有效地执行的功能分配给人。如在公路行驶的汽车驾驶员应分配给人去执行，但若要求人同时记下汽车跑过的距离，则是不适当的，这项工作应由机器执行。

② 让人承担超过其能力的负荷或速度。如德国某工厂安装了一台缝纫机，尽管其外形、色彩十分美观，但由于操作速度太快（1min 可缝 6000 针），超出大多数人的极限，结果 80 名女工，只有一个能坚持到底，因此实际效率是不高的。

③ 不能根据人执行功能的特点而找出人和机之间最适宜的相互联系的途径与手段。如在不少使用压力机的工厂经常发生手指被压断的事故，就是因为在压力机设计中忽视了人的动作反应特点而造成的。当操作者左手在扒料时，除非思想高度集中，否则会因为赶速度，右手又同时下意识地压操纵压把而造成事故。

(6) 人机功能分配应注意的问题

为达到人机系统的安全、卫生、高效、舒适，在进行人机功能分配时必须注意以下几个问题：

① 信息由机器的显示器传递到人，选择适宜的信息通道，避免因信息通道过载而失误。同时，显示器的设计应符合安全人机工程的原则。

② 信息从人的运动器官传递给机器，应考虑人的权限能力和操作范围，控制器设计要安全、高效、可靠、灵敏。

③ 充分考虑人和机各自的优势。

④ 使人机结合面的信息通道数量和传递频率不超过人的能力，以及机适合大多数人的应用。

⑤ 一定要考虑到机器发生故障的可能性，以及简单排除故障的方法和使用的工具。

⑥ 要考虑到小概率事件的处理，有些偶发性事件如果对系统无明显影响可以不必考虑，但有的事件一旦发生就会造成功能的破坏，对这种事件就要事先安排监督和控制方法。

2.4.4 人机系统功能分配方法

目前，在国际比较有影响力的几种人机系统功能分配方法有人机能力比较分配法、Price（绩效）决策图法、Sheffield（谢菲尔德）法、自动化分类与等级设计法、York（约克）法等。

（1）人机能力比较分配法

人机能力比较分配法是最初的功能分配方法，例如著名的 Fitts（菲茨）lists 分配方法，也是迄今为止应用最为普遍的方法，在早期的简单工业自动化监控系统中得到大量的应用。表 2-3 即为 Fitts 列出的人机各自的优势特性，也称 MABA-MABA 方法。

表 2-3 Fitts 人机能力对比

人擅长的能力	机器擅长的能力
能够探测到微小范围变化的各种信号	对控制信号的快速反应
感知声音或光的模式	能够精确和平稳地运用能量
创造或运用灵活的方法	执行重复、程序性的任务
长期存储大量的信息并在适当的时候运用	能够存储简短的信息,并能完全删除
运用判断能力	计算和演绎推理能力
归纳推理能力	能够应付复杂的操作任务

（2）Price 决策图法

Price 决策图法对任意一个功能，从人和机两方面的特性做出比较，然后根据效能、速度、可靠性、技术可行性等做出评估，评估结果为一个复数值（人的绩效值为实部，机器的绩效值为虚部）。这个复数值落在决策图的某一区域，如图 2-9 所示。

Price 决策图由 6 个区域组成，每个区域对应不同的人机绩效和分配方案。

① 将功能分配给机器；

② 将功能分配给机器；

③ 既可分配给人也可分配给机器，存在一个最佳分配点；

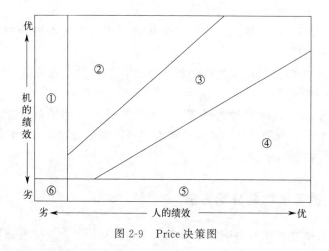

图 2-9　Price 决策图

④ 将功能分配给人；

⑤ 将功能分配给人；

⑥ 采用其他的方法重新设计。

Price 决策图法虽然在 Fitts lists 分配法的基础上更进一步地明确了人机功能分配的过程，但是它对于如何计算绩效却没有明确的描述，并且在客观上计算人和机器的绩效相当困难。

（3）Sheffield 法

Sheffield 法是由英国谢菲尔德（Sheffield）大学在对海军的舰艇控制系统进行设计时所开发的一种功能分配方法。它在分配过程中共需要考虑 100 多项决策准则，将其分为 8 组，其中不仅考虑了人机能力特性，而且从工程的角度考虑了人员的作业设计、社会性、训练、安全等因素，另外还包括自动化的精度、费用等。它的主要流程如图 2-10 所示。

Sheffield 法的优点是考虑的因素比较全面，而且包含了系统的静态和动态功能分配过程。它主要是针对一个海军舰艇控制系统的设计，所以还同时考虑了舰艇操作人员之间的功能分配。但它也有明显的不足，首先考虑的因素太多，反而使得设计任务由于缺乏相关信息而无法操作；其次由于 Sheffield 法必须将功能分解到能够完全分配给人或机器，也就是有足够细的粒度才能实施操作，但这在一个复杂系统中往往是不可能的。

（4）自动化分类与等级设计法

自动化分类与等级设计法由英国科学家 Parasuraman 和 Sheridan 提出，主要应用于工业自动化系统如核电站监控中。该方法认为任何人机自动化系统的工作过程都类似人类的信息处理，可分为四个步骤，即获取、分析、决策、行动。而机器的自动化程度分为连续的 10 个级别，如表 2-4 所列。

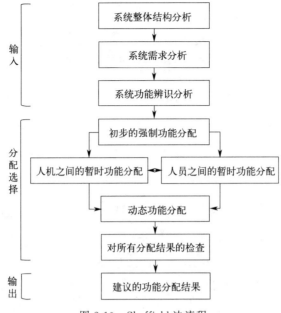

图 2-10　Sheffield 法流程

表 2-4　自动化等级

低	计算机不提供任何帮助
	计算机提供整套的决策或行动方案
	缩小选择范围
	建议一个方案
	如果人同意则执行这个方案
	在执行前,允许人在短时间内否决
	自动执行,仅在必要时通知人
	如果人需要则告知他
	是否通知人全由计算机决定
高	计算机决定所有的工作,拒绝人的干预

在此基础上对系统功能分别按上述的四个步骤进行分类,并对属于每一个分类的功能确定其自动化程度,然后建立多级评价准则,逐步对分配结果进行修改,直到最终确定系统应该采用的自动化类型和等级。自动化分类与等级设计流程如图 2-11 所示。

（5）York 法

York 法是由英国约克（York）大学 Dearden 等提出的一种基于场景（scenario）的功能分配方法,它最初是为海军舰艇的设计而开发的,由于取得了比较好的效果,之后又被成功地用于单座飞机的功能分配设计中。

York 法完全是一种基于场景（scenario）的设计方法。系统根据环境、目

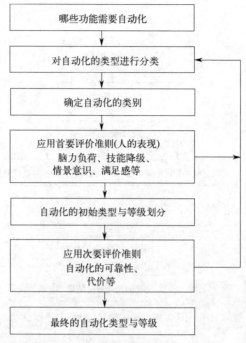

图 2-11　自动化分类与等级设计法流程

标和主要功能（任务）的不同，将任务进行分组，并将某一组相关联的功能（任务）放在相应的环境中，这种功能（任务）组和环境的结合体称为场景。一个系统可分为若干个场景，每一个场景中都包含一组相互关联的功能（任务）。这一组功能（任务）在环境条件的约束下，同时对系统的目标和性能产生影响。一般来说，一个场景中至少包含一个功能，同时某一个功能也有可能被包含在多个相关的场景中。但是在不同的场景中，即使是同一个功能其属性参数也是不相同的，它与其所处的场景有关。通过这种场景机制，迫使设计者将功能运行时的环境因素也考虑进去，使得设计者考虑的因素更加全面，设计出来的系统也具有较高的可靠性。

用 York 法进行功能分配时，其分配过程大致可分为 5 个主要步骤，如图 2-12 所示。

① 初始分配（B）。对功能进行分析，首先将那些比较特殊的功能预先在人或机器之间分配（例如那些计算量大，并需要进行高速重复计算的功能分配给机器），此步剩下的功能则交给下一步进行分配。

② 全自动化部分（E2）。在指定的场景中，根据场景以及功能的属性参数，确定哪些功能可采用机器的自动化技术来完成。在做出决策之前需要考虑两个问题：一是采用全自动的技术可行性有多大；二是该功能与人的紧密程度

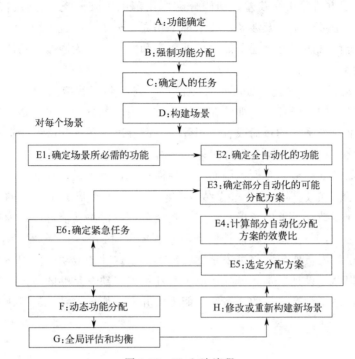

图 2-12　York 法流程

有多少。只有那些技术上完全可行并且与人联系不太紧密甚至没有关系的功能才交给自动系统去完成。此步剩下的功能则交给下一步进行分配。

③ 半自动化部分（E3~E5）。对剩下的功能进行详细的分析，采用现在比较通用的 DA-S 模型，进一步决定剩下的功能是应该由人、机器还是两者合作来完成。

④ 动态功能分配（F）。通过采用动态功能分配的方法，在系统投入使用后，根据使用条件、使用环境和负荷改变情况，系统自身应能对原来的分配方案进行动态的调整，使系统能在稳定工作的同时又具有尽可能高的性能。

⑤ 全局检查（G）。对分配方案进行全面的检查，在指标不满足要求的情况下，返回并对场景进行修改或重新构造新的场景后再进行功能分配。另外，在各个场景中进行功能分配时，还有可能出现对某一个功能的分配出现冲突的情况，这时可根据重要程度而优先选择其中的某一种方案或者通过其他的手段来解决冲突。

这种设计方法将功能运行时的环境因素也考虑进去，因而是一种较为完善的功能分配方法。在人和机器之间进行功能分配时，采用 York 法比较合适，但是它没有考虑系统中人员之间的功能分配。

目前，在系统功能分配方法及其应用上主要存在的问题如下：

① 分配方法通用性较差。功能分配应用范围极其广泛，在各自的领域应用的环境、任务性质以及涉及的技术都不相同，分配标准也不统一，造成各领域的功能分配方法相互之间不能很好地兼容和共用，大大限制了功能分配在工程上的应用。

② 分配标准单一化，分配过程较简单。在实际工程应用中功能分配往往是最容易忽视的一个环节，即使在设计之初考虑功能分配，也只是选取了某一单一的标准，如系统的负荷或者费用等。分配标准的单一化必然会造成分配过程的简单化。在这种情况下设计出来的系统可能会造成整个系统的某一单项指标较高，而其他指标却较低，因而综合性能往往达不到设计标准。

③ 功能分配过程和设计过程结合不够紧密，没有形成工程化的方法，并且对环境因素缺乏足够的考虑。传统的功能分配方法将功能分配作为单独的一个过程来考虑，与系统工程设计结合不够紧密，且需要功能分配专家的参与，而普通的设计人员要想参与进来是比较困难的，这就造成功能分配和工程设计的脱节，提高了设计成本。另外，由于对环境因素缺乏足够的考虑，当系统投入使用后，系统没有足够的动态调整能力，并有可能导致系统崩溃或失败。

2.5 人机系统事故模式与应用

2.5.1 人机系统事故模式

人机系统事故模式是指从人机关系上研究事故致因的模式。人是在特定的空间环境里进行生产劳动的。他们在操作岗位上操作由外部供给能量的机械，以达到所要求的目的。在正常条件下，各种能量系统（包括人自身的能量）是相互制约而保持平衡的，随着时间的推移，人机关系也得到了不断调整。一旦违背了人的意志（意愿），出现了失控状态，就会破坏这种平衡，导致伤亡事故或财产损失。

人所处的空间环境只要不存在有害物质的污染，就不会发生逆流于人体的情况，人就能在这种空间环境中生存和劳动。相反，若作业条件恶化，如高温作业，人的细胞异常活动，易产生早期疲劳，发生事故的可能性就会增大；低温作业时，人体热量会流失，由于寒冷而束缚手脚，行动不便，也易发生事故。归纳总结人机系统事故模式有以下几种。

（1）以人的行动为主体的（单人-机系统）事故模型

在环境不被有害气体污染的情况下，人机系统的事故模式多以人的行为为主体，即以人为本。在这种事故模型中，伤亡事故多次发生在人、机械设备两个子系统相交的斜线区内，如图 2-13 所示。在这种伤亡事故模型中，机械设备和人相交叉的区域的形状与斜线部分的面积取决于机械系统的结构和机械能量的大小以及人自身的行为方式等，因此造成的人身伤害部位、轻重及事故类型也不尽相同。

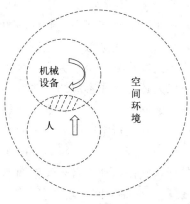

图 2-13　单人-机系统事故模型

（2）机械-多人系统事故模型

在现代化大生产的集体劳动中，单人-机系统的应用范围不是非常广泛，常见的是机械-多人系统，即在操作过程中，在同一时间内为完成同一目的，由多人操纵一台机器或一个大型设备。

这种多人在机器周围劳动的条件，往往由于人多动作不易协调，信息交流不充分、不及时，加之视野局限，极有可能造成机械对人的危害而发生事故。这种机械-多人系统常见于共同修理、清扫、调整大型设备，共同搬运大型重物，在长电路上共同检修高压线路、电气设备等，其事故概率较高，如图 2-14 所示。

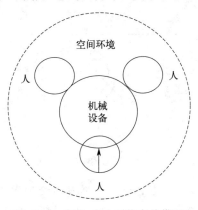

图 2-14　机械-多人系统事故模型

（3）具有运动形态的人机系统事故模型

在具有运动形态的人机系统的操作系统中，用到的运输工具不同于厂内加工生产用的机械，而是通过"厂外交通"工具来移动物质。为完成运输任务，当然是速度越快，运输效率越高。但是，这自然会因高速而带来事故频率的显著增加。

司机驾驶汽车运行属于人-机-体移动的形态。它和固定安装的机械设备系统大不一样，人和机械（汽车）是直接连在一起移动的，人机系统在移动中又常常受外界条件的影响，在行车路线上常常被迫改变方向。所以，事故的形成及频率多与运行时间和行车速度成某种函数关系。时间和速度这两个因素又是由人来操纵和控制的，所以人还是形成事故的主要原因。

换言之，在环境条件中的同一平面上，多维运动是很复杂的，发生事故的频率比一般人机系统高得多。在运行空间既有固定的对象物，又有运动的对象物，所以主体人（司机）因为机（车）及环境条件的相互外在性，必须进行经常性的信息输入和信息处理，其操纵动作必须经常调整。

在图 2-15 中，用虚线表示平面空间环境条件，现有 A、B、C、D 四组人机系统，都按各自的箭头方向运动，A 车和 C 车能形成事故的危险点是 e，A 车和 B 车为 a，B、C 两车的危险点为 d，C、D 两车的危险点为 c，B、D 两车的危险点为 b。

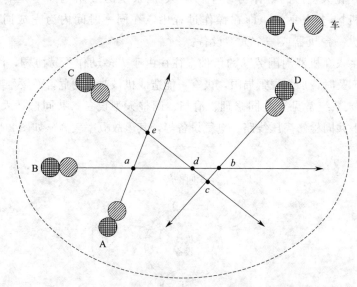

图 2-15 具有运动形态的人机系统事故模型

为控制 a、b、c、d、e 几个交点上不发生交通肇事，则需建立良好的秩序，并遵守交通规则，应发出相应信息来表示各自的行车路线、位置等意图，以便加强相互的信息交流。

为满足上述安全条件，司机的生理和心理在保持稳定且正常的同时，控制行车速度是一大关键。

（4）人-环境事故模型

在作业环境中，除了静止物体所具有的潜在势能以外，还有粉尘、毒气、噪声、振动、高频、微波、放射线等环境因素的危害，这属于具有流动性质的能量危害。

生产现场作业环境中，流动着的能量大致有两种。

① 为了生产而供给的能量。它包括使作业环境舒适所设计的通风、空调装置等能量供给，也包括采光照明。

② 生产设备逸散的能量。如由机器、装置所发出的并在生产现场和附近产生不良影响的噪声和振动；由某种装置泄漏出来的有毒有害气体、蒸气和粉尘等尘毒危害。与人机系统相反，环境危害不单在操作点（point of operation）上发生，而是处于工作区内（point of work），其危害形态也与人机系统不同。在人机系统中，人本身在操作点上行动，由于失误使人成为被动发生事故的一种机缘（chance）；但在人、机、环境物系统中，发生在工作区内的危害与人的行动失败无关，人不是发生事故的机缘，而是从对象物返回到人的系统，如图 2-16 所示。

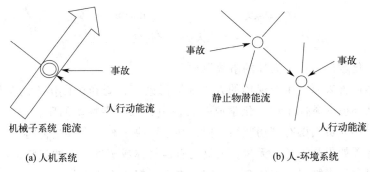

(a) 人机系统　　　　　　　　　　　　　(b) 人-环境系统

图 2-16　人机系统和人-环境的系统事故发生的机缘形象

为此，人-环境系统中发生事故的特性与人机系统有着显著的区别。

在人机系统中，人和机两子系统所处的空间和时间具有各自的轨迹（route），在时间、空间上的进展过程中，其交点多发生在单元作业的操作点上，此时能量在发生的瞬间从机器一方传达于人的一方，使人体组成的部分突然受到伤害，即事故发生。由于外来能量比自身的能量大得多，逆流于人体造成伤害的严重度也比较大。人机系统中的事故与人的行动和心理状态有极大的关系。

但是，在人-环境系统中，在空间上常保持"相互外在性"，从而使人和环境处于整体的接触之中。因而，人与环境两者随时间的推移不会发生突然相交的剧烈变异，而是使人体器官缓慢地发生渐变而形成职业病或职业中毒。这种危害与人为行为和心理状态无关。

从图 2-17 可以看出，噪声和振动、大气污染和车间气象条件等环境系统（E）与人的系统（H）是处于整体接触中[图 2-17(a)]，不像人机系统中的事故是发生在人的子系统（H）与机械子系统（M）两系列交点操作岗位间的衡点上[图 2-17(b)]。

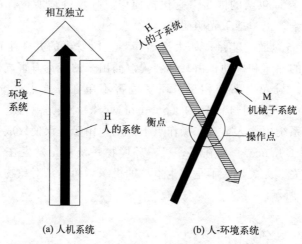

图 2-17　人机系统和人-环境系统发生事故的差异

（5）化学能传达于人体的事故模型

化学危害来源于生产现场的人工环境污染。它既和机械伤人的条件不同，也和自然环境的条件不同。化学成套设备中有毒有害物质的跑、冒、滴、漏，当然与操作人员失误有密切联系，但它却不取决于车间直接受害的个人行为。

危害源如果是无色、无味、无臭的有毒气体或蒸气，人的五感是不易察觉的。如果大量毒物侵入人体会造成突然中毒，属于伤亡事故。

为确知此类危害的存在，除了使用超越人体机能的探测仪器，别无它法。因为人的各种器官未必能察觉其存在，更不知其危险程度，所以这种事故的发生是不以人的行动为主体的，如图 2-18、图 2-19 所示。

生产现场的人机系列外的事故模型。在人机关系复杂的作业中，有时会从与自己完成作业过程全然无关的系统"飞来"物体，以致突然使人受到伤害。

人的行动是通过与系统有关系的事物发出的信息流来判断如何进行的，因而系统外与己无关的事件往往不在考虑范围之内。但有时也会从系统外来一些不安全因素，甚至会和人发生关系而导致完全预想不到的伤亡事故，这种事故包含不能预测的偶然性。

这类事故形成的物理现象多为突如其来的物体飞、落，进一步分析大致有以下三种情况：

① 因为风力、水力等自然现象，对生产设备或房屋外加了较大的能量，致使发生倒塌、坠落、飞入等现象，使人伤亡。

② 作业环境中原材料、半成品及其他物质乱堆乱放，使施害物体处于不安全状态，如遇振动、与外部力接触等原因，则容易使潜能突然转变为动能，发生了与人有关的飞、落现象，造成事故。

③ 在车间中，与单元作业的人机系统无关的其他作业系统突然飞来有动能的物体造成打击，如图 2-19 所示。

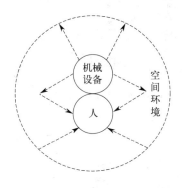 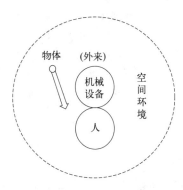

图 2-18　化学能事故模型　　　　图 2-19　人机系列外事故模型

2.5.2　安全人机系统事故模型的作用

安全人机系统事故模型是工程逻辑的一种抽象，是一种过程或行为的定性或定量的代表。它能探讨形式和内容、原则和结果、归纳和演绎、综合和分析，它是在抽象基础上产生的系统工程重要的工具之一。

安全人机系统的事故模型用来阐明人身伤亡事故的成因，即它被用于阐明事件的事故因果，以便对事故现象的发生与发展有一个明确、概念上一致、因果关系清楚的分析。这对探讨安全防护原理是一种有效的系统安全的方法论。

安全人机系统事故模型的重要意义在于：

① 从个别抽象到一般，把同类事故抽象为模型，可以深入研究导致伤亡事故的原因和机理。

② 事故模型化可以查明以往发生过的事故和直接原因，找出主要原因，用以预测类似事故发生的可能性。

③ 根据事故模型可以做出危险性评价以及预防事故的决策，增长安全生产的理论知识，积累安全信息，进行安全教育，指导安全生产。

④ 各类模型既是一种安全原理的图示，又是应用人机工程、系统工程新科学和系统分析的新方法。

⑤ 性能模型可以向数学模型发展，由定性分析逐步向事故预测定量化发展。这可为事故预测和制定技术措施打下基础。

所以，安全人机系统事故模型是事故分析和预测的依据，是实现安全生产的核心，如图 2-20 所示。

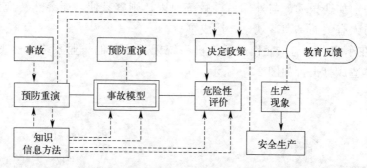

图 2-20 安全人机系统事故模型在人机系统安全中的作用

 习题

1. 人机系统的类型有哪些？它们各自都有哪些特性？
2. 人机系统具有哪些功能？
3. 阐述人机系统的基本模式。
4. 阐述"人机功能分配"的概念和目的。
5. 人机功能分配的一般原则是什么？
6. 人机系统功能分配方法有哪几种？
7. 人机系统事故模式有哪几类？进行人机系统事故模式研究的应用有哪些？

第3章

人体形态测量与应用

 学习目标：

① 掌握人体测量的基本术语。

② 掌握人体测量数据常用的统计函数及统计数据的处理方法。

③ 掌握百分位数的计算方法。

④ 理解我国人体数据的分布特征以及人体尺寸差异的影响因素，以发展的眼光接受知识的更新。

⑤ 理解人体测量数据的应用原则与方法，据此对安全人机领域复杂工程问题进行分析研究。

 重点和难点：

① 熟练掌握人体几何参数测量方法及测量数据的处理与应用。

② 正确理解人的基本特性对安全活动的影响。

3.1　人体测量的基本知识

　　人体测量所涉及的是一个特定的群体而非个人，选择样本必须考虑有代表性的群体，测量的结果要经过数理统计处理，以反映该群体的形体特征与差异程度，它通过测量人体各部位尺寸来确定个体之间和群体之间在人体尺寸上的差别，研究人的形体特征，从而为各种安全设计、工业设计和工程设计提供人体测量数据。例如，各种操作装置都应设在人的肢体活动所能及的范围内，其高度必须与人体相应部位的尺寸相适应，而且其布置应尽可能设计在人操作方便、反应最灵活的范围内。其目的是提高设计对象的宜人性，让使用者能够安全、健康、舒适地工作，从而减少人体的疲劳和误操作，提高整个人机系统的安全性和效能。

人体的形体测量包括对人体的基本尺度、体型（包括径）、体表面积、体积和重量等进行的测量。形体测量是以检测人体静止形体为主的一种测量方式。

3.1.1 人体尺寸测量分类

（1）静态人体尺寸测量

静止的人体可采取不同的姿势，统称静态姿势，包括立姿、坐姿、跪姿和卧姿四种基本形态。静态测量的人体尺寸可以用于设计工作区间的大小。

（2）动态人体尺寸测量

动态人体尺寸是以人的生活行动和作业空间为测量依据的，它包括人的自我活动空间和人机系统的组合空间。动态人体尺寸分为四肢活动尺寸和身体移动尺寸两类。动态人体尺寸重点是测量人在实施某种活动时的姿态特征，具有连贯性和活动性。

3.1.2 人体测量的基本术语

《用于技术设计的人体测量基础项目》（GB/T 5703—2023）给出了用于人体测量数据库建设和不同人群间人体测量数据比对的人体测量基础项目，指导如何获取人体测量数据，确保不同团体组织之间人体测量的一致性和测量结果的可比性。

3.1.2.1 被测者姿势

（1）立姿

被测者身体挺直，头部以法兰克福平面（即眼耳平面，当头的正中矢状面保持垂直时，两耳屏点和右眼眶下点所构成的标准水平面）定位，眼睛平视前方，肩部放松，上肢自然下垂，手伸直，手掌朝向体侧，手指轻贴大腿外侧，自然伸直膝部，左、右足后跟并拢，前端分开，使两足大致呈 45°，体重均匀分布于两足。立姿如图 3-1(a) 所示。

（2）坐姿

被测者躯干挺直，头部以法兰克福平面定位，眼睛平视前方，膝弯曲大致呈直角，双足平放在地面上，可以通过可调节足部平台或一系列不同厚度脚垫组合来让大腿保持水平。坐姿如图 3-1（b）所示。

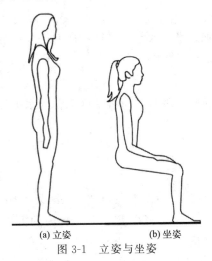

(a) 立姿   (b) 坐姿

图 3-1 立姿与坐姿

3.1.2.2 测量基准面

人体测量的基准面是由三个互相垂直的基准轴（垂直轴、纵轴和横轴）决定的，测量基准面包括矢状面、冠状面、水平面等。人体测量的基准轴和基准面如图 3-2 所示。

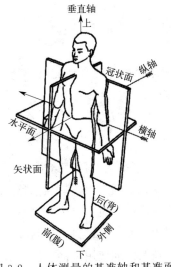

图 3-2 人体测量的基准轴和基准面

（1）矢状面

通过垂直轴和纵轴的平面以及与其平行的所有平面都称为矢状面。在矢状面中，把通过人体正中线的矢状面称为正中矢状面。正中矢状面将人体分为左、右对称的两个部分。

（2）冠状面

通过垂直轴和横轴的平面及与其平行的所有平面都称为冠状面。冠状面将人体分成前、后两个部分。

（3）水平面

与矢状面及冠状面同时垂直的所有平面都称为水平面。水平面将人体分成上、下两个部分。

3.1.2.3　测量方向

① 在人体上、下方向上，上方称为颅侧，远离头部朝向尾部的方向称为尾侧。

② 在人体左、右方向上，将靠近正中矢状面的方向称为内侧，将远离正中矢状面的方向称为外侧。

③ 在四肢上，将靠近四肢附着部位的称为近位，将远离四肢附着部位的称为远位。

④ 对于上肢，将桡骨侧称为桡侧，将尺骨侧称为尺侧。

⑤ 对于下肢，将胫骨侧称为胫侧，将腓骨侧称为腓侧。

3.1.2.4　测量的条件

① 对被测者的衣着要求。测量时，被测者应裸体或尽可能少着装，且免冠赤脚。

② 对测量支撑面的要求。站立面（地面）、平台或坐面应平坦、水平且不变形。

3.1.2.5　标记点及测量项目

《用于技术设计的人体测量基础项目》给出 21 个骨性标记点的位置定义实体图，可进一步确保标准使用者能准确掌握各骨性标记点在身体上的具体位置；给出 4 个人体测量基础项目，包括立姿测量项目 12 个、坐姿测量项目 16 个、特定部位的测量项目 20 个、功能测量项目 14 个，共计 62 个测量项目，并附有实体图，可进一步确保标准使用者能准确掌握各测量项目的具体测量方法。具体测量时可以参阅该标准。

3.1.3　人体尺寸测量办法

目前，人体尺寸测量方法主要有传统测量法和三维人体扫描法。

（1）传统测量法

传统测量法主要是利用人体测量仪器测量，包括人体测高仪、人体测量用直角规、人体测量用弯脚规、人体测量用三脚平行规、量足仪、角度计、软卷尺以及医用磅秤等。我国对人体尺寸测量专用仪器已制定了相关标准，详见《人体测量仪器》（GB/T 5704—2008）。通用的人体测量仪器可采用一般的人体生理测量的有关仪器。《用于技术设计的人体测量基础项目》规定了各种测量项目的具体测量方法。

人体测量试验

（2）三维人体扫描法

随着人体测量技术的发展，人体尺寸测量的方法从接触式的传统人体尺寸测量发展为非接触式摄像法，由二维的摄像法发展为三维人体扫描法，并向自动测量及利用计算机测量处理和分析数据进一步发展。非接触式三维测量已成为现代人体测量技术的主要方法。

三维人体扫描以现代光学为基础，融合光电子学、计算机图形学及信息处理技术、机械技术、电子技术、计算机视觉技术、软件应用技术和传感技术等于一体，利用人体图像从中提取有用的数据信息。常用的三维人体扫描方法有激光测量法、白光相位法、红外线测量法等。目前，中国标准化研究院人类工效学实验室采用先进的三维人体扫描技术，依据科学的抽样方法和统一的测量规程开展了全国范围内的三维人体尺寸测量。三维人体扫描具备以下优势：

① 测量数据更详细。例如，在测量头部尺寸时除以往的头部周长数据之外，通过三维扫描可获得头部的完整形状、更详细的三维数据，可辅助头盔、帽子等的设计。

② 测量不受衣物颜色的影响，测量精度更高，完整的人体扫描精度可以达到 1mm 以下。

③ 测量数据种类可随时增加。以往传统的人体尺寸测量不能扩充项目数据，如果需要增加数据，需要重新测量数万样本，成本极高。而三维人体扫描法的数据库存储有大量人体的三维模型，任何部位的测量数据可随时调取。

④ 测量效率显著提高。三维人体扫描包括准备时间在内可以在 10min 以内完成对人体尺寸的全部扫描测量，显著提高了测量效率。

3.2　人体测量数据常用的统计函数与数据处理

由于群体中个体与个体之间存在差异，例如，同一尺寸的手机使用起来，可能对有的人很合适，而对有的人则偏大或偏小。一般来说，某一个体的测量尺寸不能作为设计的依据。为使产品能适合于某一群体使用，设计中需要的是一个群体的尺寸数据。然而，人体测量所得到的测量值都是离散的随机变量，全面测量群体中每一个体的尺寸又是不现实的，因而可根据概率论与数理统计理论对人体测量数据进行分析，从而获得所需群体尺寸的统计规律和特征参数，即通过测量群体中较少量个体的尺寸，经数据处理后获得该群体较为精确的尺寸数据。

人体测量中最为常用的有均值、加权平均数、方差和标准差、中位数与百分位数、抽样误差等统计参数。

3.2.1　均值

均值（mean）也称平均数，是指全部被测数值相加后除以数据个数得到的结果。均值是集中趋势的最主要测度值，一般用均值来决定基本尺寸。它是测量值分布最集中区域，也是代表一个被测群体区别于其他群体的独有特征。根据所掌握数据的不同，均值有不同的计算形式和计算公式。

（1）简单平均数

没有经过分组数据计算的平均数称为简单平均数（simple mean）。设一组样本数据为 $x_1, x_2, \cdots, x_n$，样本量（样本数据的个数）为 n，则简单样本平均数用 $\overline{x}$ 表示，计算公式如下：

$$\overline{x} = \frac{x_1 + x_2 + \cdots + x_n}{n} = \frac{1}{n}\sum_{i=1}^{n} x_i \tag{3-1}$$

（2）加权平均数

根据分组数据计算的平均数称为加权平均数（weighted mean）。设原始数据被分为 k 组，各组的中值分别为 $M_1, M_2, \cdots, M_k$，各组变量值出现的频数分别为 $f_1, f_2, \cdots, f_k$，则样本加权平均数 $\overline{x}$ 的计算公式如下：

$$\overline{x} = \frac{M_1 f_1 + M_2 f_2 + \cdots + M_k f_k}{f_1 + f_2 + \cdots + f_k} = \frac{\sum\limits_{i=1}^{k} M_i f_i}{k} \tag{3-2}$$

3.2.2　方差和标准差

方差（variance）是各变量值与其平均数离差平方和的平均数。它在数学处理上是通过平方的办法消除离差的正负号，然后进行平均。方差的平方根称为标准差（standard deviation，s_D）。方差（或标准差）能够较好地反映数据的离散程度，因而方差（或标准差）是实际中应用最广的离散程度测度值。方差的数值越小，表示离散程度越小，数据分布越集中，图形越尖。

设样本方差为 s^2，根据未分组数据和分组数据计算样本方差的公式分别如下。

未分组数据：

$$s^2 = \frac{\sum_{i=1}^{n}(x_i - \overline{x})^2}{n-1} \tag{3-3}$$

分组数据：

$$s^2 = \frac{\sum_{i=1}^{k}(M_i - \overline{x})^2 f_i}{n-1} \tag{3-4}$$

样本方差是用样本数据个数减 1 后去除离差平方和，其中，样本个数减 1 即 $n-1$ 称为自由度（degree of freedom）。

方差开方后即得到标准差。与方差不同的是，标准差是有量纲的，它与变量值的计量单位相同，其实际意义要比方差清楚。因此，在对实际问题进行分析时更多地使用标准差。标准差 s_D 的计算公式分别如下。

未分组数据：

$$s_D = \sqrt{\frac{\sum_{i=1}^{n}(x_i - \overline{x})^2}{n-1}} \tag{3-5}$$

分组数据：

$$s_D = \sqrt{\frac{\sum_{i=1}^{k}(M_i - \overline{x})^2 f_i}{n-1}} \tag{3-6}$$

3.2.3　中位数与百分位数

（1）中位数

中位数（median）是一组数据按顺序排序后处于中间位置上的变量值，用

m 表示。显然，中位数将全部数据分成两部分，每部分各包含 50% 的数据，其中，一部分数据比中位数大，另一部分则比中位数小。中位数主要用于测度顺序数据的集中趋势，当然也适用于测度数值型数据的集中趋势。

根据未分组数据计算中位数时，要先对数据进行排序，然后确定中位数的位置，最后确定中位数的具体数值。中位数位置确定如下：

$$中位数 = \frac{n+1}{2} \tag{3-7}$$

式中 n——数据个数。

设一组数据为 $x_1, x_2, \cdots, x_n$，按从小到大的顺序排序后为 $x_{(1)}, x_{(2)}, \cdots, x_{(n)}$，则中位数数值确定如下：

$$m = \begin{cases} x_{\left(\frac{n+1}{2}\right)}, & n \text{ 为奇数} \\ \frac{1}{2}\left[x_{\left(\frac{1}{2}\right)} + x_{\left(\frac{n+1}{2}\right)}\right], & n \text{ 为偶数} \end{cases} \tag{3-8}$$

与中位数类似的还有四分位数（quartile）、十分位数（decile）和百分位数（percentile）。它们分别为用 3 个点、9 个点和 99 个点将数据 4 等分、10 等分、100 等分后各分位点上的值。在人体数据的分析中，百分位数最为常用，因而此处只介绍百分位数的计算。

（2）百分位数

百分位数是一种表示数据离散趋势的统计量。人体测量数据可大致视为服从正态分布。其中，百分位表示具有某一人体尺寸和小于该尺寸的人占统计对象总人数的百分比，称为"第几百分位"。百分位数就是百分位所对应的数值，一个百分位数将群体或样本的全部测量值分成两部分，$a\%$ 的测量值不大于它，而其余 $(100-a)\%$ 的测量值大于它。

最常用的有 P_5、P_{50}、P_{95} 三个百分位数。其中，P_5 被称为小百分位数，P_{95} 被称为大百分位数，P_{50} 就是均值，代表中百分位数。

正态分布曲线上，从 $-\infty$（或 $+\infty$）~a，或两个百分位 a_1~a_2 的区域，称为适应度。适应度反映的是设计所能适应的人体尺寸的分布范围，即所设计的产品在尺寸上能满足多少人使用，通常以百分数表示。例如，适应度 90% 是指设计适应 90% 的人群范围，而对 5% 身材矮小和 5% 身材高大的人则不能适应。

以身高为例，根据《中国成年人人体尺寸》（GB/T 10000—2023），我国 18~70 岁成年男性身高第 5 百分位数为 1578mm，它表示这一年龄组男性成人中身高≤1578mm 占 5%，大于此值的人占 95%；第 95 百分位数为 1800mm，它表示这一年龄组男性成人中身高≤1800mm 者占 95%，大于此值的人只占 5%。

人体尺寸基本符合正态分布曲线。以我国东北华北区人体身高为例,把人体身高的测量值从小到大排列作为横坐标,把各测量值的相对频率作为纵坐标,可得到如图 3-3 所示的人体身高分布和适应域。图 2-3 中给出的是一个典型的正态分布曲线,它在横坐标轴覆盖的总面积为 100%,从 −∞ 到某一横坐标值上的曲线面积为 5%(第 5 百分位数)时,把该横坐标值称为 5% 值(第 5 百分位数)。同理,从 −∞ 到某横坐标值上的曲线面积为 50% 和 95% 时,则把该横坐标值分别称为 50% 值(第 50 百分位数)和 95% 值(第 95 百分位数)。

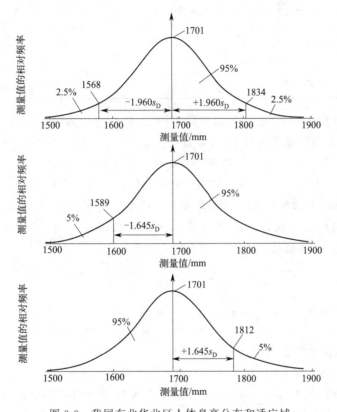

图 3-3 我国东北华北区人体身高分布和适应域

近年来普遍采用百分位数来描述人体尺寸的分布情况。人机工程学中可以根据均值和标准差来计算某个百分位数人体尺寸 P_k。对于正态分布的数据,其标准差与百分位数换算方法如下。

1%~50% 的数据:

$$P_k = \overline{x} - s_D K \tag{3-9}$$

50%~99% 的数据:

$$P_k = \overline{x} + s_D K \tag{3-10}$$

53

式中　P_k——百分位数；

　　　K——变换系数，见表3-1。

表 3-1　变换系数 K

百分位	K	百分位	K
0.5	2.57	99.5	2.576
1	2.326	99	2.326
5	1.645	95	1.645
10	1.282	90	1.282
15	1.036	85	1.036
20	0.842	80	0.842
25	0.674	75	0.674
30	0.524	70	0.524
50	0.000		

【例 3-1】已知我国东北华北区女性身高的均值为 1584mm，标准差为 61.9mm。求女性身高的第 90 百分位数。

解：由表 3-1 查到，第 90 百分位的变换系数 $K=1.282$

$$P_{90}=\overline{x}+s_{\mathrm{D}}K=1584+61.9\times1.282=1663.4(\mathrm{mm})$$

答：我国东北华北区有 90% 的女性身高小于或等于 1663.4mm。

【例 3-2】已知我国中西部区男性身高的均值 $\overline{x}$ 为 1686mm，标准差为 64.8mm。求身高超过 1720mm 的人所占比例。

解：

$$Z=\frac{x_i-\overline{x}}{s_{\mathrm{D}}}=\frac{1720-1686}{64.8}=0.5247$$

查标准正态分布函数表：

$Z=0.52$ 时，$P_{0.52}=0.6985$；$Z=0.53$ 时，$P_{0.53}=0.7019$

通过插值法计算得 $P_{0.5247}\approx0.7001$

说明我国中西部区有 70.01% 左右的男性身高超过 1720mm。

【例 3-3】我国长江中游区男性身高平均值 $\overline{x}$ 为 1673mm，标准差 $s_{\mathrm{D}}=$ 65.8mm。设计用于 90% 长江中游区男性使用的产品，应按怎样的身高范围设计该产品尺寸？

解：要求产品适用于 90% 的人，因此应以第 5 百分位和第 95 百分位确定尺寸的界限值，由表 3-1 查得变换系数 $K=1.645$。

第 5 百分位数：

$$P_5=1673-65.8\times1.645=1564.8(\mathrm{mm})$$

第 95 百分位数：

$$P_{95}=1673+65.8\times1.645=1781.2(\mathrm{mm})$$

结论：按身高 1564.8～1781.2mm 设计产品尺寸，将适合于 90% 的长江中游区男性。

　　由于人体测量尺寸的分布只是接近正态分布，所以按公式计算所得的结果与实测值会存在一定的误差。

3.2.4　抽样误差

　　抽样误差（sampling error）是由抽样的随机性引起的样本结果与总体真值之间的误差。在概率抽样中，依据随机原则抽取样本，可能抽中由这样一些单位组成的样本，也可能抽中由另外一些单位组成的样本。根据不同的样本，可以得到不同的观测结果。例如，检验一批安全阀的非优质品率，随机抽出一个样本，样本由若干个产品组成，通过检测得到非优质品率为 30％。如果再抽取一个产品数量相同的样本，检测的结果不太可能是 30％，有可能是 29％，也有可能是 31％。不同样本会得到不同的结果。但是，总体真实的结果只能有一个，尽管这个真实的结果并不确定。不过可以推测，虽然不同的样本会带来不同的答案，但这些不同的答案应该在总体真值附近。如果不断地增大样本量，不同的答案也会向总体真值逼近。事实也正是如此，如果这批产品的数量非常大，而不得不采用抽样的办法检查其质量。假设样本由随机抽取出的 1000 个零件组成，经过多次抽样，得到多个不同样本的检测结果，就会发现这些结果的分布是有规律的。例如，如果总体真正的非优质品率是 30％，那么大部分的样本结果（如反复抽样中 95％ 的样本结果）会落在 27.2％ ～ 32.8％内。以总体的真值 30％ 为中心，有 95％ 的样本（100 个样本中，大约有 95 个样本）结果在 ±2.8％ 的误差范围内波动，也就是 30％－2.8％＝27.2％，30％＋2.8％＝32.8％。这个 ±2.8％的误差是由抽样的随机性带来的，这种误差称为抽样误差。

　　抽样误差描述的是所有样本可能的结果与总体真值之间的平均差异。抽样误差的大小与多方面因素有关。最明显的是样本量的大小，样本量越大，抽样误差就越小。当样本量大到与总体单位相同时，也就是抽样调查变成普查，这时抽样误差便减小到零，因为这时已经不存在样本选择的随机性问题，每个单位都需要接受调查。抽样误差的大小还与总体的变异性有关。总体的变异性越大，即各单位之间的差异越大，抽样误差也就越大，因为有可能抽中特别大或特别小的样本单位，从而使样本结果偏大或偏小；相反，总体的变异性越小，各单位之间越相似，抽样误差也就越小。如果所有的单位完全一样，调查一个就可以精确无误地推断总体，抽样误差也就不存在了。现实中，这种情况也是不存在的，否则，对这样的总体也就不用进行专门的抽样调查了。

　　当样本数据的标准差为 s_D，样本容量为 N 时，则抽样误差确定如下：

$$s_{\bar{x}} = \frac{s_D}{\sqrt{N}} \tag{3-11}$$

3.2.5 人体测量数据的统计处理

根据数理统计有关知识，把针对样本测量获得的数据进行统计分析，就可以得到用于设计的群体数据。人体测量数据的统计处理的步骤如下。

（1）数据分组

首先确定组距，然后根据组距确定分组个数。组距是指所有测量值中最大值与最小值之差。组距的大小必须恰当，组距过大，将导致分组数目较少，从而影响计算的准确性；组距过小，将导致分组过多，使得计算量增加。在人体测量中，青壮年的测量数据分组组距参考值见表3-2。

表 3-2　组距参考值

项目	身高/mm	立姿眼高/mm	胸围/mm	椅高/mm	体重/kg	握力/kgf	拉力/kgf
组距	20	15	20	5	2	3	5

注：1kgf＝9.8N。

分组个数可以依据式（3-12）确定：

$$n = \frac{全距}{组距} \tag{3-12}$$

应当注意，若由式（3-12）计算得到的 n 带有小数时，则实际分组个数应向下取整后加1，即 $n' = [n] + 1$。

（2）作频数分布图

将各测量值归入相应的组内，并作直方图。某组的概率是指该组的频数与总频数之比，即组受测人数与总受测人数之比。概率高表示纳入的被测人数多，反之则少。因此，在进行安全人机工程设计时，应把概率高者作为依据，而把概率低者作为调整参数。这样就可以保证产品在有限条件下得到更广泛的适用范围。

（3）确定假定平均数

假定平均数可选任意一组的上限与下限除以2而得，即该组的中值。这是为了计算方便而预先设定的平均数。从理论上讲，确定假定平均数选哪一组都可以，对测量指标均无影响。通常选取与真实平均数接近的一组计算比较简便，因此可选择频数较大的那一组的中值作为假定平均数。

（4）计算离均差

离均差是表示各组与假定平均数的差数：

$$x = \frac{G_i - G_0}{b} \tag{3-13}$$

式中　x——离均差；

　　G_i——各组的中值；

　　G_0——假定平均数；

　　b——组距；

　　i——组号，$i = 1, 2, \cdots, n$。

假定平均数所在组的离均差为零，比较各组，较其小者为 -1，-2，$\cdots$；较其大者为 1，2，$\cdots$即可。

（5）计算并列表

计算平均值 $\overline{x}$、标准差 s_D 以及抽样误差 $s_{\overline{x}}$，所用到的计算公式如下：

$$\overline{x} = G_0 + \frac{b \sum fx}{N} \tag{3-14}$$

$$s_D = b \sqrt{\frac{\sum fx^2}{N} - \left(\frac{\sum fx}{N}\right)^2} \tag{3-15}$$

$$s_{\overline{x}} = \frac{s_D}{\sqrt{N}} \tag{3-16}$$

式中　$\overline{x}$——平均值；

　　s_D——标准差；

　　$s_{\overline{x}}$——抽样误差；

　　N——总频数（样本容量）；

　　f——各组频数。

【例 3-4】已测得 200 名 20 岁男性拖拉机驾驶员的身高数值（最高值为 1795mm，最低值为 1540mm），其频数分布见表 3-3（或图 3-4）。试计算其平均数、标准差、标准误 5%值和 95%值。

表 3-3　200 名 20 岁男性拖拉机驾驶员的身高测量值指标

测量值/mm	频数 f	离均差 x	fx	fx^2
1540～1560	4	-6	-24	144
1560～1580	10	-5	-50	250
1580～1600	15	-4	-60	240
1600～1620	19	-3	-57	171
1620～1640	20	-2	-40	80
1640～1660	27	-1	-27	27
1660～1680	32	0	0	0

续表

测量值/mm	频数 f	离均差 x	fx	fx^2
1680~1700	28	1	28	28
1700~1720	20	2	40	80
1720~1740	15	3	45	135
1740~1760	5	4	20	80
1760~1780	3	5	15	75
1780~1800	2	6	12	72

可知 $\sum f = 200$，$\sum fx = -98$，$\sum fx^2 = 1382$。

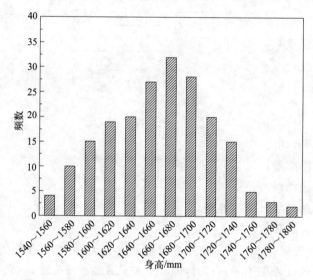

图 3-4　身高-频数分布直方图

解：已知 $N = 200$；身高最高值为 1795mm，身高最低值为 1540mm。

全距：$1795 - 1540 = 255(\text{mm})$

选定组距：$b = 20\text{mm}$

组数：$n = [(255/20) + 1]$ 组 $= 13$ 组

确定假定平均数：$G_0 = (1660 + 1680)/2 = 1670(\text{mm})$

注：由于给出的是 200 名拖拉机驾驶员身高值的频数分布，因此平均数采用加权平均数。

平均数：$\overline{x} = G_0 + \dfrac{b\sum fx}{N} = 1670 + 20 \times \dfrac{-98}{200} = 1660.2(\text{mm})$

标准差：$s_D = b\sqrt{\dfrac{\sum fx^2}{N} - \left(\dfrac{\sum fx}{N}\right)^2} = 20 \times \sqrt{\dfrac{1382}{200} + \left(\dfrac{-98}{200}\right)^2} = 53.5(\mathrm{mm})$

抽标准误：$s_{\bar{x}} = \dfrac{s_D}{\sqrt{N}} = \dfrac{53.5}{\sqrt{200}} = \dfrac{50.6}{14.142} = 3.78(\mathrm{mm})$

5％值：$P_5 = 1660.2 - 53.5 \times 1.645 = 1572.19(\mathrm{mm})$

95％值：$P_{95} = 1660.2 + 53.5 \times 1.645 = 1748.21(\mathrm{mm})$

在设计拖拉机座椅尺寸时，应按照 1572mm、1660mm、1748mm 三种身高尺寸变换座椅位置，如图 3-5 所示。

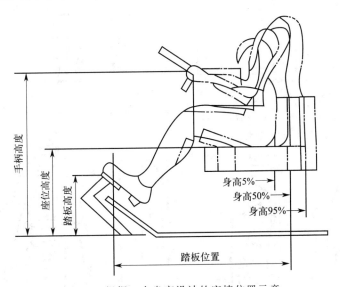

图 3-5　根据 3 个身高设计的座椅位置示意

3.3　我国人体尺寸的测量与统计

3.3.1　测量项目及测量区域

《中国成年人人体尺寸》（GB/T 10000—2023）测量的中国成年人年龄扩展到 18~70 岁，主要包括立姿测量项目（图 3-6）、坐姿测量项目（图 3-7）、头部测量项目、手部测量项目、足部测量项目共 5 个大项 52 项内容，以及 16 项人体功能尺寸测量项目。测量区域包括我国东北华北区、中西部区、长江下游区、长江中游区、两广福建区、云贵川区等 6 个区域。6 个区域包括的省市如下：

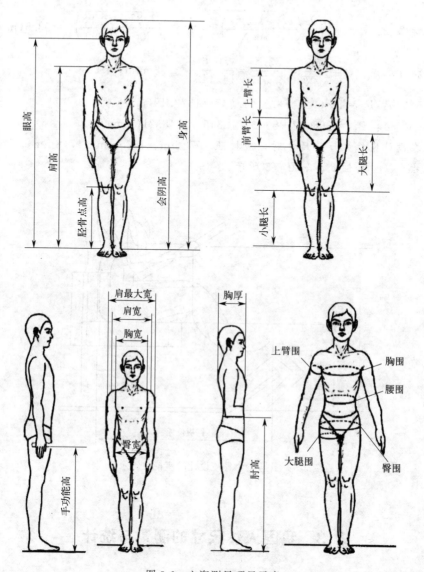

图 3-6　立姿测量项目示意

　　① 东北华北区：黑龙江、吉林、辽宁、内蒙古、河北、山东、北京、天津；

　　② 中西部区：河南、山西、陕西、宁夏、甘肃、新疆、西藏、青海；

　　③ 长江下游区：江苏、浙江、安徽、上海；

　　④ 长江中游区：湖北、湖南、江西；

　　⑤ 两广福建区：广东、广西、海南、福建、台湾；

　　⑥ 云贵川区：云南、贵州、四川、重庆。

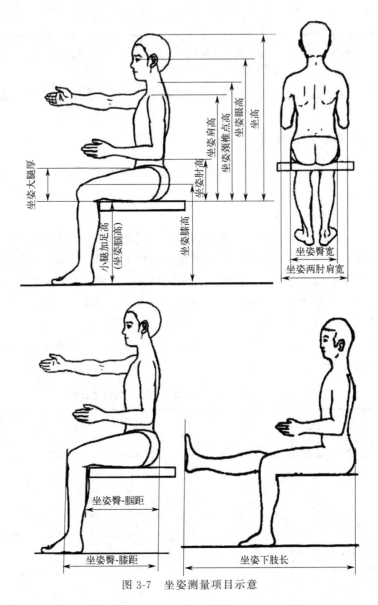

图 3-7　坐姿测量项目示意

上述我国 6 个区域的成年人身高、体重和胸围的均值及标准差见表 3-4。

表 3-4　我国 6 个区域的成年人身高、体重和胸围的均值及标准差

项目	性别	东北华北区		中西部区		长江中游区		长江下游区		两广福建区		云贵川区	
		均值	标准差	均值	标准差	均值	标准差	均值	标准差	均值	标准差	均值	标准差
身高/mm	男	1702	67.3	1686	64.8	1673	65.8	1694	67.4	1684	72.2	1663	68.5
	女	1584	61.9	1577	58.7	1564	54.7	1582	59.7	1564	60.6	1548	58.6
体重/kg	男	71	11.9	69	11.3	67	10.4	68	11.0	67	10.9	65	10.5
	女	60	9.8	60	9.6	56	7.9	57	8.5	55	8.4	56	8.5

续表

项目	性别	东北华北区		中西部区		长江中游区		长江下游区		两广福建区		云贵川区	
		均值	标准差	均值	标准差	均值	标准差	均值	标准差	均值	标准差	均值	标准差
胸围/mm	男	949	80.0	930	80.3	920	74.8	929	75.5	915	74.1	913	73.7
	女	908	86.0	915	81.0	892	73.6	896	76.7	882	72.9	908	77.2

3.3.2 人体参数的测量

产品的设计应符合人的使用与操作要求，必须考虑产品在造型尺度方面符合正常人体各部分的结构尺寸及关节运动所能达到的范围，与此相对应的人体参数主要是人体构造尺寸和功能尺寸。

《中国成年人人体尺寸》（GB/T 10000）适用于成年人消费用品、交通、服装、家居、建筑、劳动防护、军事等生产与服务产品、设备、设施的设计及技术改造更新，以及各种与人体尺寸相关的操作、维修、安全防护等工作空间的设计及其工效学评价。该标准分两个性别（男性、女性）统计了18~70岁成年人体尺寸百分位数（表3-5），并分为4个年龄段（18~25岁、26~35岁、36~60岁、61~70岁），分别给出了人体基础尺寸和人体功能尺寸数据的7个百分位数统计值。

表3-5　18~70岁成年人体尺寸百分位数统计值

	测量项目	18~70岁男性百分位数							18~70岁女性百分位数						
		P_1	P_5	P_{10}	P_{50}	P_{90}	P_{95}	P_{99}	P_1	P_5	P_{10}	P_{50}	P_{90}	P_{95}	P_{99}
1	体重/kg	47	52	55	68	83	88	100	41	45	47	57	70	75	84
	立姿测量项目														
2	身高/mm	1528	1578	1604	1687	1773	1800	1860	1440	1479	1500	1571	1650	1673	1725
3	眼高/mm	1416	1464	1486	1566	1651	1677	1730	1328	1366	1384	1455	1531	1554	1601
4	肩高/mm	1237	1279	1300	1373	1451	1474	1525	1161	1195	1212	1276	1345	1366	1411
5	肘高/mm	921	957	974	1037	1102	1121	1161	867	895	910	963	1019	1035	1070
6	手功能高/mm	649	681	696	750	806	823	854	617	644	658	705	753	767	797
7	会阴高/mm	628	655	671	729	790	807	849	618	641	653	699	749	765	798
8	胫骨点高/mm	389	405	415	445	477	488	509	358	373	381	409	440	449	468
9	上臂长/mm	277	289	296	318	339	347	358	256	267	271	292	311	318	332
10	前臂长/mm	199	209	216	235	256	263	274	188	195	202	219	238	245	256
11	大腿长/mm	403	424	434	469	506	517	537	375	395	406	441	476	487	508
12	小腿长/mm	320	336	345	374	405	415	434	297	311	318	345	375	384	401
13	肩最大宽/mm	398	414	421	449	481	490	510	366	377	384	409	440	450	470
14	肩宽/mm	339	354	361	386	411	419	435	308	320	330	354	377	383	395
15	胸宽/mm	236	254	265	299	330	339	356	233	247	255	283	312	319	335
16	臀宽/mm	291	303	309	334	359	367	382	281	293	299	323	349	358	375
17	胸厚/mm	172	184	191	218	246	254	270	168	180	186	212	240	248	265

续表

测量项目		18～70 岁男性百分位数							18～70 岁女性百分位数						
		P_1	P_5	P_{10}	P_{50}	P_{90}	P_{95}	P_{99}	P_1	P_5	P_{10}	P_{50}	P_{90}	P_{95}	P_{99}
立姿测量项目															
18	上臂围/mm	227	246	257	295	332	343	369	216	235	246	290	332	344	372
19	胸围/mm	770	809	832	927	1032	1064	1123	746	783	804	895	1009	1042	1109
20	腰围/mm	642	687	713	849	986	1023	1096	599	639	663	781	923	964	1047
21	臀围/mm	810	845	864	938	1018	1042	1098	802	837	854	921	1009	1040	1111
22	大腿围/mm	430	461	477	537	600	620	663	443	470	485	536	595	617	661
坐姿测量项目															
23	坐高/mm	827	856	870	921	968	979	1007	780	805	820	863	906	921	943
24	坐姿颈椎点高/mm	599	622	635	675	715	726	747	563	581	592	628	664	675	697
25	坐姿眼高/mm	711	740	755	798	845	856	881	665	690	704	745	787	798	823
26	坐姿肩高/mm	534	560	571	611	653	664	686	500	521	531	570	607	617	636
27	坐姿肘高/mm	199	220	231	267	303	314	336	188	209	220	253	289	296	314
28	坐姿大腿厚/mm	112	123	130	148	170	177	188	108	119	123	137	155	163	173
29	坐姿膝高/mm	443	462	472	504	537	547	567	418	433	440	469	501	511	531
30	坐姿腘高/mm	361	378	386	413	442	450	469	341	351	356	380	408	418	439
31	坐姿两肘间宽/mm	352	376	390	445	505	524	566	317	338	352	410	474	491	529
32	坐姿臀宽/mm	292	308	316	346	379	388	410	293	308	317	348	382	393	414
33	坐姿臀-腘距/mm	407	427	438	472	507	518	538	396	416	426	459	492	503	524
34	坐姿臀-膝距/mm	509	526	535	567	601	613	635	489	506	514	544	577	588	607
35	坐姿下肢长/mm	830	873	892	956	1025	1045	1086	792	833	849	904	960	977	1015
头部测量项目															
36	头宽/mm	142	147	149	158	167	170	175	137	141	143	151	159	162	168
37	头长/mm	170	175	178	187	197	200	205	162	167	170	178	187	190	194
38	形态面长/mm	104	108	111	119	129	133	144	96	100	102	110	119	122	130
39	瞳孔间距/mm	52	55	56	61	66	68	71	50	52	54	58	64	66	71
40	头围/mm	531	543	550	570	592	600	617	517	528	533	552	571	577	591
41	头矢状弧/mm	305	320	325	350	372	380	395	280	303	311	335	360	367	381
42	耳屏间弧（头冠状弧）/mm	321	334	340	360	380	386	397	313	324	330	349	369	375	385
43	头高/mm	202	210	217	231	249	253	260	199	206	213	227	242	246	253
手部测量项目															
44	手长/mm	165	171	174	184	195	198	204	153	158	160	170	179	182	188
45	手宽/mm	78	81	82	88	94	96	100	70	73	74	80	85	87	90
46	食指长/mm	62	65	67	72	77	79	82	59	62	63	68	73	74	77

测量项目	18~70 岁男性百分位数							18~70 岁女性百分位数						
	P_1	P_5	P_{10}	P_{50}	P_{90}	P_{95}	P_{99}	P_1	P_5	P_{10}	P_{50}	P_{90}	P_{95}	P_{99}
手部测量项目														
47 食指近位宽/mm	18	18	19	20	22	23	23	16	17	17	19	20	21	21
48 食指远位宽/mm	15	16	17	18	20	20	21	14	15	15	17	18	18	19
49 掌围/mm	182	190	193	206	220	225	234	163	169	172	185	197	201	211
足部测量项目														
50 足长/mm	224	232	236	250	264	269	278	208	215	218	230	243	247	256
51 足宽/mm	85	89	91	98	104	106	110	77	82	83	90	96	98	102
52 足围/mm	218	226	231	247	263	268	278	200	207	211	225	240	245	254

3.3.3 用体重、身高计算有关人机学参数

3.3.3.1 用人体体重计算人体体积和体表面积

（1）人体体积的计算

$$V = 1.015W - 4.937 \qquad (3\text{-}17)$$

式中 V——人体体积，L；

W——人体体重，kg。

式（3-17）适用于体重在 50~100kg 男性人体体积的计算。

（2）人体体表面积计算

① Dubois 算法：

$$S = K_R W^{0.425} H^{0.725} \qquad (3\text{-}18)$$

式中 S——人体体表面积，m^2；

H——人体身高，cm；

W——人体体重，kg；

K_R——人种常数，中国人取 72.46。

② 赖氏算法：

$$S = 0.0235 H^{0.42246} W^{0.051456} \qquad (3\text{-}19)$$

③ Stevenson 算法：

$$S = 0.0061 H + 0.0128 W - 0.1529 \qquad (3\text{-}20)$$

④ 胡咏梅算法：

$$S = 0.0061 H + 0.0124 W - 0.0099 \qquad (3\text{-}21)$$

⑤ 赵松山算法：

中国成年男性的体表面积：

$$S = 0.00607 H + 0.0127 W - 0.0698 \qquad (3\text{-}22)$$

中国成年女性的体表面积：

$$S = 0.00586H + 0.0126W - 0.0461 \qquad (3\text{-}23)$$

3.3.3.2　人体尺寸项目推算

在工作空间的工效学设计中，两臂和两肘展开宽、跪姿体长和体高、俯卧姿体长和体高、爬姿体长和体高等的基本人体尺寸项目数值可参照表 3-6 计算。

表 3-6　人体尺寸项目推算表

尺寸项目	男性推算公式	女性推算公式
两臂展开宽	$87.363 + 0.955H$	$72.468 + 0.946H$
两臂功能展开宽	$11.052 + 0.877H$	$32.604 + 0.834H$
两肘展开宽	$90.236 + 0.467H$	$97.372 + 0.455H$
跪姿体长	$-361.992 + 0.617H$	$212.689 + 0.276H$
跪姿体高	$128.309 + 0.679H$	$64.719 + 0.721H$
俯卧姿体长	$62.06 + 1.217H$	$126.542 + 1.18H$
俯卧姿体高	$275.479 + 1.459W$	$308.342 + 0.949W$
爬姿体长	$117.958 + 0.661H$	$368.218 + 0.506H$
爬姿体高	$61.036 + 0.446H$	$195.347 + 0.355H$

注：H 为身高，mm；W 为体重，kg。

3.4　人体尺寸差异的影响因素

人体测量数据的差异通常与年龄、性别、年代、地区与种族、职业等因素有关。

3.4.1　年龄

人体尺寸增长过程，一般男性 20 岁结束，女性 18 岁结束。通常男性 15 岁、女性 13 岁时手的尺寸就达到了一定值，男性 17 岁、女性 15 岁时脚的大小也基本定型。成年人身高随年龄的增长而收缩一些，但体重、肩宽、腹围、臀围、胸围却随年龄的增长而增加。在采用人体尺寸时，必须判断对象适合的年龄组，要注意不同年龄组尺寸数据的差别。

3.4.2　性别

男性与女性在人体尺寸、体重和身体各部分比例关系等方面有明显差异。对于大多数体尺寸，男性都比女性大一些，但有 4 个尺寸——胸厚、臀宽、臂围及大腿周长，女性比男性的大。男性和女性即使在身高相同的情况下，身体各部分的比例也是不相同的。从整个身体尺寸来说，女性的手臂和腿相对较短，躯干和头占的比例较大，肩较窄，骨盆较宽。对于皮下脂肪厚度及脂肪层在身体的分布，男性和女性也有明显差别。因此，以矮小男性的人体尺寸代替女性人体尺寸使用是错误的，特别是在腿的长度尺寸起重要作用的场所，如坐姿操作的岗位，考虑女性的人体尺寸至关重要。

3.4.3 年代

随着人类社会的不断发展，卫生、医疗、生活水平的不断提高以及体育运动的大力开展，人类的成长和发育也发生了变化。有学者等对烟台市 1985～2010 年城市汉族男女身高开展研究发现，增幅最大的年龄组：男性是 12 岁，其增幅为 10.3cm（4.1cm/10 年），女性是 11 岁，其增幅为 7.2cm（2.9cm/10 年）；增幅最小的年龄组：男性是 17 岁，其增幅为 5.0cm（2.0cm/10 年），女性是 18 岁，其增幅为 2.9cm（1.2cm/10 年）。2018 年，全国 18～25 岁的成年人平均身高为 172.0cm，比 1988 年（168.6cm）增长了 3.4cm。

3.4.4 地区与种族

不同的国家、不同的地区、不同的种族的人体尺寸差异较大，即使是在同一国家、不同区域也有差异。随着国家、区域间各种交流活动范围的不断扩大，不同民族、不同地区的人使用同一装备、同一设施的情况越来越多。因此，在设计中考虑产品的多民族的通用性，也是一个值得注意的问题。

3.4.5 职业

不同职业的人，在身体大小及比例上也存在着差异。例如，一般体力劳动者平均身体尺寸都比脑力劳动者稍大些。在美国，工业部门的工作人员的平均身高要比军队人员矮小；在我国，一般部门的工作人员的平均身高要比体育系统的人矮小。也有一些人由于长期的职业活动改变了体形，使其某些身体特征与人们的平均值不同。对于不同职业所造成的人体尺寸差异，在为特定的职业设计工具、用品和环境以及应用从某种职业获得的人体测量数据去设计适用于另一种职业的工具、用品和环境时，必须予以注意。

另外，数据来源不同、测量方法不同、被测者是否有代表性等因素，也常常造成测量数据的差异。

3.5　人体测量数据的应用原则与方法

当设计中涉及人体尺度时，设计者必须熟悉数据测量定义、适用条件、百分位的选择等方面的知识，才能正确地应用有关的数据。否则有的数据可能被误解，如果使用不当，还可能导致严重的设计错误。因此，测量数据的应用是设计者与安全工作者必须了解的一项内容。

3.5.1　人体测量数据的一般应用原则

人体尺寸大小是各不相同的，设计一般不可能满足所有使用者。为使设计适合于较多的使用者，需要根据产品的用途及使用情况应用人体尺寸数据，合理选用百分位。人体测量数据在应用时通常遵循以下原则。

3.5.1.1　合理选用百分位原则

（1）最大最小原则

在不涉及使用者健康和安全时，选用第 5 百分位和第 95 百分位数据作为界限值较为适宜，以便简化加工制造过程，降低成本。由人体身高决定的物体，如门、船舱口、通道床、担架等，其尺寸应以第 95 百分位数值为依据；由人体某些部分的尺寸决定的物体，如取决于腿长的座椅平面高度，其尺寸应以第 5 百分位数值为依据。

间距类设计，常取第 95 百分位的人体数据；可及距离类设计，一般应使用低百分位数据，如涉及伸手够物、立姿侧向手握距离、坐姿垂直手握高度等设计皆属于此类问题。

以第 5 百分位和第 95 百分位为界限值的物体，若身体尺寸在界限值以外的人使用时会危害其健康或增加事故危险，其尺寸界限应扩大到第 1 百分位和第 99 百分位。

净空高度类设计，一般取高百分位数据，如第 99 百分位的人体数据，以尽可能适应所有人。紧急出口以及运转着的机器部件的有效半径应以第 99 百分位数值为依据，而使用者与紧急制动杆的距离则应以第 1 百分位数值为依据。

座面高度类设计，一般取低百分位数据，常取第 5 百分位的人体数据，因为如果座面太高，导致大腿受压，会使人感到不舒服。

隔断类设计，如果设计目的是保证隔断后人的私密性，应使用第 95 或更高百分位数据；相反，如果是为了监视隔断后的情况，则应使用低百分位（第 5 百分位或更低百分位）数据。

公共场所工作台面高度类设计，如果没有特别的作业要求，一般以肘部高度数据为依据，百分位常取从女子第 5 百分位（895mm，18～70 岁）到男子第 95 百分位（1121mm，18～70 岁）数据。

（2）平均原则

门铃、插座、电灯开关的安装高度以及付账柜台高度，应以第 50 百分位数值为依据。因为人体尺寸的统计分布一般是呈正态分布的，所以在不能保证所有使用者使用方便舒适的情况下，选取比例最大部分的人体尺寸，即平均尺寸。

3.5.1.2 可调性原则

与人的健康安全关系密切或为减轻作业疲劳的设计应依据可调性原则，也就是使第 5 百分位和第 95 百分位之间的所有人使用方便。例如，汽车座椅应在高度、靠背倾角、前后距离等尺度或方向上可调。

3.5.1.3 使用最新人体数据原则

对人体尺寸的调查统计应每隔若干年进行一次。随着生活水平的提高，科学技术的进步，饮食的科学化、合理化，以及体育活动的普及和开展，人的身高和各部分尺寸都有逐渐增大的趋势。因此，在应用人体测量数据时，应使用现行的国家标准，如《中国成年人人体尺寸》。

3.5.1.4 地域性原则

人体尺寸因国家、地区、民族、性别、年龄等情况的不同而存在较大差别。一般来说，欧美人身材较高大，亚洲人身材较矮小，在我国不同地区人的身材差异也较大。因此，设计时必须考虑实际服务的区域和其他相关影响因素。

3.5.1.5 功能修正与心理修正原则

（1）功能修正量

有关人体尺寸标准中所列的数据是在裸体或穿单薄内衣的条件下测得的，测量时不穿或穿着纸拖鞋，要求躯干为挺直姿势，而设计中所涉及的人体尺寸应该是在穿衣服、穿鞋正常情况下躯干为自然放松姿势，甚至戴帽条件下的人体尺寸。应用时，必须给衣服、鞋、帽留下适当余地，即增加适当的着装修正量。所有这些修正量总计为功能修正量 Δf。因此，产品的最小功能尺寸可由下式确定：

$$S_{min}=S_a+\Delta f \tag{3-24}$$

式中　S_{min}——最小功能尺寸；

S_a——第 a 百分位人体尺寸数据。

着装和穿鞋修正量可参照表 3-7 数据确定。此外，还需要考虑实现产品不同操作和人员不同姿势所需的功能修正量。需要对静态数据进行动态尺寸的调整，如人行走时，头顶上下的运动幅度可达 50mm。通常，对于楼梯、按钮、推钮、搬动开关等的设计，可采用实验的方法去求得功能修正量，也可以从统计数据中获得。

表 3-7　着装和穿鞋修正量　　　　　　　单位：mm

项目	Δf	修正原因	项目	Δf	修正原因
立姿高	25～38	鞋高	肩高	10	衣（包括坐高 3 及肩高 7）
坐姿高	3	裤厚	两肘的间宽	20	—
立姿眼高	36	鞋高	肩-肘	8	手臂弯曲时,肩肘部被衣物压紧
坐姿眼高	3	裤厚	臂-手	5	—
肩宽	13	衣	大腿厚	13	—
胸宽	8	衣	膝宽	8	—
胸厚	18	衣	膝高	33	—
腹厚	23	衣	臀-膝	5	—
立姿臀宽	13	衣	足宽	13～20	—
坐姿臀宽	13	—	足长	30～38	—
足后跟	20～28	—			

对姿势进行数据修正时常用的数据有：立姿时身高、眼高减 10mm；坐姿时的坐高、眼高减 44mm。考虑操作功能修正：以上肢前伸长为依据，上肢前伸长为上肢向前方自然地水平伸展时，背部后缘至中指指尖点的水平直线距离，应对不同功能做修正，即按钮开关减 12mm，推滑开关、扳动开关减 25mm。

（2）心理修正量

为了克服人们心理上产生的"空间压抑感""高度恐惧感"等心理感受，或者为了满足人们的心理需求，在产品最小功能尺寸上附加一项增量，称为心理修正量。心理修正量也是用实验方法求得，一般是通过被试者主观评价表的评分结果进行统计分析，求得心理修正量。

考虑了心理修正量的产品功能尺寸称为最佳功能尺寸，可由式（3-25）确定：

$$S_{opm}=S_a+\Delta f+\Delta p \tag{3-25}$$

式中 S_{opm}——最佳功能尺寸；

Δp——心理修正量。

【例 3-5】车船卧铺的上下铺净间距设计时，18～25 岁中国男子坐高第 99 百分位数为 1025mm，衣裤厚度（功能）修正量取 25mm，人头顶无压迫感最小高度（心理修正量）为 115mm，则卧铺的上下铺最小净间距和最佳净间距分别为多少？

解：
$$S_{min} = S_a + \Delta f = 1025 + 25 = 1050 \, (mm)$$
$$S_{opm} = S_a + \Delta f + \Delta p = 1025 + 25 + 115 = 1165 \, (mm)$$

3.5.1.6 姿势与身材尺寸相关联原则

在确定设计尺寸时，要综合考虑劳动姿势与身材大小，如坐姿或蹲姿的宽度设计要比立姿的大。

3.5.2 人体主要尺寸的应用步骤

为了使人体测量数据能被设计者有效利用，应按照如下要求合理使用人体尺寸。

（1）确定所设计产品的类型

在涉及人体尺寸的产品设计中，设定产品功能尺寸的主要依据是人体尺寸百分位数，而人体尺寸百分位数的选用又与所设计产品的类型密切相关。在《在产品设计中应用人体尺寸百分位数的通则》（GB/T 12985—1991）中，依据产品使用者人体尺寸的设计上限值（最大值）和下限值（最小值）对产品尺寸设计进行了分类（表 3-8）。凡涉及人体尺寸的产品设计，首先应按该分类方法确认所设计的对象属于其中的哪一类型。

表 3-8 人体尺寸百分位数选择 1

产品类型	产品类型定义	说明	备注
Ⅰ型产品尺寸设计	需要两个人体尺寸百分位数作为尺寸上限值和下限值的依据	属于双限值设计	可调节把手高度的行李箱、可调高度的椅子
Ⅱ型产品尺寸设计	只需要人体尺寸一个百分位数作为尺寸上限值或下限值的依据	属于单限值设计	—
ⅡA型产品尺寸设计	只需要一个人体尺寸百分位数作为尺寸上限值的依据	属于大尺寸设计	担架的长度

产品类型	产品类型定义	说明	备注
ⅡB型产品尺寸设计	只需要一个人体尺寸百分位数作为尺寸下限值的依据	属于小尺寸设计	固定尺寸的座椅高度
Ⅲ型产品尺寸设计	只需要第50百分位数作为产品尺寸设计的依据	属于平均尺寸设计	柜台高度、电灯开关高度

（2）选择人体尺寸的百分位数

表 3-9 中的产品类型，按产品重要程度又分为涉及人的健康、安全的产品和一般工业产品两个等级。在确认所设计的产品类型及等级之后，选择人体尺寸百分位数的依据就是满足度（适应度）。

表 3-9　人体尺寸百分位数选择 2

产品类型	产品重要程度	百分位数的选择	满足度
Ⅰ型产品	涉及人的健康、安全的产品	选用 P_{99} 和 P_1 作为尺寸上、下限值的依据	98％
	一般工业产品	选用 P_{95} 和 P_5 作为尺寸上、下限值的依据	90％
ⅡA型产品	涉及人的健康、安全的产品	选用 P_{99} 或 P_{95} 作为尺寸上限值的依据	99％或95％
	一般工业产品	选用 P_{90} 作为尺寸上限值的依据	90％
ⅡB型产品	涉及人的健康、安全的产品	选用 P_1 或 P_5 作为尺寸下限值的依据	99％或95％
	一般工业产品	选用 P_{10} 作为尺寸下限值的依据	90％
Ⅲ型产品	一般工业产品	选用 P_{50} 作为尺寸设计的依据	通用
成年男女通用产品	一般工业产品	选用男性 P_{99}、P_{95}、P_{90} 作为尺寸上限值的依据	通用
		选用女性 P_1、P_5、P_{10} 作为尺寸下限值的依据	

设计者希望所设计的产品能满足所有特定使用者的使用需求，尽管这在技术上可行通用但往往是不经济的。因此，满足度的确定应根据所设计产品使用者总体的人体尺寸差异性、制造该类产品技术上的可行性和经济上的合理性等因素进行综合优选。表 3-9 中给出的满足度指标是根据通常选用的水平制定的，对于有特殊要求的设计，其满足度指标可另行确定。

（3）确定功能修正量

考虑到作业人员可能的姿势、动态操作、着装等需要的设计裕度都可以称为功能修正量 Δf。功能修正量随产品不同而异，通常为正值，有的时候也可能是负值。着装和穿鞋修正量参照表 3-7 中的数据确定。

（4）确定心理修正量

心理修正量与地域、民族习惯、文化修养等有关，一般可以通过对被测试者主观评价表的评分结果进行统计分析求得，并在此基础上确定设计的最佳功能尺寸。例如设计教室、卧室、列车铺位等高度时，均需考虑心理修正量的问题。

（5）确定产品最佳功能尺寸

最佳功能尺寸，即为了舒适、方便、有效地实现产品的某种功能所需要的尺寸。

产品最佳功能尺寸＝人体尺寸百分位数＋功能修正量＋心理修正量

3.6 测量数据的概率分布

3.6.1 正态分布

正态分布（normal distribution）是工程领域重要的概率分布，也是应用最广泛的一种数据形式。任何分布都是由特定的一个或几个参数决定的，根据这些参数就可以确定分布曲线的形状。多数分布（并非所有分布）会有两个参数：位置参数和形状参数。位置参数决定分布的位置，形状参数决定分布的形状。正态分布主要由两个参数决定，即均值和标准差。均值是位置参数，决定了分布集中在什么位置；标准差是形状参数，决定了分布的分散程度。

图 3-8 显示了正态分布形状随着均值和标准差变化而变化的情形。图 3-8（a）中 3 条分布曲线的标准差均为 1，只是均值不同，可以看出 3 条曲线只是平行位移，形状不变，所以均值是位置参数，只是改变正态分布的位置。图 3-8（b）中 3 条分布曲线的均值都为 0，只是标准差不同，可以看出 3 条曲线只是形状发生变化，但位置不变，都集中在 0 值周围。标准差越大，分布越"矮胖"；标准差越小，分布越"瘦高"。

由于正态分布中的均值和标准差可以取多个值，所以正态分布的形状也是多种多样的。但无论形状如何变化，其规律都是一定的。在正态分布中，以均值为中心，往左或往右 1 倍标准差范围内曲线下的面积各约为曲线下总面积的 34.1%。换句话说，在 ±1 倍标准差的范围内曲线下的面积约为 68.2%，在 ±2 倍标准差的范围内曲线下的面积约为 95.4%，在 ±3 倍标准差的范围内面积约为 99.7%（图 3-9）。这就是正态分布的规律。

在统计学检验中，很多推断都基于正态分布的规律，例如当 $P < 0.05$ 时，认为差异有统计学意义，实际上说的就是正态分布曲线的面积。确切地说，当

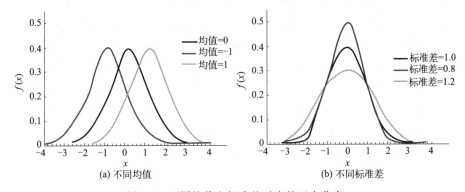

(a) 不同均值 (b) 不同标准差

图 3-8 不同均值和标准差对应的正态分布

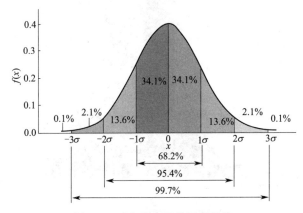

图 3-9 正态分布下的面积规律

从均值往左或往右各 1.96 倍标准差的时候，对应的左侧和右侧面积之和就是 5％。因为这种概率不是很高，所以认为其是小概率事件。

正态分布的这些规律在实际中还有很多其他应用，如"六西格玛"质量控制。所谓西格玛就是希腊字母 σ（标准差）的音译，"六西格玛"也就是 6 倍标准差。为什么必须是 6 倍标准差呢？

在正态分布中，3 倍标准差以外的面积为 100％−99.7％＝0.3％，看起来已经非常低了，这意味着 1000 次操作中大约仅有 3 次失误。但是，对很多服务领域而言，这个值是远远不能达标的，因为当基数很大的时候，0.3％仍然是一个很大的数目。例如，对机场而言，0.3％的错误发生率，意味着每起飞 1000 架次就有 3 架次飞机存在失误，那还是很严重的问题。所以，当基数很大的时候，将错误发生率控制在 3 倍标准差之外仍是远远不够的。于是提出了 "六西格玛"的概念，即将错误发生率控制在 6 倍标准差之外。在正态分布中，超出 6 倍标准差的面积约为百万分之二，也就是说，最多允许 100 万份样品中出现 2 次错误（在"六西格玛"中，标准差计算方式略有不同，一般百万份样品中最多出三四次错误），这种错误发生率在一些要求比较高的领域更为适合。

在各种形状的正态分布中，有一种非常实用的分布，就是标准正态分布（standardized normal distrbution）。当我们把原始数据进行标准化后，对标准化数据拟合正态分布，这种正态分布就是标准正态分布。由于标准化将数据转换成以 0 为均值、以 1 为标准差的值，所以标准正态分布就是一个以 0 为中心、以 1 为标准差的分布。图 3-10 模拟的就是均值为 0、标准差为 1 的 10000 个数据的分布，图中曲线是正态拟合线。

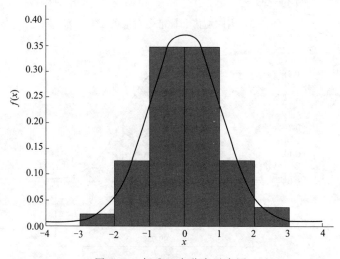

图 3-10　标准正态分布示意图

标准正态分布相当于把正态分布的规律简化了，因为它的标准差是 1，对应的横轴上的数值 1、2 直接就是 1 倍标准差、2 倍标准差。所以利用标准正态分布来说明面积规律就更简单了，可以说，以 0 为中心，在 ±2 的范围内面积约为 95.4%；也可以说，当横坐标的值等于 1.96（或 −1.96）时，对应的右侧（或左侧）面积约为 0.025。

利用上述 5 个统计量，能够很好地描述人体尺寸的变化规律。例如，很多设计骨骼长度的人体尺寸项目（如身高、坐高、上肢长等）的测量数据的分布基本上符合或接近正态分布，而人体的胸围、上臂围以及体重等的测量数据的分布则与正态分布相差稍远。对于呈正态分布的变量，往往以平均值和标准差来表示。

3.6.2　其他几个常用的分布

除正态分布之外，还经常会遇到其他一些比较常见的分布，如 t 检验对应

的 t 分布、χ^2 检验对应的 χ^2 分布、方差分析对应的 F 分布等。

（1）t 分布

在正态分布出现以后，很多现象都可以用这种分布来描述。到了 20 世纪初，有人发现同样的指标，在大样本的时候是服从标准正态分布的，但如果数据变少了，形状就和标准正态分布大不一样了。

先通过图 3-11 看一下 t 分布与标准正态分布的区别。图中，峰值最小的曲线为自由度＝1 的 t 分布（自由度是和样本例数有关的一个概念），峰值居中的曲线为自由度＝5 的 t 分布，峰值最高的为标准正态分布。可以看出，随着自由度的变小，t 分布曲线越来越"矮"而两端的"尾巴"则越来越翘。

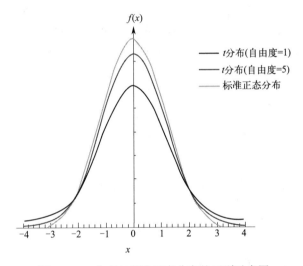

图 3-11　t 分布与标准正态分布的区别示意图

t 分布不是一个分布，而是一簇分布。因为它随着自由度的变化而变化，自由度越小，t 分布与标准正态分布偏离越大；当自由度很大的时候，t 分布接近标准正态分布。这里所谓的"很大"，并不是说需要成千上万，事实上，当自由度＝30 时，t 分布与标准正态分布就已经十分接近了；当自由度＝50 时，差别已经微乎其微了。

由于 t 分布与标准正态分布有一定的差异（尤其是在样本小的时候），因此其对应的面积也会有一定的不同。在标准正态分布中，右侧 2.5％面积对应的 Z 值为 1.96，而在 t 分布中则不是这样。例如，当自由度＝5 时，右侧 2.5％面积对应的 t 值为 2.57；当自由度＝30 时，右侧 2.5％面积对应的 t 值为 2.04；等等。因此，基于 t 分布做出的统计推断结论与基于标准正态分布的结论有时是不同的。

综上，t 分布可以看作小样本时的正态分布，只不过数据量大了，就变成了标准正态分布；数据量小了，就是 t 分布。一般统计教材中给出的 t 分布表只列到自由度 100 左右，因为当自由度超过 100 时，完全可以用标准正态分布来代替。

（2）χ^2 分布

χ^2 分布与标准正态分布有直接关系，对于一个服从标准正态分布的随机变量 Z，它的平方服从自由度为 1 的 χ^2 分布。举例来说，在标准正态分布中，与双侧 0.05 面积对应的 Z 值是 1.96；而在 χ^2 分布中，与 0.05 面积对应的 χ^2 值是 3.8416，也就是 1.96 的平方。换句话说，对于自由度为 1 的 χ^2 分布，χ^2 值是标准正态分布中相应 Z 值的平方。

为什么形状看起来这么奇怪呢？可以想象一下，首先，既然 χ^2 值是 Z 值的平方，那肯定没有负数；其次，标准正态分布中多数值集中在 0 附近（在 ±1 之间占 68.2%），那么，平方后应该约有 68.2% 的数小于 4。所以就形成了如图 3-12 所示的形状。

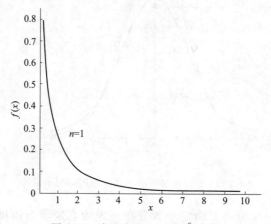

图 3-12　自由度为 1 时的 χ^2 分布

χ^2 分布和 t 分布一样，也是一簇分布。χ^2 分布只有一个参数，即自由度，也就是说，其形状随着自由度的变化而变化，每一个自由度对应一个 χ^2 分布形状。总地来说，χ^2 分布呈偏态分布；但随着自由度的增加，其偏度逐渐减小；当自由度趋于无穷时，χ^2 分布趋于正态分布。如图 3-13 所示，当自由度为 4 时，偏态较为明显；当自由度为 10 时，偏态已经小了很多。

由于 χ^2 分布的形状不同，因此对应 0.05 面积的 χ^2 值也各不相同，如自由度为 1 时对应的是 3.84，自由度为 2 时对应的是 5.99，等等。

（3）F 分布

正态分布和 t 分布主要与均值的分布有关，在推论总体均值的时候比较有用；而 F 分布是与方差有关的分布，可用于分析两个方差是否相等、方差是

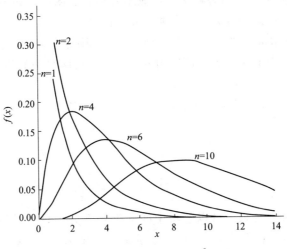

图 3-13　不同自由度对应的 χ^2 分布

否等于某一具体值等。

　　假定从两个方差相等的正态总体中随机抽取样本量为 n_1 和 n_2 的样本，这两个样本的标准差分别为 s_1 和 s_2，则 $F = s_1^2 / s_2^2$ 服从自由度 $1 = n_1 - 1$ 和自由度 $2 = n_2 - 1$ 的 F 分布。

　　也就是说，F 分布是方差比的分布。F 分布有 2 个参数，分别为自由度 1（分子的自由度）和自由度 2（分母的自由度），随着这两个自由度的变化，F 分布有不同的形状。图 3-14 显示了不同自由度下的 F 分布。

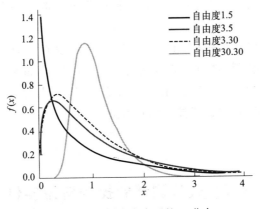

图 3-14　不同自由度下的 F 分布

　　可以发现，当分子自由度较小的时候，F 分布呈偏态分布；随着分子自由度的增加，F 分布越来越趋于正态分布。在方差分析中，分子自由度为组别数－1，由于组别数通常不会太多，因此 F 分布一般呈偏态。

在 F 分布簇中，不同的自由度对应不同形状。因此，在利用 F 分布进行统计学检验时，需要结合分子自由度和分母自由度。

F 分布与 t 分布的关系：如果组别数为 2，则分子自由度为 $2-1=1$，此时 F 分布等于 t 分布的平方，所以用方差分析比较两组均值的差异时发现，F 值为 t 值的平方。

F 分布与 χ^2 分布的关系如下：

$$F = \frac{s_1^2}{s_2^2} = \frac{\dfrac{1}{n_1-1}\sum\limits_{i=1}^{n_1}(x_{i1}-\overline{x}_1)^2\left(\dfrac{1}{\sigma^2}\right)}{\dfrac{1}{n_2-1}\sum\limits_{i=1}^{n_2}(x_{i2}-\overline{x}_2)^2\left(\dfrac{1}{\sigma^2}\right)} = \frac{\chi_{\nu_1}^2/\nu_1}{\chi_{\nu_2}^2/\nu_2} \tag{3-26}$$

上述公式比较复杂，可以忽略中间的推导部分，只看最后结果。也就是说，F 分布可以看作两个 χ^2 之比。分子是自由度为 υ_1 的 χ^2 除以其自由度，分母是自由度为 υ_2 的 χ^2 除以其自由度，两者之比服从 F 分布。

综上，正态分布、t 分布、χ^2 分布、F 分布是十分常见的 4 种基础分布，后 3 种分布其实都是从正态分布衍生而来的。

t 分布主要是与均值有关的抽样分布，常用于两个均值是否相等的统计检验、回归系数是否为 0 的统计检验。这些检验的形式都是某参数是否等于 0，如两个差值是否等于 0、回归系数是否等于 0。

F 分布是与方差有关的抽样分布，常用于方差齐性检验、方差分析和回归模型检验。它们都是针对方差而非均值的，如方差齐性检验是两个方差之比，方差分析是组间方差与组内方差之比，回归模型检验是模型方差与残差方差之比。

χ^2 分布也是与方差有关的抽样分布，但它在实际中常用于描述分类资料的实际频数与理论频数之间的抽样误差。由于，χ^2 分布本身是连续分布，因此在用于分类资料时，只有在大样本时才近似 χ^2 分布。这也就是在理论频数较小时，需要对 χ^2 检验进行校正的原因。

3.7　人体测量数据的应用实例

3.7.1　大学教室桌椅设计

大学教室桌椅与人体尺寸相关的关键尺寸安全人机工程设计步骤如下。

① 识别所有与产品设计相关的人体尺寸。如果设计师明确产品的使用方式，要识别与产品设计相关的人体尺寸并不困难，例如：桌面的高度为坐姿肘高，抽屉底面与椅子面之间的距离为大腿厚度，桌子的容膝空间为坐姿腿高加一个大腿厚度，椅面的高度为小腿高度，椅面的宽度为臀部至腿弯长度，椅面高度依据与桌面高度的关系确定。

② 分析关键尺寸并将尺寸按重要程度排序，对一些干涉尺寸进行平衡取舍。从实现功能入手进行分析，课桌椅最重要的功能是坐、写、抽屉放物。

a. 首先保证坐的功能：椅面高度与腿弯高度相关，应取小百分位尺寸；椅面宽度与臀部至腿弯长度有关，应取小百分位尺寸。

b. 保证写的功能：桌面的高度与坐姿肘高相关，且与椅面高度是关联尺寸。

c. 抽屉的功能：由桌面高度和抽屉底面与椅子面之间的距离决定。

③ 确定预期的用户人群：成年男女。若为儿童设计，则选用的数据区别是很大的。

④ 选择一个合适的预期目标用户的满足度。出于经济的考虑，常常确保其 90％的满足度，可能的话应该满足 95％～98％的用户需求。

⑤ 根据满足度选取需要依据的百分位数。选择人体尺寸的百分位数，参阅表 3-10。

表 3-10　不同百分位数的身高

百分位数	P_5	P_{50}	P_{95}
身高/cm	155	160	168

⑥ 获取正确的人体测量数据表，并找出需要的基本数据。

⑦ 确定各种影响因素，并对从表 3-10 中得到的基本数据予以修正：

最小功能尺寸＝人体尺寸的百分位数＋功能修正量

最佳功能尺寸＝人体尺寸的百分位数＋功能修正量＋心理修正量

3.7.2　楼梯的安全人机工程设计

楼梯各部分的设计要求楼梯应该有足够的疏散能力，满足安全、防火等的要求。同时，根据安全人机工程学分析，楼梯的设计要符合人的生理、心理特征。人的动觉是对身体运动及其位置状态的感觉，它与肌肉组织、肌腱和关节活动有关。人的动觉的改变破坏了原有的身体位置、运动方向、速度大小等的平衡，就需要重新建立平衡，在建立新的平衡过程中，人的运动速度必然变缓。因此，建筑的楼梯应尽可能避免破坏人的动觉平衡，其类型宜采用直行形式，如直跑楼梯、对折的双跑楼梯或成直角折行的楼梯等，而不宜采用弧形梯段或在半平台上设置扇步。根据安全人机工程的原理，楼梯各部分的设计要求如下。

(1) 楼梯踏步宽度和踢面高度设计

确定楼梯踏步宽度（设为 L）、踢面高度时要综合考虑人的行为习惯和人体相关尺寸。踏步太宽时，踢面过低会使人踏步加大，易产生疲劳，造成人体能量的浪费；踏步过窄时，踢面过低会增加梯级的级数，一方面增加了脚的移动次数，使人容易产生疲劳，另一方面会使人形成一步踏多级的习惯，甚至下楼时易发生踏空跌倒。踏步宽度主要与人的足长有关，设计时足长取《中国成年人人体尺寸》公布的男性足长分布的第 95 百分位数值，因此：

$$S = S_a + S_b \tag{3-27}$$

式中　S——最小功能尺寸，mm；

　　　S_a——男性足长分布的第 a 百分位人体尺寸数据，mm；

　　　S_b——尺寸修正量，mm。

确定长修正量时，基于人足全部在踏面上，可按照人的日常行为活动，只需考虑鞋前端或后端的修正量。由于鞋前端和后端的总修正量为 $30 \sim 38$mm，所以足的修正量 S_b 取值为 $15 \sim 19$mm，由于 $S_{95} = 260 \sim 270$mm，因此 $S = 275 \sim 289$mm。因为踏步宽度为人足的最小功能尺寸，所以 $L = S$，即踏步宽度最佳为 $275 \sim 289$mm。

梯级的高度（踢面高度）一般为 $127 \sim 200$mm，最佳为 $165 \sim 178$mm。

(2) 楼梯的宽度设计

楼梯的宽度主要取决于人的肩宽和人流量的大小。在设计楼梯的梯段宽时，人的肩宽取《中国成年人人体尺寸》（GB/T 10000—2023）公布的肩宽分布的第 95 百分位数值，在此人的肩宽修正尺寸为 1 股人流的距离。在设计楼梯的宽度时，不仅要考虑人能轻松通过，还要考虑安全功能距离，即预留的应急宽度（为了在发生火灾时方便人能进行各种救火操作而设置的宽度）。因此，楼梯的宽度确定如下：

$$H = nH_1 + H_2 \tag{3-28}$$

式中　H_1——人的肩宽的第 95 百分位所对应的尺寸，mm；

　　　H_2——安全功能距离，mm；

　　　n——人流的股数。

此外，不同使用性质的建筑需要不同的梯段宽度，如公共建筑的楼梯应设置不少于 2 股人流的距离，其楼梯梯段宽度应不小于 1500mm；居住建筑的楼梯梯段宽度应不小于 1200mm。

(3) 踏步的防滑设计

踏步防滑设计一般采用条纹防滑，有内凹条纹和外凸条纹两种。从防滑的角度来看，内凹条纹的防滑作用不佳，只是具有一定的美学效果，所以既经济又具有明显防滑效果的防滑设计是设置外凸条纹。但是，设置外凸条纹会使人产生强烈的凸感，感觉不适，因此设置的条纹要宜人，必须保证条纹凸起高度的设置不会令人有明显的凸感。

（4）休息台（正平台和半平台）的设计

休息台是在考虑人体生物力学特征的基础上为缓解人上、下楼梯疲劳而设计的。设立休息台必须保证其阻碍人上、下楼梯，这就要求休息台的宽度不得小于楼梯宽度。正平台设计应避免从楼层出入的人和上下楼梯的人发生碰撞，因此正平台的宽度应大于半平台。假设正平台和半平台的宽度分别为 L_1、L_2，则两平台的宽度之差 $d = L_1 - L_2$。

人在从楼梯入口进入楼梯时捷径效应表现在人有靠楼梯两侧行走的趋势，人行走的路线大致如图 3-15 中的箭头所示。人在进入楼梯时，其行走方向与楼梯中行走在正平台的人流方向垂直，刚进入正平台的人要随人流一同行走，就必须使身体旋转 90° 来改变行走方向。由此可知，两平台的宽度之差 d 应大于或等于人的肩宽的功能尺寸（此处的肩宽应取男性第 95 百分位所对应的尺寸），这样才能确保进出楼梯的人不与楼梯中的人碰撞、拥挤，保证楼梯的畅通。

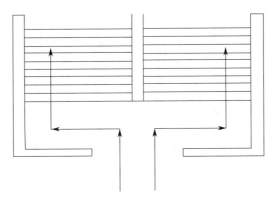

图 3-15　人的捷径效应路线

（5）楼梯坡度和扶手设计

由房屋建筑学的相关理论可知，楼梯的坡度宜为 20°～50°，超过 50°则应建为爬梯，坡度小于 20°应建成台阶或坡道。结合安全人机工程学原理，楼梯的坡度在 30°～35°为最佳。扶手的高度和宽度要符合人的生理特征，即扶手的高度要与人的肘高相近，扶手宽度以手能握为宜。此外，扶手的表面还要光滑。

3.7.3 作业椅的安全人机工程设计

合理的作业椅应该具有坐着舒适、操作方便、结构稳固、有利于减轻生理疲劳的特点。表 3-11 给出了坐姿与立姿工作时心血管系统的指标。

表 3-11　坐姿与立姿工作时心血管系统的指标

指标	立姿作业	坐姿作业	指标	立姿作业	坐姿作业
心脏的输出量/(L/min)	5.1	6.4	平均动脉压力/kPa	14.23	11.69
心脏跳动一次的输出量/(mL/次)	54.5	78.3	心跳次数/(次/min)	97.2	84.9

座椅设计的依据主要是人体静态测量数据，但对动态项目也要进行考虑，如衣着的增量、操作时身体的位移量等。

（1）座宽

座面的宽度应稍大于臀宽，以便作业者灵活地改变姿势。最小的椅面宽度是 400mm，再加上冬季衣服的厚度和口袋中装的东西，大约要加大 50mm。合计约 450mm。若要使肥胖和纤瘦的作业者都适用，则需加大到 530mm。如果设置靠手，还要加上靠手的尺寸。大多数作业椅是不需要靠手的，因为靠手往往影响手臂的运动。若手臂需要支撑，可以支撑于工作台上。

（2）座深

座面的深度应能保证臀部得到全面支撑，其深度可取臀部至大腿全长的 3/4，即 357～450mm。若座椅太深，则不利于靠背，而且小腿背侧被座椅前缘压迫而致膝部无法弯曲。若座椅太浅，则会造成大腿支撑不足，身体重量都压在坐骨结节上，久坐会产生不适感。

（3）斜倾度

座面应有一定的斜倾度，一般做成仰角 3°～8°，作业椅为 3°～5°，以避免人体向前滑下。

（4）座面形状

老式的座椅面曾做成臀部凹形，在两腿之间略有隆起，目的是使作业者感到更舒适。但实践证明，人的臀部大小和大腿粗细的个体差异很大，这种座面凹凸形并不适合所有人。其一，它妨碍臀部在座面上自由移动；其二，这种座面使人体重量压在整个臀部，与解剖生理学提出的由坐骨结节承重的结论相违背，不利于血液流通。因此，座面还是以无凹凸形者为宜，但座面上可加一软垫，以增加接触表面，减小压力分布的不均性。坐垫以纤维性材质为好，既通气又可减少下滑，不宜采用塑料材质。

（5）座面高度

座面高度是一个重要的参数，应根据工作高度确定座面高度，单纯考虑小腿长度是不全面的。决定座面高度最重要的因素是使人的肘部与工作面之间具有合理的高度差。实验证明，这个高度差较合适的距离是（275±25）mm。作业者上半身处于良好位置后，再考虑下肢舒适的坐姿是大腿近乎水平，以及脚底被地面所支持。一般椅面至脚掌的距离为膝骨的高度，即 430～450mm。如果脚掌接触不到地面，应加适当高度的踏板。若座面过高，则双腿悬空，压缩腿部肌肉，造成下肢麻木；若座面过低，则会导致膝部伸直，妨碍大腿活动，易产生疲劳。设计良好的作业椅的座面高度应可按身高调节，且能保证人在写、读时眼睛与对象物的距离不小于 300mm。

（6）靠背

靠背有两种，一种叫作"全靠"，可以支持人的整个背部，高度为 457～508mm（以座面为 O 点）；另一种叫作"半靠"，仅支撑腰部。全靠上部支撑位置在第 5～6 节胸椎处，下部支撑位置在 4～5 节腰椎处，有两个明显的支撑面。半靠只有腰椎一个支撑面。靠背的倾斜度与椅面成 115°夹角；宽度与椅面宽度相称。休息时，肩靠起主要作用；操作时，腰靠起主要作用。表 3-12 为座椅设计参数。

表 3-12　座椅设计参数

名称	客机乘客座椅	轿车驾驶座椅	客车驾驶座椅
座高/cm	38.1	30～35	40～47
座宽/cm	50.8	48～52	48～52
座深/cm	43.2	40～42	40～42
靠背高/cm	96.5	45～50	45～50
扶手高/cm	20.3	—	—
座面与靠背夹角/(°)	115	100	96
座面倾斜角/(°)	7	12	9

当座椅前后排列时，座间距应使后座的人能自由进出并伸直腿，至少取 81.3cm，最佳取 91.4～101.6cm。座位前后错开，保证后座者有 27mm 以上的视觉高度。剧场座椅应使后排逐渐升高，当舞台高度不超过 1.11m 时，座椅坡度应使前后座每排升高 127～428mm。

3.7.4　公交车顶棚扶手横杆高度设计的安全人机工程分析

设计计算公共汽车顶棚扶手横杆的高度，并对比"抓得住"与"不碰头"两个要求是否相容。若互不相容，研究如何解决。

（1）按乘客"抓得住"的要求设计计算

属于ⅡB型男女通用的产品尺寸设计（小尺寸）问题，根据上述人体尺寸百分位数选择原则及表 3-10 所列数据，有：

$$G_1 \leqslant P_{10\text{女}} + X_{x1} \tag{3-29}$$

式中　G_1——由"抓得住"要求确定的横杆中心的高度，mm；

$P_{10\text{女}}$——女子"双臂功能上举高"的第 10 百分位数（参见表 3-8，男女共用型产品应取女子的小百分位数人体尺寸，在不涉及安全问题的情况下，取 P_{10} 即可）由 GB/T 10000—2023 查得 $P_{10\text{女}}$ = 1737mm（18～70 岁）；

X_{x1}——女子的穿鞋修正量，取 20mm。

代入数值，得到：

$$G_1 \leqslant 1737 + 20 = 1757(\text{mm}) \tag{3-30}$$

（2）按乘客"不碰头"的要求设计计算

属于ⅡA 型男女通用的产品尺寸设计（大尺寸设计）问题，根据上述人体尺寸百分位数选择原则及表 3-10 所列，有：

$$G_2 \geqslant H_{99\text{男}} + X_{x2} + r \tag{3-31}$$

式中　G_2——由"不碰头"要求确定的横杆中心的高度，mm；

$H_{99\text{男}}$——男子身高的第 99 百分位数（参见表 3-10，男女共用型产品，应取男子的大百分位数人体尺寸，涉及人身安全问题，故取 P_{99}），由《中国成年人人体尺寸》（GB/T 10000—2023）查得 18～25 岁身高 $H_{99\text{男}}$ = 1887mm（此处取 18～25 岁身高，主要考虑在各年龄段中该年龄段的身高最高）；

X_{x2}——男子的穿鞋修正量，取 25mm；

r——横杆的半径，取 15mm。

代入数值，得到：

$$G_2 \geqslant 1887 + 25 + 15 = 1927(\text{mm}) \tag{3-32}$$

（3）两个要求是否相容

式（3-30）要求横杆中心低于 1757mm，式（3-32）要求横杆中心高于 1927mm，两者互不相容，即不可能同时满足两方面的要求。因此，要通过设计来想办法协调和解决问题。解决办法是：横杆设计高度可以比 1927mm 略高一些，确保高个子乘客的安全；在横杆上每隔 0.5mm 左右安装一条挂带，挂带下连着手环，手环可以比 1757mm 略低一些，这样让小个子乘客也抓得着。

 习 题

1. 人体测量的基准面包括哪些？

2. 人体测量数据中最常用的百分位数有哪些？分别代表什么含义？

3. 人体测量数据常用的统计函数有哪些？

4. 某成年男性工人身高 175cm，体重 72kg，计算该工人的身体体积和体表面积。

5. 如需设计适用于 90％台湾女性使用的产品，应按照怎样的身高、体重范围设计该产品？

6. 试计算第 85 百分位数华北区与云贵川区男子的身高差异。

7. 已知某成年男性 A 身高为 1730mm，试求有百分之多少的新疆男性超过其高度？

8. 人体测量数据的影响因素有哪些？

9. 人体测量数据的应用原则有哪些？

10. 已知某地区人体身高第 95 百分位数为 $x_{95}＝1752.64$mm，标准差 $s_D＝56.1$mm，均值 $\overline{x}＝1693$mm，求其变换系数 K。利用此变换系数求适用于该地区人们穿的鞋子长度。假定该地区足长均值为 26.80mm，标准差为 4.60mm。

第4章

人的生理特性与心理特性

 学习目标:

① 掌握人的感觉和知觉特性、视觉特性、听觉特性；掌握获取生理数据的实验方法及分析方法。

② 理解人的非理智行为的心理因素；理解人的行为的共同特征和个体差异。

③ 了解人的生理特性与安全之间的联系。

重点和难点:

① 理解人的生理、心理特性及其对安全生产的影响。

② 结合人的生理、心理特性进行产品的安全设计。

4.1 人的生理特性

4.1.1 感知特性

4.1.1.1 感觉

感觉是事物直接作用于感觉器官时对事物个别属性的反应。例如，可以通过视觉、嗅觉、味觉等感觉器官感受一瓶饮料的颜色、气味、口感等不同属性。感觉虽然是一种极简单的心理过程，但它在生活实践中具有重要的意义。

人对客观事物的认识是从感觉开始的，它是最简单的认识形式。失去感觉，就不能分辨客观事物的属性和自身状态。因此，感觉是各种复杂的心理过程（如知觉、记忆、思维）的基础。就这个意义来说，感觉是人关于世界的一切知识的源泉。

人体的感觉系统又称感官系统，是人体接受外界刺激，经传入神经和神经中枢产生感觉的机构。人的感觉按人的器官分类共有 7 种，通过眼、耳、鼻、舌、肤 5 个器官产生的感觉称为"五感"，此外还有运动感、平衡感等。有时将前面"五感"称为外部感觉，将后两种感觉称为内部感觉。感觉的基本特征如下。

（1）适宜刺激

人体的各种感觉器官都有各自最敏感的刺激形式，这种刺激形式称为相应感觉器官的适宜刺激，见表 4-1。

表 4-1　人的感觉和感觉器官的适宜刺激

感觉	感觉器官	适宜刺激	刺激源
视觉	眼睛	一定频率范围的电磁波	外部
听觉	耳	一定频率范围的声波	外部
旋转	半规管肌肉感受器	内耳液压变化,肌肉伸张	内部
下落和直线运动	半规管	内耳小骨位置变化	内部
味觉	舌头和口腔的一些特殊细胞	溶于唾液中的一些化学物质	外部
嗅觉	鼻腔黏膜上的一些毛细胞	蒸发的化学物质	外部
触压觉	主要是皮肤	皮肤表面的弯曲变形	接触
振动觉	无特定器官	机械压力的振幅及频率变化	接触
压力觉	皮肤及皮下组织	皮肤及皮下组织变形	接触
温度觉	皮肤及皮下组织	环境媒介的温度变化或人体接触物的温度变化,机械运动,某些化学物质	外部或接触面
表层痛觉	确切的感觉器官尚不清楚,一般认为是皮肤的自由神经末梢	强度很大的压力、热、冷、冲击及某些化学物质	外部或接触面
深层痛觉	一般认为是自由神经末梢	极强的压力和高热	外部或接触面
味觉和运动觉	肌肉、肌腱神经末梢	肌肉拉伸、收缩	内部
自身动觉	关节	—	内部

（2）感觉阈限

刺激必须达到一定强度才能对感觉器官发生作用，能被感觉器官所感受的刺激强度范围称为感觉阈限，又称绝对感觉阈限。刚刚能引起感觉的最小刺激量称为该感觉器官的感觉阈下限，若刺激的能量低于此阈值，人就不能感觉到信号的存在，只有信号的能量超过此阈值，才能被人的感觉器官接收。能产生正常感觉的最大刺激量称为感觉阈上限。刺激强度不允许超过上限，否则不但无效，而且会引起相应感觉器官的损伤。当刺激的能量分布在绝对感觉阈限的上、下限之间时，感觉器官不仅能感觉刺激的存在，而且能感受刺激的变化或差别。刚刚能引起刺激差别感觉的最小差别量称为差别感觉限，也称最小可觉差。对最小差别量的感受能力称为差别感受性。差别感受性与差别感觉限成反比。不同感觉通道的最小可觉差很不一致。表 4-2 为部分感觉器官对刺激信号能量频谱分布的感受范围和分辨能力。

表 4-2　部分感觉器官对刺激信号能量频谱分布的感受范围和分辨能力

感觉	刺激信号能量频谱分布感受范围		刺激信号能量频谱分布辨别能力	
	最低频率（感觉阈下限）	最高频率（感觉阈上限）	相对辨别	绝对辨别
色调	380nm	780nm	对中等强度的可见光谱约可分辨出 128 个色度等级	12～13 个色度等级
白光闪光	—	占空比为 0.5 的中等强度白光约在 50Hz 产生融合	占空比为 0.5 的中等强度白光在 1～15Hz 的频率范围内可分辨出 375 个等级	不超过 6 个等级
纯音	20Hz	20000Hz	在 20～20000Hz 频率范围内响度为 60dB 时约可分辨出 1800 个等级	4～5 个声调
间歇白噪声	—	占空比为 0.5 的中等强度白噪声约在 2000Hz 产生融合	占空比为 0.5 的中等强度，白噪声间歇率为 1～45Hz 时大约可分辨出 460 个等级	—
机械振动	—	高强度刺激时可察觉到 10000Hz 的振动	在 1～320Hz 范围内，可分辨出 180 个等级	—

（3）适应

感觉器官经连续刺激一段时间后，在刺激不变的情况下，敏感性会降低，人的感觉会逐渐减小以致消失，产生感觉器官的适应现象。

（4）相互作用

一种感觉器官只能接受一种刺激和识别某一种特征。眼睛只接受光刺激，耳朵只接受声刺激。人的感觉印象 83％来自眼睛，11％来自耳朵，6％来自其他器官。同时，有多种视觉信息或多种听觉信息，以及视觉与听觉信息同时输入时，人们往往倾向于注意一个而忽视其他信息。在一定条件下，各种感觉器官对其适宜刺激的感受能力都将受到其他刺激的干扰而降低，由此使感觉性发生变化的现象称为感觉的相互作用。

如果同时输入两个相等强度的听觉信息，对其中一个信息的辨别能力将降低 50％，并且只能辨别最先输入的或是强度较大的信息。当视觉信息与听觉信息同时输入时，听觉信息对视觉信息干扰最大，视觉信息对听觉信息的干扰较小。

（5）对比

同一感觉器官接受两种完全不同但属同一类的刺激物的作用，而使感受性发生变化的现象称为对比。

感觉的对比分为同时对比和继时对比。几种刺激物同时作用于同一感觉器官时产生的对比称为同时对比。例如，同样一个灰色图形，在白色背景上看起来显得颜色深一些，在黑色背景上则显得颜色浅一些；而灰色图形置于红色背景呈绿色，置于绿色背景则呈红色。这种图形向彩色背景的补色方向产生颜色变化的现象叫作颜色对比。几个刺激物先后作用于同一感觉器官时，将产生继时对比现象。例如，左手放在冷水里，右手放在热水里，过一会以后，再同时将两手放在温水里，则左手会感到热，右手会感到冷。

（6）余觉

刺激取消以后，感觉可以在极短时间内存在，这就是余觉现象。

4.1.1.2　知觉

知觉是人脑对直接作用于感觉器官的客观事物和主观状况的整体反映。它对人们对外界的感觉信息进行组织和解释，包括获取感官信息、理解信息、筛选信息、组织信息。人的知觉一般分为空间知觉、时间知觉、运动知觉和社会知觉等。它们的共同特征如下。

（1）整体性

人们对物体整体的认识通常要快于对局部的认识，此特性使得人们可以根据客观事物的部分特征，将其作为一个整体而产生知觉。

知觉之所以具有整体性，是因为客观事物对人而言是一个复合的刺激物。由于人在知觉时有过去经验的参与，大脑在对来自各感官的信息进行加工时，就会利用已有经验对缺失部分加以整合补充将事物知觉为一个整体。如图 4-1 所示，虽然不能看到纸牌的全部，但不影响对其整体性的判断和感知。

图 4-1　不完整的扑克牌

一般来说，刺激物的显示较为突出的部分在知觉的整体性中起决定作用。如图 4-2 所示，图 4-2(a) 中的多个圆圈整体看起来像 4 条竖线排列组成的图形；图 4-2(b) 的基本形式与图 4-2(a) 类似，但是其中有部分黑点突出显示使图 4-2(b) 整体看起来像是 4 条横线排列组成的图形；图 4-2(c) 也是由多个圆圈排列组成，由于两侧留有较大的空隙，所以整体看起来像两个长方形排列组成的图形。

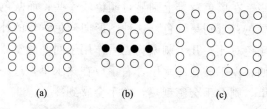

(a)　　　　　　　(b)　　　　　　　(c)

图 4-2　影响知觉整体性的因素

（2）恒常性

尽管作用于感官的刺激在不断变化，但对物体的知觉却保持着相当程度的稳定性。知觉恒常性是经验在知觉中起作用的结果，即人总是根据记忆中的印象、知识、经验去知觉事物的。在视知觉中，恒常性表现得特别明显。

视知觉恒常性主要有以下几个方面：

① 大小恒常性。看远处物体时，人的知觉系统补偿了视网映像的变化，因而知觉的物体是其真正的大小。

② 形状恒常性。看物体的角度有很大改变时，对物体的知觉仍然保持同样的形状。形状恒常性和大小恒常性可能都依靠相似的感知过程。例如，当一扇门打开时，人的知觉总是认为门是长方形的。

③ 明度恒常性。一件物体，不管照射它的光线强度怎么变化，它的明度是不变的。邻近区域的相对照明，是决定明度保持恒定不变的关键因素。例如，无论在白天还是在黑夜，白衬衣总是被知觉为白色的。

④ 颜色恒常性。一般来说，即使光源的波长变动幅度相当宽，只要照明的光线既照在物体上又照在背景上，任何物体的颜色都将保持相对的恒常性。恒常性还包括味道恒常，如看到"草莓"的图片或者听到"草莓"一词就想到它的味道。

（3）理解性

知觉的理解性指的是人在知觉某一客观对象时，总是利用已有的知识经验（包括语言）去认识它。人在知觉过程中不仅分析其对新事物的照相式的反映，还会加入过去的经验参与对新事物的理解。

在知觉信息不足或复杂情况下，知觉的理解性需要语言的提示和思维的帮助，语言的指导能唤起人们已有的知识和过去的经验，使人对知觉对象的理解更迅速、完整。但是不确切的语言指导会导致歪曲的知觉。图 4-3 为语言对知觉理解性的影响。

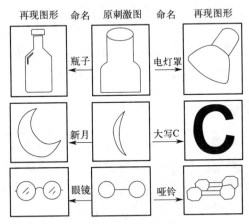

图 4-3　语言对知觉理解性的影响

（4）选择性

知觉的选择性是指人们能迅速地从背景中选择出知觉对象。客观事物每时每刻都在影响着人们的感觉器官，但并不是所有的对象都被知觉。人们总是有选择地以少数对自己有重要意义的刺激物作为知觉的对象。知觉的对象能够得到清晰的反映，而背景只能得到比较模糊的反映。人们在观察双关图形时，常常会在不同的两个图形知觉中来回转换，这说明知觉过程中存在着竞争，如图 4-4 所示。

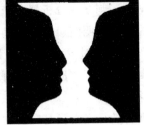

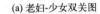
（a）老妇-少女双关图　　　　（b）人头-花瓶双关图

图 4-4　知觉的选择性

知觉适应是指在刺激输入变化的情况下，仍然能够调整知觉，使其返回原来的状态。能否从知觉背景中区分出对象，一般取决于下列条件：

① 对象和背景的差别。对象和背景的差别越大（包括颜色、形态、刺激强度等），对象越容易从背景中区分出来，并优先突出，给予清晰的反映。

② 对象的运动。在固定不变的背景上，活动的刺激物容易成为知觉对象，如航标用闪光作信号，各种仪表上的指针、街头闪烁的霓虹灯等都易被知觉。

③ 主观因素。人的主观因素对于选择知觉对象相当重要，当任务、目的、知识、经验、兴趣、情绪等因素不同时，选择的知觉对象便不同。"仁者见仁，智者见智"说明了主体的需求状态对知觉选择性的影响。

（5）错觉

错觉是对外界事物不正确的知觉，是知觉恒常性的颠倒。错觉表明，尽管视网膜上的映像没有变化，人知觉的刺激却不相同。

4.1.1.3 感觉和知觉的关系

感觉和知觉既有联系，又有区别。两者都是客观事物直接作用于感觉器官而在大脑中产生对所作用事物的反映。人脑中产生的具体事物的印象总是由各种感觉综合而成的，没有反映个别属性的知觉，也就不可能有反映事物整体的感觉。所以，知觉是在感觉的基础上产生的，知觉是感觉的综合，感觉到的事物个别属性越丰富、越精确，对事物的知觉也就越完整、越正确。

空间知觉
测试实验

感觉反映个别属性，是简单加工过程；知觉反映整体属性，是复杂加工过程。感觉取决于客观事物自身的属性，知觉不仅取决于客观事物自身的属性，还与人的知识、经历、训练有关。可以通过空间知觉测试实验进一步增加对知觉的认知。

4.1.1.4 视觉机能和特性

视觉是可见光波刺激视分析器所产生的感觉，是人和动物最重要的感觉通道。外界物体的大小、明暗、颜色、动静等对机体生存具有重要意义的各种信息中，约有 83% 需要经过视觉器官获得。当视觉信息与其他同时信息矛盾时，人主要根据视觉信息做出相应的反应行为。

1）视觉刺激

视觉的适宜刺激是光，光是辐射的电磁波。人类所能接收的光波，即可见光，其波长范围为 380～780nm，约占整个光波波长范围的 1/70，在此波长范围之外的电磁波射线（380nm 以下的紫外线和 780nm 以上的红外线），人眼是无法感觉到的。视觉中的色调、明度、饱和度是由光波的物理性质决定的。

2）视觉系统

视觉系统是神经系统的一个组成部分，它使生物体具有视知觉能力。视觉系统具有将外部世界的二维投射重构为三维世界的能力。视觉系统包括眼球、视觉传入神经和大脑皮层视区 3 部分。

3）视觉机能

视觉机能包括视角、视敏度、视野、视距、适应性等内容。

（1）视角

视角是被看物体的两点光线投入眼球时的相交角度，用来表示被看物体与眼睛的距离关系。视角的大小既取决于

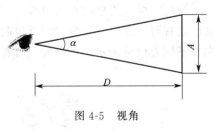

图 4-5　视角

物体的大小，也取决于物体到眼睛的距离，如图 4-5 所示，计算见式(4-1)。

$$\tan\frac{\alpha}{2}=\frac{A}{2D} \tag{4-1}$$

式中　α——视角，（°）；

　　　D——人眼角膜到物体的距离；

　　　A——物体的大小。

可以看出，视角的大小与人眼到物体的距离成反比。眼睛对目标细节刚能区分和不能区分的临界状态下的视角，称为临界视角。一定条件下，人们是否能看清物体并不取决于物体的尺寸本身，而是取决于视角的大小。

（2）视敏度

视敏度是指对相邻目标或目标细节的分辨能力（即临床医学上称的视力），以临界视角的倒数来表示。视敏度的基本特征在于分辨两点之间的距离，距离越小，即临界视角越小，表明视敏度越高，视力越好。

研究表明，驾驶员的视敏度随着车速的升高而逐渐下降。对于健康的人眼而言，当车速为 0（静止）时，视力为 1.2；当车速为 30km/h 时，视力为 0.9；当车速为 40km/h 时，视力为 0.8；当车速为 70km/h 时，视力为 0.5。由此可见，当车速达到 72km/h 时，其视力下降 58%，这将严重影响驾驶员对外界事物的辨别能力，极易导致交通事故的发生。

影响视敏度的主要因素是亮度、对比度、背景反射与物体的运动等。亮度增加，视敏度可提高，但过强的亮度反而会使视敏度下降。在亮度好的情况下，随着对比度的增加，视敏度也会更好。视敏度因时间变化差别很大，清晨视敏度较差，夜晚更差，只有白天的 3%～5%。

（3）视野

视野是指身体保持在固定位置且头部和眼球不动时，眼睛观看正前方所能看到的空间范围，常以视角来表示。眼睛观看物体可分为静视野、注视野和动视野三种状态。静视野是在头部固定、眼球静止不动的状态下的可见范围；注视野是指头部固定而转动眼球注视某中心点时所见的范围；动视野是头部与眼

睛随注视目标转动时，能依次注视到的所有的空间范围。

视野又可分为单眼视野（仅一只眼睛对应的视野）、双眼视野（两只眼睛共同的视野）和综合视野（包括单眼视野和双眼视野），按水平方向和垂直方向等不同方位分为水平视野和垂直视野，如图 4-6 所示。

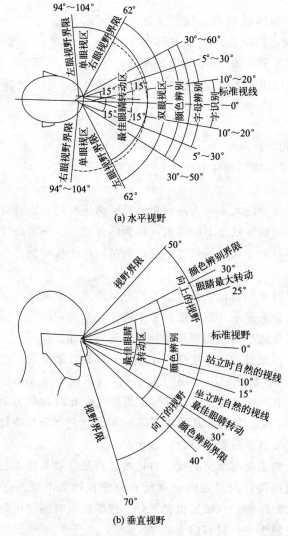

(a) 水平视野

(b) 垂直视野

图 4-6　人的水平视野和垂直视野

① 综合视野。在水平面内的视野，右、左眼视野界限分别在左、右约 60°范围内。人的最敏感的视力是在标准视线每侧 1°的范围内。单眼视野界限为标准视线每侧 94°～104°。在垂直面内的视野，最大可视区域的界限在标准视线以上 50°和标准视线以下 70°。颜色辨别界限在标准视线以上 30°和

标准视线以下 40°。实际上，人的自然视线是低于标准视线的。正常视线是指头部和两眼都处于放松状态，头部与眼睛轴线之夹角为 105°～110°时的视线，该视线在水平视线下 25°～35°，如图 4-7 所示。最佳的视野范围如图 4-8～图 4-10 所示。

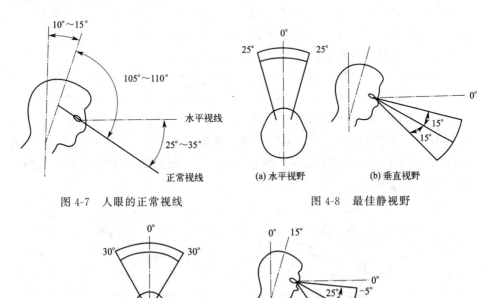

图 4-7　人眼的正常视线　　　　图 4-8　最佳静视野

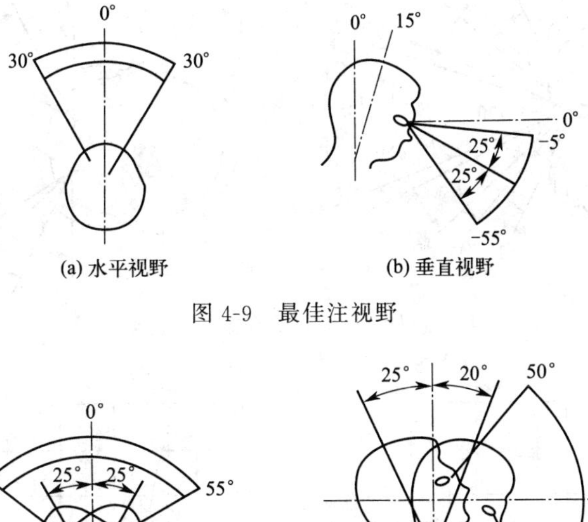

图 4-9　最佳注视野

图 4-10　最佳动视野

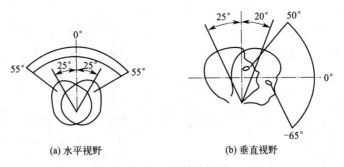

注视野最佳值＝直接视野最佳值＋眼球可轻松偏转的角度（头部不动）

$$(4\text{-}2)$$

动视野最佳值＝眼动视野最佳值＋头部可轻松偏转的角度（躯干不动）

$$(4\text{-}3)$$

② 色觉与色觉视野。人眼的视网膜除能辨别光的明暗以外，还有很强的辨色能力。光有能量大小与波长长短的不同。光的能量表现为人对光的亮度感觉；而波长的长短则表现为人对光的颜色感觉。人眼大约可以分辨出 180 多种颜色，但主要是红、橙、黄、绿、青、蓝、紫 7 种。在波长为 380～780nm 的可见光谱中，光波波长只要相差 3nm，人眼就可分辨。日常人们看见的光线都是由不同波长的光混合而成的。

彩色分辨
视野实验

有些人由于生理因素而缺乏辨别某种颜色的能力，称为色盲；若仅辨别某种颜色的能力较弱，称为色弱。可见光谱中各种颜色的波长不同，对人眼刺激不同，人眼的色觉视野也不同，如图 4-11 所示。白色视野范围最宽，水平方向达 180°，垂直方向达 130°；其次是黄色和蓝色；最窄是红色和绿色，水平方向达 60°，垂直方向红色为 45°，绿色只有 40°。色觉视野还受背景颜色的影响，如图 4-12 所示。

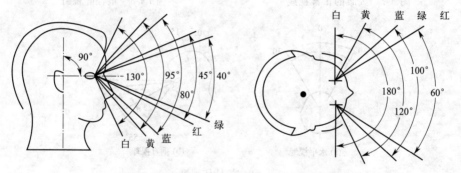

图 4-11　人的水平和垂直方向的色觉视野

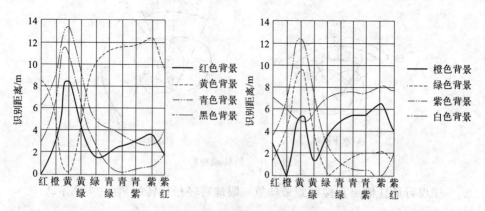

图 4-12　不同颜色背景下观察色彩的识别距离

图样直径为 5mm

③ 视区。视区即视力范围，在视网膜上的中央部位分布着很多视锥细胞，其感色力强，同时能清晰地分辨物体，用这个部位视物称为中央视觉。视网膜上视杆细胞多的边缘部位感受多彩的能力较差或不能感受，故分辨物体的能力差。但由于这部分的视野范围广，故能用于观察空间范围内和正在运动的物体，称为周围视觉或边缘视觉。一般情况下，既要求操作者的中央视觉良好，也要求其周围视觉正常。而对视野各方面都在 10°以内者称为盲目。在放松状态下，视力范围可相应扩大。在头部眼球固定不动且不必看得太清的情况下，视力范围可扩大到 38°；在头部不动，眼球转动且不必看得太清的情况下，视力范围可达 120°；头部眼球均可动且不必看得太清的情况下，视力范围可达 220°。按对物体的辨认效果，即辨认的清晰程度和辨认速度，可将视区分为 4 种，见表 4-3。

表 4-3　视区范围及其特点

视区名称	范围		辨认效果
	垂直方向	水平方向	
中心视区	1.5°~3°	1.5°~3°	最为清晰
最佳视区	视水平线下 15°	20°	在短时间内可辨认清楚物体形象
有效视区	上 10°,下 30°	30°	需要集中精力,才能辨认清楚物体形象
最大视区	上 60°,下 70°	120°	可感到物体形象存在,但轮廓不清楚

（4）视距

视距是人眼观察操作系统中指示装置的正常距离。视距过大或过小都会影响认读的速度和准确性，而且观察距离与工作的精细程度密切相关。一般操作的视距在 380~760mm，小于 380mm 会使人感到眼晕，大于 760mm 会看不清细节，其中以 580mm 为最佳距离。实际操作中，应根据具体要求来选择最佳视距，见表 4-4。

表 4-4　几种工作视距的推荐值

任务要求	视距/cm	固定视野直径/cm	举例	备注
最精细的工作	12~25	20~40	安装最小部件(表、电子元件)	完全坐着,部分依靠视觉辅助手段
精细工作	25~35（多为 30~32）	40~60	安装收音机、电视机	坐着或站着
中等粗活	<50	60~80	印刷机、钻井机、机床旁工作	坐着或站着
粗活	50~150	30~250	包装、粗磨	多为站着
远看	>150	>250	看黑板、驾驶车辆	坐着或站着

（5）适应性

当光的亮度不同时，视觉器官的感受性也不同，亮度有较大变化时，感受性也随之变化。视觉器官的感觉随外界亮度的刺激而变化的过程，或这一过程达到的最终状态称为视觉适应，其机制包括视细胞或神经活动的重新调整、瞳孔的变化及明视觉与暗视觉功能的转换。人眼的视觉适应包括明适应和暗适应两种。

当人从亮处进入暗处时，刚开始看不清物体，而需要经过一段适应的时间后，才能看清物体，这种适应过程称为暗适应。暗适应过程开始时，瞳孔逐渐放大，进入眼睛的光通量增加。同时对弱刺激敏感的视杆细胞也逐渐转入工作形态，因而整个暗适应需 30min 左右才趋于完成。

与暗适应情况相反的过程称为明适应。明适应过程开始时，瞳孔缩小，使进入眼中的光通量减少；同时转入工作状态的视锥细胞数量迅速增加，因为对较强刺激敏感的视锥细胞反应较快，因而明适应过程一开始，人眼感受性迅速降低，30s 后变化很缓慢，大约 1min 后明适应过程就趋于完成。暗适应和明适应曲线如图 4-13 所示。

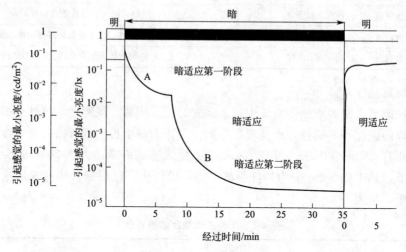

图 4-13 暗适应与明适应曲线

人的视觉器官虽有一定的亮暗适应特征，但如果亮暗频繁变换，眼睛需要频繁调节，就不能很快适应光亮的变化，这样不仅增加人眼的视觉疲劳，而且还会造成观察和判断失误，从而有可能导致安全生产事故发生。因此，在实际生产中，要避免光线亮度的频繁改变，无法避免时，应尽量采取措施缓和光线的亮度变化。例如，要求工作面的亮度变化均匀，避免阴影；环境和信号的明暗差距变化平缓；工厂车间的局部照明和普通照明不要相差悬殊；从一个车间到另一个车间要经过车间到车间外空旷地带，即眼睛由暗变亮的适应过程，再到另一个车间，即由车间外较亮处到较暗处，眼睛经历由亮到暗的适应过程，所以经常出入两车间的工人应配备墨镜，尤其是阳光强烈的时候更应该加强对眼睛的防护。

4）视错觉

视错觉是指注意力只集中于某一因素时，由于主观因素的影响，感知的结果与事实不符的特殊视知觉。视错觉是视觉的正常现象。这是因为人们观察物体和图形时，由于物体或图形受到形、光、色的干扰，加上人的生理、心理原因，会产生与实际不符的判断性视觉错误。引起视错觉的图形多种多样，

错觉实验

根据它们引起错觉的倾向性可分两类：一类是数量上的视错觉，包括在大小、长短方面引起的错觉；另一类是关于方向的错觉。图 4-14 为常见的几种视错觉。

图 4-14（a）中均为等长的线段，因方向不同或附加物的影响，感觉竖线比横线长，上短下长，左长右短。

图 4-14（b）中左边两角大小相等。因两者包含的角大小不等，感觉右边的角大于左边的角；五条垂线等长，但因各线段所对应的角度不等，感觉自左至右逐渐变长。

图 4-14（c）中两圆直径相等，因光渗作用引起浅色大、深色小的错觉，即感到左圆大、右圆小。

图 4-14（d）中的水平线和正方形，由于其他线的干扰，感觉发生弯曲。

图 4-14（e）中，当眼睛注视的位置不同时，图形使人感觉有翻转变化。

图 4-14（f）中，由于线段末附加有箭头，使人感觉图形有方向感和运动感。

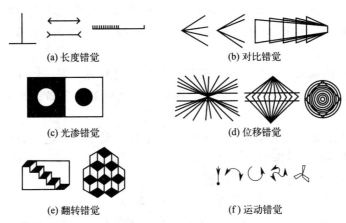

图 4-14　常见的几种视错觉

视错觉有害也有益。在人机系统中，视错觉有可能造成观察、监测、判断和操作的失误。但在工业产品造型中，可以利用视错觉获得满意的心理效应。例如，利用圆形制作交通标志会产生比同等面积的三角形或正方形显得要大 1/10 的视错觉，因此，相关标准规定用圆形表示"禁止"或"强制"等标志。

5）眩光

当视野内出现的亮度过高或对比度过大时，人会感到刺眼并降低观察能力，这种刺眼的光线叫作眩光。眩光可能引起作业人员不舒服、厌恶甚至对视力造成影响，引起视疲劳。生产中应采取措施减轻眩光，国际照明委员会（CIE）对于眩光限制的质量等级见表 4-5。

表 4-5　CIE 对于眩光限制的质量等级

质量等级	作业或活动的类型
A（很高质量）	非常精确的视觉作业
B（高质量）	视觉要求高的作业,中等视觉要求的作业,但需要注意力高度集中
C（中等质量）	视觉要求中等的作业,注意力集中程度中等,工作者有时要走动
D（质量差）	视觉要求和注意力集中程度的要求比较低,而且工作者常在规定区域内走动
E（质量很差）	工作者不要求限于室内某一工位,而是走来走去,作业的视觉要求低,或不为同一群人持续使用的室内区域

6）视觉特征

① 眼睛的水平运动比垂直运动快，即先看到水平方向的东西，后看到垂直方向的东西。根据眼睛沿水平方向运动比沿垂直方向运动快而且不易疲劳的特点，很多仪表外形都设计成横向长方形。

② 视线运动习惯于从左到右、从上至下顺时针进行。所以，在进行显示装置设计时仪表的刻度方向设计应遵循这一规律。

③ 人眼对物体尺寸和比例的估计，表现为水平方向比垂直方向准确、迅速，且不易疲劳。因此，水平式仪表的误读率（28％）比垂直式仪表的误读率（35％）低。

④ 当眼睛偏离视野中心时，在偏离距离相同的情况下，注视区的优先顺序通常为左上、右上、左下、右下。因此，视区内的仪表布置必须考虑这一特点。

⑤ 两眼的运动总是协调、同步的，在正常情况下不可能一只眼睛转动而另一只眼睛不动。操作中，一般不需要一只眼睛视物，而另一只眼睛不视物，因而通常都以双眼视野为设计依据。

⑥ 相比曲线轮廓，人眼更易于接受直线轮廓。

⑦ 颜色对比与人眼辨色能力有一定关系。当人从远处辨认前方的多种不同颜色时，其易辨认的顺序是红、绿、黄、白，即红色最先被看到。因此，

"停止""危险"等信号标志都采用红色。

⑧ 当两种颜色配在一起使用时，易辨认的顺序是：黄底黑字、黑底白字、蓝底白字、白底黑字等。公路两旁的警示标志应使用黄底黑字，交通指示牌一般使用蓝底白字。

4.1.1.5　人的听觉机能和特性

听觉是指声波作用于听觉器官，使其感受细胞兴奋，并引起听神经的冲动发放传入信息，经各级听觉中枢分析后引起的感觉。由于听觉是除触觉以外最敏感的感觉通道，在传递信息最很大时，不会像视觉器官那样容易疲劳，因此一般用作警告显示，通常和视觉信号联用，以提高显示装置的功能。

1）听觉刺激

在人-机-环境系统中，听觉是仅次于视觉的第二重要感觉，听觉的适宜刺激物是声波。声波是声源在介质中向周围传播的振动波。振动的物体是声音的声源，振动在弹性介质中以波的方式进行传播，所产生的弹性波称为声波，一定频率范围的声波作用于人耳就可以产生声音的感觉。

2）听觉系统

人的听觉系统主要是听觉器官，即人的耳朵。人耳的结构有外耳、中耳、内耳 3 个组成部分。

3）听觉特征

人耳的听觉特征即听觉的物理特性，可用以下特性来描述。

（1）可听范围

可听范围即可听声或频率响应，主要取决于声音的频率范围。听觉的频率响应特性对听觉传示装置的设计是很重要的。具有正常听力的青少年（12～25 岁）能够觉察到的频率范围是 16～20000Hz。一般人的最佳听频率范围是 20～20000Hz，以 1000～3000Hz 最为敏感，低于 20Hz 的次声和高于 20000Hz 的超声，人耳听不到。人在 25 岁左右时，开始对 15000Hz 以上频率声音的灵敏度显著降低，当频率高于 15000Hz 时，听阈开始向下移动，而且随着年龄的增长，频率感受的上限呈逐年连续降低的趋势。对频率小于 1000Hz 的低频率范围，听觉灵敏度几乎不受年龄的影响。图 4-15 为年

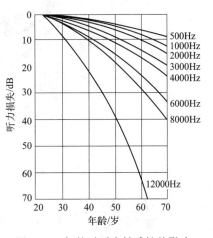

图 4-15　年龄对听力敏感性的影响

龄对听力敏感性的影响。

（2）可听声的强度

可听声的强度除取决于声音的频率以外，还取决于声音的强度。听觉的声强动态范围可用下列比值表示：

听觉的声强动态范围＝正好可忍受的声强/正好能听见的声强　（4-4）

① 听阈：在最佳的听闻频率范围内，一个听力正常的人刚刚能听到给定各频率的正弦式纯音的最低声强 I_{min}，称为相应频率下的听阈值。

② 痛阈：对于感受给定各频率的正弦式纯音，开始产生疼痛感的极限声强 I_{max}，称为相应频率下的痛阈值。

③ 听觉区域：由听阈与痛阈两条曲线所包围的听觉区（图 4-16 阴影部分），听觉区中包括标有"音乐"与"语言"标志的两个区域。

通常，人耳刚刚能感觉到的最小声压，当频率为 1000Hz 时，大约是 2×10^{-5}Pa，是人们定义该声压所代表的声级为 0dB（A）的主要原因。人耳的痛阈一般为 20Pa，相当于 120dB（A）的声级。人类听觉感受的动态范围很宽，能感受到的最小声压级为 0dB（A），能耐受的最大声压级可达 140dB（A）。人耳可听声音的大小用声强表示的话，各频率与可听最低声强与极限声强绘出的听阈、痛阈如图 4-16 所示。

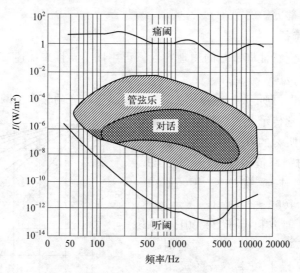

图 4-16　人的听阈、痛阈及听觉区域

（3）方向敏感性

人耳对不同频率、不同方向的声音的感受能力不同，通过对人的右耳进行方向敏感性测试发现，频率越高，响应对方向的依赖程度越大。由于头部的掩蔽效应造成声音频谱的改变，人耳通过判断声音到达两耳的时间先后和响度可对声源进行定位。对声源方向的判定是人耳最重要的功能之一，并且声音的频率越高，人耳对声源方向的判定越准确。人耳可觉察到的声信号入射的最小偏角为 3°。人的单耳和双耳都具有定位的能力。单耳定位是耳壳（廓）各部位对入射声波反射而引起的听觉效果，称为耳壳效应。双耳定位是入射声波到达人的双耳时具有不同的差异而引起的听觉效果，称为双耳效应，或称立体声效应。单耳定位主要表现在竖直方向上，而双耳定位主要在水平面内。人耳对水平面内声源定位的准确度为 10°～15°，对垂直面内声源定位较差。如果声音来自背后，由于耳廓的屏蔽作用，方位辨别能力更差。

（4）掩蔽效应

一个声音被另一个声音所掩盖的现象，称为掩蔽。一个声音的听阈因另一个声音的掩蔽作用而提高的效应，称为掩蔽效应。相对于视觉适应而言，听觉适应时间要短得多。由于人耳的听阈复原需要经历一段时间，掩蔽去掉以后，人耳的效应不能立即消除，这种现象称为掩蔽残留，其值可用来判断听觉疲劳程度。掩蔽声对人耳的刺激时间和强度直接影响人耳的疲劳持续时间和疲劳程度，刺激越长或越强，疲劳越严重。在设计听觉传示装置时，根据实际需要，有时要对掩蔽效应的影响加以利用，有时则要避免或克服声音的掩蔽效应。

4）听觉感受性

人主观感觉的声音响度与声强成对数关系，即声强增加 10 倍，主观感觉响度只增加 1 倍。听觉感受性有绝对感受性和差别感受性之分，与之相对应的刺激值称为绝对阈限和差别阈限。

（1）听觉绝对阈限

声音要达到一定的声级才能被听到，这种引起声音感觉的最小可听声级称为听觉的绝对阈限，它是听觉绝对感受性的表征量。图 4-17 是国际标准组织（ISO）提出的标准听阈曲线。图中，MAP（最小可听压）曲线是由耳机和仿真耳测定的最小可听声压级，是测听器的各个纯音声压级的起点，即 0dB（A）；MAF（最小可听野）曲线是听者在自由的声场中确定的声压级。

从图 4-17 可见，人耳的听觉感受性随频率不同而变化。最灵敏处在 1000～4000Hz。这可用外耳的谐振放大来解释，听觉的绝对阈限受时间积累作用的影响。声音持续不足 300m 时声级与延续时间成互补关系。若将达到阈限的纯音由 200ms 减少至 20ms，必须把声音强度提高 10dB（A）才能听到。此外，个体的年龄因素对听觉阈限的影响也很大。

（2）听觉差别阈限

差别阈限指人耳对声音的某一特性（如强度、频率）的最小可觉差别，图 4-18 为标准声音频率和强度函数的强度辨别阈限的立体图解，它是听觉

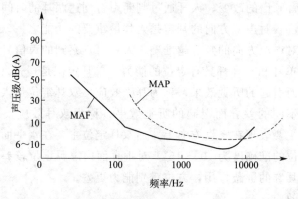

图 4-17　标准听阈曲线（ISO）

差别感受性的表征量。差别阈限可以是绝对值，也可以是相对值。例如，一个 100dB(A) 强度的声音，强度增减 5dB(A) 即可被察觉。这里 5dB(A)（ΔI）是绝对差，$\Delta I / I$ 是相对差。听觉差别阈限一般用相对量（韦伯比例）表示。

噪声和纯音有不同的强度差别阈限。前者服从韦伯定律（即 $\Delta I / I$ 接近常数），后者由声强和频率的关系共同决定，如图 4-18 所示。从图中可知，在一定的频率范围内，频率和强度的不同组合能产生相同的主观响度。例如，强度为 120dB(A)、频率为 100Hz 的纯音与强度为 100dB(A)、频率为 1000Hz 的纯音响度相等。

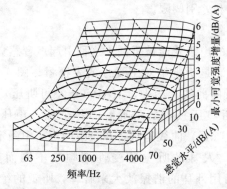

图 4-18　标准声音频率和强度函数的强度辨别阈限的立体图解

4.1.1.6　人的其他感知特性

1）肤觉

皮肤是人体很重要的感觉器官，感受着外界环境中与它接触物体的刺激。

从人的感觉对人机系统的重要性来看，肤觉是仅次于听觉的一种感觉。人体皮肤上分布着触觉感受器、温度感受器和痛觉感受器 3 种感受器，分别对应人的触觉、温度觉和痛觉。

（1）触觉

触觉是微弱的机械刺激触及了皮肤浅层的触觉感受器而引起的；压觉是较强的机械刺激引起皮肤深部组织变形而产生的感觉，由于两者性质上类似，通常称触压觉。对皮肤施以适当的机械刺激，在皮肤表面下的组织将发生位移，在理想的情况下，小到 0.001mm 的位移，就足够引起触的感觉，即触觉阈限。皮肤的不同区域对触觉敏感性有相当大的差别，这种差别主要是由皮肤的厚度、神经分布状况引起的。触觉感受器在体表面各部分不同，舌尖、唇部和指尖等处较为敏感，背部、腿和手背较差。通过触觉，人们可以辨别物体大小、形状、硬度、光滑度及表面机理等机械性质。

触觉有以下特征：

① 触觉适应：当人体受到一个恒定的机械刺激时，人对刺激强度的感觉会因持续时间的增长而逐渐变小。

② 触觉的形状编码：形状编码就是将控制装置的手柄做成各种不同的形状，不需要借助视觉，只要用触觉就可以准确地进行识别的方法。编码的参数主要有两个，即形状和大小。

③ 盲目定位：靠操作者对作业位置的熟练记忆和触觉感知给动作定位的方法。

（2）温度觉

温度觉分为冷觉和热觉两种。人体的温度觉对保持机体内部温度的稳定与维持正常的生理过程是非常重要的。温度感受器分为冷感受器和热感受器，它们分布在皮肤的不同部位，形成所谓冷点和热点。冷感受器在皮肤温度低于30℃时开始发放冲动；热感受器在皮肤温度高于 30℃时开始发放冲动，升到47℃为最高。温度觉的强度取决于温度刺激强度和被刺激部位的大小。

（3）痛觉

凡是剧烈性的刺激，不论是冷、热接触还是压力等，触觉感受器都能接收这些刺激并感受到刺激强度和被刺激部位的大小。不同的物理和化学的刺激，会引起痛觉。痛觉可以导致机体的保护性反应。各个组织的器官内都有一些特殊的游离神经末梢，在一定刺激强度下，就会产生兴奋而出现痛觉。这种神经末梢在皮肤中分布的部位就是所谓痛点。每平方厘米的皮肤表面约有 100 个痛点，在整个皮肤表面，其数目可达一百万个。

2）嗅觉

嗅觉感受器位于鼻腔深处，主要局限于上鼻甲、中鼻甲上部的黏膜中。嗅黏膜主要由嗅细胞和支持细胞构成,嗅觉的感受器是嗅细胞。嗅觉的特点是适应较快。当某种气味突然出现时,可引起明显的感觉,但如果引起这种气味的物质继续存在,感觉就会很快减弱,大约过 1min 后就几乎闻不到这种气味。嗅觉的适应现象,不等于嗅觉疲劳。影响嗅觉感受性的因素有环境条件和人的生理条件。温度有助于嗅觉感受,最适宜的温度是 37~38℃。清洁空气中嗅觉感受性强。人在伤风感冒时,感受性显著降低。

人们敏锐的嗅觉可以避免生产生活中意外泄漏的有害气体进入体内。另外,在视觉、听觉损伤的情况下,嗅觉作为一种距离分析器具有重大作用。盲人、聋哑人常常运用嗅觉根据气味来认识事物,了解周围环境。

4.1.2 眼动信号

4.1.2.1 眼动信号基础

人的眼动有三种基本模式:注视(fixation)、眼跳(saccade)和追随运动(pursuit movement)。为了看清楚某一物体,两眼的运动方向必须保持一致,才能使物体在视网膜上成像,这种将眼睛对准对象的活动叫注视。为了实现和维持对物体最清楚的视觉,眼睛还必须进行眼跳和追随运动。下面具体介绍这三种模式。

1)注视

注视的目的是将眼睛的中央凹对准某一物体。事实上,当眼睛注视一个静止的物体时它并不是完全不动的,而是伴有漂移(drift)、眼震颤(nystagmus)和微小的不随意眼跳(involuntary saccade),也称微眼跳(micro saccade)。

(1)漂移

漂移是不规则的、缓慢的视轴变化。1907 年,道奇(Dodge)发现了视轴的漂移,指出漂移的速度差异比较大,从 $0'$ 到 $30'$($1°=60'$)不等。亚尔布斯(1967)在实验中要求被试者注视一个点,同时记录其眼动,图 4-19 记录的是被试者注视某一个静止点时的眼动情况,可以十分清楚地看到漂移。由此可以看出,注视过程中的视轴漂移是一种不规则的运动。需要指出的是,在这个注视过程中,注视点的成像一直在中央凹上。

(2)眼震颤

眼震颤是一种高频率、低振幅的视轴震动。震颤的振幅为 $20''\sim40''$($1'=60''$),每秒 70~90 次。任何漂移都伴有震颤,但两者相互独立。

(3)微小的不随意眼跳

当对静止物体上某一点的注视超过一定时间(0.3~0.5s),或当注视点在

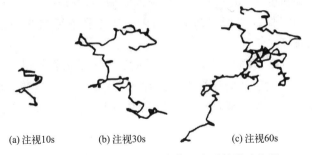

(a)注视10s　　　　(b)注视30s　　　　(c)注视60s

图 4-19　被试者注视某一个静止点时的眼动状况

视网膜上的成像由于漂移而远离中央凹时，就会出现不随意眼跳。许多研究者发现双眼跳动在持续时间、幅度和方向上是相同的。不随意眼跳是为了调整漂移导致的注视位置的移动，以校正视网膜上所成的像。

1952 年，Ratlif 在以 75ms 的示速测验被试者的视敏度，同时记录其眼睛的震颤。结果发现，视敏度越差，眼漂移的幅度越大，眼震颤的幅度也越大。

2）眼跳

眼跳是指注视点间的飞速跳跃，是一种联合眼动（即双眼同时移动），其视角为 1°～40°，持续时间为 30～120ms，最高速度为 400～600(°)/s。眼跳的功能是改变注视点，使下一步要注视的内容落在视网膜最敏感的区域——中央凹附近，这样就可以清楚地看到想要看到的内容了。通常人们不容易觉察到眼睛在跳动，而觉得它在平滑地运动。例如，看书时，人们往往认为自己的眼睛沿着书上一行行字句平滑运动，事实上，眼睛总是先在对象的一部分上停留一段时间，注视以后再跳转到另一部分，然后对新的部分进行注视。在眼跳动期间，由于图像在视网膜上移动过快和眼跳动时视觉阈限升高，几乎不获得任何有用信息。眼跳的功能是改变注视点，使即将注视的内容落在视网膜最敏感的区域（中央凹）附近，以形成视网膜上清晰的图像。眼跳有两个特点：一是双眼跳动具有一致性；二是眼跳的速度很快。

3）追随运动

当人们观看一个运动物体时，如果头部不动，为了保持注视点总是落在该物体上，眼睛则必须跟随对象移动，这就是眼球的追随运动。此外，当头部或身体运动时，为了注视一个运动物体，眼球要做与头部或身体运动方向相反的运动。这时，眼球的运动实际上是在补偿头部或身体的运动，这种眼动也称补偿眼动。当物体运动过远时，眼球追随到一定程度后，便会突然转向相反方向并跳回到原处，接着再追随新的对象。在这种情况下，眼球的运动是按向追随方向相反方向跳跃、再追随再跳跃的方式反复进行的，这就是视觉回视过程。

追随运动必须有一个缓慢移动的目标，在没有目标的情况下一般不能执行。当物体运动速度在 50~55(°)/s 以下时，眼睛通过追随运动跟踪物体，当速度过快时，为了保证清晰的知觉，追随运动中便有眼跳参与。对于静止目标，只存在眼跳。

漂移经常伴有眼震颤。眼震颤是一种高频率、低振幅的视轴振动（oscillatory movement）。大多数的注视通常伴有漂移和眼震颤，但并不是所有的注视都伴有不随意眼跳。当眼睛较长时间地注视一个静止物体时，就会伴有漂移、眼震颤和不随意眼跳。

4.1.2.2 眼动分析指标

利用眼动实验进行的研究常用的参数主要分为直观性指标和统计分析指标。

1）直观性指标

直观性指标主要包括热点图、注视轨迹图。

（1）热点图

热点图是通过使用不同的标志将图或页面上的区域按照受关注程度的不同加以标注并呈现的一种分析手段，标注的手段一般采用颜色的深浅、点的疏密以及呈现比重的形式。眼动研究中通过眼球注视时间的叠加形成热点图，可分析个体对于刺激材料的哪些区域是更为关注的，进而可作为分析参考。

（2）注视轨迹图

注视轨迹图是将眼球运动信息叠加在图像上形成注视点及其移动的路线图，它最能具体、直观和全面地反映眼动的时空特性，由此来判定在不同刺激情境、不同任务条件下以及不同个体之间或同一个体不同状态下的眼动模式及其差异性。

2）统计分析指标

选择优秀而完备的指标是完成一个好的眼动研究的关键。指标要根据研究内容、各个指标的优缺点及适用范围来确定。所谓适用，是针对研究者的实验研究来说的，是相对的，并没有完全适用某项研究的眼动指标。一般来说，实验中应选取 2~3 个指标进行分析，不宜记录过多，也不宜只选取 1 个指标。选取的指标应该恰好能够反映研究者所关注的问题，但每个指标都有其局限性，所以选取的指标应该互相补充、相互支持，并能够使研究者从多维度进行数据分析。眼动研究报告中常见的指标如下。

① 注视次数：指被试者对某一兴趣区的注视次数。注视次数越多，表明这个区域对于观察者来说越重要，越能引起注意。

② 注视时间：指被试者在某一兴趣区内所有注视时间之和。注视时间越长，表明信息提取越困难，或是目标更具吸引力。

③ 首次注视开始时间：指开始观看后，经过多长时间第一次注视某一区域。

④ 首次注视时长：指被试者对某一区域第一次注视所持续的时间。

⑤ 平均注视时长：指被试者在某一兴趣区内注视的平均时长，单位为ms。停留时间反映信息提取的难度。较短的时间说明被测者进行的是较为简单的视知觉过程，而较长的时间说明被测者进行的是较高级的心理过程。平均注视时间的长短也可以表示这个材料对被测者的吸引程度。

⑥ 眼跳距离：指从单次眼跳开始到此次眼跳结束之间的距离。有研究者发现，阅读材料的难度越大，被试者的眼跳距离越短，因此认为：眼跳距离越大，说明被试者在眼跳前的注视中所获得的信息相对越多，眼跳使阅读速度更快。所以研究者通常把眼跳距离看作反映阅读者阅读效率和该阅读材料加工难度的指标。

⑦ 回视次数：回视是指眼睛退回到已注视过的内容上。兴趣区回视次数是指对划定的兴趣区域回视的数量，单位为"次"。

⑧ 兴趣区停留时间：指对该区域的包括第一次注视时间在内的时间的总和。

⑨ 兴趣区的注视点百分比：指对该区域的所有的注视点百分比。

⑩ 瞳孔直径：反映了个体的兴趣，个体观看有兴趣的事物时，瞳孔直径会变大。通过研究发现，瞳孔直径变化幅度与进行信息加工时的心理努力程度密切相关。当心理负荷比较大时，瞳孔直径增加的幅度也比较大。因此，瞳孔直径指标可以检测人员视疲劳状态，从而准确地检测疲劳，进行疲劳预警，降低疲劳风险。但应注意，不同状况引发的疲劳可能导致瞳孔直径增大，也可能导致瞳孔直径减小。例如，靳慧斌等模拟民航塔台管制软件操作，用眼动仪采集了被试者的瞳孔数据，通过分析不同航班流量下疲劳前后瞳孔直径的差异显著性以及变化趋势，指出被动疲劳随工作时间增加而增大，瞳孔直径减小；主动疲劳随航班流量增加而增大，瞳孔直径增大。当工作时间累积达到一定量时，被动疲劳对瞳孔直径的影响占主要因素，瞳孔直径逐渐减小，两种疲劳形式产生拮抗作用，共同制约瞳孔直径的变化。

⑪ 注视位置：指注视点所处的位置，当前的注视位置既是前一次眼跳的落点位置也是下一次眼跳的起跳位置。在眼动记录数据时，注视位置一般是以二维坐标（x，y）系统采样，单位为像素。在数据分析时需要对注视位置数据进行转换。注视位置可以有效地反映被试者的实时眼动过程，结合时间分析，可以对注视路径进行分析。

⑫ 眨眼频率：J. A. Stern 等心理学家认为眼睛越疲劳，眨眼频率（blinking frequency）越高。潘晓东提出，使用眨眼时间均值作为评定疲劳程度的指

标，在相关性、稳定性和显著性方面非常好，因而可以用作观测驾驶人觉醒状态的评定标准，同时指出，用眨眼时间均值观测驾驶疲劳时，将被试者以年龄分组更加全面且合理。

⑬ 再注视比率：首次观看时兴趣区被多次注视的概率，它等于首次观看兴趣区被多次注视的频率与该兴趣区被单一注视和多次注视的频率之和的比值。该指标对许多认知变量反应敏感，是视觉导向任务、记忆导向任务中的重要指标。

⑭ PERCLOS 值：指眼睛闭合时间占某一特定时间的比例。眼睛闭合时间的长短与疲劳程度之间有密切关系，眼睛闭合的时间越长，疲劳程度越严重，它也是公认的、有效测量视疲劳程度的指标。

采用 PERCLOS 值评价驾驶疲劳的有效性，其计算公式如下：

$$PERCLOS = \frac{眼睛闭合时间}{检测时间} \times 100\% \qquad (4-5)$$

PERCLOS 评价方法的常用标准如下：

P_{70}：眼睑遮住瞳孔的面积超过 70% 就计为眼睛闭合，统计在一定时间内眼睛闭合时间所占的时间比例。

P_{80}：眼睑遮住瞳孔的面积超过 80% 就计为眼睛闭合，统计在一定时间内眼睛闭合时间所占的时间比例。

EM（EYEMEAS）：眼睑遮住瞳孔的面积超过一半就计为眼睛闭合，统计在一定时间内眼睛闭合时间所占的时间比例。

图 4-20 显示了 PERCLOS 值的测量原理。如图所示，只要测量出 $t_1 \sim t_4$ 值就能计算出 PERCLOS 的值。

$$PERCLOS = \frac{眼睛闭合时间}{检测时间} \times 100\% = \frac{t_3 - t_2}{t_4 - t_1} \times 100\% \qquad (4-6)$$

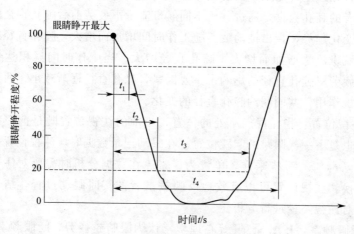

图 4-20　PERCLOS 值的测量原理

4.1.3　脑电信号

脑电图（EEG）是人体生物体电现象之一。人无论是处于睡眠还是觉醒状态，都有来自大脑皮层的动作电位，即脑电波。人脑生物电现象是自发和有节律性的。在头部表皮上通过电极和高感度的低频放大器可测得这种生物电现象。脑电分为自发脑电和诱发脑电（evoked potential，EP）两种。自发脑电是指在没有特定的外加刺激时，人脑神经细胞自发产生的电位变化。这里，所谓"自发"是相对的，指的是没有特定外部刺激时的脑电。自发脑电是非平稳性比较突出的随机信号，不但它的节律随着精神状态的变化不断变化，而且在基本节律的背景下还会不时地发生一些瞬念，如快速眼动等。诱发脑电是指人为地对感觉器官施加刺激（光的、声的或电的）所引起的脑电位的变化。诱发脑电按刺激模式可分为听觉诱发电位（auditory evoked potential，AEP）、视觉诱发电位（VEP）、体感诱发电位（somatosensory evoked potential，SEP）以及利用各种不同的心理因素，如期待、预备以及各种随意活动进行诱发的事件相关电位等。

事件相关电位（event-related potential，ERP）是一种特殊的脑诱发电位，它是指通过有意地赋予刺激以特殊的心理意义，利用多个或多样的刺激所引起的脑电位。它反映了认知过程中大脑的神经电生理的变化，也被称为认知电位，也就是指当人们对某课题进行认知加工时，从头颅表面记录到的脑电位。事件相关电位把大脑皮层的神经生理学与认知过程的心理学进行了融合，它包括 P300（反映人脑认知功能的客观指标）、N400（语言理解和表达的相关电位）等内源性成分。ERP 和许多认知过程密切相关，如心理判断、理解、辨识、注意、选择、做出决定、定向反应和某些语言功能等。谢宏等采用图片随机轮换的视觉诱发刺激模式来诱发 P300，发现疲劳时的 P300 波峰值约为清醒时幅值的 50%，由清醒和疲劳两个状态的极值可以对中间状态的疲劳程度做大致的线性描述，认为 P300 幅值可作为标定疲劳程度的指标。

自发脑电信号反映了人脑组织的电活动及大脑的功能状态，其基本特征包括周期、振幅、相位等，如图 4-21 所示。

大脑日常活动时脑电波往往是短波长的 α 波和 β 波，但当人十分疲劳时，脑电波则变成波长较长的 δ 波和 θ 波，因此可以利用脑电波的频率来评价人脑的觉醒状态。关于 EEG 的分类，国际上一般按频带、振幅不同可将 EEG 分为下面几种波。

（1）δ 波

频带范围为 0.5～3Hz，振幅一般为 100μV 左右。在清醒的正常人脑电图中，一般记录不到 δ 波。在成人昏睡时，或者在婴幼儿和智力发育不成熟的成人脑电图中，可以记录到这种波。在受某些药物影响时，或大脑有器质性病变时也会引起 δ 波。

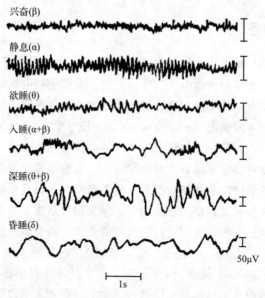

图 4-21　不同兴奋状态下的脑电图

（2）θ波

频带范围为 $4\sim7\,\mathrm{Hz}$，振幅一般为 $20\sim40\,\mu\mathrm{V}$，在额叶、顶叶较明显，一般困倦时出现，是中枢神经系统抑制状态的表现。如果成年人脑电图中发现比较明显的 θ 波，表明此人的精神状态异常，如意愿可能受到了挫折，精神可能受到了创伤等，但当精神状态由抑郁转为愉快时，这种波又可随之消失。

（3）α波

频带范围为 $8\sim13\,\mathrm{Hz}$，波幅一般为 $10\sim40\,\mu\mathrm{V}$，正常人的 α 波的振幅与空间分布存在个体差异。α 波的活动在大脑各区都有，不过以顶枕部最为显著，并且左右对称。人在安静及闭眼时出现 α 波最多，波幅最高，睁眼、思考问题或接受其他刺激时，α 波消失而出现其他快波。

（4）β波

频带范围为 $14\sim30\,\mathrm{Hz}$，振幅一般不超过 $30\,\mu\mathrm{V}$，分布于额、中央区及前中颞，在额叶最容易出现。发生生理反应时，α 波消失，出现 β 波。β 波与精神紧张和情绪激动有关。所以，通常认为 β 波属于"活动"类型或去同步类型。

（5）γ波

频带范围为 $30\sim45\,\mathrm{Hz}$，振幅一般不超过 $30\,\mu\mathrm{V}$，额区及中央最多，它与 β 波同属快波，快波增多、波幅增高是神经细胞兴奋性升高的表现。

通常认为，正常人的脑波频率范围为 $4\sim45\,\mathrm{Hz}$。事件相关电位把大脑皮层的神经生理学与认知过程的心理学融合了起来，由于事件相关电位和许多认知过程密切相关，使得事件相关电位成为了解认知的神经基础的最主要信息来源，如心理判断、理解、辨识、注意、选择、做出决定、定向反应和某些语言功能等都与 ERP 有关。典型的事件相关电位如下：

① P300。P300 是一种事件相关电位，其峰值大约出现在事件发生后 300ms，相关事件发生的概率越小，所引起的 P300 越显著。

② 视觉诱发电位（VEP）。视觉器官受到光或图形刺激后，在大脑特定部位所记录的脑电图电位变化，称为视觉诱发电位。

③ 事件相关同步（ERS）或去同步电位（ERD）。在进行单边的肢体运动或想象运动时，同侧脑区产生事件相关同步电位，对侧脑区产生事件相关去同步电位。

④ 皮层慢电位（SCP）。皮层慢电位是皮层电位的变化，持续时间为几百毫秒到几秒，实验者通过反馈训练学习，可以自主控制皮层慢电位幅度产生正向或负向偏移。

采用以上几种脑电信号作为脑机接口（brain-computer interface，BCI）输入信号，具有各自的特点和局限。P300 和视觉诱发电位都属于诱发电位，不需要进行训练，其信号检测和处理方法较简单，且正确率较高，不足之处是需要额外的刺激装置提供刺激，并且依赖人的某种知觉（如视觉）。其他几类信号的优点是不依赖外部刺激就可产生，但需要大量的特殊训练。

精神疲劳作业中，以脑电图的研究最为广泛。当大脑皮层处于不同状态时，脑电图的表现不同。脑电图属于接触式测量，准确度高，可提供测量标准，脑电图分析检测疲劳作业是公认的"金标准"。但由于对作业人员进行测量时，条件及要求苛刻，价格过高，因而难以投入实际运用。近年来，伴随近红外光谱技术的发展，近红外光谱脑功能成像（functional near infrared spectroscopy，FNIRS）成为一种新型光学脑成像技术。该技术利用具有高穿透性的近红外光（波长为 850nm 左右）测量大脑的不同状态，对大脑不同区域进行成像，实现对脑功能的无损伤性测量。其基本原理是利用近红外光与脑组织中脱氧血红蛋白和氧合血红蛋白之间的吸收和散射关系，通过考察在特定状态下大脑组织中脱氧血红蛋白和氧合血红蛋白的浓度变化，以探讨特定行为与脑内血氧变化之间的关系，从而揭示大脑的功能。该技术因具有生态效度高、可移动等优势而迅猛发展，并成为当今脑成像领域不可或缺的技术。

从近些年的研究来看，测量脑电图在一定程度上能反映视觉显示终端（visual display terminal，VDT）引起的视疲劳，但是脑电图变化反映的疲劳更接近脑力疲劳，其与视疲劳的影响程度需要进一步研究。

4.1.4　其他生理信号

除眼动信号、脑电信号外，目前的研究还经常用到心电、脉搏、皮电、皮温、呼吸表面肌电等信号。本部分将对心电、脉搏、皮电、皮温、呼吸等信号进行简要介绍。

4.1.4.1　心电信号分析

1）心电信号

心电信号的产生原理是心脏有节奏地收缩和舒张活动，心肌激动所产生的微小电流可经身体组织传导到体表，体表部位在每一心动周期中发生有规律的电变化。心脏搏动在体表形成电位变化，从而形成心电信号。心电图是利用心电图机从体表记录心脏每一心动周期所产生的电活动变化图形的技术。

心电信号有如下特点：

① 心电信号是微弱生物电信号，其幅度为 0.8～1mV，频谱多集中在 0.05～100Hz；

② 心电信号表现出较强的不确定性；

③ 心电信号中混有各种强干扰，如工频干扰、基线漂移、肌电干扰及运动伪迹等不同类型的噪声，且各种噪声频带相互重叠。

心电信号可以直接反映心脏功能，心电信号分析主要包括心电预处理、特征波形检测心电自动诊断及心率变异分析等方面。分析方法主要包括心率分析、心率变异性分析及心电信号的波形分析（即 T 波幅值分析）等。在生理指标研究中，心电信号用于疲劳指示，在交通安全驾驶行为领域有很好的应用，也用于工作脑力负荷和警戒性研究。图 4-22 为心电波形图，无线心电图传感器佩戴方式如图 4-23 所示。

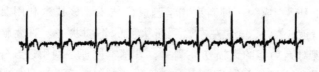

图 4-22　心电波形图

2）心率变异性

心率变异性（heart rate variability，HRV）就是由连续的 R 波与下一个 R 波的间期组成的时间序列。

心率变异性的产生主要受到体内神经体液因素对心血管蓝色电极系统的精细调节，其结果反映了神经、体液各因素与窦房结调节相互作用的平衡关系，体现了神经体液的变化程度。心率变异性受到自主神经系统（autonomic nervous sys-

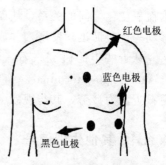

图 4-23　无线心电图传感器佩戴方式

红色电极

蓝色电极

黑色电极

tem，ANS）即交感神经系统（sympathetic nervous system，SNS）和副交感神经系统（parasympathetic nervous system，PNS）的共同控制。迷走神经系统是副交感神经系统的核心组成部分，其对心率的作用是由迷走神经释放的乙酰胆碱产生的，它导致心率减慢、传导减慢等抑制性效应。交感神经对心率的影响是通过释放去甲肾上腺素来调节的。在安静的情况下，迷走神经兴奋占优势，心率的变化主要受到迷走神经调节；而在运动、情绪紧张、疼痛等情况下，交感神经兴奋占优势。

心率变异性分析包括时域分析、频域分析和非线性动力学的分析方法。目前，以时域分析和频域分析最为常用。

（1）时域分析指标

具体如下：

SD：正常 RR 间期标准差，单位为 ms。

ASD：连续 5min 正常 RR 间期标准差均值，单位为 ms。

SDA：连续 5min 正常 RR 间期均值的标准差，单位为 ms。

RMSSD：相邻正常 RR 间期差值均方根，单位为 ms。

PNN50：相邻正常 RR 间期超过 50ms 的百分比。

前 4 个指标分别被正常 RR 间期均数（单位为 s）除，得到如下各心率校正值：

SDC：SD 的心率校正值。

ASDC：ASD 的心率校正值。

SDAC：SDA 的心率校正值。

RMSSDC：RMSSD 的心率校正值。

（2）频域分析指标

具体如下：

ULF：超低频成分，频谱范围为 0～0.0033Hz。

VLF：极低频成分，频谱范围为 0.0033～0.04Hz。

LF：低频成分，频谱范围为 0.04～0.15Hz。

HF：高频成分，频谱范围为 0.15～0.40Hz。

LH：低频与高频成分之比（LF/HF），LF 和 HF 分别是量化的低频段功率与高频段功率值，能直接反映迷走神经、交感神经调节的变化。

TOT：总成分，频谱范围为 0～0.5Hz。

（3）图解法指标

具体如下：

① 三角指数：正常窦性心搏（NN）间期的总个数除以 NN 间期直方图的高度。

② TINN：用最小方差法，求出全部 NN 间期的直方图近似三角形底边宽度（ms）。

每一个心动周期的长度为 RR 间期，如图 4-24 所示。

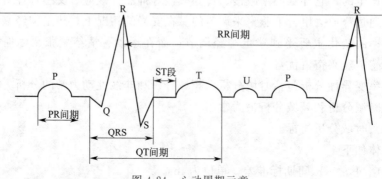

图 4-24　心动周期示意

由于 P 波难以检测，因此以 RR 间期作为一个心搏的持续间期，心跳速度会受体温影响。心率及心率变异性的应用非常广泛，但非常容易受到外界的干扰，如噪声环境、热环境、体力活动量的变化对心率的影响就非常明显。心率变异性可以用来评价体力负荷对人体的影响，已有文献采用心率和心率变异性这两个指标对邮递员的氧耗量进行测量，并且发现这两个指标可以有效地衡量氧耗量。

4.1.4.2　脉搏信号分析

（1）脉搏

脉搏主要用于测量人体生理情绪唤醒状态，是人们广泛熟知的一类重要的生理信号，它包含人体心脏器官和血液循环系统丰富的生理、病理信息。人体的心脏和血管组成了有机的循环系统，心脏不断地进行周期性的收缩和舒张活动，血液从心脏射入动脉，再由静脉返回心脏，动脉压力也相应发生周期性的波动，由此引起的动脉血管波动称为动脉脉搏，其频率与心率相同。因此脉搏可以反映心电的变化情况，心率变异性（HRV）也是脉搏的常用指标，因此后续对脉搏数据的分析主要是指对心率变异性数据的分析。

（2）脉搏波

心脏的周期性收缩与舒张形成有节律的间歇性射血，导致主动脉内血液压力时高时低的脉动以及动脉管壁时张时缩的振荡，将逐步波及和影响整个动脉管系。这种随着心脏的间歇收缩和舒张、血液压力、血流速度和血流量的脉动以及血管壁的变形和振动在血管系统中的传播，统称为脉搏波，而血液压力的脉动或血管壁的振荡沿着动脉管传播的速度称为脉搏波的传播速度。

脉搏波的波形幅度和形态反映了心脏血管状况的重要生理信息。脉搏波所呈现的形态（波形）、强度（波幅）、速率（波速）和节律（周期）等方面的综合信息，很大程度上反映了人体心血管系统中许多生理、病理的血流特征。脉搏波压力曲线的上升支，表示心室收缩、快速射血、主动脉血量增加和动脉血压升高的过程。曲线最高点为收缩期的最高血压，称为收缩压，它代表心室收缩、血液流向主动脉的力量。脉搏波压力曲线的下降支表示心室舒张，动脉内的血液趋向回流，即血液向主动脉瓣的方向反流，因而在迅速下降的脉搏波下降支上出现一个切迹；之后，血液逆流冲击动脉瓣，但因瓣膜紧闭使血液不能流入心室，故压力曲线下降支继切迹之后又出现一个向上的小波，称作重搏波。由于压力波从外周向回反射，在收缩压波峰的后缘，还将出现一个潮波的压力小阶梯，它的大小和位置高低与动脉硬化和阻力密切联系。重搏波之后，由于血液继续向前流动，脉搏波压力迅速下降，下降到最低的压力点，表示心室舒张末期的压力，称作舒张压。

以上分析表明，脉搏波的幅值与波形变化反映出在心动周期中动脉血压随时间的脉动变化。脉搏波中所包含的高血压和动脉硬化等信息主要反映在脉搏波的幅值与波形变化之中，并通过血压、血流、血管阻力和血管壁弹性等血流参数的变化表示出来。

（3）光电容积脉搏波（photo plethysmo graph，PPG）

光电容积脉搏波信号是人体重要的生理信号，包含人体心脏器官和血液循环系统丰富的生理、病理信息。当一定波长的光速照射到皮肤表面时，光束将通过投射或反射的方式传送到光电传感器。由于受到皮肤肌肉组织和血液的吸收衰减作用，光电传感器检测到的光电强度会有一定程度的减弱。当心脏收缩时，外周血管扩张，血容量最大，光吸收最强，因此检测到的光信号强度最小；当心脏舒张时，外周血管收缩，血容量最小，光吸收最弱，因此检测到的光信号强度最大，使得光电传感器检测到的光强度随心脏搏动而呈现脉动性变化。将此光强度变化信号转换为电信号，经放大后即可反映外周血管血流量随心脏搏动的变化。光电容积脉搏波传感器通过发射红光或红外光到人体皮下血管中，检测血液灌注程度随脉搏、呼吸的变化，光信号经过血液的吸收、反射、透射等过程，由探测器接收。该技术已经被广泛应用于临床监护类设备中。用光电容积脉搏波传感器获得的信号包括光信号经皮下组织吸收后反射回的恒定不变的直流部分和经血液吸收后反射回的随脉搏而改变的交流部分，这一部分是计算心率的有用信号。

典型脉搏波形图如图 4-25 所示。无线脉搏传感器的佩戴方式如图 4-26 所示，脉搏传感信号器需将耳夹夹在耳朵上，然后将传感器用腕带固定在手腕上。

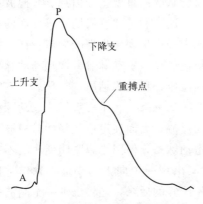

图 4-25　典型脉搏波形图

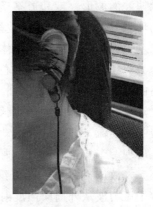

图 4-26　无线脉搏传感器的佩戴方式

（4）脉搏与心电信号的差别

众所周知，心电信号和脉搏波信号之间存在着本质的联系，它们的周期相同，可以利用心电信号的 R 波来增大脉搏波的信息量，也可以利用脉搏波来增大心电信号的信息量。

心电波形中的 R 波与脉搏波的波峰和波谷之间存在着一定的时延关系。根据 R 波，可以将脉搏波划分为一个个周期，可以在一个周期内确定脉搏波的波峰与波谷，也可以根据它们之间的时延关系，进一步确定波峰与波谷的范围。它们之间的时延关系依赖心电电极的位置及被试者自身情况。实验结果表明，被试的身高越高、胳膊越长、体重越重，脉搏波的波峰与 R 波之间的时延就越大。

由于生物电信号都是非线性、非平稳的微弱信号，心电信号的主要频率段为 0.05～100Hz，而脉搏波信号频率主要分布于 0～20Hz，因此它们都极易受到各种各样噪声的影响。心电信号的噪声主要有 3 类：

① 工频干扰是由供电网络及其设备产生的空间电磁干扰在人体的反映，由 50Hz 及其谐波构成；

② 基线漂移是由测量电极的接触不良、呼吸等引起的低频干扰信号；

③ 肌电干扰是由人体运动、肌肉收缩而引起的，频率为 5～200Hz。

由于人体运动、肌肉收缩、人体本身的电磁场、呼吸等因素的影响，脉搏波信号极易淹没在噪声之中，无法被正确检测，从而无法得到正确的诊断结果。

所采集的脉搏波信息是关于脉搏跳动情况的信号，反映脉搏跳动的信号可以是动脉血管壁的压力信号，也可以是动脉血管中血流量的变化信号。根据动脉血管中血流量随着心脏跳动发生有节奏的周期性变化这一现象可测得脉搏波信号，用来测得这一信号并把它转换成电信号的器件就是光电脉搏传感器。但是从传感器输出的信号十分微弱，而且有用信号被淹没在噪声中，因此需要对原始信号进行放大和滤波处理。脉搏波信号的频率范围为 $0.1\sim5\mathrm{Hz}$，属于低频信号。为了提高脉搏波信号的分辨率，要求脉搏波放大器应具有千倍左右的放大倍数。电路中采用一个低通滤波器，可消除部分工频干扰，同时也可以抑制其他高频噪声。另外，由于脉搏波信号极易受到运动伪迹等低频干扰，所以电路中设计了截止频率为 $0.1\mathrm{Hz}$ 的高通滤波器来抑制低频干扰。

光电脉搏传感器可以选择人体不同的体表位置进行无损伤测量。以手指为例，让一定波长的光透射手指中的动脉血管，通常入射光是恒定不变的，透射光受动脉、静脉、皮肤和肌肉组织的影响。动脉对光强的影响是按心脏搏动节奏变化的，其他部分对光强的影响恒定不变。将透射光的交流分量与直流分量分离，可以获得脉搏波信号。进行谱分析后得到以下 5 类特征参数：

① f_0：功率谱基频，反映了脉搏（心脏）振动的基本频率，即心脏跳动的快慢。

② N：功率谱谐波个数，反映了脉搏的节律。

③ SER：谱能比，反映了脉搏的能量随频率的分布。

④ c_0：倒谱零分量，反映了脉搏的强度大小。

⑤ c_1/c_0：第一倒谐波的幅值与倒谱零分量之比，反映了脉象的流利程度。

4.1.4.3　皮电信号分析

出现在皮肤上的电现象叫作皮肤电，简称皮电，它是随汗腺活动而出现的一种"电现象"。皮电的数值越大，表明导电性越强。皮电的高低与个体的紧张情绪有关，当个体处于应激状态时，交感神经兴奋，汗液分泌增多，从而导致皮电值增大。由于与心电、脑电相比，皮电更敏感、变化更显著，所以研究者喜欢用它作为情绪活动后心理和生理反映的指标。另外，由于汗腺仅受交感神经而不受副交感神经支配，所以可以用皮电来研究交感和副交感神经的相对兴奋问题。但是皮电受个体差异和气候等因素的影响很大，所以用皮电的基础值作为生理反应的指标在数值比较方面存在着一定困难，不过皮电的变化幅度和恢复速度可作为重要的参考指标。

皮肤电导（SC）：皮肤表面两点之间的电信号传递过程。在表皮上用一个恒定电压可以测出皮肤电导的大小，其单位是 $\mu\mathrm{S}$，由于它是用一个外加电压来测量皮肤电导的，所以叫外源性测量。皮肤电导值（单位为 S）的倒数就是皮肤电阻 SR（单位为 Ω）。

皮肤电导水平（SCL）：跨越皮肤两点的皮肤电导的绝对值，也可称作基础皮肤电传导。一般认为它是在平静状态下生理活动的基础值。

皮肤电反应（SCH）：在皮肤电导水平中出现的一个瞬时的、较快的波动，是由刺激而引起的生理和心理激惹状态。

皮电信号的影响因素及特征如下。

（1）皮肤电基础水平的影响因素

① 觉醒水平：在正常温度范围内，手掌和足掌特别能反映觉醒水平，因此这两个区域是测量皮肤电反应的适宜部位。有证据表明，睡眠时皮肤电水平较低，但觉醒后，就会很快升高。

② 温度：身体皮肤电主要反映身体的温度调节机制。因此，当气温较高，身体需要散热时，皮肤出汗，电水平就高，而气温较低，身体需要保存热量时，皮肤电水平就低。人的手掌和脚掌也常参与温度调节，但主要是在极端的气温情况下才参与。

③ 活动：被试者准备某项任务时，皮肤电水平会逐渐上升；开始从事某一活动时，皮肤电水平将相应地升高到一个较高的水平；休息时，皮肤电水平降低。如果长时间从事某项难度不大的工作，皮肤电水平会缓慢下降，但若从事难度较大的工作，这种变化就不明显。

（2）电导水平与电导反应的区别

电导水平：人在安静时，在皮肤表面两点之间的基础值就是电导水平值。这种水平值常常波动，个体活跃时，电导水平相对增高，松弛时电导水平相对较低。过去人们对电导水平没有给予足够的重视，其实它是对运动势能的一种很好的评价参数。

电导反应：人受到刺激处于强烈的激情状态如愤怒时，产生瞬时的大幅度的波动就是皮肤电导反应。

皮肤电导水平可作为皮肤电导反应的基础值或参照点，因此电导水平和电导反应是连续的过程。如果电导水平越低，电导反应越强，则两者的区别就越显著。皮肤电导水平和皮肤电导反应两项指标常常在心理学、医学心理学和康复医学的研究和治疗中应用。

（3）皮肤电反应的特性

① 周期性：皮肤电导随交感神经系统活动的变化而变化，也就是随个体的机警程度而改变。一般皮肤电导在早晚时较低，而在中午时最高，此外，体力劳动者与脑力劳动者一日的波动情况也有差别。

② 应急性：被试者在实验开始时的准备期、给予刺激时以及从事积极的智力活动等情况下，其皮肤电导水平都有改变。

③ 反应性：几乎所有形式的刺激都能引起皮肤电反应，而且刺激并不需要很强。在实验过程中偶尔也能见到自发的皮肤电反应。

④ 适应性：适应性是人类长期进化过程中的一种保护性功能。实验证明，连续刺激产生的反应很快降低，最后出现即使使用强刺激也不会引起皮肤电反

应的情况。但是，如果间隔数日后再重新进行实验，则皮肤电反应又会重新出现，说明皮肤电反应具有适应性。

⑤ 条件性：皮肤电反应很容易形成条件反射，用无关的滴答声与强电击结合几次就可形成对滴答声出现皮肤电反应的条件反射。

⑥ 情绪性：许多实验证明皮肤电导水平和皮肤电反应可作为良好的"情绪指标"。

⑦ 非随意性：皮肤电反应因受自主神经系统控制，具非随意性，即不可控性。皮肤电反应的非随意性是指在皮肤电反应指标的强度和速度等方面，很少受到测试人的主观调控的影响，反应发生的速度很快，而且强度很大。有时被试者可能由咳嗽、打瞌睡、吸鼻子、机动身体等动作引起皮肤电的变化，所以要在测试中对被试者提出要求，以避免这种因素对皮肤电反应带来的影响，从而保证皮肤电反应的非随意性。皮肤电活动是受皮层下结构，主要是植物性神经（也称自主神经）中的交感神经系统控制的诸多生理活动中的一种。自主神经系统受控于杏仁核和下丘脑等脑区。皮肤电反应表明了皮肤电阻或电导的变化，一般认为这一变化与汗腺有关，因此皮肤电阻或电导随皮肤汗腺机能的变化而改变。汗受自主神经系统（ANS）的交感神经的支配，但取决于末梢器官的胆碱能的传递。由于汗内盐分较多，使皮肤导电能力增强（电阻值减小），形成较大的皮肤电反应。因此，如果测得被试者的皮肤电反应变化较大，那么就说明其汗液分泌较多，汗腺活动较强，即交感神经活动兴奋，也就可以说明其情绪活动较为强烈。同时，由这一机制可以看出皮肤电反应受到自主神经系统中的交感神经的调节与控制，并不是被试者随便就能控制的，这就是皮肤电反应的非随意性。

⑧ 敏感性：皮肤电反应是反映人的交感神经兴奋变化的最有效、最敏感的生理指标，是国际上最早、最广泛应用并得到普遍承认的多导心理测试指标。它通过测量人手心发汗的程度而直接反映人的心理紧张状态的变化，其反应幅度大，灵敏性高，不易受大脑皮层意识直接控制。皮肤电反应是测量情绪的指标之一，而情绪是脑皮层与皮层下结构协同活动的结果，但是大脑皮层只是起到调控作用，发挥显著作用的是皮层下结构的神经过程，其中下丘脑和杏仁核的功能尤其重要。在情绪发生、发展及其变化过程中，由于神经系统的调节，特别是在脑的整合作用下，伴随着心理体验的变化有机体的皮肤电反应也会发生一系列变化，称为情绪心理反应。而脉搏的变化完全是受自主神经系统控制的，远没有皮肤电反应的灵敏度高。在犯罪心理生理检测中，大部分情况下脉搏变化不明显。很多时候，即便是由与被试者有密切关系的相关刺激引起的脉搏变化也不明显，或脉搏跳动的快慢没有达到显著差异。

皮肤电反应是由自主神经系统中的交感神经支配的，它的变化能够充分反映交感神经系统的变化，并能进一步说明被试者在听到不同类型的刺激时所产生的情绪变化。并且由于上述的交感神经系统中的下丘脑和杏仁核在神经系统的独特地位和作用，由它们所控制的皮肤电反应具有其他生理指标所难以达到的很强的非随意性。与脉搏呼吸相比，皮电的反应灵敏性更高。同时，在生理和心理依据方面，皮电的理论研究得到了更多医学、心理学证据的支持，更加完善且具有说服力。因为这些方面的原因，皮肤电反应成为心理测试中最具代表性的生理指标。

4.1.4.4 皮温信号分析

（1）皮温信号

人体皮肤温度，简称皮温（SKT），一方面是反映人体冷热应激程度和人体、环境之间热交换状态的一个重要生理参数；另一方面，皮肤表面的温度反映了皮肤下血管的血流量。当交感神经被激活时，接近皮肤表面的血管壁的平滑肌就会收缩，致使血管管腔缩小，血流量减少，因此皮肤表面温度下降。相反，当交感神经的兴奋性下降时，血管壁的平滑肌增强，血管管腔扩张，血流量增加，皮肤温度上升。在环境因素恒定的情况下，皮肤的变化与交感神经系统的兴奋性密切相关，而交感神经的活动又能反映出与情感有关的高级神经活动，因此皮肤温度既可反映体内到体表的热流量，又可反映在衣服遮盖下的皮肤表面散热量或吸热量之间的动态平衡状态。运用无线皮温传感器可测量人体的皮肤温度，使用时将温度探头置于手指指尖，皮温波形图及无线皮温传感器的佩戴方式分别如图 4-27 和图 4-28 所示。

图 4-27　皮温波形图　　　　　图 4-28　无线皮温传感器的佩戴方式

目前，皮温作为衡量疲劳的指标并不是大多数研究者考虑的方法，主要因为皮温受环境影响较大，如在环境参数保持稳定的情况下，皮温的测量数值也会相对稳定，但如果在环境状态不断变化的状态下，温度、湿度、光照、风速等发生变化，皮温数据易产生较为明显的波动。因此，皮温作为测定疲劳的指标参数时，仅适用于环境参数稳定的室内。人体皮肤温度是反映人体冷热应激程度和人体与环境之间热交换状态的一个重要生理参数。皮肤温度既可反映体内到体表的热流量，也可反映在衣服遮盖下的皮肤表面的散热量或吸热量之间的动态平衡状态。

在舒适环境中测定一组人的 14 个部位的皮肤温度，经统计表明人体平均皮肤温度为 33.5℃，均方差为 0.5℃，维持舒适的平均皮肤温度是保证人体热舒适的重要条件。平均皮肤温度是指按相应部位的皮肤面积计算的人体皮肤温度的加权平均值。

人体各部位的温度不同，头部较高，足部较低。不同的皮肤温度是由人体核心至皮肤表面的热流与皮肤表面至环境散热之间的热平衡决定的。人体皮肤温度的高低与局部血流量有密切的关系。凡是能影响皮肤血管扩张与收缩的因素，如冷热刺激、情绪激动等，都可引起皮肤温度的变化。皮肤温度反映动脉的功能状态，动脉血管扩张时，皮肤血流量增加，皮肤温度升高；动脉血管收缩时，皮肤血流量减少，皮肤温度就会降低。在冷或热环境中，皮肤温度与血流速度的变化是人体为保持体内热平衡的主要体温调节手段，舒适的平均皮肤温度是保证人体热舒适的重要条件。现有的研究表明，人体皮肤温度与热舒适以及热感觉有密切联系。人体的皮肤感受器对热舒适与热感觉的产生起着重要作用。

（2）皮温信号与情绪的关系

人体的皮肤温度信号与人的情绪有关，这点可以从人们的日常生活中感受到。当人兴奋或者害羞时，就会面红耳赤，这时人体皮肤表面的温度会有明显升高；当人过度紧张或者受到惊吓时，会打冷战或者手足发凉，这时也能直观地感受皮肤的温度有明显下降。当然，这些情境都是当人处在比较极端的情绪下才有的明显的生理反应，大部分时候，人们情绪的变化并没有那么明显。其实，即使是小幅度的情绪变化，也会导致人体血液循环发生变化，从而间接地改变人体的体表温度，只是不是特别明显。关于人的情绪与人体皮肤温度关系的研究没有皮肤电那么多，原因在于：一方面皮肤温度是相对而言变化比较缓慢的信号，在情绪激烈程度不高的情况下变化并不明显；另一方面，人体的皮肤温度很容易受到环境中其他因素的影响，不太容易准确测量。

4.1.4.5　呼吸信号分析

（1）呼吸（respiration）

呼吸是指人体与外界环境进行气体交换的总过程。人体通过呼吸作用不断地从外界环境摄取氧，以氧化体内的营养物质、供应能量和维持体温；同时将氧化过程中产生的二氧化碳排出体外，以免扰乱人体机能，从而保证新陈代谢的正常进行。所以，呼吸是人体的一个重要的生理过程。对人体呼吸的监护检测是现代医学监护技术的一个重要组成部分。

（2）呼吸类型

根据参与呼吸的肌肉工作情况，呼吸可以分为胸式呼吸（thoracic breathing)、腹式呼吸（abdominal breathing）和胸腹混合式呼吸。胸式呼吸以肋间肌收缩为主，胸壁起伏明显；腹式呼吸以膈肌、腹肌活动为主，腹壁的起落明显；胸腹混合式呼吸时肋间外肌和膈肌不同程度活动，胸腹部均起伏明显。

（3）呼吸设备的佩戴方式

呼吸带环扎于被试者胸部和腹部（呼吸时胸或腹扩张最大处），胸呼吸带上缘至腋下5cm，腹呼吸带上缘位于肚脐位置。为了得到最好的灵敏度，最佳的松紧度为被试者在完全呼气状态下，感觉尼龙绑带有一点紧。

（4）呼吸评测指标

呼吸信号的生理指标主要有呼吸频率和呼吸幅度。

① 呼吸频率：描述单位时间内呼吸的次数，它受到各种内源性和外源性因素的影响。

② 呼吸幅度：指人体胸廓内气体压力随着呼吸而发生的变化。

呼吸频率是呼吸行为中一项比较重要的参数，通过对呼吸频率的研究分析，可以获得许多隐藏在其背后的内在的生理信息，并且对它的检测也较易实现，所以现有的呼吸监护设备主要监测的就是呼吸频率。呼吸信号的频谱分量的瞬时变化，也表现了自主神经系统的动态特性。

（5）呼吸与情绪识别

已有研究证实，当人体情绪发生改变时，人的呼吸信号会相应地发生变化，这主要体现在呼吸频率以及呼吸幅度的改变。有研究对人体处于平静、快乐以及悲伤三种情绪状态下的电生理信号参数进行了分析，结果显示，人体的呼吸频率在三种情绪下表现出了明显不同，而呼吸幅度则与被试者的性别有关。还有学者对人体分别处于正性情绪和负性情绪时电生理信号参数的变化情况进行研究，其中关于呼吸信号的研究结果表明，人体处于正性情绪时呼吸频率最高，处于负性情绪时次之，当人体处于平静状态下时，呼吸频率最低，人体处于正性情绪下呼吸频率较高是因为人处在高兴、快乐、愉悦等精神状态下时往往会笑，而"笑"这个运动则会直接导致人的呼吸波产生快速变化，从而使呼吸频率增加。使用不同的情绪诱导方法对人体呼吸信号产生影响的研究结果也证明了人体呼吸信号与人体情绪的变化有密切的关系。

4.2　人的心理特性

从事同一项工作的人，由于心理因素（精神状态）不同，工作效率有明显差异。若精神状态好，则工作效率高；若精神状态不好，则工作效率低，并且会出现差错和事故。人的心理因素包括以下 5 个方面。

4.2.1　性格

性格是指一个人在生活过程中所形成的对现实比较稳定的态度和与之相适应的习惯行为方式。例如，认真、马虎、负责、敷衍、细心、粗心、热情、冷漠、诚实、虚伪、勇敢、胆怯等就是人的性格的具体表现。性格是一个人个性中最重要、最显著的心理特征。它是一个人区别于他人的主要差异标志。人的性格构成十分复杂，概括起来主要有两个方面：一是对现实的态度，二是活动方式及行为的自我调节。对现实的态度又分为对社会、集体和他人的态度，对自己的态度，对劳动、工作和学习的态度，对利益的态度，对新的事物的态度，等等。行为的自我调节属于性格的意志特征。

性格可分为先天性格和后天性格。先天性格由遗传基因决定，后天性格是在成长过程中通过个体与环境的相互作用形成的。因此，必须重视性格的可塑性。以前人们认为性格是与生俱来的，是不可变的，现在则普遍认为性格是可变的。这个观点对人机工程学特别重要，如能通过各种途径注意培养人的优良品格，摒弃与要求不相适应的性格特征，将会为社会、为发挥人自身的潜能带来巨大的裨益。

4.2.2　能力

4.2.2.1　能力及其分类

能力是指人能够顺利完成某种活动所需具备的个性心理特征或人格特征。它包括实际能力和潜在能力。实际能力是指目前表现出来的能力或已达到的某种熟练程度；潜在能力是指尚未表现出来，但通过学习或训练后可能具有的能力或可能达到的某种熟练程度。能力多种多样，可以按不同标准对能力进行划分。

（1）按能力作用的活动领域划分

按能力作用的活动领域不同，可将能力划分为一般能力和特殊能力。一般能力是指个体从事各种活动中共同需要的能力，是指共有的基本能力。一般能力和认识活动密切相关，如观察、记忆、理解以及问题解决能力等都属于一般能力。特殊能力是指在某种特殊活动范围内发生作用的能力，它是顺利完成某种专业活动的心理条件，如操作能力、节奏感、对空间比例的识别力、对颜色的鉴别力等。一般能力和特殊能力是有机联系的，一般能力是特殊能力的重要组成部分。例如，人的一般听觉能力既存在于人的音乐能力中，也存在于人的语言能力中。一般能力越是发展，就越为特殊能力的发展创造有利条件；反之，特殊能力的发展也促进一般能力的发展。平时所说的智力就是指一般能力。美国心理学家瑟斯顿认为，人的智力由计算能力、词语理解能力、语音流畅程度、空间能力、记忆能力、知觉速度及推断能力组成。

（2）按能力表现形态划分

按能力表现形态不同，可把能力划分为认知能力、操作能力和社交能力。认知能力是人脑进行信息加工、存储和提取的能力，如观察力、记忆力、注意力、思维力和想象力等认知力可以通过实验测得，如注意力可通过注意力分配能力、注意力集中能力实验测试获取。人们认识客观世界，获得各种知识主要依赖人的认知能力。操作能力是指人操纵自己的身体完成各项活动的能力，如劳动能力、艺术表现能力、体育运动能力、实验操作能力等。操作能力与认知能力关系密切，通过认知能力积累的知识和经验是操作能力形成和发展的基础；反之，操作能力的发展也促进了认知能力的发展。社交能力是人们在社交活动中表现出的能力，如语言感染能力、沟通能力、交际能力和组织管理能力等。这种能力对促进人际交往和信息沟通具有重要作用。

注意力分配能力
测试实验

注意力集中能力
测试实验

（3）按能力参与的活动性质划分

按能力参与的活动性质不同，可把能力划分为模仿能力和创造能力。模仿能力是指通过观察别人的行为、活动来学习各种知识，然后以相同的方式做出反应的能力。模仿是人类一种重要的学习能力。创造能力是指产生新的思想或新发现，以及创造新事物的能力。有创造能力的人往往会摆脱具体的知觉情景、思维定式、传统观念的束缚，在习以为常的事物和现象中发现新的联系，提出新思想。

模仿能力和创造能力的区别体现在模仿能力只是按现成的方式去解决问题，而创造能力能提供解决问题的新思路和新途径。模仿能力和创造能力又有密切联系，人们经常是先模仿，然后进行创造。在某种意义上，模仿可以说是创造的前提。人的模仿能力和创造能力具有明显的个体差异，这一点对人才选拔和使用具有现实意义。

4.2.2.2 能力的影响因素

作业者的能力是有差异的，能力的形成与发展依赖多种因素的相互作用，主要表现为身体素质、知识、教育、环境、实践活动、人的主观努力程度等因素。

（1）身体素质

身体素质又称天赋，是个体与生俱来的解剖生理特点。它包括感觉器官、运动器官、身体的结构与机能以及神经系统的解剖生理特点。遗传对能力的影响主要表现在身体素质上。

（2）知识

人类知识是人脑对客观事物的主观表征，是活动实践经验的总结和概括。知识有不同的形式，一种是陈述性知识，即"是什么"的知识；一种是程序性知识，即"如何做"的知识，如计算机数据输入的知识等。人一旦有了知识，就会运用这些知识指导自己的活动。从这个意义上来说，知识是活动的自我调节机制中一个不可缺少的构成要素，也是能力基本结构中的一个不可缺少的组成成分。

能力是在掌握知识的过程中形成和发展的，离开对知识的不断学习和掌握，就难以发展能力。能力与知识的发展不是完全一致的，往往能力的形成和发展远较知识的获得要慢。

（3）教育

能力不同于知识、技能，但又与知识、技能有密切关系。人的发展能力与系统学习和掌握知识技能是分不开的，良好的教育和训练是能力发展的基础。一般能力较强的作业者往往受过良好的教育和训练，良好的教育和训练使作业者的知识和能力趋于同步增长。

（4）环境

环境包括自然环境和社会环境两个方面。实验研究表明，丰富的环境刺激有利于能力的发展。自然环境优越，有利于形成和发展作业者的能力，社会环境同样影响作业者能力的形成和发展。

（5）实践活动

人的各种能力是在社会实践活动过程中最终形成的。离开了实践活动，即使有良好的素质、环境和教育程度，能力也难以形成和发展。实践活动是积累经验的过程，因此对能力的形成和发展起着决定性作用。教育和环境只是能力发展的外部条件，人的能力必须通过主体的实践活动才能得到发展。人的能力随实践活动的性质、活动的广度和深度不同而不同。只要坚持不懈地进行实践活动，能力就会相应地得到提高。

（6）人的主观努力程度

能力提高离不开人的主观努力。一个人积极向上、刻苦努力，具有强烈的求知欲和广泛的兴趣，能力就会得到发展。相反，对工作无要求，对事业无大志，对周围事物冷淡、无兴趣的人，在工作中缺少自觉性，局限于完成规定的任务，能力不可能得到很好的发展。

4.2.3 动机

（1）动机的含义及功能

动机是由目标或对象引导、激发和维持个体活动的一种内在心理过程或内部动力。动机是一种内部的心理过程，不能直接观察，但可通过任务选择、努力程度、对活动的坚持性和言语表达等外部行为间接推断出来。通过任务选择可以判断动机的方向和目标，通过努力程度和坚持性可以判断动机强度大小。动机必须有目标，目标引导个体行为方向，并且提供原动力。

从动机和行为的关系分析，动机具有激发、调节、维持和停止行为的功能。即动机能推动个体产生某种行为，并使行为指向一定对象或目标；同时，动机具有维持作用，表现为行为的坚持性。个体活动能否坚持下去，受动机的调节和支配。

（2）动机与需要

需要是有机体内部的一种不平衡状态，它表现为有机体对内部环境或外部环境条件的一种稳定的需求，并成为机体活动的源泉。人的某种需要得到满足后，不平衡状态会暂时解除，当出现新的不平衡时，新的需要又会产生。关于需要结构，马斯洛（Maslow）提出了比较著名的需要层次理论。他把人的需要分为五个层次：生理需要、安全需要、归属和爱的需要、尊重需要和自我实现需要。这些需要是人的基本需求，需要的层次越低，力量越强，潜力越大。当低级需要满足之后，就会表现出高级需要。另外，个体对需要的追求也表现出不同的情况，有的人对尊重的需要超过了对归属和爱的需要。

人的动机是在需要的基础上产生的。当某种需要没有得到满足时，就会推动人们去寻找满足需要的对象，从而产生活动动机。当需要推动人们的活动指向一个目标时，需要就成为人的动机。需要作为人的积极性的重要源泉，是激发人们进行各种活动的内部动力。

（3）动机与工作效率

动机与工作效率的关系主要表现在动机强度与工作效率的关系上。人们普遍认为，动机强度越大，效率越高；相反，动机强度越低，效率越低。但心理学研究表明，中等强度的动机有利于任务的完成，工作效率最高，一旦动机超过这个水平，对行为反而产生一定的阻碍作用。例如，动机太强，急于求成，会产生紧张焦虑心理，使效率下降，错误率提高。

心理学领域专家耶克斯和道德森的研究表明，各种活动都存在一个最佳的动机水平。动机不足或过分强烈，都会使工作效率下降。研究还发现，动机的最佳水平随任务性质的不同而不同。在比较容易的任务中，工作效率随动机的提高而上升；随着任务难度的增加，动机的最佳水平有逐渐下降的趋势，即在难度较大的任务中，较低的动机水平有利于任务的完成（图 4-29）。

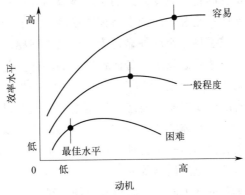

图 4-29　动机强度、任务难度与工作效率的关系

　　人们对工作所持的动机是多种多样的，由于动机的不同，工作态度和效率是千差万别的，因此在因素分析中，要把动机看成影响工作结果的重要因素之一。

　　随着行为科学的发展，人们创立了很多激励动机的学说。经常被引用的理论主要如下：

　　① 赫兹伯格（Herzberg）的双因素理论。他调查发现，使职工感到满意的，是属于工作本身或工作内容方面的，称为激励因素；使职工感到不满的，是属于工作环境或工作关系方面的，称为保健因素。其中，保健因素相当于"需要层次理论"的前三个阶段的需要，激励因素相当于后两个阶段的需要。保健因素只能防止不满意，而不能起到激励效率的作用。

　　② 利克特（Likert）的集体参与理论。他认为只有员工受到信赖、得到鼓励、参与管理和决策才能提高效率。

　　③ 弗鲁姆（Vroom）的期望理论。他认为人的行为是对目标追求的结果，这个过程不是简单的情绪表现，而是理性的决策。人的动机是多种多样的，既包括经济动机，也包括非经济动机。

4.2.4　情绪

　　情绪是人对客观事物的态度体验及相应的行为反应，它是以个体的愿望和需要为中介的一种心理活动。当客观事物或情境符合主体的需要和愿望时，就能引起满意、愉快、热情等积极、肯定的情绪，如渴求知识的人读到一本好书会感到满意。当客观事物或情境不符合主体的需要和愿望时，就会产生不满意、郁闷、悲伤等消极、否定的情绪，如工作失误会出现内疚和苦恼等。由此可见，情绪是个体与环境之间某种关系的维持或改变。

情绪是由独特的主观体验、外部表现和生理唤醒组成的。主观体验是个体对不同情绪和情感状态的自我感受。人的主观体验与外部反应存在着某种相应的联系，即某种主观体验是和相应的表情模式联系在一起的，如愉快的体验必然伴随着欢快的面容或手舞足蹈的外显行为。情绪与情感的外部表现通常称为表情。它是在情绪和情感状态发生时身体各部分的动作量化形式，包括面部表情、姿态表情和语调表情。面部表情模式能精细地表达不同性质的情绪和情感，因此是鉴别情绪的主要标志。姿态表情是指面部表情以外的身体其他部分的表情动作，包括手势、身体姿势等，如愤怒时的摩拳擦掌行为。生理唤醒是指情绪产生时的生理反应，是一种生理激活水平。情绪不同时生理激活水平不同，如愤怒时心跳加速、血压增高等。

人的典型情绪状态可分为心境、激情和应激三种。

（1）心境

心境是一种持久、微弱、影响人的整个精神活动的情绪状态。一种心境的持续时间既依赖引起心境的客观刺激的性质，也与人的气质、性格有一定的关系。例如，若一个人取得了重大的成就，在一段时期内会处于积极、愉快的心境中；同一事件对某些人的心境影响较小，而对另一些人的心境影响则较大；性格开朗的人往往无介于怀，而性格内向的人则容易耿耿于怀。

心境产生的原因是多方面的。生活中的顺境和逆境、工作中的成功与失败、人们之间的关系是否融洽、个人的健康状况、自然环境的变化等，都可能成为引起某种心境的原因。

心境对人的生活、工作、学习、健康有很大的影响。积极向上、乐观的心境，可以提高人的活动效率，增强信心，使其对未来充满希望，有益于健康；消极悲观的心境，会降低认知活动效率，使人丧失信心和希望，经常处于焦虑状态，有损于健康。人的世界观、理想和信念决定着心境的基本倾向，对心境有重要的调节作用。

（2）激情

激情是一种强烈、短暂、爆发式的情绪状态。这种情绪状态通常是由对个人有重大意义的事件引起的。如重大成功后的狂喜、惨遭失败后的绝望、突如其来的危险所带来的异常恐惧等，都会使人处于激情状态。激情状态往往伴随着生理变化和明显的外部行为表现，人在激情状态下往往出现"意识狭窄"现象，即认识活动的范围缩小，理智分析能力受到抑制，自我控制能力减弱，进而使人的行为失去控制，甚至做出一些鲁莽的行为或动作。

人能够意识到自己的激情状态，也能够有意识地调节和控制它。因此，要善于控制自己的消极激情，做自己情绪的主人。实际工作中，可通过培养坚强的意志品质、提高自我控制能力来达到控制激情状态下失控行为的目的。

（3）应激

应激是指人对某种意外的环境刺激所做出的适应性反应。例如，人们遇到某种意外危险或面临某种突发事件时，必须应用自己的智慧和经验，动员自己的全部力量，迅速做出选择，采取有效行动。此时人的身心处于高度紧张状态，即应激状态。

应激状态的产生与人面临的情景及人对自己能力的估计有关。当情景对一个人提出要求，而他意识到自己无力应对当前情景的过高要求时，就会感到紧张从而处于应激状态。

人在应激状态下，会引起机体的一系列生理性反应，如肌肉紧张度、血压、心率、呼吸以及腺体活动都会出现明显的变化。这些变化有助于适应急剧变化的环境刺激，维护机体功能的完整性。但是，如果引起紧张的刺激持续存在，阻抗持续下去，此时必需的适应能力已经用尽。机体会被其自身的防御力量所损害，导致适应性疾病。可见，应激状态是在某些情况下可能导致疾病的机制之一。

情绪对人们的工作效率、工作质量有重要的影响，关系到人的能力的发挥及身心健康。因此，应当特别关注影响情绪的因素（社会的、工作的、人际的以及家庭的和自身的），对其进行相关研究并加以改善。

4.2.5　意志

意志是人自觉地确定目的，并支配和调节行为，克服困难以实现目的的心理过程。也可以说意志是一种规范自己的行为，抵制外部影响，战胜身体失调和精神紊乱的抵抗能力。意志在一个人的性格特征中具有十分重要的地位，性格的坚强和懦弱等常以意志特征为转移。良好的意志特征包括坚定的目的性、自觉性、果断性、坚韧性和自制性。意志品质的形成是与一个人的素质、教育、实践及社会影响分不开的。为了出色地完成各种工作，人们应当重视个人意志力的培养和锻炼。

人的行为内部交织着各种复杂的心理因素。因此，在分析某种行为的时候，应分别对各种心理因素进行分析，在分析集体的行为时，应尽可能收集各种因素所具备的条件。个体差异是指在因素条件相同的情况下，人与人之间的差别。

4.3　人的生理数据的应用实例

本节以眼动信号为例，对相关试验的具体内容及数据分析进行介绍。

4.3.1 试验设计

(1) 试验设备与对象

使用 TobiiX2-30 眼动仪采集被试者的眼动数据。呈现刺激材料的显示屏尺寸为 19.7 英寸 (44cm×24cm),屏幕分辨率是 1920 像素×1080 像素。被试者距离显示屏 45~60cm。

(2) 试验材料

以地铁内禁止跳下的安全标志为参考,设计图的比例、尺寸及颜色参照《图形符号 安全色和安全标志 第 1 部分:安全标志和安全标记的设计原则》(GB/T 2893.1—2013),同时对原安全标志的设计不足之处进行二次设计,共得到 3 张图片作为试验刺激材料,试验过程中导入的刺激材料类型为图片。试验刺激材料见表 4-6。

表 4-6 试验刺激材料

安全标志类型	原图	设计图 1	设计图 2	设计图 3
禁止跳下	⊘	⊘	⊘	⊘

为了控制变量,试验材料中同种含义的标志边框颜色样式一致。禁止标志的设计依照图 4-30 所示比例,外径 $d_1 = 0.025L$,内径 $d_2 = 0.800d_1$,斜杠宽 $c = 0.080d_1$,斜杠与水平线的夹角 $\alpha = 45°$。L 均为观察距离。标志原图大小与同一页面的二次设计标志图大小一致。

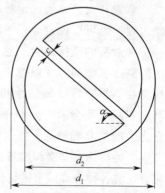

图 4-30 禁止标志设计比例

4.3.2 试验数据分析

1) 数据初步处理

运用眼动数据分析模块完成眼动数据的预处理——兴趣区 (area of interest,AOI) 划分,提取兴趣区内眼动数据,试验刺激材料共包括 4 个兴趣区。AOI 划分为出现的页面中每一个安全标志轮廓的内部区域,禁止跳下兴趣区划分示例如图 4-31 所示。

将数据导入 SPSS 进行处理分析。用线性回归方法进行缺失值处理,定义所有数据中小于 0 的数据为缺失值,接着进行缺失值替补,由于此次试验

图 4-31　禁止跳下
兴趣区划分示例

数据中缺失值不足 5％，因此选择的缺失值处理方法对结果影响不大，故选择序列平均值进行替换。

　　试验数据包括两部分：基于被试者主观调查的定性数据和客观眼动指标的定量数据。主观数据主要基于深度访谈探究其选择某一安全标志的原因，探寻人们对安全标志理解的影响因素；眼动指标包括对安全标志的注视轨迹图、热点图，兴趣区内的首次进入时间（AOI time to first fixation），进入兴趣区的第一个注视点的持续时间，即首个注视持续时间（AOI first fixation duration），兴趣区注视总的持续时间，即总注视持续时间（AOI total fixation duration），兴趣区的注视次数（AOI fixation count）。眼动仪利用红外追踪技术精准追踪被试者眼球位置，获取眼动数据，不同的眼动指标反映被试者的某种真实状态。各眼动指标代表均值的具体含义，需要进一步结合实际数据进行分析。

　　2）主观数据讨论

　　按照试验要求，被试者需根据安全标志的文字提示，自主选择与文字含义更贴近、更形象、更符合文字内容的安全标志图片样式，根据被试者自主选择结果，得到不同类型不同样式的安全标志被选中的比例，比例＝（选择某一安全标志的人数÷总人数）×100％。最终统计结果见表 4-7、表 4-8。

表 4-7　不同样式的安全标志被选中的比例

标志名称	编号	不同样式"禁止跳下"标在被选中的比例/％
禁止跳下	原图占比	5.00
	1 图占比	17.50
	2 图占比	57.50
	3 图占比	20.00

表 4-8　安全标志原图与二次设计图的对比分析

标志类型	原图	选择比例最高的标志	个人因素	情境因素	经验因素
禁止跳下			新图动作到位，美观大方	新图符合跳跃的情景状态；原图没有体现跳跃瞬间的效果	原图站台过高，看起来像坠落

　　3）"禁止跳下"的眼动数据分析

　　分析地铁原"禁止跳下"安全标志（简称"原图"）与二次设计中最优

（即选择比例最高）的安全标志（简称"优化图"）在眼动数据上是否存在显著的差异性，进而研究现有的安全标志是否有必要改进和优化。

（1）眼动指标的描述性统计分析

"禁止跳下"眼动数据的描述性统计结果见表4-9。

表 4-9　"禁止跳下"眼动数据的描述性统计结果

兴趣区		首次进入时间/s		首个注视持续时间/s		总注视持续时间/s		注视次数/次	
		均值	标准差	均值	标准差	均值	标准差	均值	标准差
禁止跳下	原图	1.85	0.81	0.37	0.24	0.91	0.70	2.25	1.28
	优化图	1.81	1.08	0.52	0.29	2.29	1.26	4.70	2.54

首次注视持续时间中，对优化图的首次注视高出原图40.5%，而首次注视时间越长，表明安全标志越容易引起被试者的关注。从表4-9描述的统计结果来看，优化图的首个注视持续时间的均值高于原图，表明被试者关注到优化图后，认真获取最优设计图的内容，由此表明优化图对被试者的吸引程度较高，能使被试者获取想要的信息。总注视持续时间和注视次数均是在整个任务过程中获取的兴趣区内的数据，优化图对应的总注视时间及注视次数的均值均高于原图，即被试者对优化图的注视时间更长，但是原图与优化图是否存在显著的差异性还有待进一步分析。

（2）差异性分析

研究各类安全标志原图与比例最高的二次设计图的眼动数据是否有差异，属于差异性检验。原图与优化图为独立的研究对象，未采用配对设计，且分析变量为连续性变量，检验数据在 $P = 0.05$ 水平下是否符合正态分布［由于样本数量40＜50，选择Shapiro-Wilk（夏皮罗-威尔克）检验］；若指标的两个变量同时符合正态分布，则使用两独立样本 t 检验，若某指标的两个变量未同时满足正态分布，则考虑使用 Wilcoxon 秩和检验（Mann-Whitney U 统计量由 Wileoxon W 统计量构成）。数据的正态性检验及分析方法选择见表4-10，原图与优化图差异性分析结果见表4-11。

表 4-10　数据的正态性检验及分析方法选择

指标	变量	P 值	正态性	分析方法
首次进入时间	原图	0.128	是	Mann-Whitney U 检验
	优化图	0.011	否	
首个注视持续时间	原图	0.002	否	Mann-Whitney U 检验
	优化图	0.128	是	
总注视持续时间	原图	0.000	否	Mann-Whitney U 检验
	优化图	0.174	是	
注视次数	原图	0.000	否	Mann-Whitney U 检验
	优化图	0.074	是	

表 4-11　原图与优化图差异性分析结果

指标	P 值	有无显著性差异
首次进入时间	0.560	无
首个注视持续时间	0.015	有
总注视持续时间	0.000	有
注视次数	0.000	有

由表 4-11 可见，原图和优化图的兴趣区内的首次进入时间无显著的差异性，说明"禁止跳下"原图与优化图的醒目程度相差不大；在首个注视持续时间、总注视持续时间和注视次数上，原图和优化图的兴趣区内存在显著的差异性，说明安全标志经过优化后比原图更能吸引被试者，被试者对优化图的关注程度更高，信息提取得更完整。

此外，结合眼动的可视化数据进行分析，被试者的眼动轨迹图和热点图分别如图 4-32 和图 4-33 所示。

图 4-32　被试者的眼动轨迹图　　　　图 4-33　"禁止跳下"热点图

由图 4-32 和图 4-33 可知，被试者的关注重点在优化图的跳跃动作上，说明最优设计图更生动形象，能够吸引被试者的关注，且能达到较好的表达效果，易于理解。因此，原图与优化图相比，优化图由于其鲜明的动作形态更能引起被试者的关注。

 习　题

1. 眼睛的水平运动比垂直运动快，即先看到水平方向的东西，后看到垂直方向的东西。所以，一般机器的外形常设计成（　　　）。

A．圆形　　　　　　B. 正方形　　　　　C. 竖向长方形　　　D. 横向长方形

2. 人们往往根据自己过去获得的知识和经验去理解和感知现实的对象，这体现了知觉的（　　）。

A．选择性　　　　B．整体性　　　　C．理解性　　　　D．恒常性

3. "猎人进山只见禽兽，樵夫进山只见柴草"，这体现了知觉的（　　）。

A．选择性　　　　B．整体性　　　　C．理解性　　　　D．恒常性

4. 阳光下，煤块的反射率要比黄昏时粉笔的反射率高，然而人们仍然把粉笔看成白的，把煤块看成黑的，不会因为反射率的高低而颠倒黑白，这体现了知觉的（　　）。

A．选择性　　　　B．整体性　　　　C．理解性　　　　D．恒常性

5. 为什么会"久而不闻其香"？请结合本章内容做出解释。

6. 什么是暗适应、明适应？试举例说明。

7. 眩光会有哪些影响？如何避免眩光？

8. 什么是声音的掩蔽效应？举例说明生活中的掩蔽效应会带来怎样的影响。

9. 眼动信号的研究主要包含哪些参数？查阅资料讨论哪些产品的设计中应用了眼动信号。

10. 如何应用人的个性心理理论做好安全生产管理工作？

11. 分析不同品牌手机的人机交互功能，如何在设计上体现人的感知特性和心理特性的。

第 5 章

人的作业能力与可靠性

 学习目标:

① 掌握不同作业类型的划分及特点，深入理解人体能量的生成与代谢过程，能够熟练运用计算方法评估人体能量代谢。

② 了解人体在作业过程中的机能调节机制和适应过程，理解影响作业能力的各种因素及其随时间的变化规律。认识个体差异对作业能力的影响，增强团队合作意识和集体荣誉感，促进个人与团队的共同发展。

③ 掌握劳动强度的分级方法和标准，理解疲劳产生的生理和心理机制。

④ 了解并掌握疲劳的测定技术和方法，能够运用有效的措施改善和消除疲劳。

⑤ 掌握人可靠性分析的基本原理和方法，了解人因失误的概率评估及定量分析模型。增强安全意识和风险防控能力，认识人在系统中的关键作用和责任，培养责任心和职业道德感，为构建安全、高效、和谐的工作环境贡献自己的力量。

 重点和难点:

① 静态作业与动态作业的界定及各自特征，人体能量生成机理及代谢过程的详解，人体在作业过程中的调节机制剖析，影响作业能力的多重因素分析。

② 劳动强度的定义及分级标准，作业疲劳的特性与不同类型概述，作业疲劳的成因及缓解疲劳的有效措施。

③ 人可靠性分析方法的掌握与应用，人因失误概率及定量分析模型的基础概念理解。

5.1 作业类型的划分

在人-机-环境系统中，人始终占据核心地位，并发挥着主导作用，其作业能力和可靠性对系统的有序运行至关重要。在作业过程中，人的生理和心理特征均会发生变化，这些变化进而会对作业效果产生影响。作业，通常被定义为个体为完成生产、学习等既定任务所从事的活动。本节依据肌肉收缩的状态、参与劳动的肌肉量以及作业过程中是否做功，将作业细分为静态作业、动态作业及混合型作业三大类。

5.1.1 静态作业

静态作业，指的是通过肌肉的等长收缩来维持特定体位，即身体和四肢关节保持相对静止状态下所进行的作业，亦称为静力作业。此类作业典型包括脑力劳动工作者、计算机操作人员及仪器监控者等所从事的工作。

（1）肌肉收缩状态分析

静态作业的持续时间受肌肉收缩力占最大随意收缩力比例的影响。当肌肉等长收缩的肌张力保持在最大随意收缩力的 15%～20% 范围内，且参与肌肉的收缩张力相对稳定时，该静力作业可维持较长时间。例如，计算机操作人员坐姿时腰部肌肉或教师立姿时腰、腿部肌肉的持续收缩，均属此类。

然而，当等长收缩的肌张力超过最大随意收缩力的 20% 时，易导致人体疲劳，此状态下的肌肉收缩被称为致疲劳性等长收缩或静力收缩。若肌张力达到最大随意收缩力的 50%，作业仅能维持 1min；若肌张力等同于最大随意收缩力，作业时间则仅限于 6s 左右。

（2）做功情况探讨

做功，是能量从一种形式转化为另一种形式的过程。根据做功的定义，由于静态作业中肌肉收缩力或肌张力方向上未发生位移，因此静态作业实际上并未做功。尽管此状态下人体能耗水平相对较低，氧消耗水平不高，需氧量通常不超过 1L/min，却易引发疲劳。其原因主要在于：一方面，静力作业时，特定肌群持续收缩，压迫小血管，导致血流受阻，肌肉在无氧条件下工作，形成氧债，作业停止后，血流恢复畅通，开始补偿氧债，因此出现作业停止后氧消耗反而增高的现象；另一方面，静力作业导致局部肌肉持续收缩，不断刺激大脑皮层，形成局限强烈兴奋灶，抑制皮层和皮层下中枢的其他兴奋灶，如能量代谢的抑制。作业停止后，出现后继性功能加强，导致氧消耗升高。

（3）脑力劳动与体力劳动的区分

脑力劳动，与体力劳动相对，是一种以脑力活动为主导的作业，属于静态作业范畴，与信息型劳动相对应。脑力劳动的特点在于劳动者在生产过程中运用智力、科学文化知识和生产技能进行高质量、复杂的作业。其过程涉及通过感觉器官接收信息，经中枢神经系统处理信息，并以多种形式输出信息。脑力劳动多为非重复性，特点各异且无明显规律可循。

脑组织的氧代谢在安静状态下是等量肌肉需氧量的 15～20 倍，占成年人总耗氧量的 10%。人体 90% 的能量来源于糖分解，而脑组织糖原储存量有限，因此对缺氧、缺血极为敏感，脑力劳动者易感到疲劳。

体力劳动中同样包含静态作业成分，如坐姿或立姿观察仪表、支撑重物、把持工具、压紧加工物件等。

5.1.2　动态作业

动态作业，亦称动力作业，是通过肌肉的等张收缩来完成作业动作的，通常指体力作业。当前，众多行业的生产活动中，绝大多数体力劳动均属于动态作业。动态作业可进一步划分为重动态作业和轻动态作业。

重动态作业的特点在于参与劳动的是大肌群，能量消耗较高。而轻动态作业中，参与的是一组或多组小肌群，肌肉量小于全身肌肉总量的 1/7，肌肉收缩率高于 15 次/min，其特点为能耗不高但易疲劳或受损，如编程人员操作键盘输入程序语言。

5.1.3　混合型作业

混合型作业，即同时包含静态作业和动态作业成分的作业。在航空航天领域，飞行员和航天员在执行任务前需要接受严格的模拟训练，这种训练过程可以视为一种典型的混合型作业。将理论知识学习、模拟舱内操作练习等静态作业成分与飞行模拟器训练、体能训练等动态作业成分相结合，为飞行员和航天员提供了全面、系统的训练环境。这种训练模式不仅提高了学员的飞行技能和体能水平，还增强了他们在紧急情况下的应对能力和心理素质。

5.2　人体作业时的能量来源及能量消耗

人体为维持其活动状态，必须持续消耗能量。在物质代谢的过程中，伴随

着能量的释放、转移、储存与利用，这一系列复杂的生化过程统称为能量
代谢。

5.2.1 人体能量的来源概述

糖类是人体获取能量的主要途径，约 70% 的人体所需能量源自糖类的分
解代谢。脂肪则扮演着能量储存与供应的重要角色。蛋白质作为人体组织的基
本构成成分，其在能量供应方面的贡献相对较少。糖类和脂肪在体内经过生物
氧化过程，最终转化为二氧化碳和水，并同时释放出能量。

人的劳动是体力劳动与脑力劳动的有机结合，不同劳动类型可能有所侧
重。在作业过程中，人体各器官系统均需消耗能量。鉴于骨骼肌约占人体体重
的 40%，因此体力劳动的能量消耗尤为显著。体力劳动时，能量的来源主要
有以下三种途径。

（1）ATP-CP 系列供能

肌肉活动所需的能量主要由肌细胞内的三磷酸腺苷（ATP）迅速分解提
供。然而，肌肉中 ATP 的储存量有限，需依赖磷酸肌酸（CP）的分解来及
时补充，这一能量转换机制被称为 ATP-CP 系列。其能量转换过程可表
示为：

$$ATP + H_2O \longrightarrow ADP + Pi + 29.4kJ/mol$$
$$CP + ADP \longrightarrow Cr(肌酸) + ATP$$

（2）需氧系列供能

随着劳动强度的增加，肌肉中 CP 的数量迅速减少，仅能维持肌肉活动数
秒至 1min。此时，需通过糖类和脂肪的氧化分解来合成 ATP，这一过程需要
氧气的参与，故称为需氧系列。在正常情况下，蛋白质并不被用作合成 ATP
的能源。

（3）乳酸系列供能

在高强度劳动时，ATP 的分解速度极快，需氧系列因受到呼吸、循环系
统的限制而出现供氧不足的情况，无法满足肌肉活动的能量需求。此时，肌肉
依靠无氧糖酵解产生 ATP 和乳酸来提供能量。尽管 1 分子葡萄糖在无氧糖酵
解过程中仅能产生 2 分子 ATP，但其产生 ATP 的速度比需氧系列快 32 倍。
然而，乳酸系列供能会产生乳酸，乳酸的积累会导致肌肉疲劳，因此这种供能
方式不能持久。

在高强度肌肉活动时，需氧系列因供氧能力的限制，其合成 ATP 的速度
无法满足肌肉活动的需求，此时肌肉依靠无氧糖酵解产生乳酸的方式来供能。
肌肉活动的能量来源及特点比较如表 5-1 所列。

表 5-1　肌肉活动的能量来源及特点比较

比较项目	供能方式		
	ATP-CP 系列	需氧系列	乳酸系列
能量来源	肌细胞内的三磷酸腺苷（ATP）和磷酸肌酸（CP）	糖类和脂肪的氧化分解	无氧糖酵解
供能速度	非常快,适合短时间、高强度的爆发性运动	相对较慢,但持续时间长	快,介于 ATP-CP 系列和需氧系列之间
能量储存量	有限,只能维持数秒至数十秒的高强度活动	几乎无限,只要氧气供应充足	相对有限,但能满足一段时间的高强度活动
产物	无有害产物,能量转换效率高	二氧化碳和水,是身体正常代谢的产物	乳酸,积累过多会导致肌肉疲劳和酸痛
是否需要氧气参与		需要氧气参与	无需氧气参与

5.2.2　人体能量代谢

1）能量代谢及其过程概述

机体通过物质代谢途径，从外部环境中摄取必需的营养物质。这些物质在体内经过一系列的分解与吸收过程，将其内含的化学能逐步释放出来，并转化为组织和细胞可直接利用的能量形式。人体依赖这些能量以维持其生命活动的正常进行，同时，这些能量也为人体从事各种作业和劳动提供了必要的物质基础。在物质代谢过程中，所伴随的能量的释放、转移、储存及利用等一系列过程，被统称为能量代谢（energy metabolism）。

能量代谢可细分为合成代谢与分解代谢两大过程。合成代谢，亦称作同化作用或生物合成，指的是将较小的前体分子或构件分子（例如氨基酸和核苷酸）合成为较大的分子（如蛋白质和核酸）的过程。而分解代谢则是指机体将来自外界环境或细胞内存储的有机营养物分子（如糖类、脂类、蛋白质等），通过一系列反应逐步降解为较小的、简单的终产物（如二氧化碳、乳酸、乙醇等），此过程主要通过氧化分解释放出能量。能量代谢过程遵循物质不灭和能量守恒的基本法则，即能量既不能被创造，也不能被消灭，但物质代谢过程中产生的各种不同形式的能量之间可以相互传递和转化，既可由一个物体传递给另一个物体，也可由一种能量形式转化为另一种能量形式。在能量的传递或转化过程中，总能量保持不变，即遵循总能量守恒原则。

2）能量代谢的主要类型

人体能量代谢类型可划分为基础代谢、安静代谢和劳动代谢，以下对其基本概念及作用机理进行阐述。

（1）基础代谢（basal metabolism，BM）

人体在基础条件下的能量代谢被称为基础代谢，它指的是人体维持生命活动所需各器官的最低能量需求。单位时间内的基础代谢量被定义为基础代谢率，常用 B 表示。基础代谢率是指在人体处于清醒且极度安静的状态下，不受肌肉活动、环境温度、食物摄入及精神紧张等因素影响时的相对代谢率。在临床和生理学实验中，测定基础代谢率时要求受试者至少 12h 未进食，在室温 20℃ 的环境下，静卧休息 0.5h，保持清醒状态，不进行任何脑力和体力活动。基础代谢率随性别、年龄等因素的不同而存在生理性的差异。一般来说，男性的平均基础代谢率高于女性，幼年时期的基础代谢率高于成年时期；年龄越大，基础代谢率越低。

基础代谢量与体重之间并不直接相关，而是与人体体表面积成比例关系。基础代谢率是通过计算每平方米体表面积每小时的产热量来得出的，其单位为 W/m^2。我国正常人基础代谢率的平均值可参考相关表格（如表 5-2 所列）。一般来说，基础代谢率的实际测定值与正常的平均值之间的差异在 10%～15% 的范围内，均被视为正常情况。

表 5-2　我国正常人基础代谢率平均值　　　　　　单位：W/m^2

年龄	11～15 岁	16～17 岁	18～19 岁	20～30 岁	31～40 岁	41～50 岁	51 岁以上
男性	54.3	53.7	46.2	43.8	44.1	42.8	41.4
女性	47.9	50.5	42.8	40.7	40.8	39.5	38.5

（2）安静代谢（resting metabolism，RM）

安静代谢是指在作业开始之前，人体为保持身体各部位的平衡以及维持某种特定姿势下的能量代谢状态。安静代谢量是指人体仅为保持身体平衡及安静姿势所消耗的能量，这一指标通常在工作前或工作后进行测定。在实践中，安静代谢量一般取为基础代谢量的 1.2 倍，用符号 R 表示。因此，安静代谢量 R 与基础代谢量 B 之间的关系可以表示为：

$$R = 1.2B \tag{5-1}$$

（3）劳动代谢（work metabolism）

劳动代谢，又称活动代谢、作业代谢或工作代谢，是指人体在从事特定活动过程中所进行的能量代谢。作业时的能量消耗量是人体全身各器官系统活动能耗量的总和。因此，在实际活动中所测得的能量代谢量（称为实际能量代谢量，用 M 表示）不仅包含了活动本身所产生的代谢量 M_r，还包含了基础代谢与安静代谢的部分。活动代谢量 M_r 可以通过式(5-2)计算得出：

$$M_r = M - R \tag{5-2}$$

一般来说，人在运动时的代谢量要比静止时增加几倍至十几倍。例如，步行时代谢量可能增加 3～5 倍，奔跑时则可能增加 10～200 倍，昆虫飞翔时甚至可能增加 50～100 倍。值得注意的是，最紧张的脑力劳动的能量代谢量通常不会超过安静代谢量的 10%，而肌肉活动的能耗量则可能高出基础代谢量

10~25 倍。

3）相对代谢率（relative metabolic rate， RMR）

由于人的体质、年龄和体力等因素存在差异，因此从事同等强度的体力劳动所消耗的能量也会因人而异，这使得直接比较能量代谢量变得困难。为了消除个人差异的影响，可以采用劳动代谢量与基础代谢量之比来表示某种体力劳动的强度，这一指标被称为相对代谢率。相对代谢率是评价机体能量代谢水平的常用指标，其基本计算公式如下：

$$RMR = \frac{劳动时总能耗量-安静时能耗量}{基础代谢量}$$

$$= \frac{活动代谢率}{基础代谢量}$$

$$= \frac{M-R}{B}$$

在相同条件和劳动强度下，不同人的劳动代谢量虽然不同，但他们的相对代谢率却是基本相同的。表 5-3~表 5-5 列出了一般活动项目的相对代谢率实测值。

表 5-3　不同活动类型的 RMR 实测值（一）

活动项目	动作内容	RMR
睡眠		基础代谢量×90%
整装	洗脸、穿衣、脱衣	0.5
打扫	扫地、擦地	2.7
	扫地	2.2
	擦地	3.5
做饭	准备	0.6
	做饭	1.6
	做完饭后收拾	2.5
运动	广播体操的运动量	3.0
用饭、休息		0.4
上厕所		0.4
步行	慢走(45m/min)、散步	1.5
	一般(71m/min)	2.1~2.5
	快走(95m/min)	3.5~4.0
	跑步(150m/min)	8.0~8.5
上下班	自行车(平地)	2.9
	公交车(坐着)	1.0
	公交车(站着)	2.2
	轿车	0.5
上下楼	上楼(46m/min)	6.5
	下楼(50m/min)	2.6
学习	读、写、看、听(坐着)	0.2
笔记	用笔记录(一般事务)	0.4
	记账、算术	0.5

表 5-4　不同活动类型的 RMR 实测值（二）

活动类型	RMR	活动类型	RMR
小型钻床作业	1.5	铸造型芯的作业	5.2
齿轮切削机床作业	2.2	煤矿的铁镐作业	6.4
空气锤作业	2.5	拉钢锭作业	8.4
焊接作业	3.0	做广播体操	3.0
造船的铆接作业	3.6	擦地	3.5
汽车轮胎的安装作业	4.5	缝纫	0.5

表 5-5　RMR 的推算值

动作部位	动作方法	被测者主诉	RMR
手指	机械运动	手腕微酸	0～0.5
	指尖动作	指尖长时间酸痛	0.5～1.0
由指尖到上臂	指尖动作引起前臂动作	工作轻,不累	1.0～2.0
	指尖动作引起上臂动作	有时想休息一下	2.0～3.0
上肢	一般动作	不习惯,难受	3.0～4.0
	较用力动作	上肢肌肉局部酸累	4.0～5.5
全身	一般用力	每 20～30min 想休息一下	5.5～6.5
	均匀地加力	连续工作 20min 就感到难受	6.5～8.0
	瞬时用全身力	5～6min 就感到很累	8.0～9.5
	剧烈劳动,用力尚留余地	用大力干,不能超过 5min	10.0～12.0
	拼出全力,只能坚持 1min	拼命用力	12.0 以上

4）影响能量代谢的因素分析

（1）肌肉活动

肌肉活动对能量代谢的影响最为显著。任何轻微的肌肉活动都会导致机体代谢率的提升。肌肉活动主要通过增加肌肉耗氧量来做功，进而使相对代谢率升高。剧烈运动或强体力劳动时，产热量可远超安静状态时的水平。值得注意的是，在肌肉活动停止后的一段时间内，能量代谢仍保持较高水平，随后才逐渐恢复到正常状态。

（2）精神活动

精神活动对能量代谢也有一定影响。脑的能量来源主要依赖糖氧化释能。在安静思考时，精神活动对能量代谢的影响不大。然而，当精神紧张时，如烦恼、恐惧或情绪激动时，产热量会明显增多，相对代谢率也随之增高。这主要是无意识的肌紧张加强所致，尽管此时并无明显的肌肉活动。

（3）食物摄入

人体所需的能量主要来源于食物中的碳水化合物、脂肪和蛋白质。进食后的一段时间内，机体虽然处于安静状态，但产热量却比进食前有所增加。饭后 2～3h，代谢率达到最大值。食物类型对能量代谢也有影响，若膳食全部是蛋白质，则额外增加产热可达 30% 左右；若为糖类或脂肪，增加热量为 4%～

6%；混合食物则可增加产热量 10% 左右。

（4）环境温度

环境温度对能量代谢也有显著影响。人在安静状态下，当环境温度处于 20～30℃ 范围内时，能量代谢最为稳定。环境温度过低会导致肌肉紧张性增强，从而使能量代谢增加；环境温度过高则会使体内物质代谢加强，同样导致能量代谢增加。实验证明，当环境温度低于 20℃ 时，代谢率即开始有所增加；在 10℃ 以下时显著增加；当环境温度为 30～40℃ 时，代谢率又会逐渐增加。

5.2.3　作业时的耗氧动态分析

1）耗氧量与摄氧量

（1）耗氧量

成年人在安静状态下，为维持机体组织器官的基本生理活动，需要依靠有氧代谢供给能量。人体单位时间内所需要的氧气量称为需氧量。在劳动过程中，随着劳动强度的增加，消耗的氧气量也相应增多。单位时间内人体所消耗的氧气量称为耗氧量，它反映了人体为维持生理活动和体外做功所消耗的氧气量。

（2）摄氧量

单位时间内，人体通过呼吸、循环系统所能吸入的氧气量称为摄氧量（又称吸氧量），用 V_{O_2} 表示。由于氧不能在人体内大量储存，吸入的氧一般随即被人体消耗。因此，在正常情况下，摄氧量与耗氧量大致相等。当人体从事高度繁重体力劳动时，呼吸系统和循环系统的功能经过 1～2min 后达到人体极限摄氧能力，此时摄氧量不再上升，称为最大摄氧量 $V_{O_2\max}$。最大摄氧量反映机体氧运输系统的工作能力，是评价人体有氧工作能力的重要指标之一。

最大摄氧量可用绝对值或相对值表示。绝对值表示机体在 1min 内摄入氧气的最大量，单位为 L/min；相对值则考虑体重的影响，单位为 mL/(kg·min)。最大摄氧量可根据年龄进行近似计算，并可通过公式转换为绝对值。此外，根据最大摄氧量的绝对值，还可以计算出人在从事最大允许负荷劳动时的能量消耗量。

若已知年龄，则最大摄氧量可按下式近似计算：

$$V_{O_2\max} = 5.6592 - 0.0398A \tag{5-3}$$

式中　$V_{O_2\max}$——最大摄氧量，mL/(kg·min)；

　　　　A——年龄，岁。

摄氧量相对值可以根据式(5-4)转换成绝对值：

$$V_{O_2绝} = \frac{V_{O_2相}W}{1000} \tag{5-4}$$

式中 $V_{O_2绝}$——摄氧量绝对值，L/min；

$V_{O_2相}$——摄氧量相对值，mL/(kg·min)。

W——体重，kg。

根据最大摄氧量的绝对值，还可以计算出人在从事最大允许负荷劳动时的能量消耗量：

$$E_{max} = 354.3V_{O_2max} \qquad (5-5)$$

式中 E_{max}——最大能量消耗量。

2）氧债

氧债是劳动1min的需氧量与实际供氧量之差，是评定一个人无氧耐力的重要指标。在体力劳动过程中，由于人体内脏器官的机能惰性，摄氧量不能立即提高到应有水平来满足需氧量的要求，从而产生氧债。随着劳动的继续，呼吸循环系统活动逐渐加强并适应，氧气供应逐渐得到满足，身体生理功能逐渐恢复。如果劳动强度过大，需氧量超过供氧上限，人体将在供氧不足状态下作业，肌肉内的储能物质会被迅速消耗，作业无法持续。作业停止后，机体需要消耗更多氧气以偿清氧债，这个时期称为恢复期或补偿氧债阶段。

3）劳动负荷与氧债的关系

劳动负荷是指一线操作人员在进行生产作业时身体承担的工作量。根据摄氧量与需氧量的关系，可将人体负荷量分为常量负荷、高量负荷和超量负荷三种情况。常量负荷时，摄氧量与需氧量保持平衡；高量负荷时，需氧量接近或等于最大摄氧量；超量负荷时，需氧量超过最大摄氧量，人体在缺氧状态下活动。

（1）常量负荷

劳动时摄氧量与需氧量保持平衡的负荷，即需氧量小于最大摄氧量的各种非繁重劳动负荷。此时，作业只开始了2～3min，呼吸系统和循环系统活动时不能适应需氧量，略欠了氧债，其后转稳定状态。这是人体可以持久作业的最理想的状态。稳定状态结束后，归还所欠氧债（图5-1）。

（2）高量负荷

需氧量已接近或等于最大摄氧量的劳动负荷。此时，氧债也在需氧量上升期间出现，到达最大摄氧量后，便维持稳定状态［图5-2(a)］。

（3）超量负荷

若劳动强度过大，需氧量超过最大摄氧量，人体一直在缺氧状态下活动，形成较大氧亏，处于"假稳定状态"下的负荷［图5-2(b)］。由于肌体担负的氧债能力有限，活动不能持久，而且劳动结束后，人体还要继续维持较高的需氧量以补偿欠下的氧债，因此劳动后恢复期的长短主要取决于氧债的多少及人体呼吸、循环系统机能的状态。

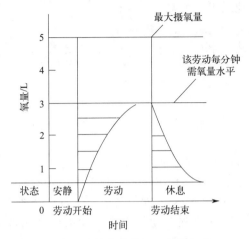

图 5-1　人体负荷量——常量负荷

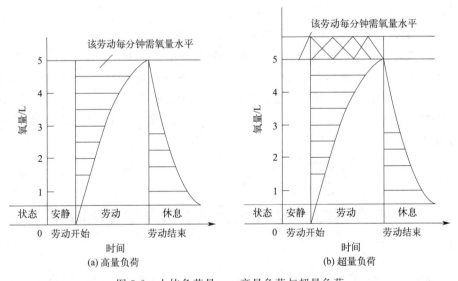

(a) 高量负荷　　　　　　　　　(b) 超量负荷

图 5-2　人体负荷量——高量负荷与超量负荷

4）总需氧量与氧债能力

（1）总需氧量

总需氧量（TOD）是指劳动过程中人体所需的总氧量，包括作业时摄氧量、恢复期摄氧量和安静时平均需氧量之和。它反映了人体在劳动过程中和恢复期间对氧气的总需求。以 O_2 的含量（mg/L）计：

$$V_{O_2z}=V_{O_2l}+V_{O_2h}-V_{O_2j}(t_1+t_h) \tag{5-6}$$

式中　V_{O_2z}——劳动时的总需氧量，mL/min；

$V_{O_2 1}$——作业时摄氧量，mL/min；

$V_{O_2 h}$——恢复期摄氧量，mL/min；

$V_{O_2 j}$——安静时平均需氧量，mL/min，可取 $200\sim300$mL/min，一般为 250mL/min；

t_1——作业时间，min；

t_h——恢复时间，min。

（2）氧债能力

氧债能力是指人体偿还氧债的能力，是无氧氧化供能的标志。超量负荷或较大劳动强度作业会使机体的稳定状态遭到破坏，或造成作业者劳动能力的衰竭。一般人从事剧烈运动时的氧债能力有限，受过良好训练的运动员则具有较高的氧债能力。若人体在剧烈劳动过程中出现氧债衰竭现象，会对肌肉、心脏、肾脏以及神经系统产生不良影响。因此，在作业中应合理安排劳动负荷和劳动强度，科学安排工作时间和休息时间，避免机体长时间在无氧状态下活动。

5）需氧量

需氧量是指作业人员劳动 1min 所需要的氧量。它主要取决于劳动强度与作业时间。劳动强度越大，持续时间越长，需氧量也就越多。需氧量的大小取决于循环系统的机能和呼吸器官的功能。血液每分钟能供应的最大氧量称为最大摄氧量，其大小因个体差异而异，正常成年人一般不超过 3L/min，常锻炼者可达 4L/min 以上，老年人只有 $1\sim2$L/min。

5.3 作业时人体机能的调节与适应机制

在作业过程中，人体会产生一系列生理变化，这些变化导致需氧量、呼吸量、心脏负荷以及血液成分等生理指标发生相应调整，并伴随身体发汗现象。通过测定作业者的肌电图和脑电图，可以深入了解作业活动中局部肌肉和大脑的放松程度，从而有效降低工人的操作风险。劳动负荷的差异会导致劳动者生理上的不同变化，因此，通过测定人的最大耗氧量、最大心率、每搏输出量以及心输出量等生理学参数，可以科学地评估人从事某种活动所承受的生理负荷。基于这些评估，可以合理安排劳动定额和节奏，有效预防或减轻作业疲劳，进而提高操作的安全性和工作效率。

5.3.1　神经系统的机能调节与适应

神经系统（nervous system，NS）在机体内对生理功能活动的调节起着主导作用，是人体最为重要的机能调节系统。人体各器官、系统的活动均直接或间接地在神经系统的控制下进行。在体力劳动过程中，神经调节一方面依赖大脑皮层内形成的意志活动（即自觉能动性）和中枢神经系统高级部位的调节，另一方面也受劳动过程中人体内外感受器所传入的神经冲动的影响。为了完成复杂且高度分化的作业任务，人体各器官和系统必须作为一个整体协同活动，这依赖中枢神经系统的调节作用，特别是大脑皮层的主导作用。在劳动过程中，人体内外感受器接受的各种刺激被传递至大脑皮层进行分析、综合，形成共时性联系，以调节各器官和系统适应作业需求，维持人体与环境的平衡。

5.3.2　心血管系统的机能调节与适应

（1）心率与最大心率

心率（heart rate，HR）指单位时间内心室跳动的次数。在安静状态下，正常男性和女性的心率约为 75 次/min。然而，在作业过程中，心率会随着劳动负荷的增大而增加。在青年人群体中，当以 50% 的最大摄氧量工作时，男性心率通常低于女性，分别约为 130 次/min 和 140 次/min。最大心率指人在达到最大负荷时心脏每分钟的跳动次数，其几乎无性别差异，但心率和最大心率均随年龄的增长而下降，并可用式(5-7) 计算：

$$HR_{max} = 220 - A \tag{5-7}$$

式中　HR_{max}——最大心率，次/min；

　　　　A——年龄。

适宜的劳动负荷水平可理解为在该负荷下能够连续劳动 8h 而不致疲劳，且长期劳动时也不损害健康的卫生限值。一般认为，劳动负荷的适宜水平约为最大摄氧量的 1/3。对于未经专门训练的男性和女性，其最大摄氧量分别为 3.3L/min 和 2.3L/min，因此适宜负荷水平的耗氧量约为 1.1L/min 和 0.8L/min，以能量代谢计则分别为 17kJ/min 和 12kJ/min。在运动训练领域，适宜负荷水平通常以心率来衡量。普通健康成人进行有氧运动时，适宜的运动负荷心率范围可以控制在本人最大心率的 60%～80% 之间。对于老年人，运动时的适宜心率范围相对较低，一般建议控制在 100～120 次/min 之间，或者采用"170 减去年龄"的方法来确定最佳运动心率。适宜心率可按下式计算：

适宜心率＝(最大心率－安静心率)×40％＋安静心率

表 5-6 所列为男性和女性的适宜负荷水平。

表 5-6　男性与女性的适宜负荷水平

性别		男性	女性
最大摄氧量(未经锻炼)/(L/min)		3.3	2.3
适宜负荷水平	耗氧量/(L/min)	1.1	0.8
	能量代谢/(kJ/min)	17	12
	心率/(次/min)	不超过基础心率＋40	

需要注意的是，适宜负荷水平是一个相对的概念，它受到多种因素的影响。因此，在制订运动计划时，应根据个人的实际情况进行调整。同时，在运动过程中要密切关注身体的反馈，如心率、呼吸、肌肉疲劳程度等，以便及时调整运动负荷，确保运动的安全性和有效性。

(2) 每搏输出量与最大心输出量

每搏输出量 (stroke volume, SV) 指一次心搏时一侧心室射出的血量。单位时间 (1min) 内从左心室射出的血液量 Q 称为心输出量，是衡量心脏功能的基本指标。心输出量为每搏输出量与心率的乘积，它与机体新陈代谢水平相适应，并可能因性别、年龄及其他生理状况而有所不同。例如，健康成年男性在静息状态下，心跳平均 75 次/min，每搏输出量为 50～70mL，心输出量为 4.5～6.0L/min；女性比同体重男性的心输出量低约 10％；青年时期的心输出量高于老年时期；在剧烈运动时，心输出量可高达 25～35L/min，而在麻醉情况下则可降低至 2.5L/min。

随着动态作业的开始，人体心率逐渐加快，每搏输出量迅速增加并达到峰值。随着劳动的继续进行，心输出量的增加主要依赖心率的提高。一般情况下，中度劳动的心输出量较安静状态高 50％；特大强度作业的心输出量较安静状态高 5～7 倍。

由于最大摄氧量与最大心输出量之间存在内在联系，因此可利用最大摄氧量来估算最大心输出量，计算公式如下：

$$Q_{max} = 6.5 + 4.35 V_{Q_2 max} \tag{5-8}$$

式中　Q_{max}——最大心输出量，L/min。

其他物理量含义同前。

(3) 肌电图

肌电图 (electromyogram, EMG) 是用肌电仪记录下来的肌肉生物电图形，对于评价人在人机系统中的活动具有重要意义。在静态肌肉工作时，测得的肌电图呈现单纯相、混合相和干扰相三种典型波形，这些波形与肌肉负荷强度存在密切关系，可以认为肌电活性与肌肉的力量或负荷存在一定比例关系。

肌电图在肌肉疲劳时会发生明显变化，表现为振幅增大而频率降低，这可以直接反映局部肌肉的疲劳状态。骨骼肌收缩时消耗一定数量的氧，若要测量全身肌肉收缩所消耗的能量，可通过测定耗氧量来计算。肌电图常用的指标包括积分肌电图、均方振幅、幅谱、功率谱密度函数及其派生的平均功率频率和中心频率等。大脑中枢运动区发出的运动命令通过传出神经纤维传递到效应器产生动作，当神经冲动到达肌纤维结合部位的突触时，会使肌纤维细胞发生极化而收缩，收缩时产生的生物电位即为动作电位，这是肌肉的发电现象。肌肉收缩时产生的动作电位可通过电极引导出来，再经过放大、记录即可得到有价值的波形图，即肌电图。肌电图能够反映人体局部肌肉的负荷情况，对于客观、直接地判定肌肉的神经支配状况以及运动器官的机能状态具有重要意义。

（4）血压

血压（blood pressure，BP）指血液在血管内流动时作用于单位面积血管壁的侧压力，是推动血液在血管内流动的动力。通常所说的血压是指体循环的动脉血压，一般以毫米汞柱（mmHg）为单位（1mmHg＝133.32Pa）。血压量值主要包括收缩压和舒张压两个方面。收缩压指心脏收缩时动脉内的压力上升，心脏收缩时动脉内压力最高时的血液对血管内壁的压力；舒张压指心脏舒张时动脉血管弹性回缩时产生的压力。通常情况下，收缩压为 100～120mmHg，舒张压为 60～80mmHg。影响动脉血压的生理因素主要包括每搏输出量、外周阻力、心率、主动脉和大动脉管壁的弹性以及循环血量与血管容量等。此外，血压还受到性别、年龄、劳动作业强度以及情绪等众多因素的影响。

在安静状态下，人的动脉血压相对稳定，变化范围不大。动态作业开始后，由于心输出量的增多，收缩压会立即升高；当劳动强度及劳动时间持续增加时，收缩压会达到峰值。与收缩压不同的是，舒张压在整个过程中除部分时间会略有升高外，整体趋势基本保持不变（如图 5-3 所示）。在静态作业时，动脉血压的变化不同于动态作业，心率和心输出量相对增加得较少。作业停止后，收缩压值会迅速下降，一般 5min 内即可恢复到安静状态时的水平；但如果作业强度较大，需 30～60min 方可恢复到作业前的水平。

（5）血液的重新分配

在安静状态下，血液主要流向肾、肝以及其他内脏器官。体力作业开始后，交感神经兴奋，继而导致肾上腺髓质兴奋，进而引起心率增加、心肌收缩力加强、心输出量增加、血压升高，血液会重新分配，以满足代谢增加的需要。表 5-7 展示了安静时与重体力劳动时的血液分配状况。显然，在进行重体力劳动时，流向骨骼肌的血液量较安静时多 20 倍以上。

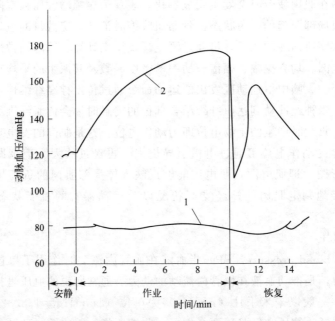

图 5-3　动态作业时收缩压与舒张压的变化

1—舒张压；2—收缩压

表 5-7　安静时与重体力劳动时的血液分配状况

器官	安静时		重体力劳动	
	分配比例/%	血流量/(L/min)	分配比例/%	血流量/(L/min)
内脏	20~25	1.0~1.25	3~5	0.75~1.25
肾	20	1.00	2~4	0.5~1.00
肌肉	15~20	0.75~1.00	80~85	20.00~21.25
脑	15	0.75	3~4	0.75~1.00
心肌	4~5	0.20~0.25	4~5	1.00~1.25
皮肤	5	0.25	0.5~1	0.125~0.25
骨	3~5	0.15~0.25	0.5~1	0.125~0.25

5.3.3　脑力作业与持续警觉作业的机能调节与适应

（1）脑力作业

与其他器官相比，脑的氧代谢水平更高。在安静状态下，脑的耗氧量约为等量肌肉耗氧的 15~20 倍，占人体耗氧量的 10%。由于脑的质量仅为身体总质量的 2.5% 左右，因此即使人体处于高度紧张状态，能量消耗量的增加也不会超过基础代谢的 10%。表 5-8 列出了不同类型的脑力作业和技能作业时的相对代谢率（RMR）实测值。

表 5-8　不同类型的脑力作业和技能作业的 RMR 实测值

作业类型	RMR	作业类型	RMR
操作人员监视仪器面板	0.4～1.0	仪器室做记录、伏案办公	0.3～0.5
站立（或微弯腰）谈话	0.5	用计算器计算	0.6
电子计算机操作	1.3	接、打电话（站立）	0.4

（2）脑电波

无论人处于休息状态还是持续兴奋状态，大脑皮层都会产生动作电位，即脑电波。日本学者桥本通过分析脑电图记录人在不同状态下的脑电波，从大脑生理学角度将大脑意识状态划分为五个阶段，并总结了脑电波对应的大脑意识状态与人为错误的潜在危险性（如表 5-9 所列）。可见，对于不同作业强度和作业状态，大脑的意识阶段和主要脑波成分略有不同。因此，可以通过分析脑电波的不同参数变化来评估作业者的意识状态，进而判断产生人为错误的可能性，避免事故的发生。

表 5-9　大脑意识状态与人为错误的潜在危险性

大脑意识阶段	主要脑波成分	意识状态	注意力	生理状态	事故潜在性
0	δ	失去知觉	0	睡眠	
I	θ	发呆、发愣	不注意	疲劳、饮酒	＋＋＋
II	α	正常、放松	心事	休息、习惯性作业	＋～＋＋
III	β	正常、清醒	集中	积极活动状态	最小
IV	β 及以上频率	过度紧张	集中于一点	过度兴奋	最大

（3）持续警觉作业

持续警觉，亦称警觉或强直警觉，指的是在刺激环境相对单调且脑力活动以注意力集中为主的情境下，个体需长时间维持的一种警觉状态。例如，在化工厂、发电厂、雷达站以及自动化生产系统中，操作人员需持续监控仪表盘，以及时察觉参数的变化。

在持续警觉作业过程中，信号漏报和信号误报是衡量作业效能下降的重要指标。信号漏报指的是信号已出现，但观察者却未报告发现信号；而信号误报则是指信号确实出现，但观察者因高度紧张而导致读数错误。随着作业时间的延长，信号漏报和误报的概率会显著增加。在生产实践中，无论是预告信号还是事故信号，乃至开关跳闸、保护动作等，均有可能发生误报，这些误报有时偶发，有时则频繁出现，从而削弱了观察者对正确信号的警觉性。

若以接近感觉阈限的信号（即临界信号）的出现频率为横坐标，以发现信号率为纵坐标，可绘制出如图 5-4 所示的曲线。该曲线表明，随着信号数量的增加，作业者发现信号的频率也逐渐上升。当信号数量增加到一定数值时，达到人员对信号的接受阈值，此时若信号数量继续增加，发现信号的频率反而会下降。因此，信号数量存在一个最佳值，使得观察者的发现信号频率达到峰值。在作业过程中，当信号数量低于最佳值时，观察者可能处于警觉降低状态；而当信号数量高于最佳值时，观察者则可能处于信息超负荷状态（即超出了人的信息处理能力）。这两种情况均会导致作业效能的降低。

图 5-5 所示的觉醒-效能曲线，是人机工程学中的一条重要理论曲线。该曲线以觉醒状态为横坐标，以作业效能为纵坐标，通过该曲线可以确定与人的最高作业效能相对应的觉醒状态，即最佳觉醒状态。影响持续警觉作业效能下降的主要因素包括：信号出现时间极不规律，这是导致信号漏报的重要原因；作业环境不良，如噪声大、温度高、无关刺激干扰多等；信号强度弱、信号频率不适宜；以及个体的主观状态，如情绪过分激动、失眠、疲劳等。

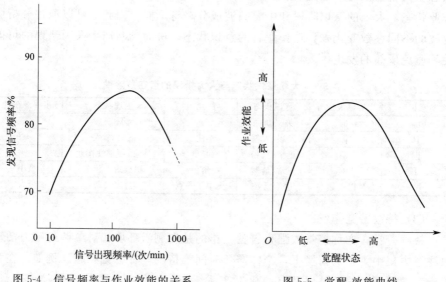

图 5-4 信号频率与作业效能的关系　　　　图 5-5 觉醒-效能曲线

为改善持续警觉作业效能，可采取以下措施：适当增加信号的频率和强度，以提高信号的可分辨性；根据持续警觉作业效能一般在作业开始 30min 后逐渐下降的规律，以及有意注意可维持的最长时间，科学合理地安排作业时间；改善不良的作业环境，减少无关刺激的干扰；培养和提高作业者良好的注意习惯。

5.3.4　其他生理系统的调节与适应

（1）呼吸频率与肺通气量

呼吸是人体内外环境之间进行气体交换的必要过程，通过呼吸，人体吸入氧气、呼出二氧化碳，以维持正常的生理功能。人体每分钟呼吸的次数称为呼吸频率，其单位为次/min。在作业过程中，随着作业强度的增加，呼吸频率也会相应增加，机体新陈代谢率提高，氧气的消耗量与二氧化碳的呼出量也增加。在重强度作业时，呼吸频率可达 30～40 次/min；在极重强度作业时，甚至可达 60 次/min。

肺通气量指的是单位时间内出入肺的气体量，它反映了肺的通气功能。在重强度作业时，肺通气量会由安静时的 6～8L/min 增加到 40～120L/min。通常，作业后人体会通过加快呼吸频率来适应肺通气量的变化。

（2）脉率

脉率即心率，当人体进行体力活动或情绪激动时，脉搏会暂时加快。脉搏的测定主要是测量作业刚结束时的脉搏数，以及恢复到安静状态时脉搏平稳所需的时间。

（3）发汗量

发汗是汗腺分泌汗液的活动，它是机体散热、维持恒定体温的有效途径。发汗量是在高温环境下进行劳动或重体力劳动时丧失水分程度的标志。在安静状态下，当环境温度达到（28±1）℃时，人体便开始发汗。如果空气湿度较高且穿衣较多，气温达到 25℃时即可引起发汗。而当人们进行劳动或运动时，即使在 20℃以下的气温下，也会发汗甚至大量出汗。劳动或运动强度越大，发汗量增加越显著。在作业过程中，大量发汗可能导致脱水，因此应对发汗量及汗液的化学成分等进行测定，并采取相应的劳动保护措施以防止高温中暑，同时还应及时补充水分以防脱水。

（4）排尿量

在正常情况下，人体每昼夜的排尿量为 1.0～1.8L。通常体力作业后，由于汗液分泌增加及血浆中水分减少等原因，尿液会减少 50％～70％。

5.4　人的作业能力

5.4.1　作业能力的定义及特性解析

作业能力，作为个体完成特定活动所展现出的稳定心理与生理特征的综合体现，直接关系活动的执行效率。具体而言，它是指在保持作业质量指标不降低的前提下，个体能够持续维持一定作业强度的能力。

作业能力并非一成不变，其水平高低随着时间和情境的变化而波动。通过测定单位时间内产品的数量与质量，以及作业的有效持续时间，可以直观地观察到作业能力的变化。同时，劳动者的某些生理指标，如握力、耐力、心率等，也是衡量作业能力的重要参考。尽管体力劳动的作业能力因作业任务、个体特征等因素而异，但其变化仍遵循一定的规律。在体力劳动中，作业能力可通过单位作业时间内生产的产品产量和质量来间接反映；而在脑力劳动中，则可通过感受性、视觉反应时间等指标来衡量。

5.4.2 作业能力的动态变化规律探讨

作业者的作业能力在其单位作业时间内生产的产品数量和质量中得以间接体现。然而，实际生产过程中的成果不仅受作业能力的影响，还受到作业动机等多重因素的共同作用，即生产成果是作业能力与作业动机的函数。

$$生产成果 = f(作业能力 \times 作业动机)$$

当作业动机保持恒定时，生产成果的波动主要反映了作业能力的变化。在一般情况下，作业者一天内的作业动机相对稳定，因此，其单位时间内所生产的产品产量的变动可作为作业能力动态变化的指示器。图 5-6 展示了体力作业时作业能力动态变化的典型曲线，包括入门期、稳定期、疲劳期和终末激发期四个阶段。

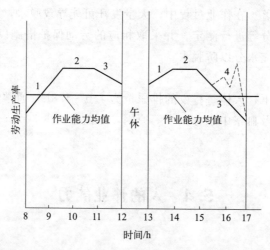

图 5-6 体力作业时作业能力动态变化的典型曲线
1—入门期；2—稳定期；3—疲劳期；4—终末激发期

（1）入门期（induction period）

工作日初始，由于神经调节系统的"一时性协调功能"尚未完全恢复和建立，呼吸循环器官及四肢的调节迟缓，工作效率较低。但随着作业的进行，作业者的动作逐渐加快并趋于准确，效率明显提升，动力定型得以巩固。此阶段一般持续 1~2h，可视为人体作业前的准备状态。

（2）稳定期（steady period）

随着工作时间的延长，作业者逐渐进入最佳状态，作业效率和产品质量稳步提升。此阶段通常持续 1~2h，代表人体作业全程的高效期。

（3）疲劳期（fatigue period）

长时间工作导致心理和生理疲劳，作业者注意力分散，操作速度和准确性下降，作业效率明显降低，产品质量失控。午休作为恢复状态的缓冲阶段，午后作业能力会再次经历上述三个阶段，但入门期缩短，且初始阶段的生产效率有所提升。此外，稳定期也相应缩短。

（4）终末激发期（terminal motivation）

需注意的是，作业接近尾声时，会出现作业效率短暂提高的现象，即终末激发期。

对于以脑力劳动和神经紧张型作业为主的作业，其作业能力的动态特征差异显著。作业能力在开始阶段迅速提升，但持续时间短暂，随后便逐渐下降。因此，此类作业应在每个工作周期之间安排短暂的休息时间以提高作业能力。

5.4.3　影响作业能力的主要因素分析

作业能力受多种复杂因素的影响，除个体差异外，还受环境条件、劳动强度等多重因素的制约。这些因素大致可归纳为生理和心理因素、环境因素、工作条件和性质、锻炼和熟练效应四大类。

1）生理和心理因素

（1）身体条件

体力劳动者的作业能力随作业者的身材、年龄、性别、健康和营养状况的不同而有所差异。对于体力劳动者而言，35 岁后心血管功能和肺活量下降，氧上限逐渐降低，作业能力相应减弱。在同一年龄阶段内，身材对作业能力的影响比实际年龄更为显著。对于脑力劳动者而言，智力发育通常在 20 岁左右达到完善程度，20~30（或 40）岁可能是脑力劳动效率最高的阶段，随后逐渐减退，且与身材无关。

（2）性别

由于生理差异显著，男性在心脏每搏最大输出量、肺的最大通气量等方面均比女性大，因此男性的体力劳动作业能力也较强。但对于脑力劳动而言，智力高低和效率与性别关系不大。

（3）情绪

积极情绪能激发神经系统的活力，刺激大脑皮层，发挥人体潜在能力，提高作业效率和工作效率；而消极情绪则会使人失去心理平衡，削弱机体潜力发挥的能力，产生肌肉紧张感和负荷感，降低作业能力。

2）环境因素

环境因素，包括工作场所内的空气状况、噪声状况和微气候（温度、湿度、风速等），对体力劳动者和脑力劳动者的作业能力均有显著影响。这种影响可能是直接的，也可能是间接的，且影响程度因环境因素的状况及持续时间而异。例如，长期空气污染可能导致呼吸系统障碍或病变，肺通气量下降，直接影响体力劳动者的作业能力，进而降低机体健康水平，间接影响作业能力。

3）工作条件和性质

① 生产工具的设计：生产设备与工具的好坏对作业能力影响较大。根据工效学原则设计的工具能提高工效、减轻劳动强度、减少静态作业成分和作业紧张程度。

② 作业时间：应根据作业性质和强度大小合理制定作业时间。对于轻度和中等强度的作业而言，作业时间过短无法发挥作业者的最高作业能力；而作业时间过长则会导致疲劳，降低作业能力并影响健康。因此，应针对不同性质和劳动强度的作业制定既能发挥最高作业能力又不损害健康的合理作业时间。

③ 作业制度：现代工业企业生产过程具有专业化水平高、加工过程连续性强、各生产环节均衡协调和一定适应性等特点。因此，劳动组织和劳动制度的科学性与合理性对作业能力的发挥具有重要影响。例如，作业轮班会对作业者的生物节律、身体健康、社会和家庭生活等产生较大影响，进而影响作业能力。

4）锻炼和熟练效应

锻炼能使机体形成巩固的动力定型，减少参与运动的肌肉数量，使动作更加协调、敏捷和准确，减轻大脑皮层负担，从而不易产生疲劳。体力锻炼还能使肌纤维变粗、糖原含量增多、生化代谢发生适应性改变。经常参加锻炼者心脏每搏输出量增大、心跳次数增加不多；呼吸加深、肺活量增大，呼吸次数增加也不多。这使得机体在参与作业活动时具有良好的适应性和持久性。

熟练效应是指经常反复执行某一作业而产生的全身适应性变化，使机体器官各系统之间更加协调，不易产生疲劳，从而提高作业能力的现象。作业者熟练程度越高，平均单位工时消耗越少。反复进行同一作业是一种锻炼过程，是形成熟练效应的原因。例如，机车修理工人通过听铁锤敲打车轴的声音鉴别火车车轴是否损坏；炼钢工人通过观察钢水颜色判断炼钢情况；印染工人依靠眼力辨别色度；皮革工人通过触觉判断皮革品质；等等。

5.4.4 作业的动作经济原则

动作经济原则，又称省工原则，是一组保证动作既经济又有效的经验性法则和准则。其目的在于减少工作疲劳、缩短操作时间。该原则由吉尔布雷斯（Gilbreth）首先提出，并经众多学者进一步改进与发展。其中巴恩斯（Barnes）的工作尤为突出。他将动作经济原则归纳总结为三大类共22 条。

（1）肢体使用原则

① 双手应同时开始并同时完成动作。

② 除休息时间外，双手不应同时闲置。

③ 双臂动作应对称、方向相反且同时进行。

④ 双手和身体动作应尽量减少不必要的体力消耗。

⑤ 应利用力矩协助操作，当必须用力克服力矩时，应将其降至最低限度。

⑥ 动作过程中应采用流畅且连续的曲线运动，尽量避免方向急剧变化。

⑦ 抛物线运动比受约束或受控制的运动更快、更容易、更精确。

⑧ 动作应从容、自然、有节奏且规律，避免单调。

⑨ 作业时眼睛的活动应处于舒适的视觉范围内，避免经常改变视距。

（2）作业配置原则

① 应设定固定的工作地点，并提供所需的全部工具与材料。

② 工具和材料应放置在固定位置，以减少寻找所造成的人力和时间浪费。

③ 工具、物料及操纵装置应置于操作者的最大工作范围内，并尽可能靠近操作者，但避免放置在操作者正前方。应使操作者手移动的距离和次数越少越好。

④ 应借助重力传送物料，并尽可能将物料送至靠近使用的地方。

⑤ 工具和材料应按最佳动作顺序排列与布置。

⑥ 应尽量借助下滑运动传送物料，避免作业者用手处理已完成的工件。

⑦ 应提供充足的照明，以及与工作台高度适应并能保持良好姿势的座椅。工作台与座椅的高度应使操作者可以变换操作姿势，坐站交替，具有舒适感。

⑧ 工作地点的环境色应与工作对象的颜色形成一定对比，以减少眼睛疲劳。

（3）工装夹具设计原则

① 应尽量使用钻模、夹具或脚操纵装置，将手从所有夹持工件的工作中解脱出来。

② 尽可能将两种或多种工具结合为一种。

③ 在用手指操作时，应按各手指的自然能力分配负荷。

④ 工具中各种手柄的设计应尽量增大与手的接触面，以便施加较大的力。

⑤ 机器设备上的各种杠杆、手轮和摇把等的位置设计，应使作业者在使用时不改变或极少改变身体位置，并最大限度地使用机械力。

5.5　劳动强度与分级

5.5.1　劳动强度的概念及重要性

劳动强度，作为衡量作业过程中人在单位时间内做功与机体代谢能力之比的指标，是判断劳动负荷大小的关键标准之一。劳动强度的分级是劳动卫生与劳动保护工作的重要内容，也是企业管理科学化、制定劳动定额及确定劳动保护待遇的重要依据。

劳动强度通常表现为劳动的繁重程度和紧张程度，以及劳动者在单位时间内所消耗的劳动量。它是劳动的内含量，而工作日长度则是劳动的外延量。在相同的劳动时间内，提高劳动强度意味着需要支出更多的体力和脑力，从而生产出更多的产品。然而，与提高劳动生产率能够减少单位产品中的劳动量不同，提高劳动强度并不能减少单位产品中的劳动量，它实质上与延长工作日相同，劳动耗费随产品增加而增大。

按照习惯分类，劳动可分为体力劳动、脑力劳动和精神紧张性劳动三种形式。体力劳动以肌肉活动为主要形式；脑力劳动则以脑力活动为主；精神紧张性劳动则涉及精神紧张和精神高度集中，如精密仪表的生产和装配、仪表监视等。适宜的劳动强度有助于提高人的劳动能力和健康水平，但劳动强度过大或精神过于紧张则可能导致呼吸、循环系统、中枢神经、内分泌系统功能的减弱或失调，对人体健康产生不利影响。

5.5.2　劳动强度的分级标准

由于脑力劳动和精神紧张性劳动目前尚无统一的分级标准，本小节所讨论的劳动强度分级主要针对体力劳动。对于劳动强度分级，国外一般以能量消耗值、耗氧量或心率值为指标。其中，能量消耗值指标应用最普遍。欧洲国家以相对代谢率进行劳动强度分级，日本以相对代谢率进行体力劳动强度分级，我国采用劳动强度指数作为劳动强度分级的标准。

5.5.2.1　国际劳工局分级标准

研究表明，以能量消耗为指标划分劳动强度时，耗氧量、心率、直肠温度、排汗量、乳酸浓度和相对代谢率等具有相同意义。国际劳工局 1983 年的划分标准将工农业生产的劳动强度划分为六个等级，依据需氧量、耗氧量、心率、直肠温度、排汗量、乳酸浓度和相对代谢率等指标进行分级（见表 5-10）。

表 5-10　国际劳工局劳动强度作业分级标准

劳动强度等级	很轻	轻	中等	重	很重	极重
需氧量上限/%	<25	25～37.5	37.5～50	50～75	75～100	>100
耗氧量/(L/min)	<0.5	0.5～1.0	1.0～1.5	1.5～2.0	2.0～2.5	>2.5
能耗量/(kJ/min)	<10.5	10.5～21.0	21.0～31.5	31.5～42.0	42.0～52.5	>52.5
心率/(次/min)	<75	75～100	100～125	125～150	150～175	>175
直肠温度/℃	—	<37.5	37.5～38	38～38.5	38.5～39.0	>39.0
排汗量/(mL/h)	—	—	200～400	400～600	600～800	>800

5.5.2.2　我国分级标准

劳动强度分级是我国劳动保护工作科学管理与决策的重要基石，也是评估体力劳动强度大小的核心依据。通过应用劳动强度分级标准，可以有效识别作业人员体力劳动强度的关键工种或工序，从而有针对性地、有计划地协调作业人员的体力分配，进一步提升劳动生产率。我国劳动强度分级标准的制定历经多个阶段，形成了较为完善的体系。最初，中国医学科学院劳动卫生研究所通过深入调查，测定了 262 个工种的劳动工时、能量代谢以及疲劳感等关键指标，经过系统而全面的综合分析研究，提出了以劳动强度指数作为划分体力劳动强度的标准，并据此制定了《体力劳动强度分级》（GB 3869—1997）标准。随着作业环境和条件的变化，该标准于 2017 年 3 月 23 日废止。

在此基础上，我国于 2002 年颁布了《工作场所有害因素职业接触限值》（GBZ 2—2002），该标准在体力劳动强度分级方面与《体力劳动强度分级》（GB 3869—1997）保持了一致性。随后，在 2007 年，国家进一步制定并发布了《工作场所有害因素职业接触限值　第 1 部分：化学有害因素》（GBZ 2.1—2007）（后更新为 GBZ 2.1—2019）和《工作场所有害因素职业接触限值　第 2 部分：物理因素》（GBZ 2.2—2007）等标准，尽管这些标准涵盖了更为广泛的职业健康领域，但在体力劳动强度分级方面，它们与《体力劳动强度分级》（GB 3869—1997）和《工作场所有害因素职业接触限值》（GBZ 2—2002）的规定仍然保持高度一致。

因此，本书在介绍我国劳动强度的分级标准时，依然采用《工作场所有害因素职业接触限值》（GBZ 2—2002）中的相关规定。该分级标准明确适用于以体力劳动形式为主的作业，而不适用于脑力劳动、精神紧张性劳动或以静力作业为主要形式的作业。这是因为这些作业类型产生的疲劳程度与能量消耗值的大小并不直接相关。我国体力劳动强度分级标准的具体内容见表 5-11。

表 5-11　我国体力劳动强度分级标准

体力劳动强度级别	劳动强度指数
I	≤15
II	15～20
III	20～25
IV	>25

5.5.2.3　日本劳动研究所分级标准

日本劳动研究所也制定了劳动强度分级标准，将劳动强度分为五个级别，依据相对代谢率、耗能量及作业特点等因素进行划分（见表 5-12）。

表 5-12　日本劳动研究所劳动强度分级标准

劳动强度分级	RMR	性别	耗能量/kJ		作业特点	工种
			8h	全天		
A 级 极轻劳动	0～1	男	2300～3850	7750～9200	手指作业,脑力劳动,坐位姿势多变,立位中心不动	电话员、电报员、制图员、仪表修理工
		女	1925～3015	6900～8040		
B 级 轻劳动	1～2	男	3850～5230	9290～10670	长时间连续上肢作业	驾驶员、车工、打字员
		女	3015～4270	8040～9300		
C 级 中等劳动	2～4	男	5230～7330	10670～12770	立位工作,身体水平移动,步行速度,上肢用力作业,可持续作业	油漆工、邮递员、木工、石工
		女	4270～5940	9300～10970		
D 级 重劳动	4～7	男	7300～9090	12770～14650	全身作业,全身用力,10～20min 需休息一次	炼钢、炼铁、土建工人
		女	5940～7450	10970～29800		
E 级 极重劳动	7～11	男	9090～10840	14650～16330	全身快速用力作业呼吸急促、困难,2～5min 即需休息	伐木工（手工）、大锤工
		女	7450～8920	12480～13940		

5.5.2.4　劳动强度指数

在劳动强度分级中，关键参数的计算方法包括平均能量代谢率、劳动时间率和体力劳动强度指数等。这些参数的计算基于详细的工作日工时记录、能量代谢率测定以及性别、体力劳动方式等因素的综合考虑。

（1）平均能量代谢率计算方法

平均能量代谢率是指某工种劳动日内各类活动和休息的能量消耗的平均

值。计算公式如下：

$$M = \frac{\sum E_{si} T_{si} + \sum E_{rk} T_{rk}}{T_z} \qquad (5\text{-}9)$$

式中　M——工作日平均能量代谢率，$kJ/(min \cdot m^2)$；

　　　E_{si}——单项劳动能量代谢率，$kJ/(min \cdot m^2)$；

　　　T_{si}——单项劳动占用的时间，min；

　　　E_{rk}——休息时的能量代谢率，$kJ/(min \cdot m^2)$；

　　　T_{rk}——休息占用的时间，min；

　　　T_z——工作日总时间，min。

能量代谢率的计算方法如下。

肺通气量为 3.0～7.3L/min 时采用式(5-10) 计算：

$$\lg M = 0.0945x - 0.53794 \qquad (5\text{-}10)$$

式中　M——能量代谢率，$kJ/(min \cdot m^2)$；

　　　x——单位体表面积气体体积，$L/(min \cdot m^2)$。

肺通气量为 8.0～30.9L/min 时采用式(5-11) 计算：

$$\lg(13.23 - M) = 1.1648 - 0.0125x \qquad (5\text{-}11)$$

肺通气量为 7.3～8.0L/min 时采用上述两式的平均值计算。

（2）劳动时间率的计算方法

劳动时间率，作为衡量工作日内纯劳动时间与总时间比例的关键指标，以百分数形式表示。为了准确计算劳动时间率，需首先选定 2～3 名作业者作为测定对象。随后，依据表 5-13 的格式，详细记录这些作业者在整个工作日内的各类动作（包括作业与休息、工作中间暂停等）所对应的时间及具体活动内容。记录过程需连续进行 3 天，若其间出现生产异常或事故，则该天的记录作废，须择日重新测定。完成连续 3 天的记录后，对每位测试者的数据进行汇总，并计算其平均值，最终得出劳动时间率。

$$T = \frac{\sum T_{si}}{T_z} \times 100 \qquad (5\text{-}12)$$

式中　T——劳动时间率，%；

　　　$\sum T_{si}$——工作日内净劳动时间，min；

　　　T_{si}——单项劳动占用时间，min；

　　　T_z——工作日总工时，min。

表 5-13　工时记录表

动作名称	开始时间	耗费工时/min	主要内容(如物体质量、动作频率、行走距离、劳动体位等)

调查人签名：　　　　　　　　　　　　　　　　　　　　　年　月　日

安全人机工程

（3）体力劳动强度指数计算方法

体力劳动强度指数是衡量体力劳动强度等级的重要指标。该指数越大，表明体力劳动强度越高；相反，指数越小，则表明体力劳动强度越低。其计算公式如下：

$$I = 10TMSW \tag{5-13}$$

式中　I——体力劳动强度指数；

　　　T——劳动时间率，%；

　　　M——8h 工作日平均能量代谢率，kJ/(min·m²)；

　　　S——性别系数，取值：男性=1，女性=1.3；

　　　W——体力劳动方式系数，取值：搬=1，扛=0.40，推/拉=0.05；

　　　10——计算常数。

（4）最大能量消耗界限测量方法

人体的最大能量消耗界限是指在正常条件下，工作 8h 内不会导致过度疲劳的最大工作负荷阈值。该界限值通常以以下关键指标及其数值来界定最佳负荷状态：

① 能量消耗界限：20.93kJ/min，这是确保作业者在 8h 内维持适宜能量消耗水平的上限。

② 心率界限：110～115 次/min，此心率范围有助于作业者在长时间工作中保持稳定的生理状态，避免过度疲劳。

③ 吸氧量界限：最大摄氧量的 33%，这一界限确保了作业者在作业过程中能够获得足够的氧气供应，以支持其生理需求。

对于重强度劳动和极重（或很重）强度劳动，由于能量消耗和生理负荷较大，仅通过增加工间休息时间，即调整劳动时间率来控制工作日内的总能耗，是确保作业者在 8h 内不产生过度疲劳的关键措施。具体而言，需通过合理安排休息时间，使得 8h 内的总能耗不超过最大能量消耗界限。此外，为了补充体内的能量储备，必须在作业过程中插入必要的休息时间，以维持作业者的生理功能和作业效率。

5.5.2.5　按照能量消耗水平不同进行的劳动强度分级

除了依据体力劳动强度指数对劳动强度等级进行划分外，还可以基于能量消耗水平的差异对劳动强度进行分级。随着我国经济的持续发展和职业劳动条件的不断改善，劳动强度的分级标准也相应进行了调整。2001 年，中国营养学会建议将我国成人的劳动强度分级由原先的 5 级（极轻、轻、中等、重、极重）简化为 3 级，即轻、中、重（详见表 5-14）。这一调整反映了职业劳动环境和条件的积极变化。

164

表 5-14　我国成人能量消耗水平与劳动强度分级

劳动强度	职业工作时间分配	工作内容举例	性别	
			男	女
轻	75％时间坐或站立,25％时间站着活动	办公室工作、修理电器钟表、售货、酒店服务、化学实验操作、讲课等	1.55	1.56
中	25％时间坐或站立,75％时间特殊职业活动	学生日常活动、机动车驾驶、电工安装、车床操作、金工切割等	1.78	1.64
重	40％时间坐或站立,60％时间特殊职业活动	非机械化农业劳动、炼钢、舞蹈、体育运动、卸载、采矿等	2.10	1.82

然而，需要注意的是，由于不同个体在工作熟练程度和作业姿势上的差异，即使从事相同的工作，其能量消耗也会有所不同。此外，个体在 8h 工作之外的活动也各异，这些因素都可能影响劳动强度的实际感受。因此，这种基于能量消耗水平的劳动强度分级标准仅作为一种参考，用于大致评估不同工作类型的劳动强度。在实际应用中，还需结合具体的工作条件、个体特征以及作业环境等多种因素进行综合考虑。

5.6　作业疲劳与消除机制

5.6.1　作业疲劳的特性与分类

1）作业疲劳的概念及重要性

作业疲劳是指作业者在作业过程中出现的作业机能衰退、作业能力显著下降，并可能伴随疲倦感等主观症状的现象。作业疲劳不仅是生理反应，还涉及复杂的心理因素和环境因素。例如，作业者可能出于某种目的，通过自身努力在短时间内掩盖疲劳效应；相反，心理上的不适或不满可能提前或加速疲劳的出现。单调的作业内容和强制的作业节奏往往导致作业者产生厌倦感，从而降低作业效率。作业疲劳不仅会降低作业能力，还会增加事故发生的风险。因此，运用劳动生理学和心理学的原理研究作业疲劳及其减轻和恢复机制，对于保障工人健康、提高作业安全性和劳动生产率具有重要意义。

2）作业疲劳的特性分析

作业疲劳是一个涉及化学、生物学和心理学的综合过程，其特性可归纳如下：

① 局部性与全身性：疲劳可能首先发生在身体的某一部分，但通常会引

起全身性的精疲力尽感，尤其是大脑疲劳，这是作业疲劳的主要特征。

② 预警性：疲劳具有预防过度劳累的警告作用，当作业者感到疲劳时，作业能力和作业意志会减弱，从而迫使其休息，减少疲劳的积累和产生，保护身体健康。

③ 可恢复性：人体具有恢复原状的能力，但恢复时间因疲劳类型和程度以及个人体质而异。

④ 环境依赖性：某些作业疲劳是由作业内容和环境变化太少引起的，当作业内容和环境改变时，疲劳可能会立即减弱或消失。

⑤ 动机相关性：作业兴趣、动力等心理因素会影响疲劳的感受和出现时间。当作业者缺乏兴趣或动力时，容易感到疲劳；而高度关注工作、责任心强、积极性高的作业者，可能在机体已过度疲劳时仍无主观疲劳感。

⑥ 不可避免性：作业疲劳可以缓解但不能完全避免，与人体机能有关。无论人体处于何种状态，只要从事生产作业，机体或组织器官就必然会疲劳，只是疲劳症状出现的时间和程度不同。

⑦ 行为表现性：疲劳的产生最终会反映在人的行为中，如工作效率和质量下降、反应迟钝等。

3）作业疲劳的分类

通常，作业疲劳可根据其发生的部位、表现形式、引起原因以及恢复快慢程度等四个维度进行分类。以下是对这些分类方法的详细阐述。

（1）按疲劳发生的部位分类

局部疲劳：表现为个别器官或肢体的疲劳，常见于仅需个别器官或肢体参与的紧张作业中，如手部、视觉、听觉等局部疲劳。局部疲劳通常不影响其他部位的功能，例如手部疲劳时，对视力、听力等无明显影响。

全身疲劳：通常发生在全身动作或较繁重体力劳动的作业中，表现为全身肌肉、关节的酸痛，疲乏感明显，活动意愿降低，作业能力显著下降，作业错误率增加，等等。

（2）按疲劳的表现形式分类

精神疲劳：主要与中枢神经活动相关，受大脑皮层活动水平的影响。精神疲劳是介于懈怠与睡眠之间的一种状态，表现为注意力不集中、反应迟钝、记忆力减退等。

肌肉疲劳：指人体在持续长时间、高强度的体力活动中，肌肉（骨骼肌）群持久或过度收缩，导致乳酸蓄积，出现局部酸痛现象。肌肉疲劳一般为局部性，仅涉及大脑皮层的局部区域。

混合性疲劳：又称综合性疲劳，是指精神疲劳与肌肉疲劳同时存在的状态。

（3）按引起疲劳的原因分类

智力疲劳：由长时间从事紧张脑力劳动引起，表现为头昏脑胀、全身乏力、嗜睡或失眠、易激怒等症状。

技术性疲劳：常见于需要脑力与体力并重且神经精神高度紧张的作业中，如驾驶、收发电报、操作计算机等。其表现因体力和脑力参与程度的不同而异，如卡车驾驶员除全身乏力外，还常伴有腰酸腿痛；无线电发报员、半自动化作业操纵人员等则可能表现为头昏脑胀、嗜睡或失眠等。

心理性疲劳：多由单调的作业内容、情绪问题或感情冲突引起。脑力劳动者、心理素质较差者以及长期在噪声环境中工作、学习、生活的人更易产生心理性疲劳。有抑郁和忧虑等不良情绪的人更容易产生心理疲劳。心理疲劳与群体的心理氛围、工作环境、个人态度和动机，以及与同事、家庭和工作工资制度等社会心理因素密切相关。例如，监视仪表的工作在信号率较低时，易使人的警觉性下降，从而引发心理性疲劳。

生理性疲劳：是人们在日常活动中因生理功能失调而产生的一种不适的主观感觉。其产生原因是肌肉过度活动导致新陈代谢废物在肌肉中沉淀，使肌肉不能继续有效工作，进而引发体力衰竭。经过一定时间的休息，身体有机会排泄掉积聚的废物，肌肉重新获得所需的能量物质，疲劳即可消除。

（4）按疲劳恢复的快慢程度分类

一般疲劳：经过短暂休息即可恢复，属正常现象。

过度疲劳：表现为疲乏、腿痛、心悸等症状，需要较长时间才能恢复。

重度疲劳：除疲乏、腿痛、心悸外，还可能伴有头痛、胸痛、恶心甚至呕吐等严重征象，且这些征象持续时间较长，恢复难度较大。

5.6.2　作业疲劳的发生机理与发展阶段

（1）工作动机与疲劳的关系

工作动机，作为一种复杂的心理状态，是指一系列激发、导向和维持与工作绩效紧密相关行为的内部与外部力量。这些力量决定了这些行为的形式、方向、强度和持续时间。1975 年，Steer 和 Porter 将工作动机定义为影响工作情境中行为激发、导向与持久性的状态。鉴于个体间及个体内部动机强度的差异，不同人在同一时期或同一人在不同时期，对个体所蕴含与储备的潜在能量在相关行为上的分配比例会有所不同。具体而言，当个体的某种动机强度较高时，其在相应行为上的能量分配会相应增加；相反，动机强度较低时，能量分配则减少。

图 5-7 直观地展示了个体能量分配、能量消耗与动机水平之间的复杂关

系。其中，图 5-7(a) 和图 5-7(b) 分别代表总能量相同的两位个体甲和乙。由于他们从事某项活动的动机强度不同，因此分配给该活动的能量值也各异。图 5-7(c) 和图 5-7(d) 则描绘了甲、乙两人完成任务后的状态，图中圆圈内的阴影部分代表已消耗的能量。通过对比分析可以看出，尽管甲、乙两人在完成任务时均消耗了各自分配能量的 50%，体验到了相同的疲劳程度，但甲实际消耗的总能量却显著高于乙。这一现象充分说明，作业疲劳的程度与个体的工作动机水平密切相关，并随着动机强度的变化而发生变化。

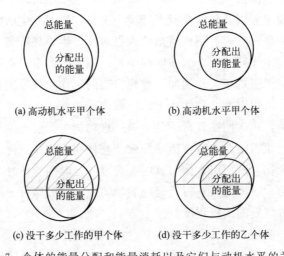

图 5-7　个体的能量分配和能量消耗以及它们与动机水平的关系

（2）疲劳形成理论的主要学说

关于作业疲劳形成机制的研究，学术界主要提出了以下几种观点：

① 能源物质耗竭学说：该学说认为，劳动者在劳动过程中需持续消耗能量，这些能量主要来源于糖原、ATP（三磷酸腺苷）、CP（磷酸肌酸）等能源物质。随着劳动进程的推进，这些能源物质不断被消耗，而人体的能源物质贮存量是有限的。当能源物质耗竭至一定程度时，机体便会出现疲劳状态。

② 疲劳物质累积学说：此学说主张，疲劳是人体肌肉或血液中某些代谢物质（如乳酸、丙酮酸等酸性物质）大量堆积的结果。这些代谢物质在劳动过程中逐渐积累，达到一定浓度后，会对机体产生负面影响，从而引发疲劳。

③ 中枢神经系统变化学说：该学说认为，人在劳动中，中枢神经系统的功能会发生动态变化。当神经系统的兴奋程度达到一定程度时，会产生抑制效应，以保护机体免受过度损伤。疲劳被视为中枢神经工作能力下降的表现，是

大脑皮质的一种保护性作用机制。

④ 机体内环境稳定性失调学说：此学说指出，劳动过程中体内产生的酸性代谢物会导致体液的 pH 值下降。当 pH 值降至一定程度时，细胞内外的水分中离子浓度会发生变化，进而扰乱机体的内环境稳定性，引发疲劳状态。

⑤ 局部血流阻断机理：该机理认为，静态作业引起的局部疲劳是由局部血流阻断所致。在肌肉收缩时，肌肉会变得坚硬，其内部压力显著增加，可达几十 kPa。这种压力会部分或完全阻断血流通过收缩的肌肉，导致局部组织缺氧和代谢废物堆积，从而引发疲劳。

（3）疲劳过程的发展阶段

作业疲劳的发展通常经历三个阶段：

第一阶段：疲倦感轻微，作业能力不受影响或略有下降。此时，浓厚的兴趣、特殊刺激或意志等因素可使作业者维持劳动效率，但有导致过劳的风险。

第二阶段：作业能力明显下降，涉及生产质量，但对产量影响不大。

第三阶段：疲倦感强烈，作业能力急剧下降或波动，作业者试图努力完成工作要求，但最终可能因精疲力竭而无法继续工作。

5.6.3　作业疲劳的测定方法

1）疲劳测定的目的与意义

疲劳测定的目的是研究疲劳与劳动产量和质量之间的关系，测量人体对不同劳动强度和紧张水平的反应，为生产发展和劳动条件改善提供科学依据。

2）疲劳测定的基本条件

疲劳测定应满足以下条件：

① 测定结果应客观、准确地描述疲劳程度，避免主观解释。

② 测定结果应能够定量描述疲劳程度。

③ 测定过程不应导致被测者产生附加疲劳或反感。

3）疲劳的表现特征与识别

疲劳可通过以下特征进行识别：

① 生理状态变化：如心率、血压、呼吸频率、血液中乳酸含量等发生变化。

② 作业能力下降：如对特定信号的反应速度、正确率、感受性等能力下降。

③ 主观体验：如疲倦感等主观症状。

4）疲劳测定的常用方法

疲劳测定的基本方法可分为生化法、生理心理测试法和他觉观察与主诉症状调查法。以下对前两类方法进行简要介绍。

生化法：通过检测作业者的血、尿、汗及唾液等体液成分的变化来判断疲劳程度。但该方法需中止作业活动，且可能给被测者带来不适。

生理心理测试法：包括膝腱反射机能检查法、两点刺激敏感阈限检查法、频闪融合阈限检查法、反应时间测定法、脑电图和肌电图检查法以及心率和血压测定法等。这些方法能够客观、定量地描述疲劳程度，且对作业活动影响较小。例如，膝腱反射机能检查法通过敲击膝盖部测量小腿弹起角度变化来判断疲劳程度；频闪融合阈限检查法则利用视觉对光源闪变频率的辨别程度来判断机体疲劳。

以下对几种疲劳测定方法进行简要介绍。

（1）膝腱反射机能检查法

该方法通过用医用小榔头敲击膝盖部，观察并记录小腿的弹起角度变化，以此评估疲劳的轻重程度。一般而言，作业前后膝腱反射角度变化在 5°～10°范围内时，可视为轻度疲劳；变化在 10°～15°范围内时，为中度疲劳；变化超过 15°但不超过 30°时，则为重度疲劳。

（2）两点刺激敏感阈限检查法

此方法利用针状物同时刺激皮肤表面的两个点，通过测量使测试者能够清晰分辨两个刺激点的最小两点间距离（即两点刺激敏感阈限）来评估疲劳程度。通常，当两点间距离超过 50mm 时，任何人都能清晰地感受到两点的刺激。然而，随着疲劳程度的加重，测试者的感觉变得迟钝，两点刺激敏感阈限值相应增大。

（3）频闪融合阈限检查法

该方法利用视觉对光源闪变频率的辨别能力来评估机体疲劳状态。当光源以某一频率闪变时，人眼能够分辨出光源的明暗变化。若逐渐提高闪变频率至人眼无法分辨光源闪变时，即为融合现象的发生，此时的闪变频率称为融合度。相反，在融合状态下逐渐降低闪变频率，直至人眼能够再次分辨出光源的闪变，此时的闪变频率称为闪变度。融合度与闪变度的均值即为频闪融合阈限，它反映了中枢系统机能的迟钝程度。频闪融合阈限因个体差异而异，但均受到机体疲劳程度的影响。

表 5-15 列出了日本早稻田大学的大岛正光给出的频闪融合阈限值，它可作为正常作业时应满足的标准。

表 5-15 频闪融合阈限值

劳动种类	第一工作日的日间降低率/%		作业前的周间降低率/%	
	理想值	允许值	理想值	允许值
体力劳动	−10	−20	−3	−13
中间劳动	−7	−13	−3	−13
脑力劳动	−6	−10	−3	−13

（4）脑电图和肌电图检查法

该方法通过脑电图（EEG）评估大脑皮层的疲劳程度，同时利用肌电图（EMG）检测局部肌肉的疲劳状态。脑电图能够反映大脑皮层的电活动情况，而肌电图则记录肌肉在收缩和放松过程中的电信号变化。随着疲劳程度的加重，脑电图的放电振幅往往增大，节律趋于缓慢；肌电图则表现出肌肉电活动的紊乱和振幅增加。这两种方法相结合，为全面评估作业者的疲劳状态提供了有效的手段。

（5）心率（脉率）测定法

心率作为反映机体生理状态的重要指标，与劳动强度密切相关。在作业开始前 1min，由于心理应激反应，心率通常会略有上升。作业开始后，前 30～40s 内心率迅速增加，以适应机体对氧气的需求。随后，心率逐渐缓慢上升，一般在 4～5min 内达到与劳动强度相适应的稳定水平。对于轻度作业，心率的增加幅度相对较小；而对于重度作业，心率可上升至 150～200 次/min。有研究表明，作业中心率的增加值为 30 次/min 左右，增加率在 22%～27% 之间为宜。作业停止后，心率在几秒至十几秒内迅速下降，随后缓慢恢复至正常水平。然而，值得注意的是，心率的恢复往往滞后于耗氧量的恢复。疲劳程度越重，氧债积累越多，心率的恢复速度越慢。因此，心率恢复时间的长短可作为评估疲劳程度及人体心血管系统素质的重要依据。

5.7 作业疲劳与安全生产

作业疲劳与安全生产之间存在着紧密的内在联系，鉴于作业疲劳产生机理的复杂性，明确其影响因素，并采取有效措施降低疲劳，对于提升作业者作业能力、保障安全生产具有至关重要的意义。

5.7.1 作业疲劳的影响因素分析

作业疲劳的产生是多因素综合作用的结果，其影响因素大致可以从客观因素、主观因素及疲劳心态三个维度进行深入探讨。

1）客观因素

客观因素主要包括机械设备、工作环境和工作组织制度与劳动负荷三个方面。

（1）机械设备

当前，我国工业基础设施发展尚不完善，部分企业设备老化，且从人机工程学角度来看，部分设备设计并不合理。在作业过程中，设备产生的振动与噪声对作业者的听觉及其他组织结构造成不可避免的影响，进而引发疲劳，降低机体的应急反应能力和自我保护能力。

（2）工作环境

工作环境对作业疲劳的影响主要体现在以下几个方面：

① 不良的作业环境，如光照不足或过强、温度过高或过低、作业场所色彩搭配不当等，均会对作业者的视觉感知及心理状态产生负面影响。

② 作业空间的布置不合理会影响作业者的正常作业姿势，加速作业疲劳的产生，增加作业失误率，降低工作效率。尤其在一些现代综合性写字楼中，工作环境过于密闭，新鲜空气补给不足，对办公人员的疲劳状态影响显著。

③ 人际关系紧张、心理压力过大等心理因素同样会导致工作疲劳，影响作业者的作业能力和作业质量。

（3）工作组织制度与劳动负荷

现代企业为在激烈的市场竞争中立于不败之地，常安排员工加班加点，或让员工身兼数职。这种超负荷的工作制度与劳动负荷极易引发身体疲劳，降低作业效率，增加事故风险。此外，我国现行的轮班制度（如三班三轮制）往往使人的生理机能难以适应新的节律变化，长期处于与外界节律不相协调的状态，从而因疲劳导致事故频发。

2）主观因素

主观因素主要涉及作业者自身的生理与心理两个方面。

生理角度：作业者身体素质存在显著差异，如形体结构、气血状况、体质类型等，这些差异与疲劳的发生与变化密切相关。

心理角度：现代社会竞争激烈，作业者在工作中常面临不同程度的心理压力和不良情绪。通过心理辅导和自我调整，可在一定程度上缓解这些压力，改善作业状态。

3）疲劳心态

管理疲劳心态的产生不容忽视。在规章制度的落实过程中，管理人员因职业疲劳心态的出现而未能严格执行监督检查，导致安全生产管理存在诸多漏洞。管理疲劳心态的产生原因主要包括：

①　操作人员能力高于操作要求，产生厌倦情绪，导致工作心不在焉，发生人为失误。企业应根据职工的实际工作能力和兴趣爱好合理安排工作岗位，以充分发挥其潜力。

②　物质条件与期望值存在差距，导致作业者产生消极应付的心态。从心理学角度看，人对自己的行为有明确的期望值，当期望值与实际所得存在差距时，人们会调整自己的行为（如工作不积极）以适应这种差距，达到心理平衡。

③　工作缺乏竞争性，不存在淘汰鼓励机制，导致作业者产生"老化"的工作心态，工作积极性不高。这主要是由于现有安全生产管理体制不完善，某些方面存在空白。

为有效解决管理疲劳带来的不良后果，需要国家、企业、行业及群众多方面的共同监督与合作，共同构建完善的安全生产管理体系。

5.7.2　提高作业能力与降低疲劳的措施

针对我国作业智能化水平相对较低，机械化作业往往耗费大量体力的情况，如何有效减轻疲劳、防止过劳，成为安全人机工程学领域亟待研究的重要议题。

5.7.2.1　提高作业机械化和自动化程度

提升作业的机械化、自动化程度是减轻作业者疲劳、提高作业安全可靠性的根本途径。大量事故统计数据显示，在冶金、采矿、建筑、运输等基础工业部门，由于笨重体力劳动占比较大，其生产事故率远高于机械、化工、纺织等行业。因此，提高作业的机械化、自动化水平，是减少作业人员数量、提升劳动生产率、减轻作业者体力负担、提高生产安全性的有效手段。

5.7.2.2　加强科学管理，改进工作制度

1）工作日制度设计

工作日的时间安排需综合考虑多种因素。许多发达国家已普遍实行每周工作 32~36h、5 个工作日的制度。对于有毒、有害物质加工生产等环境条件恶劣的场所，需佩戴特殊防护用品的车间、班组，可适当缩短工作时间。理想状态下，工人应能在自主完成任务的前提下，灵活掌握作业时间。国内部分矿山企业已实行井下采矿、掘进工人实际下井时间不超过 4h 的制度，这在计件或承包分配制下具有可行性。应指出的是，通过延长工作时间来增加产量的做法

并不可取，这不仅会导致作业者疲劳感增加，影响作业效率，还可能引发潜在的安全事故。

2）劳动强度与作业时间管理

劳动强度与作业时间之间存在密切关联。劳动强度越大，作业时间越长，作业者的疲劳程度就越重。人在一定劳动强度下能持续工作的时间是有限的。因此，对于高强度劳动，应相应缩短工作时间，增加休息时间。一般经验表明，相对代谢率（RMR）≤2.0的作业可保持稳态工作6h；RMR＝3.6的作业可持续80min；RMR＝7.0的作业则每工作10min就需休息。这要求对不同劳动强度的作业时间进行科学评价和合理规划。

鞍钢劳动卫生研究所的现场实验表明，以能量代谢大小计算的消除时间最为合理，其计算方法可为科学安排作业时间提供参考。消除时间计算方法如下：

$$T=0.02(M-3)^{1.2}\times1.1^t \tag{5-14}$$

式中　T——消除时间，min；

　　　M——能量代谢值，kJ/(min·m^2)；

　　　t——纯劳动时间，min。

根据实践经验，当相对代谢率（RMR）大于7.0时，作业应优先考虑采用机械化、自动化设备来完成；当RMR大于4.0时，应安排必要的间隔休息时间；而当RMR小于4.0时，虽可持续工作，但工作日内的平均RMR值应控制在此范围内。因此，制订科学合理的工作时间表，确保作业与休息的合理安排与交叉，是保障作业效率与作业者身心健康的关键。

3）工作时间与休息时间的优化管理

如前所述，从生理和心理角度而言，作业人员无法持续不断地进行工作。随着工作时间的延长，作业效率会逐渐下降，错误率则相应上升。若不及时安排休息，不仅会导致产品质量下降，还可能引发安全事故。事故往往是生理、心理和生产条件等多种不良因素综合作用的结果，在事故发生前，各种条件已处于"临界状态"，其中疲劳是重要诱因之一。因此，从安全角度出发，必须有效遏制疲劳的发展。

工作效率的下降是疲劳的一种直接表现形式。如图5-8所示，某工厂作业者一天内工作效率的变化曲线清晰地反映了这一现象。图中百分数数值代表一天中不同时段所完成全天工作量的比重，直观地展示了劳动效率的变化趋势。该曲线表明：工作初期存在一个适应过程，人体逐渐发挥出最大能力，随后进入一段稳定的高效率期，但之后效率又会逐渐下降。午休后效率虽有所回升，但仍低于上午水平。因此，应给予作业人员足够宽裕的时间，避免工作时间内作业率过高。若无法及时安排休息，作业人员也应自我调节，通过从事次要工作等方式缓解作业疲劳，以维持较高的作业效率。

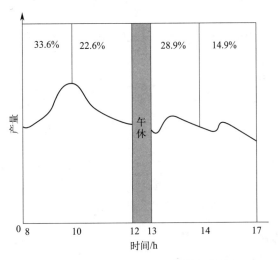

图 5-8　作业者一天的工作效率曲线

　　意大利学者马兹拉通过研究发现，在工作期间实施多次短期休息相较于一次长时间的休息，对于缓解疲劳、提升工作效率具有更为显著的效果。适度缩短工作时间或合理安排工作节奏，能够使工人保持注意力高度集中和充沛的工作热情，反而有助于提高产量。因此，在工作过程中，一旦发现作业者出现疲劳迹象，应及时安排适当的休息，以有效减轻和消除疲劳，进而提升劳动效率并减少工伤事故的发生。对于中等强度作业而言，一般建议在上午和下午的中间时段各安排一次 10～20min 的短暂休息，以确保作业者得到充分的体力恢复。

　　实验研究表明，不同休息制度对作业功效的影响差异显著（如图 5-9 所示）。该图直观地展示了每个作业周期休息 10min 与休息 2min 之间工作效率的悬殊差异，进一步强调了合理确定休息时间的重要性。

　　4）休息方式的多样化设计

　　工间休息方式应呈现多样化，以适应不同作业特点和作业者的需求。对于连续、紧张生产的工作人员，工间休息多以自我调节为主。例如，对于体力劳动强度较大的作业者，静止休息是必要的，但同时也应鼓励进行适量的上下肢活动和背部体操，以促进血液循环和肌肉放松，实现积极休息与消极休息的有机结合。对于注意力高度集中和感觉器官持续紧张的工作，更应采取积极休息的方式，如组织工间操、太极拳等体育活动，以有效缓解精神压力和身体疲劳。

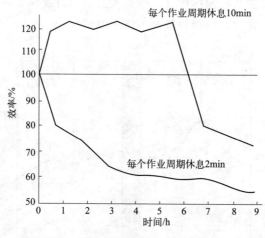

图 5-9　不同休息制度对功效的影响

5）轮班工作制度

（1）疲劳与轮班制的关联性探讨

疲劳与轮班工作制之间存在着紧密的关联性。不合理的轮班制度足以引发作业者的疲劳状态。轮班工作制往往导致人体生物钟的紊乱。例如，上夜班的人员在白天睡眠时极易受到周围环境的干扰，难以获得高质量的睡眠，睡眠时间不足，醒后常感疲乏无力。此外，轮班工作制还会改变作业者的睡眠习惯，使其难以迅速适应新的作息规律。

夜班作业人员病假缺勤比例较高，主要原因在于呼吸系统和消化系统疾病的高发。人的生理机能具有昼夜节律性，夜晚本是人体休息、消除疲劳的时段。然而，夜班工作打破了这一自然节律，导致作业者生理机能紊乱。此外，人的消化系统在早、午、晚饭时间分泌较多的消化液，以支持消化过程，而夜间则进入抑制状态。矿井井下工作人员由于轮班工作，加之白班也缺乏日光照射，患消化道疾病的比例相对较大。英国学者通过研究人体体温变化来评估生活节律改变对人体的影响，发现人的体温在清晨睡眠时最低，上午 7：00—9：00 急剧上升，下午 5：00—7：00 达到高峰。

（2）时间节律错乱对作业者的影响及轮班制的重要性

时间节律的错乱显著影响作业者的情绪和精神状态，进而导致夜班事故率较高。尽管如此，轮班工作制在国民经济生产中仍具有重要意义。首先，它提高了设备的利用率，延长了生产物质财富的时间，从而增加了产品产量，相当于扩大了就业人数。其次，在某些连续生产的工业部门，如冶金、化工等，其工艺流程必须连续进行，无法中断，轮班工作制为这些行业的生产提供了必要的保障。

为有效避免或降低夜班事故率，我国部分企业合理推行了四班三轮制等优化轮班方案。四班三轮制通过合理安排作业班次和休息时间，有助于减少作业者的疲劳感，提高作业效率和安全性。该制度又可分为多种具体实施方案，如表 5-16 和表 5-17 所列，这些方案为不同企业提供了参考和借鉴。

表 5-16 四班三轮制（一）：6（2）6（2）6（2）型

班次	时刻											
	0:00—2:00	2:00—4:00	4:00—6:00	6:00—8:00	8:00—10:00	10:00—12:00	12:00—14:00	14:00—16:00	16:00—18:00	18:00—20:00	20:00—22:00	22:00—24:00
白班	A	B	C	D	A	B	C	D	A	B	C	D
中班	D	A	B	C	D	A	B	C	D	A	B	C
夜班	C	D	A	B	C	D	A	B	C	D	A	B
空班	B	C	D	A	B	C	D	A	B	C	D	A

注：A、B、C、D 表示不同班组。

表 5-17 四班三轮制（二）：5（2）5（1）5（2）型

班次	时刻																			
	0:00—1:00	1:00—2:00	2:00—3:00	3:00—4:00	4:00—5:00	5:00—6:00	6:00—7:00	7:00—8:00	8:00—9:00	9:00—10:00	10:00—11:00	11:00—12:00	12:00—13:00	13:00—14:00	14:00—15:00	15:00—16:00	16:00—17:00	17:00—18:00	18:00—19:00	19:00—20:00
白班	A	A	A	A	A	B	B	B	B	B	C	C	C	C	C	D	D	D	D	D
中班	C	C	D	D	D	D	D	A	A	A	A	A	B	B	B	B	B	C	C	C
夜班	B	B	B	C	C	C	C	C	D	D	D	D	D	A	A	A	A	A	B	B
空班	D	D	C	B	B	A	A	D	C	C	B	B	A	D	D	C	C	B	A	A

6）业余休息与活动的合理安排

业余休息与活动的安排往往被管理者所忽视，然而，其与生产安全和效率之间存在着密切联系。

（1）为轮班工人提供优质的休息条件

首先，应为轮班工人创造良好的休息环境，确保他们能够获得高质量的睡眠，这是消除疲劳的最佳途径。其次，需加强管理，合理安排不同班次作业工人的休息时间及环境，避免相互干扰，确保他们能够得到充分的休息和恢复。

（2）积极组织业余文化娱乐活动

企业应积极组织作业人员参与健康有益、丰富多彩的文化娱乐和体育活动，这些活动有助于作业者从疲劳状态中恢复，增进其身心健康，从而提高作业效率和安全性。

7）合格工人选拔

疲劳与作业者的体质和技术熟练程度密切相关。技术熟练的作业人员在作业过程中无用动作少，技巧能力强，完成相同工作所消耗的能量较少。因此，企业应组织由工程师、老工人、技师、管理干部等组成的专家小组，对作业内容进行逐项深入的分析，如动作分析、安全性分析等，并制定标准作业动作，要求作业人员严格按照标准进行操作。通过不断听取反馈意见，总结经验教训，结合企业实际情况，制定各工种操作的标准化作业方案，这对于减少疲劳、保障作业安全具有显著且重要的作用。

5.7.2.3　合理选择作业姿势和体位

（1）减少静态作业，采用随意姿势

应尽量避免和减少静态作业，鼓励采用随意、舒适的姿势进行作业。例如，在搬运重物时，不同姿势的耗氧量存在差异，以肩挑为基准（100%），一肩扛为110%，两手提为114%，头顶重物为132%，一手提为140%。因此，在选择搬运姿势时，应优先考虑耗氧量较低的姿势。

（2）避免不良体位，减少能量消耗

不良体位会导致能量消耗增加，易引发疲劳。常见的不良体位包括静止不动、长期反复弯腰、身体左右扭曲、单侧负重、长期双（单）手前伸等。因此，在作业过程中应避免这些不良体位，以减少能量消耗和疲劳的产生。

（3）适宜采用立位姿势操作的作业

对于需经常改变体位、工作的控制装置分散、需手脚活动幅度较大、用力较大或单调的作业，适宜采用立位姿势进行操作。这些工作包括但不限于钳工、车工、装配工、锻打工等。

（4）适宜采用坐姿操作的作业

对于持续时间较长、精确细致或需手和脚并用的作业，适宜采用坐姿进行操作。这些作业包括但不限于手表、钟表等精密部件的装配作业以及缝纫机操作等。

5.7.2.4　合理设计作业中的用力方法

（1）合理安排作业负荷

应根据作业需求合理安排负荷，避免负荷过重导致耗氧量剧增。例如，在负重步行时，负荷小于体重的40%时，耗氧量基本保持不变；若负荷超过此范围，耗氧量将显著增加。但需要注意的是，并非负重越轻，能耗就越少，需综合考虑作业效率和能耗之间的平衡。

（2）遵循生物力学原理，优化用力方式

应按照生物力学原理，将力合理地用于完成某一操作动作的做功。例如，在挑扁担的作业中，利用生物力学原理可知，扁担偏软时更有利于力的传递和做功。

（3）利用人体活动特点，提升作业效率

应结合人体活动特点，通过合理用力获得力量和准确性。例如，大肌肉关节弯曲时能产生较大的爆发力，适宜用于立姿操作；而对抗肌肉群则有助于提升作业准确性，如手臂操作（坐姿）时。

（4）遵循动作经济原则，优化作业动作

动作自然：应利用最适合运动的肌肉群和符合自然位置的关节参与动作，以减少能耗。

动作对称：应确保用力后身体保持平衡和稳定，避免破坏身体姿态。

动作有节奏：应使动作具有节奏感，避免肢体过度减速导致的能量浪费。

肌群轮换工作：应合理安排肌群的工作时间，通过轮换工作减少单一肌群的疲劳。

降低动作能级：应优先考虑用手能完成的动作，避免不必要的全身动作，以降低能耗。

考虑不同体位的用力特点：应结合不同体位的用力特点，设计合理的作业动作，以提升作业效率和安全性。

5.8　人的可靠性分析

对人的可靠性进行定性与定量分析，对于预测并预防或减少人为失误，保障安全生产具有至关重要的意义。本节基于人的自然倾向性，阐述了人的可靠性的基本概念及分析方法，并深入探讨了人因失误及人的不安全行为。在此基础上，进一步研究了人的失误概率及定量分析模型，以期为安全生产提供有力支持。

5.8.1　人的自然倾向性及其对作业安全的影响

5.8.1.1　习惯及其影响

习惯是人长期养成且不易改变的语言、行为及生活方式，可分为个人习惯和群体习惯。

（1）个人习惯与群体习惯

个人习惯是个人固有的行为方式，受本能行事的心理定势影响，表现为个人在活动与社会交往中的重复性活动。群体习惯则是在一个国家或民族内部，人们共同形成的习惯。符合群体习惯的机械工具能够提高作业效率，减少操作错误，因此在人机工程学中具有重要的研究价值。

（2）动作习惯

动作习惯是指在特定作业中频繁进行的动作。例如，绝大多数人习惯用右手操作工具和进行各种用力动作，其右手相对灵活有力。然而，人群中约有5％～6％的人惯用左手。对于下肢，绝大多数人惯用右脚，因此机械的主要脚踏控制器通常设置在右侧下方。动作习惯的形成对作业效率和安全性具有显著影响。

5.8.1.2　错觉现象及其分类

错觉是人观察物体时，由于物体形、光、色的干扰以及人的生理、心理原因而产生的与实际不符的判断性视觉误差。错觉是知觉的一种特殊形式，是对客观事物的扭曲感知。

（1）视错觉

视错觉，又称错视，是视觉上的错觉现象。视错觉主要表现为对几何形状的扭曲感知，可分为长度错觉、方位错觉、透视错觉和对比错觉等。此外，还包括空间定位错觉、大小与重量错觉、颜色错觉、听错觉以及运动视觉中的错觉等。正确认识与掌握视错觉现象，对指导人机环系统的合理设计具有重要意义。

（2）声音错觉

声音错觉是指人们在辨别声源方向时产生的错觉，如正前方或正后方发出的枪声往往被误判为来自相反方向。声音错觉对作业者的听觉判断和安全作业构成潜在威胁。

5.8.1.3　精神紧张及其影响

精神紧张是人体在精神及肉体两方面对外界事物反应的加强。紧张状态的发展可分为警戒反应期、抵抗期和衰竭期。在不超过衰竭期的紧张状态下，人的工作能力有可能提高。然而，精神紧张会导致体内激素分泌失衡、心跳加快、血压升高、新陈代谢速率变化等生理反应。这些生理变化可能对作业安全构成威胁。

表 5-18 展示了紧张程度与各种作业因素之间的关系，表明作业对象的种类、变化、复杂程度、是否需要判断、所受限制、作业姿态、危险程度、注意力集中程度以及人际关系等因素均会影响作业紧张度。

表 5-18　紧张程度与各种作业因素之间的关系

作业因素	紧张度大——紧张度小
能量消耗	大——小
作业速度	快——慢
作业精密度	精密——粗糙
作业对象的种类	多——少
作业对象的变化	变化——不变化
作业对象的复杂程度	复杂——简单
是否需要判断	需要判断——机械式进行
人所受限制	限制很多——限制很少
作业姿态	要求勉强姿态——可采取自有姿势
危险程度	危险感多——危险感少
注意力集中程度	高度集中——不需要集中
人际关系	复杂——简单
作业范围	广——窄
作业密度	大——小

此外，慌忙和恐惧是两种不利于作业进程的心态。慌忙表现为不沉着、惊慌失措、做事不稳重，可能导致作业失误率增加。表 5-19 对比了作业者在慌忙状态下与平静状态下的动作特征，表明慌忙状态下无效动作次数增多，动作效率下降。

表 5-19　作业者在慌忙状态下与平静状态下的动作对比

动作相关因素	慌忙	平静
动作的次数/次	20.7	6.7
每次动作平均时间/s	8.5	36.4
无效动作次数/次	15.4	1.6
有秩序、有计划的动作/%	13.3	63.7
转来转去的动作/%	37.4	17.2
无意义的动作/%	28.2	1.4
自认为正确的动作/%	31.4	1.8
看错、想错的次数/次	4.2	0.2

表 5-19 展示了作业者在慌忙状态下与平静状态下动作特征的对比。其中，动作次数通常指作业者在完成某项作业时进行的平均操作次数，而每次动作平均时间则代表了完成该项作业所需的总时间。从表中数据可以看出，在慌忙状态下，作业者完成作业的速度较快（平均用时 8.5s），但在平静状态下完成作业则相对缓慢（平均用时 36.4s）。然而，慌忙状态下作业者的有秩序、有计划的动作所占比例明显减少（仅占 13.3%），这意味着无效动作次数显著增加。同时，慌忙状态下作业者转来转去的动作、无意义的动作以及自认为正确的动作次数也明显增多，这些动作占总动作次数的比例较平静状态有显著提升。此外，慌忙状态下看错、想错的次数也远高于平静状态。

恐惧是一种强烈的压抑情绪体验，通常发生在人们面临无法摆脱的危险情境时。在恐惧状态下，人的心电图会显示出明显的变化，表现为心跳加快，波形间隔变窄。若恐惧情绪进一步加重，心电图中的 T 波可能几乎完全消失。解除恐惧后，心电图波形会逐渐恢复正常。恐惧状态下，人的认知水平会显著下降，可能导致非理智行为的产生。例如，在昏暗条件下，如果工人因恐惧黑暗而急于完成任务，其操作失误率会大大增加。

因此，为避免操作失误和事故的发生，必须重视培养作业者在紧急状态下的冷静应对能力。对于工厂或矿山等高风险行业的作业人员而言，这一点尤为重要。平时应定期进行防灾训练，使作业人员熟悉在紧急情况下如何迅速切断电源、关闭阀门以及快速逃离危险现场等应急措施，以确保在灾害发生时能够保持冷静，迅速做出正确决策。

5.8.1.4　躲避行动及其影响因素分析

当人体处于静立状态时，面对前方有物体袭来会迅速做出反应，采取躲避行动。关于躲避方向的选择，已有实验统计显示（如表 5-20 所列），在静立状态下，人倾向于向左侧躲避，躲向左侧的人数大致为躲向右侧的 2 倍。这表明，在面临危险时，人体普遍表现出向左躲避的自然倾向。因此，在作业场所的布局设计中，合理地在工作位置的左侧留出安全地带，是符合人体自然反应规律的。

表 5-20　静立时躲避危险物的方向特点

项目	左侧/%	呆立不动/%	右侧/%	左右侧比值
由左前方	19.0	3.0	11.3	1.68
由正面	15.6	10.5	7.3	2.14
由右前方	16.1	7.3	9.9	1.62
总计	50.7	20.8	28.5	1.78

下面进一步介绍关于人躲避上方落下物体的实验研究。该实验要求被测试者站立在楼房外，测试人员从其前方距地面 7m 的 3 楼窗户内大声呼喊被测试者的名字。在被测试者仰头向上的同时，从其正上方掉落一个物体，观察并记录被测试者的躲避反应。实验结果表明，几乎所有被测试者在仰头向上的同时都能发现落下物，并表现出如表 5-21 所列的反应特征。这些反应大致可分为两类：一类是采取防御姿势，另一类是不采取防御姿势。其中，采取防御姿势的被测试者占 41%，不采取防御姿势的占 59%。在不采取防御措施的被测试者中，又有 24% 表现出全然没有任何行动，且这部分人群中女性占比较高。

表 5-21　躲避落下物的行动类型

防御与否	行动特征	比例/%
采取防御姿势	① 遮住头部	3
	② 举手于头部高度接住落下物	28
	③ 上身向后仰,想接住落下物	10
不采取防御姿势	① 不采取行动(僵直,呆立不动)	24
	② 采取微小行动(只动手)	10
	③ 脚不动,只转头部	7
	④ 想尽快逃离	18

实验结果显示,人在面对来自上方的危险物时,往往表现出一定的无力感,难以采取有效的防御措施。因此,在作业场所,特别是立体作业现场,要求作业者佩戴安全帽以提供必要的防护。此外,为防止器物从上方坠落,还应在适当位置安装安全网或其他遮蔽物。表 5-21 详细列出了躲避落下物的行动类型及其比例。

5.8.1.5　人为差错及其分析与分类

（1）人为差错的概念与重要性

人为差错是指作业者在执行任务过程中未能达到预定要求,从而可能导致任务中断、设备损坏或财产损失的行为。人为差错在各类事故中占据相当大的比例（60%~80%）,因此在日常生产过程中,必须高度重视并深入研究人因差错的原因,以制定有效的预防措施,提高人机系统的安全性。研究人为差错旨在通过一系列科学的方法和手段,防止人的行为错误,进而避免人为差错的发生。人为差错的发生方式可归纳为五种:一是未能完成某个必要的功能任务;二是执行了不应执行的任务;三是对某一任务做出了不恰当的决策;四是对意外事故的反应迟钝或笨拙;五是未能察觉到潜在的危险情况。

（2）人为差错的分类

按照系统开发的不同阶段,人为差错可分为以下七类:

① 设计差错:由设计人员在设计过程中考虑不周或设计不当导致的问题,包括不恰当的人机功能分配、未遵循安全人机工程原理、荷载拟定不当、计算模型错误、材料选用不当、机构或结构形式不合理、计算差错、经验参数选择失误、显示器与控制器布局不合理等。设计差错往往是导致作业过程中人为差错的主要原因之一。

② 制造差错:指产品未按照设计图进行正确的加工与装配,如使用不合适的工具、采用不合格的零件或材料、加工工艺不合理、加工环境与使用环境差异大、作业场所或车间配置不当等。

③ 检验差错:检验手段不正确、标准放宽、检验项目遗漏、未发现产品

潜在缺陷、安装不符合要求的材料或配件、使用不合理的工艺方法或违反安全要求等。

④ 安装差错：未按照设计图或说明书进行正确的安装与调试，如错装零件、装错位置、调整错误、接错电线等。

⑤ 维修差错：未定期对设备进行维修或设备出现异常时未及时维修和更换零部件，未严格按照规定进行全面检修保养等。

⑥ 操作差错：作业者在操作过程中出现的失误，包括使用程序错误、工具选择不当、记忆或注意失误，以及信息的确认、解释、判断和操作动作的失误，等等。例如，未执行分配给自己的功能、执行了未分配给自己的功能或错误地执行了分配给自己的功能。

⑦ 管理差错：管理松懈、制度执行不力、监督不到位等导致的问题。

（3）人为差错的后果

人为差错的后果取决于差错的程度及机器安全系统的功能。人为差错的后果可归纳为四种类型：一是差错对系统未产生实质影响，因及时纠正或机器具有较高的可靠性和完善的安全设施；二是差错对系统产生潜在影响，如削弱系统的过载能力；三是差错导致事故发生，但系统可修复；四是差错引发重大事故，造成严重后果，如设备损坏、人员伤亡，系统失效。

5.8.1.6 人的生理节律及其影响分析

生物节律是自然进化赋予生命的基本特征之一，人类及一切生物均受其控制与影响。生理功能所展现的周期性变化，统称为生理节律。人体内存在着多种生理节律，既有以若干秒为周期的微小波动，也有以天为周期的显著变化，如睡眠与觉醒节律。这些生理节律对作业效率、作业质量具有显著影响。

（1）日节律及其他周期节律

在日常生活中，昼夜变化是人体经历的最急剧的环境变化之一。人体的日常生活节律基本上以24h为周期，称为日节律。研究表明，白天与夜间作业的效率、差错率及疲劳程度存在显著差异。大量实验数据表明，体现生命特征的体温、脉搏、血压等在下午4：00前后达到峰值；同时，作为体力劳动和脑力劳动主要能源的糖、脂肪和蛋白质，在血液中的浓度也在此时达到高峰。此外，一天中体温在下午达到顶峰，夜间熟睡时降至最低点。研究指出，人体在体温开始下降时易产生困倦感，而在体温开始上升时醒来，这是人体内部生物钟的自然调控机制。对于特定个体而言，存在一个最"理想"的入睡时间，尽管这一时间因个人时间表及其他因素而异。

交感神经系统与副交感神经系统在人体节律调控中起着重要作用。交感神经系统在白天占优势，促进腹腔内脏及皮肤末梢血管收缩、心搏加强加速、新陈代谢亢进等，表现出"白天型人体"的特点。而副交感神经系统在夜间占优势，促进细胞分裂、生长激素分泌等，显示出"夜间型人体"的特征。总之，人体机能更适于白天活动，夜间则进入休息状态，各种机能下降。

有趣的是，在完全隔绝外部时间线索的条件下，人体依然能够显示出日节律，但周期会延长至 25h。然而，一旦再次接触光线，生物钟会迅速恢复到 24h 的日周期。这说明睡眠与觉醒受内部节律的严格调控，非正常时间睡眠会导致睡眠质量受损。当自身生物钟与外界时间不同步时，会出现一系列问题，如飞行时差反应。Graf 等绘制的一天之中人体机能随时间的变化曲线（图 5-10）直观地展示了这一现象。图中显示，4：00—9：00 机能逐渐上升随后下降，13：00—20：00 机能再度上升，其后急剧下降，凌晨 3：00—4：00 下降尤为明显。

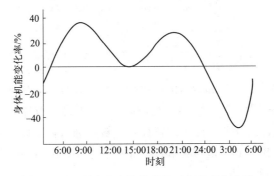

图 5-10　一天之中人体机能随时间的变化曲线

在安全人机工程学中，常用频闪融合阈限值来表示大脑意识水平，以反映人体机能状况。频闪融合阈限值越高，大脑意识水平也越高；相反，在精神疲劳或困倦时，频闪融合阈限值会降低。图 5-11 展示了频闪融合阈限值及心率的日节律。图中显示，频闪融合阈限值在上午 6：00 最低，中午前后最高；而心率在凌晨 4：00 前后最低，下午 4：00 前后最高。比较图 5-10 与图 5-11 可以发现，人体机能的昼夜变化趋势与频闪融合阈限值的昼夜变化趋势基本一致，但存在时间上的偏离。

（2）PSI 周期节律（人体生物三节律）

在日常生活中，人们常感受到体力、情绪和智力的周期性变化。有时体力充沛、情绪饱满、精神焕发，而有时却感到疲乏无力、情绪低落、精神萎靡。这种截然不同的状态是如何在同一个人身上交替出现的呢？

20 世纪初，德国医生弗里斯和奥地利心理学家斯瓦波达通过长期临床观察发现，人体生物节律中体力周期约为 23 天，情绪周期约为 28 天。此后，奥地利的泰尔其尔教授在研究大、中学生的考试成绩后，进一步发现人的智力周

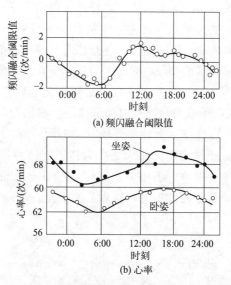

图 5-11　频闪融合阈限值及心率的日节律

期约为 33 天。体力、情绪和智力的变化呈正弦曲线变化，随时间呈现高潮期—临界日—低潮期的周期性。这一规律被称为人体生物三节律：体力节律、情绪节律、智力节律。因其循环往复的特性，又被称为人体生物钟节律。国外也称之为 PSI 周期，其中 PSI 是英文 physical（体力）、sensitive（情绪）、intellectual（智力）的缩写。

　　PSI 周期节律按照高潮期—临界日—低潮期的顺序周而复始，其变化可用正弦曲线加以描述（图 5-12）。图中横坐标为时间，曲线位于时间轴以上部分对应的时间周期称为高潮期，在此期间，人的体力、情绪或智力均处于良好状态，表现为体力充沛、精力旺盛、心情愉快、情绪高昂或思维敏捷、记忆力好。曲线位于时间轴以下部分对应的时间周期称为低潮期，在此期间，人的体力、情绪或智力均处于较差状态，表现为身体困倦无力、情绪低沉或反应迟钝。曲线与时间轴相交的前后两三天称为临界日，此时体力、情绪或智力频繁变化，是最不稳定的时期，机体各方面的协调性能降至最低，易染病、情绪波动大或易出差错。当体力、情绪或智力的临界日重叠在一起时，则分别称为双临界日或三临界日，这是差错与事故的多发期，需特别警惕。

　　在人体三节律的高潮期，人们表现出精力充沛、思维敏捷、情绪乐观、记忆力和理解力强，是学习、工作和锻炼的最佳时机。在此期间增加学习、运动量，往往能事半功倍。节律高潮时，学生考试或运动员比赛较易取得好成绩，作家写作也较易产生灵感。相反，在临界日或低潮期，人们易表现出耐力下降、情绪低落、反应迟钝、健忘走神等症状，此时易出车祸和医疗事故，也难

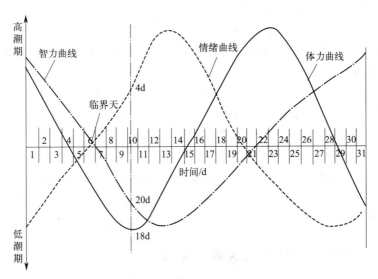

图 5-12　PSI 周期节律曲线

在考试中考出理想成绩。老年人发病常在情绪低潮期，而许多疾病死亡时间恰在智力、体力、情绪三节律的双重临界日和三重临界日。

通过研究人体生物钟，已产生了时辰生物学、时辰药理学和时辰治疗学等新学科。这些学科的研究有助于人们合理运用人体生物节律查询、了解自身体力、情绪、智力三节律的运行周期，从而根据人体节律周期的状态，合理安排学习、工作和生活。在高潮期最大限度发挥自己的优势，在临界日和低潮期提前做好准备，以防不测。

对于生物节律曲线的绘制，现结合具体实例进行介绍。

【例 5-1】 试计算生于 2005 年 6 月 1 日的人在 2025 年 8 月 10 日这一天的三节律周期相位（即处于相应周期的第几天），并确定 8 月全月的三节律变化状况。

解：（1）第一步计算给定日期的节律周期相位。为此，要按公历核准出生年、月、日（若只知农历出生日期，则必须准确无误地换算成公历，否则画出的曲线无效）。

（2）第二步按式 (5-15) 计算出从出生日到预测日的总天数：

$$D = 365A \pm B + C \tag{5-15}$$

式中　A——预测年份与出生年份之差；

　　　B——由预测的那年生日到预测日的总天数（式中正负号的规定：已过生日时取"+"，未到生日时取"−"）；

　　　C——从出生年到预测年所经过的闰年数（就是将 $A/4$ 取整数）；

　　　D——从出生日到预测日的总天数。

本例的总天数 D 计算如下：

$D=365\times(2025-2005)+(30+31+10)+(2025-2005)/4=7376(d)$

（3）第三步将总天数分别除以 23、28、33，所得余数即为给定日期相应节律的周期相位：

$7376\div23=320$ 余 16，体力周期相位为第 16 天

$7376\div28=263$ 余 12，情绪周期相位为第 12 天

$7376\div33=223$ 余 17，智力周期相位为第 17 天

（4）第四步则根据上述算出的节律周期相位绘制出生物节律曲线。在作图时可根据算出的周期相位日期直接反推算出各周期第一天的相应日期，即体力周期的第一天为 7 月 26 日；情绪周期的第一天为 7 月 30 日；智力周期的第一天为 7 月 25 日。

5.8.2　人的可靠性及其相关基本概念

1）人的可靠性定义与重要性

人的可靠性一般被定义为在规定的时间内以及规定的条件下，个体能够无差错地完成所规定任务的能力。人的可靠性的定量指标为人的可靠度，即在规定时间和条件下，个体无差错地完成规定任务（或功能）的概率。在人-机-环境系统中，人的可靠性占据主要作用。随着现代科学技术的发展，机器的可靠性日益提高，相比之下，人的可靠性显得愈发重要。分析人的可靠性，识别引发事故的人为原因，对于寻求防止事故发生的措施，提高人-机-环境系统的整体可靠性具有重要意义。

人的可靠性研究贯穿人机环系统的设计、制造、使用、维修和管理的各个阶段。其目的在于确保在人发生失误时，能够保障人身安全，避免对系统正常功能造成严重影响。

2）人的可靠性分析方法

人的可靠性分析（human reliability analysis，HRA）是一种用于定性或定量评估人的行为系统可靠性或安全性影响程度的方法，与概率风险性评价密切相关。概率风险性评价旨在辨识由人参与作业的风险性，而人的可靠性分析则侧重于评价人完成作业的能力大小。人的可靠性分析主要包括以下内容：

① 概率量度人的可靠性：研究如何用概率来量化人的可靠性。

② 人失误的可能性评估：分析人失误的可能性及其对人-机-环境系统的影响。

③ 可靠性评估与概率风险性评估的关系：明确可靠性评估与概率风险性评估之间的独立性与相关性。

人的可靠性分析在降低人为失误方面发挥着不可或缺的作用，不仅能够辨识出导致事故发生的潜在原因，还能对事故造成的损失进行客观评价。人的可靠性分析包括定性和定量分析两个方面。

（1）人的可靠性定性分析

人的可靠性定性分析旨在辨识人失误的本质和可能状况，通常通过观察、访问、查询和记录等方法进行失误分析。常见的失误类型包括未执行系统分配的功能、错误执行了分配的功能、按照错误的程序或错误的时间执行了分配的功能、执行了未分配的功能等。

（2）人的可靠性定量分析

人的可靠性定量分析从动态和静态两个方面估计人的失误对系统正常功能的影响程度，通过人的操作、行为模式和适当的数学模型来完成。对于复杂和重要的系统，需要人机工程专家、工程技术人员和管理人员等共同参与，必要时建立专家知识库，采用定性与定量相结合的分析手段。

3）人的可靠性数据

在可靠性研究中，人的可靠性数据起着至关重要的作用。在人-机-环境系统中，许多作业都与人对输入信息的感知能力以及人对输出信息的控制有关。因此，下面给出有关这方面人的可靠性的基本数据，供实际使用时参考。

表 5-22 展示了不同显示形式仪表的认读可靠度，包括用于读取数值、检验读数、调整控制和跟随控制等。表 5-23 则列出了不同显示视区仪表的认读可靠度，反映了扇形视区内不同角度的认读可靠度差异。

表 5-22　不同显示形式仪表的认读可靠度

显示形式	人的认读可靠度			
	用于读取数值	用于检验读数	用于调整控制	用于跟随控制
指针转动式	0.9990	0.9995	0.9995	0.9995
刻度盘转动式	0.9990	0.9980	0.9990	0.9990
数字式	0.9995	0.9980	0.9995	0.9980

表 5-23　不同显示视区仪表的认读可靠度

扇形视区	人的认读可靠度	扇形视区	人的认读可靠度
$0°\sim15°$	$0.9999\sim0.9995$	$45°\sim60°$	0.9980
$15°\sim30°$	0.9990	$60°\sim75°$	0.9975
$30°\sim45°$	0.9985	$75°\sim90°$	0.9970

此外，不同控制方式的控制可靠度也存在差异。表 5-24 和表 5-25 分别给出了按键操作和控制杆操作的动作可靠度相关数据。

表 5-24　按键操作的动作可靠度

项目	人的动作可靠度	项目	人的动作可靠度
小型	0.9995	9～13mm（按钮直径）	0.9993
3.0～6.5mm（按钮直径）	0.9985	13mm 以上（按钮直径）	0.9998

表 5-25　操作人员用控制杆操作的动作可靠度

控制杆位移	人的动作可靠度	控制杆位移	人的动作可靠度
长杆水平位移	0.9989	短杆水平位移	0.9921
长杆垂直位移	0.9982	短杆垂直移动	0.9914

人的大脑意识活动水平对行为和失误有重要影响。日本学者从生理学角度将大脑意识水平分为五个层次，并研究了各层次下的可靠性。

① 第 0 层次：无意识或精神丧失阶段，注意力为零，生理表现为睡眠，大脑可靠性为零。

② 第 Ⅰ 层次：意识水平低、注意迟钝阶段，生理表现为疲劳、瞌睡等，大脑可靠性低于 0.9，失误率高。

③ 第 Ⅱ 层次：意识状态正常且松弛，注意力消极被动，大脑可靠性为 0.99～0.9999。

④ 第 Ⅲ 层次：意识状态正常且清醒，注意力集中，大脑可靠性达 0.9999 以上。

⑤ 第 Ⅳ 层次：意识极度兴奋和激动，注意力高度紧张，大脑可靠性降至 0.9 以下。

人的行动过程可描述为信息刺激（S）、意识（O）、反应（R）模式，即 S-O-R 模式。日本东京大学井口雅一教授基于 S-O-R 模式提出了一种确定人的操作可靠度的计算方法，将机器操作者的基本可靠度 γ 定义为信息输入过程、判断决策过程、操作输出过程的基本可靠度之积 [见式(5-16)]。

$$\gamma = \gamma_1 \gamma_2 \gamma_3 \tag{5-16}$$

式中　γ_1——信息输入过程的基本可靠度；

　　　γ_2——判断决策过程的基本可靠度；

　　　γ_3——操作输出过程的基本可靠度。

基本可靠度 γ_1、γ_2、γ_3 的取值范围见表 5-26。相关计算过程详见 5.8.5 小节。

表 5-26　基本可靠度 γ_1、γ_2、γ_3 的取值范围

作业类别	内容	γ_1、γ_3	γ_2
简单	变量在几个以下，已考虑工效学原则	0.9995～0.9999	0.999
一般	变量在 10 个以上	0.9990～0.9995	0.9995
复杂	变量在 10 个以上，考虑工效学原则不充分	0.990～0.999	0.990

4）提高人的可靠性措施

提高人的可靠性可采取多种措施，概括起来可分为六类：

① 提高人的基本素质。

② 机的设计要符合人的生理和心理特点。

③ 工作环境要适应人的特性。

④ 人-机关系的设计要合理。

⑤ 人-环境关系的设计要合理。

⑥ 人-机-环境系统的总体设计要合理。

5）连续作业时人的可靠性模型

连续作业是指个体持续进行不间断的操作活动，如驾驶员在驾驶过程中需时刻把握方向盘、控制油门等。对于这类作业，人的可靠性可用时间函数进行描述。首先定义人为差错率，即个体在进行某项工作时，在单位时间内发生人为差错的概率。

$$\lambda(t) = -\frac{1}{R(t)}\frac{dR(t)}{dt} \tag{5-17}$$

式中　$R(t)$——t 时刻时人的动作可靠度；

　　　$\lambda(t)$——人为差错率，又称人为失误率。

将式(5-17)变换形式：

$$\lambda(t)\,dt = -\frac{1}{R(t)}dR(t) \tag{5-18}$$

将式(5-18)等号左右两边在时间区间$[0,t]$内积分，并注意到 $t=0$ 时 $R(0)=1$，于是可得到：

$$R(t) = \exp\left[-\int_0^t \lambda(t)\,dt\right] \tag{5-19}$$

此外，可以给出平均人为差错时间（MTHE）的一般表达式：

$$\mathrm{MTHE} = \int_0^\infty R(t)\,dt = \int_0^\infty \exp\left[-\int_0^t \lambda(t)\,dt\right]dt \tag{5-20}$$

6）不连续作业时人的可靠性模型

不连续作业是指个体在作业过程中可进行间断性操作的活动，如汽车驾驶中的换挡、制动等。对于这类操作，人的可靠度可用执行操作任务的总次数与无差错完成操作任务的次数之比来表示。

$$R = \frac{N_r}{N_t} \tag{5-21}$$

式中　R——人的可靠度；

　　　N_t——执行操作任务的总次数；

　　　N_r——无差错地完成操作任务的次数。

利用这些数据，可进行人操作的可靠度计算，完成人的可靠性相关分析。

5.8.3 人的可靠性分析方法及其发展

随着科技发展，系统及设备自身的安全与效益得到了显著提升，然而，人-机系统的可靠性和安全性却越来越依赖人的可靠性。据统计，20%～90%的系统失效与人有关，其中直接或间接引发事故的概率为70%～90%。人的可靠性分析起源于20世纪50年代初，最早由美国桑迪亚（Sandia）国家实验室针对复杂武器系统的可行性研究展开，主要聚焦于人的失误估计。研究结果表明，地面操作中的人失误概率为0.01，而空中操作则增至0.02。自20世纪60年代以来，人的可靠性分析方法大致经历了两个阶段：第一代和第二代人的可靠性分析方法。

5.8.3.1 第一代人的可靠性分析方法

第一代人的可靠性分析方法在20世纪60～70年代得到迅速发展，主要工作包括人的失误理论与分类研究、人的可靠性数据（包括现场数据和模拟机数据）的收集与整理以及以专家判断为基础的人的失误概率统计分析方法和预测技术。其中，最具代表性的是人的失误率预测技术（THERP），又称人为差错率预测方法。表5-27汇总了国际上提出的14种静态人的可靠性分析方法及其主要特点，其中THERP、事故序列评价程序（ASEP）、人的认知可靠性（HCR）和系统化的人的行为可靠性分析程序（SHARP）等方法最为常用。

表 5-27　14 种静态人的可靠性分析方法及其主要特点

序号	全称	缩写	主要特点	来源
1	人的失误率预计技术	THERP	①迄今为止最系统的人因可靠性分析方法；②有较好的数据收集条件；③在应用于事故的规则性失误分析时，可获得信赖的结果；④有一套较完整的表格，查表可量化人因失误	Swain、Gutmann，1983 年
2	事故序列评价程序	ASEP	THERP 的简便方法	Swain，1987 年
3	操作员动作树	OAT	①早期开发的一种方法，用于诊断或与时间有关的情况；②可用于操作员的决策分析；③仅用于粗略分析	Wreathall，1982 年

续表

序号	全称	缩写	主要特点	来源
4	事故引发与进展分析	AIPA	①用于与响应时间相关联的情况；②用于估算高温气冷堆运行中操纵员的响应概率	Fleming 等,1975 年
5	人的认知可靠性模型	HCR	①适用于诊断的决策行为的评价；②模式已考虑人员间的相关性	Hannaman 等,1984 年
6	人因可靠性社会技术评估方法	SAINT	模拟复杂的人-机相互作用关系	Kozinsky 等,1984 年
7	一体化任务网络的系统分析法	PC	采用专家判断结果	Comer 等,1984 年
8	成对比较法	DNE	①要求有较好的参考数值；②不适用完全的人因可靠性分析的情况；③多位专家进行有效的讨论	Comer 等,1984 年
9	成功似然指数法	SLIM	①较好的灵活性,无法验证；②是一种专家判断的技术；③较好的理论基础；④不过分强调外界可观察的错误而选用较确切的失误概率值	Embrey 等,1984 年
10	社会-技术人的可靠性分析法	STAHR	①一种依赖主观推测和心理分析结合的方法；②具有较强的灵敏度分析能力；③利用影响图进行技术分析,而社会分析是指对影响图中技术因素影响的分析	PhiUips 等,1985 年
11	混合矩阵法	CM	①用于分析在初因事件诊断中的混淆错误；②很强地依赖专家判断；③是一种定性的分析	Potash 等,1981 年
12	维修个人行为模拟模型	MAPPS	①分析 PSA(概率风险评价)中有关维修工作的方法；②技术性较强的一种方法,结果较难理解	Kopsttin、Wolf,1985 年
13	多序贯失效模型	MSFM	①是一种研究以维修为导向的计算机软件模型；②方法本身是一种事件树的模拟,为分析人员提供有用的信息	Samanta 等,1985 年
14	系统化的人的行为可靠性分析程序	SHARP	建立人的可靠性分析的框架	Hannaman、Spurgin,1984 年

第一代人的可靠性分析方法存在以下缺陷：

① 两分法逻辑的限制：使用人的可靠性分析事件树的两分法逻辑（成功与失败）无法全面真实地描述人的行为现象，因为人在对系统的动态响应过程中可能存在多种可选择方式，其优化价值和风险贡献各异。

② 数据缺乏：人的可靠性数据缺乏是一个长期存在的问题，这与数据收

集方式和人的心理状态密切相关。这些数据对于复杂系统中人的行为的定量化预测具有重要意义，应包括与时间相关和与时间不相关的人的失误数据。

③ 过度依赖专家判断：由于缺乏真实运行环境下或培训模拟机上的失误数据，只能依赖专家判断作为 HRA 的基础，但专家群体水平难以一致，导致预测的正确性和准确性受到主观因素影响。

④ 模拟机数据修正问题：使用模拟机数据对专家判断进行修正虽有必要，但模拟机实验不能完全反映真实运行环境，如何修正模拟机数据以反映真实环境下人的绩效仍是一个待研究的课题。

⑤ 方法验证困难：各种 HRA 方法对于真实环境下人的可靠性预测的正确性几乎无法验证，非常规任务中 HRA 的有效性验证更是一个难题，如与时间相关的误诊断、误决策的概率。

⑥ 心理学基础薄弱：一些 HRA 方法或模型缺乏对人的认知行为及心理过程的深入研究，尽管认知模型层出不穷，但缺乏与工程实际相结合的可操作性。

⑦ 绩效形成因子考虑不足：PSFs（绩效形成因子）对组织管理方法、态度、文化差异、社会背景和不合理行为等考虑不足，处理方法上缺乏一致性和可比性，PSFs 之间的相关性难以评估。

5.8.3.2　第二代人的可靠性分析方法

第二代人的可靠性分析方法进一步深入研究了人的行为内在历程，特别是在特定情境下，人的观察、诊断、决策等认知活动到执行动作的整个行为过程中人因失误的机理和概率。这些方法建立在认知心理学、行为学、可靠性工程等多学科交叉的基础上，着重研究人的行为、绩效的情景环境及其对人的行为动作的影响，并与工业系统的运行经验和现场或模拟机获得的信息紧密结合。

目前流行的第二代人的可靠性分析模型包括 CEMS 模型、CES 模型、IDA 模型、ATHEA 模型以及 CREAM 模型等。其中，ATHEA（a technique for human error analysis，人误分析）技术是一种基于运行经验改进的 HRA 方法，由美国核管会针对第一代 HRA 方法在核电厂概率风险评价中对人在非正常工况下的指令型失误（error of commission，EOC）研究薄弱点而开发。ATHEA 法提高了 PSA 的准确性和预测能力，具体表现在：识别事故条件下重要的人机系统交互作用特征行为和可能后果；标识出可能发生的最重要的严重事故序列；在人误原因探查的基础上提出改进人的绩效的建议与措施。

CREAM（cognitive reliability and error analysis method，认知可靠性与失误分析方法）是在对传统 HRA 原理和方法进行系统化批评的基础上发展起来的。其核心思想是强调人的绩效输出不是孤立的随机行为，而是依赖人完成任务时所处的情境，情境通过影响人的认知控制模式和其在不同认知活动中的效应，最终决定人的响应行为。

IDA（information-decisions-actions，信息-决策-行动）模型于 1994 年提出，详细描述了操作员在某种工况下的认知过程以及解决问题的策略路线等。IDA 模型可分为单个操作员模型和班组群体行为模型两种。

5.8.4　人因失误分析与人的不安全行为研究

5.8.4.1　人的失误及其特征

人的失误是指人为地导致系统发生故障或机能不良的事件，是违背设计和操作规程的错误行为。随着系统规模的扩大和自动化程度的提高，特别是在高风险行业如核工业、化工、矿山企业中，潜在风险日益增大。在这些行业中，通过大规模技术改造提升系统可靠性的难度显著增加，因此有效防范和减少人因失误成为降低系统风险的重要途径。尽管人因失误因其复杂性和特征难以完全消除，但通过深入探讨其机理、研究根本原因，提出并落实相应改进措施，可以最大限度地减少其发生。人的行为过程模式（S-O-R 模式）为分析人为失误产生的原因提供了理论基础。

（1）人的失误的外部因素

外部因素是指在系统设计（包括人机界面、工作环境、组织管理等）过程中，未充分遵循安全人机工程准则，导致系统设计本身存在引发操作者失误的潜在风险。从人-机-环境系统视角来看，影响人失误的外部因素主要包括：

① 人机功能分配、显示系统、控制系统、报警系统、信息系统、通信系统和工作站等的设计，对人生理、心理特点的适应性不足。

② 物理环境（如微气候、照明、声环境、空气品质、振动、粉尘以及作业空间等）设计未能充分适应人和作业的需求。

③ 系统的组织管理工作设计存在缺陷，如作业时间安排不合理、轮班作业制度不科学、班组结构不合理、工作流程不畅、群体协同作业效率低下、操作规程不完善、安全法规执行不力、技术培训不足、人际关系紧张、企业文化不良以及社会环境压力等，均可能对人的作业产生负面影响。提高人的可靠性的基本途径是合理设计人-机接口、人-环境接口和人-人接口，并采用容错设计、冗余设计等可靠性设计技术，使系统能够更好地适应人的生理、心理特点，从而减少人的失误。

（2）人的失误的内部因素

内部因素是指由操作者自身因素导致其与机器系统无法协调而引发的失误。受人的生理、心理特点的制约，人的能力存在限度，并往往带有随机性。

能导致人失误的内在因素主要包括：

① 生理因素：如人体尺度、体力、耐力、视觉、听觉、运动机能、体质、疲劳等。

② 心理因素：如信息传递与接受能力、记忆、注意、意志、情绪、觉醒程度、性格、气质、心理压力、心理疲劳、错觉等。

③ 个体因素：如年龄、文化程度、训练程度、经验、技术能力、应变能力、责任心、个性、动机等。

④ 病理因素：如各类慢性病、病症初起、服药反应等。

5.8.4.2　人的失误的种类及表现

人的失误通常表现为在操作设备过程中产生的错误，这些错误可能贯穿整个生产过程的各个阶段，从接收信息、处理信息到决策行动等。人的失误的种类可归纳为以下几点：

① 设计失误：如人机功能分配设计不当、选用材料不当、结构形式设计不合理、显示器与控制器距离设计失误等。

② 制造失误：如制作过程工具选取失误、采用零件不合格、加工工艺不合理、车间参数配置不当等。

③ 组装失误：如零件装错、位置装错、调整错误、电线接错等。

④ 检验失误：如未检出不符合要求的材料、不合格的配件，通过了不合理的工艺设计或未重视违反安全要求的情况，等等。

⑤ 维修、保养失误。

⑥ 操作失误：主要是在信息确认、解释、判断和操作动作方面的失误。

⑦ 管理失误：主要表现为储藏方式或运输手段不当等。

5.8.4.3　人的失误的后果分析

人的失误的后果多种多样，主要受人的失误的程度和人-机-环境系统功能的影响。常见的失误后果包括：

① 失误对系统未造成影响：在工作系统运行时，对人可能产生的失误动作进行了及时纠正；或者设备自身可靠度高，安全屏障设施完善。

② 失误对系统有潜在影响：如人的失误可能对系统产生了不可修复隐患或不可修复影响，削弱了系统自身的灾害过载能力。

③ 失误导致工作程序修正：在人的失误发生时，必须进行工作程序的修正，作业过程被暂停或推迟。

④ 失误造成事故：有机器损伤和人员受伤，系统尚可恢复，但可靠度降

低，隐患性提高，对后续设备运行产生影响。

⑤ 失误导致重大事故：有机器破损和人员伤亡，导致系统安全失效。例如核电站安全参数设计出错，很可能造成重大人员伤亡事件。

其中，第 5 种失误后果最为严重，除了造成巨大的经济损失外，还会对职工情绪产生极大的负面影响。

5.8.4.4　人的失误的模式分类

人的失误的模式可根据其发生原因和表现形式进行分类，主要包括以下几种。

（1）知识型失误

知识型失误是指人们在分析问题、做出判断的过程中所犯的失误。这类失误通常是由工作人员知识欠缺、经验不足、成见或偏见等因素造成的。

（2）规则型失误

规则型失误是指按规则进行操作时所犯的失误。这类失误通常是由工作人员使用了错误的规程或错误地使用了规程所致。

（3）技能型失误

技能型失误是指在进行一些经常、简单、熟练的操作过程中所犯的错误。这类失误通常是由注意力不集中或注意力仅集中于某一点而忽视其他方面所致，即人们通常所说的"一时疏忽"。

5.8.4.5　防止人的失误的措施

为防止人的失误的发生，可采取以下措施：

① 加强工人心理素质培训及安全意识教育。通过分析工人的经济地位、家庭情况、健康状况、年龄、性格、气质、心情以及对不同事物的心理反应等，了解其心理特征，并在加强安全思想教育时，利用这些心理特征来提高安全管理工作的水平。

② 推行作业标准化。必须认真执行标准化作业，按科学的作业标准来规范人的行为。作业标准的制定应科学、合理，并符合实际生产需求。

③ 加强安全知识、技能和思想教育。安全教育与训练是防止职工产生不安全行为的重要途径。通过安全教育，可以提高企业领导和广大职工搞好安全工作的责任感和自觉性；使职工掌握工业伤害事故发生、发展的客观规律，提高安全技术操作水平以及掌握检测技术和控制技术等科学知识；掌握防止工伤事故的技术，保护好自身和他人的安全健康，提高劳动生产率。

④ 改善生产环境。生产环境的好坏不仅影响着企业生产效益的高低，而

且与操作人员的身心健康有着直接的关系。对于特殊、复杂和多变的工作环境，应加强安全管理，将生产现场的环境治理纳入安全管理工作的范畴。

⑤ 完善用工和管理制度。为控制人因失误，必须把好用人关，实现人的安全化；同时加强管理，确保设备装置、保护用品的安全化，以及操作的安全化。

⑥ 加强安全生产的重点监管。变静态监督管理为动态监督管理，加强现场监管执法力度，加大对事故责任人的查处力度；加强安全生产的日常监督检查，发现隐患及时整改；督促企业建立健全各项规章制度，落实安全生产责任制和各项安全防范措施。

5.8.4.6 人的不安全行为及其分类

人所处的环境是不断变化的，且人本身具有较高的灵活性。因此，人的失误归根结底是由于操作人员产生了不安全行为。人的不安全行为有多种表现形式，根据《企业职工伤亡事故分类》（GB/T 6441—1986），人的不安全行为可分为 14 类。现将常见情况介绍如下：

① 操作错误，忽视安全，忽视警告。主要包括：未经许可开动、关停、移动机器；开动、关停机器时未给信号或忘记关闭设备；开关未锁紧，造成意外转动、通电或泄漏等；忽视警告标志、警告信号；操作错误（如按钮、阀门、扳手把柄等的操作错误）；奔跑作业；供料或送料速度过快；机械超速运转；违章驾驶机动车；酒后作业；客货混载；冲压机作业时，手伸进冲压模；工件紧固不牢；用压缩空气吹铁屑；等等。

② 造成安全装置失效。主要包括：拆除了安全装置；安全装置堵塞，失去作用；调整错误导致安全装置失效；等等。

③ 使用不安全设备。主要包括：临时使用不牢固的设施，使用无安全防护装置的设备，等等。

④ 用手代替工具操作。主要包括：用手代替手动工具；用手清除切屑；不用夹具固定，用手拿工件进行机加工；等等。

⑤ 物体存放不当。

⑥ 冒险进入危险场所。主要包括：冒险进入涵洞；接近漏料处（无安全设施）；采伐、集材、运材、装车时，未离开危险区；未经安全监察人员允许进入油罐或井中；未"敲帮问顶"就开始作业；发出冒进信号；调车场超速上车；易燃易爆场合使用明火；私自搭乘矿车；在绞车道行走；等等。

⑦ 攀、坐不安全位置。如平台护栏、汽车挡板、起重机吊钩等。

⑧ 在吊起物下作业、停留。

⑨ 机器运转时进行加油、修理、检查、调整、焊接、清扫等工作。

⑩ 有分散注意力行为。

⑪ 在必须使用个人防护用品用具的作业或场合中，忽视其使用。主要包括：未佩戴护目镜或面罩；未戴防护手套；未穿安全鞋；未戴安全帽；未佩戴呼吸护具；未系紧安全带；未戴工作帽；等等。

⑫ 不安全装束。主要包括：在有旋转零部件的设备旁作业时穿肥大的服装；操纵带有旋转零部件的设备时戴手套；等等。

⑬ 对易燃、易爆等危险物品处理错误。

⑭ 其他不安全行为。

5.8.5　人的失误概率及定量分析模型研究

5.8.5.1　常见的人的失误概率及定量分析模型概述

在预测完成某项操作任务的人的失误发生概率时，需综合考虑多种影响因素，包括行为的复杂性、时间的充裕性、人-机-环境匹配情况、操作者的紧张度以及操作者的经验和训练情况等。以下介绍几种常见的人因失误概率模型。

（1）广义概率模型

广义概率模型用于描述人在执行任务过程中失误率随时间的变化规律，其表达式为：

$$E(t) = 1 - e^{-\int_0^t h(t)dt} \tag{5-22}$$

式中　$E(t)$——失误率函数；

$h(t)$——失误率函数，表明人员从事某项目到 t 时刻单位时间内发生失误的概率。

（2）纠错概率模型

纠错概率模型用于描述人在执行任务过程中纠错率随时间的变化规律，其表达式为：

$$Rc(t) = 1 - e^{-\int_0^t h(t)dt} \tag{5-23}$$

式中　$Rc(t)$——纠错率函数。

（3）井口教授模型

井口教授模型通过综合考虑人接受信息、判断、执行操作三个阶段的可靠性，来评估人的整体可靠度。其表达式为：

$$R_0 = R_1 R_2 R_3 \tag{5-24}$$

式中　R_0——人的可靠度；

R_1——人接受信息可靠度；

R_2——判断可靠度；

R_3——执行操作可靠度。

根据人因失误的不同影响因素，人的可靠度函数可进一步表示为：

$$R = 1 - k_1 k_2 k_3 k_4 k_5 (1 - R_0) \tag{5-25}$$

由式(5-25)可得出人因失误概率：

$$E = k_1 k_2 k_3 k_4 k_5 (1 - R_0) \tag{5-26}$$

式中　E——人因失误概率；

　　　k_1——作业时间系数；

　　　k_2——操作频率系数；

　　　k_3——危险程度系数；

　　　k_4——生理、心理条件系数；

　　　k_5——环境条件系数。

人员操作各种修正系数的数值范围见表5-28。

表 5-28　人员操作各种修正系数的数值范围

符号	项目	内容	系数的值
k_1	作业时间	有充足的多余时间	1.0
		没有充足的多余时间	1.0~3.0
		完全没有多余时间	3.0~10.0
k_2	操作频率	频率适当	1.0
		连续操作	1.0~3.0
		很少操作	3.0~10.0
k_3	危险程度	即使误操作也安全	1.0
		误操作危险性大	1.0~3.0
		误操作有重大事故危险	3.0~10.0
k_4	生理、心理状态(教育训练、健康、疲劳、动机等)	综合状态良好	1.0
		综合状态不好	1.0~3.0
		综合状态很差	3.0~10.0
k_5	环境条件	综合状态良好	1.0
		综合状态不好	1.0~3.0
		综合状态很差	3.0~10.0

（4）人的认知可靠性模型（HCR）

人的认知可靠性模型用于预测操作者对异常状态反应失误的概率，其表达式为：

$$E = e^{-\left(\frac{\frac{t}{T_{0.5}} - B}{A}\right)^C} \tag{5-27}$$

式中　t——可供选择、执行恰当行为的时间；

　　　$T_{0.5}$——选择、执行恰当行为必要时间的平均值；

A，B，C——与人员行为层次有关的系数，见表5-29。

表 5-29　与人员行为层次有关的系数

行为层次	A	B	C
反射	0.407	0.7	1.2
规则	0.601	0.6	0.9
知识	0.791	0.5	0.8

可供选择、执行恰当行为的时间 t 可以通过模拟实验和分析得到。选择、执行恰当行为必要时间的平均值 $t_{0.5}$ 可以按照式（5-28）计算：

$$t_{0.5}=\bar{t}_{0.5}(1+s_1)(1+s_2)(1+s_3) \tag{5-28}$$

式中　s_1——操作者能力系数；

　　　s_2——操作者紧张度系数；

　　　s_3——人机匹配系数。

系数 s_1、s_2、s_3 的取值可查表 5-30。

表 5-30　系数 s_1、s_2、s_3 的取值

系数	状况	系数值	标准
s_1	熟练者	-0.22	5 年以上操作经验
	一般	0	半年以上操作经验
	新手	0.44	操作经验不足半年
s_2	紧迫	0.44	高度紧张,人员受到威胁
	较紧张	0.28	很紧张,可能发生事故
	最优	0	最优紧张度,负荷适当
	松懈	0.28	无预兆,警觉度低
s_3	优秀	-0.22	在紧急情况下有应急支持
	良好	0	有综合信息的显示
	一般	0.44	有显示,但无综合信息
	较差	0.78	有显示,但不符合人机工程学
	极差	0.92	操作者直接看不到显示

5.8.5.2　人因失误率预测技术流程

人因失误率预测技术大体上分为四个步骤，具体如下：

① 危险性辨识：考察系统控制设施，完成事件树分析，着重了解操作对相关设备的影响和可能导致的失误事件。

② 定性评价：针对关键事件进行调查，熟悉和了解操作规程，进行操作分析，构建人的可靠性分析（HRA）事件树。

③ 定量评价：基于定性评价结果，运用定量分析方法评估人因失误概率。

④ 提出必要建议：根据定量评价结果，提出针对性的改进措施和建议，以降低人因失误风险。

【例 5-2】某行吊操作员操纵行车的差错率 $\lambda(t)$ 可近似认为是常数，其取值为 0.01 时，若该操作员操纵行吊 500h，求人的可靠度。

解：由式(5-22)可算得其可靠度：

$$E(500) = \exp\left[-\int_0^t 0.01\mathrm{d}t\right] = 0.0067$$

【例 5-3】参照井口教授模型，对起重机驾驶员的操作可靠性进行分析。

解：具体分析过程如下。

(1) R_0 的求取。驾驶员是特殊工种，受过良好教育和专业培训，而地面操作人员（指挥工）的协助指挥和先进的控制系统使得操作起重机较为便捷。因此，R_0 可取简单类别中的较高值（R_1 取 0.9999，R_2 取 0.9990，R_3 取 0.9999）。

$$R_0 = R_1 R_2 R_3 = 0.9999 \times 0.9990 \times 0.9999$$

(2) 人员操作各种修正系数确定。

① 驾驶员操作为间歇性动作，时间富裕充足且操作频率适当，因此，k_1 和 k_2 可取 1.0。

② 起重机机构设备配置中一般采用安全限位装置和配置冗余，以防驾驶员误操作导致较大风险，因此，k_3 可取 1.0~3.0。

③ 起重机驾驶员属于特种设备作业人员，按规定须由持有国家职业资格证的专业人员来操作，其生理和心理综合条件情况较好，因此，k_4 可取 1.0。

④ 起重机常工作于工业场合（噪声大、粉尘多），驾驶室内操作空间狭窄，环境条件综合情况不佳，因此，k_5 可取 1.0~3.0。

(3) 根据生理和心理条件及环境条件，将工作情况分为三种。

① 最好情况时，$k_3 = k_5 = 1.0$；

② 一般情况时，$k_3 = k_5 = 2.0$；

③ 较差情况时，$k_3 = k_5 = 3.0$。

计算操作可靠度见表 5-31。

表 5-31　驾驶员操作可靠度计算结果

工作情况	定性说明	行为修正因子					驾驶员操作可靠度
		k_1	k_2	k_3	k_4	k_5	
第1种	最好	1.0	1.0	1.0	1.0	1.0	0.9988
第2种	一般	1.0	1.0	2.0	1.0	2.0	0.9952
第3种	较差	1.0	1.0	3.0	1.0	3.0	0.9892

【例 5-4】起重机起重作业 HCR 模型分析。紧急工作情况下，起重机驾驶员操作可靠度主要取决于可用的任务时间，此阶段的人因可靠性可应用 HCR 模型进行分析。

(1) 参照表 5-30，确定系数 s_1、s_2、s_3 取值列于表 5-32。

表 5-32　系数 s_1、s_2、s_3 取值

系数	状况	系数值	驾驶员状态	具体说明
能力系数 s_1	熟练者	-0.22	5 年以上操作经验	高级驾驶员
	一般	0	半年以上操作经验	中级驾驶员
	新手	0.44	操作经验不足半年	初级驾驶员
紧张度系数 s_2	紧迫	0.44	高度紧张,人员受到威胁	特重级别起重机
	较紧张	0.28	很紧张,可能发生事故	重级别起重机
	最优	0	最优紧张度,负荷适当	中级别起重机
	松懈	0.28	无预兆,警觉度低	轻级别起重机
人机匹配系数 s_3	优秀	-0.22	在紧急情况下有应急支持	有预警及安全装置冗余
	良好	0	有综合信息的显示	安全装置冗余
	一般	0.44	有显示,但无综合信息	预警+安全装置
	较差	0.78	有显示,但不符合人机工程学	有预警
	极差	0.92	操作者直接看不到显示	无预警

（2）分析现场允许驾驶员进行响应的时间。现场允许驾驶员进行响应的时间 t 应视具体情况而定，其反映了驾驶员辨识和诊断的综合能力。

（3）分析标准执行动作时间 $\overline{t}_{0.5}$，可由时间衡量法确定。时间衡量法：按基本动作单元（足动、腿动、转身、俯屈、跪、站、行、手握）和执行因素（伸手、搬运、旋转、抓取、对准、拆卸、放手）设定作业时间标准及查定正常作业时间，制定作业标准时间，单位用 TMU 表示，1TMU＝0.036s。

驾驶员在一般标准状态下完成急停操作任务所需时间的估计平均值 $\overline{t}_{0.5}$：

$$\overline{t}_{0.5}=2.0+8.1+7.3+10.6=28(\text{TMU})=1.008(\text{s})$$

（4）t 在不同取值条件下驾驶员操作可靠度计算。根据 HCR 模型及上述分析过程，可得到驾驶员在紧急工作情况时的操作可靠度，见表 5-33。

表 5-33　驾驶员在紧急工作情况时的操作可靠度

$t/\overline{t}_{0.5}$	驾驶员操作可靠度 R		
	知识	规则	反射
1.0	0.49984	0.50003	0.50016
1.5	0.70070	0.76265	0.89460
2.0	0.81147	0.88241	0.98221
2.2	0.84185	0.91053	0.99163
2.5	0.87758	0.94026	0.99740
2.8	0.90451	0.95984	0.99922
3.0	0.91880	0.96910	0.99966
3.5	0.94525	0.98379	0.99995
4.0	0.96261	0.99141	0.99999

习 题

1. 以下作业情况可以归类为何种作业类型？简述理由。

① 计算机操作人员；

② 炼钢工人；

③ 飞行员模拟训练。

2. 简述人体在作业过程中能量代谢的主要类型及特点。

3. 我国体力劳动强度分级标准中，劳动强度指数是如何计算的？请列出计算公式。

4. 列举并简述作业疲劳的四种分类方法。

5. 什么是人的可靠性？并简述其在人-机-环境系统中的重要性。

6. 分析人的失误可能带来的后果，并结合实际案例讨论如何加强安全意识教育以减少人因失误。

7. 简述动作经济原则中的"肢体使用原则"，并举例说明如何在实际工作中应用这些原则。

8. 讨论如何改善持续警觉作业效能，并提出具体措施。

9. 简述人的可靠性分析的主要方法及其发展历程。

10. 结合课程内容，讨论预防人因失误的具体措施，并阐述这些措施对个人成长和社会发展的意义。

第6章

人机界面安全设计

学习目标：

① 了解人机界面的定义及要素。

② 学习信息显示装置的类型及相关的设计基本原则，在此基础上掌握主要显示装置（视觉、听觉显示装置）的设计。

③ 掌握控制装置的类型及相关的基本设计原则，了解手动控制器及脚动控制器的一般设计要求。

④ 理解控制器和显示器的相合性内容、布局原则及要求。

⑤ 了解人机界面的安全设计细节，理解"以人为本"的工程设计理念。

⑥ 体会人机界面设计对人员安全舒适性的重要性，培养关注人类生命安全和健康的社会责任感。

重点和难点：

① 人机界面的定义与三要素。

② 信息显示装置的类型及设计，视觉显示器与听觉显示器的设计，控制装置的类型及设计。

③ 显示器与控制器的布置、显示器与控制器的配合。

6.1 人机界面概述

6.1.1 人机界面的定义

人机界面（human-machine interface）是人与机器进行交互的操作方式，即用户与机器互相传递信息的媒介，其中包括信息的输入和输出。简单来说，在人机系统中，存在一个人与机相互作用的"面"，所有的人机信息交流都发生在这个"面"上，通常人们称这个面为人机界面。好的人机界面美观、易懂，操作简单且具有引导功能，使用户感觉愉快，能增强兴趣，从而提高使用效率。

C919飞机驾驶舱人机界面设计案例

"系统"是由相互作用、相互依赖的若干组成部分结合成的具有特定功能的有机整体。人机系统包括人、机和环境三个组成部分，它们相互联系构成一个整体。人机系统模型如图6-1所示。

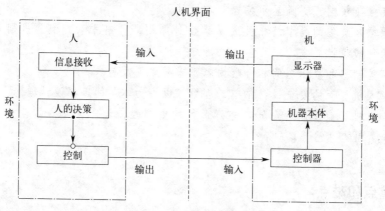

图 6-1　人机系统模型

由图6-1可见，操作过程的情况通过显示器显示，作业者首先要感知显示器上指示信号的变化，然后分析、解释显示的意义并做出相应决策，再通过必要的控制方式对操作过程进行调整。这是一个封闭的人机系统，即闭环人机系统。

人与机之间的信息交流和控制活动都发生在人机界面上。机器的各种显示都"作用"于人，实现机-人信息传递；人通过视觉和听觉等感官接收来自机器的信息，经过人脑的加工、决策，然后做出反应、操作机器，实现人-机的信息传递。可见，人机界面的设计直接关系到人机关系合理性，而研究人机界面则主要针对两个问题：显示与控制。

6.1.2　人机界面三要素

在人机界面上，向人表达机械运转状态的仪表或器件称作显示器（display），供人们操纵机械运转的装置或器件称作控制器（controller）。

对机械来说，控制器执行的功能是输入，显示器执行的功能是输出。对人来说，通过感受器接收机械的输出效应（例如显示器所显示的数值）是输入；通过运动器操纵控制器执行人的指令则是输出。如果把感受器、中枢神经系统和运动器作为人的三个要素，而把机械的显示器、机体和控制器作为机械的三个要素，并将各要素之间的联系用图表示出来，就叫作三要素基本模型。三要素基本模型如图 6-2 所示。

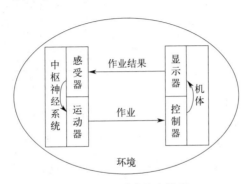

图 6-2　三要素基本模型

图 6-3 是驾驶人-汽车的三要素基本模型实例。驾驶人-汽车三要素基本模型表示人和机械整个系统的组成及其相互关系，只要把图正确绘出，就可直观地得知人体的哪一部分与机械的哪一部分有联系和有何等程度的联系。

由于机器的物理要素具有行为意义上的刺激性质，则必然存在最有利于人的反应的刺激形式，因此人机界面的设计依据始终是系统中的人。

人机界面是人机系统中人和机进行信息传递和交换的媒介及平台，人也可以通过该界面对机器进行控制。总体而言，整个人机界面主要包含显示器和控制器两大部分，它们是连接人与机的关键。人机界面的好坏直接影响信息传递及交换的有效性和准确性，进而影响整个人机系统的安全性。大量实例研究表明，许多重大事故的产生都是由于人机界面设计不合理，作业者出现判读失误及其他种类的操作误差，最终才导致事故的发生。因此，综合考虑人机系统的可靠性和作业者的舒适性，设计良好的人机界面，能有效防止操作事故的发生，真正意义上实现人机系统的协同作业。

人机界面设计主要指显示器、控制器以及它们之间关系的设计，使人机界

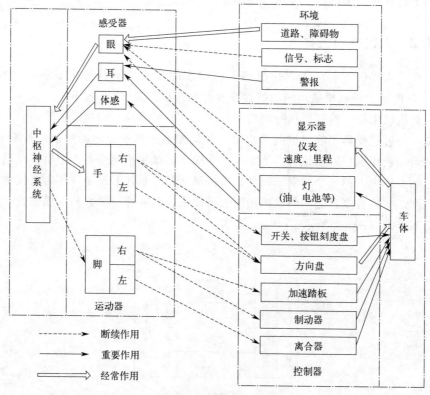

图 6-3 驾驶人-汽车三要素基本模型

面符合人机信息交流的规律和特性。下面将讲述有关显示装置（显示器）与控制装置（控制器）的基本知识与设计。

6.2 信息显示装置的类型及设计原则

6.2.1 信息显示装置的类型

显示器是以可知的数值、可见的变化趋势或图形、可听的声波以及各种人体可感知的刺激信号等方式将信息传递给人的装置。从狭义上讲，它是反映设备运行状态的一些仪表；从广义上讲，它包括所有属于"机"的反馈装置和真实显示现象。显示的目的就是将机器的运行状态转化为量的函数关系，然后用数值的形式定量地传达出来，或者用规定的形式定性地表现出来，提供给机器的操纵管理人员，作为控制机器的依据。

显示器的工作过程是操作人员对生产中的信息实行接收和处理的过程。信息传递与处理的速度、质量直接影响工作效率，由于显示器的设计决定着操作者接收信息的速度和准确度，所以现代工业产品设计必须重视显示器设计。

6.2.1.1　按信息接收通道分类

人的感觉通道很多，有视觉、听觉、触觉、痛觉、热感、震感等。所有这些感觉通道均可用于接收信息。根据人接收信息的感觉通道不同，可以将显示装置分为视觉显示装置、听觉显示装置、触觉显示装置等（图6-4）。其中视觉和听觉显示装置应用最为广泛。由于人对突然发生的声音具有特殊的反应能力，因此听觉显示装置作为紧急情况下的报警装置，比视觉显示装置具有更高的优越性。触觉显示是利用人的皮肤受到触压刺激后产生感觉而向人传递信息的一种方式。

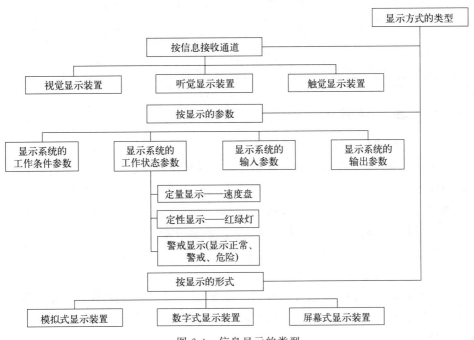

图6-4　信息显示的类型

由于人的各种感觉通道在传递信息方面都具有一定的特性，因而与各种感觉通道相适应的显示方式所显示的信息也就具有一定的特性。上述三种显示方式的信息传递特征见表6-1。

表 6-1 三种显示方式的信息传递特征

显示方式	信息传递特征	应用举例
视觉显示	① 比较复杂、抽象的信息或含有科学技术术语的信息、文字、图表、公式等 ② 信息传递的持续时间较长、需要延迟传递的信息或者不需要急迫传递的信息 ③ 需用方位、距离等空间状态说明的信息 ④ 适合听觉传递，但听觉负荷已很重的场合或者所处环境不适合听觉传递的信息 ⑤ 传递的信息须同时显示、监控	显示屏、交通信号灯、汽车仪表安全标志牌等
听觉显示	① 信号源本身是声音且消息是简短并涉及时间上的事件 ② 视觉通道负荷过重。在许多作业中，操作者的视觉负担往往过重，倘若能用听觉通道传递一部分信息，那么可以减轻视觉负担而有利于提高工作效率 ③ 视觉观察条件（如照明或观察位置）受限 ④ 信号需要及时处理，并立即采取行动（警用对讲机、运动场上） ⑤ 工作要求操作员四处走动 ⑥ 工作中可能出现诸如振动引起视力下降、高过载力、缺氧等应激条件	铃、蜂鸣器、汽笛、广播等
触觉显示	① 使用视觉、听觉通道传递信息有困难或者负荷过重的场合 ② 简单并要求快速传递的信息	盲道、盲文标识文字等

6.2.1.2 按显示形式分类

（1）模拟式显示装置

模拟式显示装置是指靠标定在刻度盘上的指针来显示信息的仪表，它通常可分为指针运动而表盘不动和表盘运动而指针不动两大类，如最常见的手表、电流表、电压表等。模拟显示有以下特点：显示信息直观、形象，使人对模拟值在全量程范围内所处的位置一目了然，并能清晰显示出偏差量，特别适于监控。

（2）数字式显示装置

数字式显示装置是指直接用数码管或液晶显示数值信息的仪表，如各种数码显示屏、机械的和电子的数字计数器等，具有简单、准确、便于认读、不易产生视疲劳等特点。

（3）屏幕式显示装置

屏幕式显示装置可在有限面积的显示屏上，显示大量不同类型的信息，其优点是可以同时显示状态信息和预报信息（如系统故障信息的预报），因而采用屏幕显示装置可大大减少仪表板上显示仪表的数量。此外，由于它可以用图形来显示系统的动态参数或变化趋势,因此具有直观、形象、易于被人接受的特点。屏幕式显示装置便于与计算机联用而实现自动控制。

6.2.1.3 按显示参数分类

(1) 显示系统的工作条件参数

为使系统在规定的工作条件和作业环境下工作,需要由显示仪表向人传递各种工作条件信息,如汽车发动机冷却液温度的显示、锅炉内压力的显示以及作业环境温度的显示等。

(2) 显示系统的输入参数

为使系统按照人所需求的动态过程工作或者按照客观环境的某种动态过程工作,人必须通过显示仪表来掌握输入的信息,如通过无线电接收机的标度指示调节的频率,通过机械系统中的定时器指示人所调节的机构动作时间,通过恒温器上的温度数字指示制冷机所要调节的温度,等等。

(3) 显示系统的工作状态参数

为了解系统的实际工作状态与理想状态的差距及其变化趋势,必须由各种仪表显示装置传递系统的状态信息。根据显示参数性质的不同,工作状态参数的显示又可分为以下三种。

① 定量显示:用于显示系统所处状态的参数值,如显示汽车行驶速度、飞机发动机转速等。

② 定性显示:用于显示系统状态参数是否偏离正常位置。一般不需要认读其数值大小,但要求便于观察偏离正常位置的情况,故不宜采用数字式显示仪表,而常用指针运动式显示仪表。

③ 警戒显示:用于显示系统所处的状态范围,其显示常分为正常、警戒和危险三种情况。例如,用绿色指示灯表示状态良好,用黄色指示灯表示警戒,用红色指示灯或声警报信号表示危险等。同样,可用指针式仪表显示三个状态范围。

(4) 显示系统的输出参数

通过这类仪表显示装置可把系统输出的信息反馈给操作者,如汽车仪表板显示的行走里程、计算机显示器显示计算的工作结果、锅炉出水管的温度计显示的热水温度等。

6.2.2 显示器的功能

各种显示器所显示的是规定的状态、数字和颜色等符号。对这些符号人们可以给以各种各样的规定,做出合乎逻辑的解释。同样一种仪表既可以用来表示量的变化，也可以用来表示质的变化，还可以作为定性的显示等。表示机械状态的显示功能大致可分为以下三种。

（1）定量显示的功能

这种仪表的用途是准确显示数值。例如温度计、速度计、液位计等均属于这类显示仪表。

（2）定性显示的功能

这种显示用于表明机器的大致状态、变化倾向或描述物体的性质等。定性显示常注重情况的比较，而较少注重精确的程度。这类显示器对于检查、追踪较为适宜，操作者一眼即可看出系统是否正常，还可洞察当前各种状态之间的差距及其变化趋势。例如，机器循环水表的显示只有"过冷""正常""过热"三个区域，分别表示机器的三种运行状态。

（3）警示性显示的功能

当量变积累达到某一临界点时，就会发生质的突变，这时常需设置警示性显示。警示性显示一般分为两级：第一级是危险警告，预告已接近临界状态；第二级是非常警报，报告已进入质变过程。

6.2.3 显示器的性能要求

① 显示形式要符合操作人员习惯及操作能力极限，要易于了解，避免换算，减少训练的时间，减少受习惯干扰造成解释不一致的差错。

② 根据作业条件运用最有效的显示技术和显示方法，要使显示变化速度与操作者的反应能力相适应，不要让显示速度超过人的反应速度。

③ 显示精度要适当，保证最少的认读时间。

④ 用简单明了的方式显示所传达的信息，以减少译码的错误。

6.3 视觉显示装置设计

6.3.1 显示器设计的基本原则

（1）准确性原则

显示装置的设计应确保信息传递准确。例如，数字认读的显示装置的设计应尽量使读数准确，警示作用的显示装置的设计应确保显示的警示信息无误。读数的准确性问题可以通过类型、大小、形状、颜色匹配、刻度、标记等方面设计解决。

（2）简单性原则

应使传递信息的形式尽量直接表达信息内容，在符合使用目的的前提下，设计得越简单、越清晰越好，尽量减少译码的错误；此外，应尽量避免使用不利于识读的装饰。

（3）一致性原则

选用反映物理量的信号和编码时，应当选用使用者熟悉或在逻辑上有联系的信号及编码；应使显示器的功能表现与机器动作或者与控制器运动的方向一致。例如，显示器上的数值增加就表示机器作用力的增加或设备压力的增大；显示器的指针旋转方向应与机器控制器的旋转方向一致。

（4）安全性原则

要求符合人机信息交流的规律和特性，设计时考虑安全因素，确保迅速、清晰、准确地向人传递信息，避免发生人机信息交流过程受阻而导致的事故。

（5）宜人性原则

显示器的排列要适合于人的视觉特征。例如，人眼的水平运动比垂直运动快且幅度宽，因此显示器水平排列的范围可以比垂直方向大；此外，为达到较好的视觉效果，在光线暗的地方要装设合适的照明设备；最常用和最主要的显示器应尽可能安排在视野中心3°范围之内，因为在这一视野范围内，人的视觉效率最优，也最能引起人的注意。

6.3.2　显示器设计

视觉显示器是指依靠光波作用于人的眼睛，向人提供外界信息的装置。下面对视觉显示器中的指针式仪表、数字显示器和信号灯的设计分别进行简要讨论。

6.3.2.1　指针式仪表的设计

指针式仪表是一种利用刻度盘的不同位置来显示信息的视觉显示器，它用模拟量来显示机器的有关参数与状态，具有显示的信息形象、直观，便于接收和理解等特点。根据刻度盘的形状，指针显示器可分为圆形、弧形和直线形（表6-2）。

指针式仪表，要想使人能迅速而准确地接收信息，则刻度盘、指针、字符和色彩匹配的设计都必须要符合人的生理和心理特征。设计指针式仪表时应考虑的安全人机工程学问题包括以下几点：

表 6-2　指针显示器的刻度盘分类

类别	度盘	简图	说明
圆形指示器	圆形		
	半圆形		
	偏心圆形		
弧形指示器	水平弧形	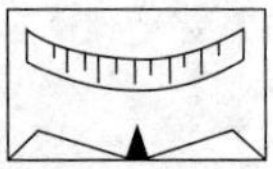	
	竖直弧形	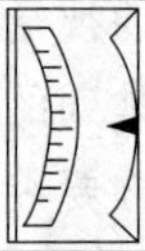	
直线形指示器	水平直线	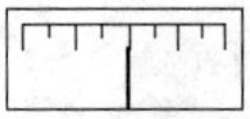	
	竖直直线	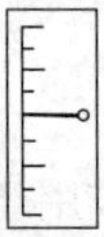	
	开窗式	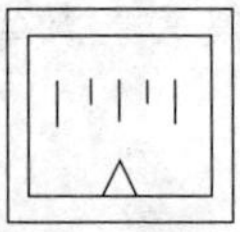	开窗式的刻度盘也可以是其他形状

① 指针式仪表的大小与观察距离是否比例适当。

② 刻度盘的形状与大小是否合理。

③ 刻度盘的刻度划分、数字和字幕的形状和大小以及刻度盘色彩对比是否便于监控者迅速而准确地识读。

④ 根据监控者所处的位置，指针式仪表是否布置在最佳视区内。

针对刻度盘指针式仪表的设计需要涉及刻度盘尺寸设计、刻度线设计、文字符号设计、指针设计和仪表照明设计等。

（1）刻度盘尺寸设计

刻度盘的大小、刻度标尺的数量和人的观察距离有关。刻度盘尺寸可以根据实际情况适当增大，当刻度盘尺寸增大时，刻度、刻度线、指针和字符等均可增大，这样可提高清晰度。但过大也不好，过大导致眼睛的扫描路线变长反而影响认读速度和准确度，同时扩大了仪表占用面积，导致仪表盘不紧凑也不经济。相反，尺寸过小易导致刻度过密，往往易因为标记过小导致读错。

测试研究表明，刻度盘外轮廓尺寸（例如圆形刻度盘的直径）D 可在观察距离（视距）L 的 1/23～1/11 范围内选取。表 6-3 给出的刻度盘最小尺寸、标记数量与视距的关系，已经考虑了刻度标记数量的影响。表 6-4 为认读时间和读错率与刻度盘直径的关系。

表 6-3 刻度盘最小尺寸、标记数量与视距的关系

刻度标记的数量/个	刻度盘的最小直径/mm	
	视距为 500mm 时	视距为 900mm 时
38	26	26
50	26	33
70	26	46
100	37	65
150	55	98
200	73	130
300	110	196

表 6-4 认读时间和读错率与刻度盘直径的关系

刻度盘直径/mm	观察时间/s	平均反应时间/s	读错率/%
25	0.82	0.76	6
44	0.72	0.72	4
70	0.75	5.73	12

仪表盘的外轮廓尺寸，从视觉的角度来说，实际上是仪表盘外边缘构件形成的界线尺寸。该界线的宽窄、颜色的深浅都影响着仪表的视觉效果，也是仪表造型设计中应适当处理的因素。从视觉角度考虑，以能"拢"得住视线，不过于"抢眼"，又不干扰对仪表的认读为佳。

（2）刻度线设计

刻度线一般有三级：长刻度线、中刻度线和短刻度线（图6-5）。刻度线宽

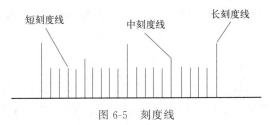

图 6-5 刻度线

度一般可取刻度大小的 5% ～ 15%，普通刻度线宽度通常取 0.1mm ±
0.02mm，远距离观察时，取 0.6～0.8mm。当观察距离一定时，刻度线的长
度可参考表 6-5 选取，表 6-6 示出了刻度线长度与刻度大小的关系。

表 6-5　刻度线的长度与观察距离的关系

观察距离/m	长度/m		
	长刻度线	中刻度线	短刻度线
0.5 以内	5.5	4.1	2.3
0.5～0.9	10.0	7.1	4.3
0.9～1.8	20.0	14.0	8.6
1.8～3.6	40.0	28.0	17.0
3.6～6.0	67.0	48.0	29.0

表 6-6　刻度线长度与刻度大小的关系　　　　　　　单位：mm

刻度大小		0.15～0.3	0.3～0.5	0.5～0.8	0.8～1.2	1.2～2	2～3	3～5	5～8
刻度线长度	短刻度线	1.0	1.2	1.5	1.8	2.0	2.5	3.0	4.0
	中刻度线	1.4	1.7	2.2	2.6	3.0	4.5	4.5	6.0
	长刻度线	1.8	2.2	2.8	3.3	4.0	6.0	6.0	8.0

设计时应注意：不要以点代替刻度线；刻度线下面的准线用细线为好［图
6-6（a）］；不要设计成间距不均的刻度；数字的标注应取整数，避免换算；
每一刻度线最好为被测量的 1 个、2 个或 5 个单位值，或为这些单位值的 $10n$
倍［图 6-6（b）］。

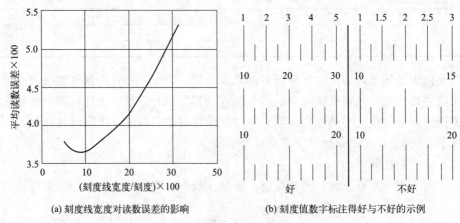

(a) 刻度线宽度对读数误差的影响　　　(b) 刻度值数字标注得好与不好的示例

图 6-6　刻度线宽度与刻度值数字

（3）文字符号设计

仪表刻度盘上的数字、字母、汉字或者特定的符号统称为字符。数字能够
显示精确的运行参数；字母和汉字是被指示对象的国际通用英文缩写或习惯性
的简称；符号是对被代表内容高度概括和抽象而成的图形，它们都能对刻度的

功能起到一定的完善作用。因此,字符的形状、大小等多方面的因素都会影响操作者的认读效率及准确性,在设计时必须简明易认。

通常而言,应将汉字字体尽量设计为简体、正体、细字体,笔画要均匀,为方形或者高矩形,横向排列。如果是英文字母,宜采用大写体。

在便于认读和经济合理的前提下,字符应尽量大一些。字符的高度通常取为观察距离的1/200,并可按式(6-1)近似计算:

$$H = L\alpha/3600 \tag{6-1}$$

式中　H——字符高度,mm;

　　　L——观察距离,mm;

　　　α——人眼的最小视角,(°)。

(4) 指针设计

模拟显示大都是靠指针指示。指针设计的人机学问题主要从下列几方面考虑。

① 形状。指针形状要单纯、明确,不应有装饰。针身以头部尖、尾部平、中间等宽或为狭长三角形的为好。图6-7为指针的基本形式。在设计指针箭头时可参考图6-8所示的各种箭头形状,以最右端的为最好。

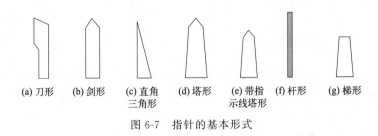

(a) 刀形　(b) 剑形　(c) 直角　(d) 塔形　(e) 带指　(f) 杆形　(g) 梯形
　　　　　　　　　　三角形　　　　　　示线塔形

图 6-7　指针的基本形式

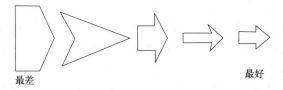

最差　　　　　　　　　　　　　　　　　最好

图 6-8　各种箭头形状的比较

② 宽度。指针针尖宽度应与最短刻度线等宽,但不应大于两刻度线间的距离,否则指针在刻度线上摆动时易引起读数误差。指针不应接触刻度盘盘面,但要尽量贴近盘面。对于精度要求很高的仪表,其指针和刻度盘盘面应装配在同一平面内。

③ 长度。指针过长会遮挡刻度线,过短会难以准确读数。指针的针尖不要覆盖刻度,一般要离开刻度记号1.6mm左右;圆形刻度盘的指针长度不要

超过它的半径，需要超过半径时，超过部分的颜色应与盘面的颜色相同。

④ 颜色。指针、刻度和刻度盘的配色关系要符合人的色觉原理，以提高人眼的视认度为原则。配色要求醒目，条理性强，避免颜色过多而造成混乱，还要充分考虑仪表使用过程中与其他仪表之间配色协调，使总体效果舒适、明快。表 6-7 列出了一般配色的明度对比级次，以供参考。通常，亮底暗指针要比暗底亮指针更有利于认读。

表 6-7 配色的明度对比级次

表 6-7　配色的明度对比级次

级次		1	2	3	4	5	6	7	8	9	10
清晰	底色										
	被衬色										
模糊	底色										
	被衬色										

（5）仪表照明设计

仪表照明是指仪表的单独照明，这种照明应不影响其他仪表及荧光屏等的显示。仪表中应用较多的是表内照明、边光照明及表盘背面照明三种。这种照明的特点是光源只照在仪表上，观察者看不见光源。

6.3.2.2　数字显示器的设计

数字显示器是直接用数码来显示有关参数或工作状态的装置，例如电子数字计数器、数码管、数码显示屏等。其特点是显示简单、准确，具有认读速度快、不易产生视疲劳等优点。

1）数字显示器显示形式

数字式仪表能够定量显示机器设备系统运行过程中的精确数值及量的变化。因此，这就决定了数字式仪表是以显示数字为主要内容的基本形式。目前，最常用的有机械式数字显示和电子数字显示两种形式。

（1）机械式数字显示

机械式数字显示主要是依靠机械装置来实现数字的显示和变化。其中一种是把数字印刷在可转动的卷筒上，通过感应器使卷筒转动，从而达到数字的变化和显示效果。这种形式结构简单，但不利于检索和控制。另外一种是把数字印制在可翻转的金属薄片上，通过金属片的可控制的翻转来显示数字，这种形式使用方便，且可准确控制显示，但容易出现阻卡现象。

需要根据时间自动记录数据的机械式数字显示时，两组数值变化的间隔时间不能少于 0.5s，否则会给认读带来不便。机械式数字显示的数字符号不宜使用狭长形，否则会因移动而产生视觉变形，不利于认读；数字间隔不宜过大，否则不容易读全数字，而造成失误；多位数时，后面零位必须标示，而前面的空位可不必用零来补位，空起来反而容易看清楚。

（2）电子数字显示

电子数字显示常见的有液晶显示和发光二极管显示。由于电子显示具有很多优良性能，故被广泛用于各种显示器中。

电子显示可更方便地与计算机或各种电气系统连接，使之具有更好的可控性。利用不同颜色的电子显示，可以在显示数字的同时进行颜色编码，从而实现多种用途的显示。发光二极管还具有在工作时不需外加照明就能具有较高清晰度的优势。

2）字符设计

在进行数字显示器的字符形体设计时，为了使字符形体简单醒目，必须加强各字符本身的特有笔画，突出"形"的特征，避免字体的相似性。汉字字体对误读效率也有影响，有人曾对正体字和隶书字体的误读率进行实验分析，若以正体字的误读率为 100%，则隶书字体的误读率可达 154%，可见越是对字体进行修饰，误读率越高。

在字体设计中还应同时考虑背景和照明的因素。一般情况下不建议采用光反射强的材料作为字体的背景，因为强反射背景会产生眩目现象，从而影响认读效果。字体和背景在色彩明度上应对比强一些，以提高清晰度。此外，需根据显示仪表所处环境的照明条件来确定字体与背景的明暗关系。一般而言，仪表处在暗处时，用暗底亮字为好；仪表处在明亮处时，选择亮底暗字为好。

6.3.2.3　信号灯的设计

信号灯产生或传递的视觉信息被称作灯光信号。信号灯常用于各种交通工具的仪器仪表板上。它一般的用途有两方面：一方面可以起到指示性的作用，引起操作者的注意，指导下一步操作；另一方面可以显示机器的工作状态，反映完成某个指令或操作之后机器设备的运转情况。它的特点是面积小，视距远，容易引起人的注意，能够简单、明了地传递信息；它的缺点是信息负荷有限，需要传递的信号过多时容易产生干扰和造成混乱。

信号灯是以灯光作为信号载体的，需要作业者用肉眼去认读判断。因此，在设计信号灯时，除了要符合一定的光学原理，还要遵循人的视觉特性，按照人机工程学的要求进行设计。

（1）信号灯的视距设计

信号灯要满足一定的视距，而且清晰、醒目。以驾驶舱的信号灯为例，必须要保证能够被清楚识别，不能引起眩目，影响驾驶者的注意力。对于远距离观察的信号灯，如航标灯、交通信号灯等，一定要确保在远视距或大雾等天气的情形下也能看清楚。能见距离指的是物体达到一定的距离之后，人眼再无法进行分辨时的临界距离。能见距离除了与空气透明度密切相关以外，还受到物体本身大小、亮度及颜色等因素影响。能见距离与空气透明度之间的关系见表6-8。

表6-8　能见距离与空气透明度的关系

大气状态	透明系数	能见距离/km
绝对纯净	0.99	200
极高的透明度	0.97	150
很透明	0.96	100
良好的透明度	0.92	50
一般的透明度	0.81	20
空气略微浑浊	0.66	10
空气较浑浊（霾）	0.36	4
空气很浑浊（浓霾）	0.12	2
薄雾	0.015	1
中雾	$8 \times 10^{-10} \sim 2 \times 10^{-4}$	$0.2 \sim 0.5$
浓雾	$10^{-34} \sim 10^{-19}$	$0.05 \sim 0.1$
极浓雾	$<10^{-34}$	几米至几十米

信号灯的观察距离受其光强、光色、闪动特性等因素的影响，对于红、绿色稳光信号的观察距离可按式(6-1)计算：

$$D = 2000I \times 0.3048 \tag{6-2}$$

式中　D——观察距离，m；

　　　I——发光强度，cd。

对于红、绿闪光信号的观察距离，应先按式(6-3)换算发光强度后，再代入式(6-2)计算出观察距离：

$$I_E = \frac{tI}{0.09 + t} \tag{6-3}$$

式中　I_E——有效发光强度，cd；

　　　I——发光强度，cd；

　　　t——闪光的持续时间，s。

（2）信号灯的颜色

信号灯常用的颜色编码，按照不易混淆的顺序依次排列为黄、紫、橙、浅蓝、红、浅黄、绿、紫红、蓝。在采用单个信号灯时，蓝、绿色最为清晰。常见的几种信号灯颜色及其代表的含义见表6-9。

表6-9　信号灯颜色及其意义

颜色	含义	说明	举例
红	危险或警告	紧急状况须立即采取行动	① 联锁装置失效 ② 压力已超（安全）极限 ③ 有爆炸危险

续表

颜色	含义	说明	举例
黄	注意	情况有变化或有变化趋势	① 压力异常 ② 出现短暂性可承受的过载
绿	安全	运行状态正常	① 冷却降温正常 ② 自动控制运行正常 ③ 机器准备启动
蓝	指示性	除红、黄、绿三色之外的任何指定用意	① 遥控指示 ② 选择开关为准备位置
白	无特定含义	任何含义	① 除尘 ② 盥洗

（3）信号灯的形状和标记设计

当信号灯的颜色不同时，其代表的意义也不尽相同。当信号比较多时，单纯依靠颜色无法准确、清晰地传递所要表达的信息，此时就需要在形状、标记形式上进一步加以区别。所选用的形状与其表示的意义之间都有一定的逻辑意义，如"→"表示指向，"×"表示禁止，"!"表示警告，慢闪光表示慢速，等等。

如果需要引起特别注意，可以采用强光和闪光信号，闪光频率为 $0.67\sim1.67\,\mathrm{Hz}$，闪光的方式有明暗、明灭、似动（并列两灯交替明灭）等。闪光的强弱应根据情况变化，表示危险信号的闪光强度略高于其他信号灯；当环境的对比度较低时，闪光频率应较高。另外，当需要传递较优先和较紧急的信息时，也应采用高频率（$10\sim20\,\mathrm{Hz}$）闪光。

（4）信号灯的位置设计

重要信号灯应与重要仪表同时放置在最佳视区内，即视野中心 3°范围之内，普通信号灯在 20°范围内，重要度更小的放置在 60°～80°范围内，但必须确保无需转头就能观察到。当信号灯显示与操纵或其他显示相关时，最好与对应器件成组排列，而且信号灯的指示方位与操作方向一致。例如，当上方开关处于开启状态时，对应的上方信号灯亮。

6.3.3　显示屏设计

随着电子和信息技术的蓬勃发展，带来了许多更先进的视频显示装置，如液晶显示器、等离子显示器。这类显示器既能显示静态的文字、图形、符号，又能显示动态的视频影像，能同时显示定量信息和形象化的定性信息。显示屏的设计需要考虑屏面、目标亮度、亮度对比度等问题。

（1）屏面设计

显示屏屏面的大小与目标物的大小和视距有关。一般的视距为 $500\sim$

700mm，屏面的大小和人眼之间的夹角不超过 30°。当视距为 355～710mm 时雷达屏面宜取 127～178mm。认读周期短或者只需要检测一些微弱信号时，视距可减少 250mm。作业者也可以根据情况靠近屏幕观察。除了屏面大小，屏幕分辨率也是屏面设计的一个很重要的因素。为了达到一定的显示效果，CRT（cathode ray tube，阴极射线管显示器）的分辨率不能低于每英寸 125 线（1英寸＝2.54cm）。

（2）目标亮度

在一定的亮度范围内，亮度越高，操作者越容易分辨显示屏中的目标。通常，当目标的亮度达到 $65cd/m^2$ 时就能有效分辨目标物。总地来说，亮度适中为好，太亮会刺激眼睛且易疲劳，对于显示器的使用寿命也会有一定的影响。

（3）亮度对比度

为了迅速准确读取显示屏中的信息，还必须注重目标在显示屏上的视见度，用亮度对比度来衡量。工业标准中规定，通用 CRT 显示器的亮度对比度为 10∶1，显示方式为亮目标搭配暗背景。但有关研究还表明，暗目标搭配亮背景的设计会使眼睛在读取时舒适感更强。其缺点是容易产生闪烁，仅适合应用于一些高端的 CRT 中。

另外，在放置显示器时应注意，其与光源的位置要互相配合，或者在光源周围附加屏蔽措施，确保既有利于读数，又不会导致出现眩光。

6.4　听觉显示装置设计

听觉通道也是人机系统常用的一种信息传输路径，通常用声音作为信息的载体。听觉显示器是人机系统中利用听觉通道向人传递信息的装置。在要求收听者立即行动、收听者明确知道声音的意义、指示某一特殊时刻某事发生或即将发生、需要快速双向信息交换等情况下，合理选择或者设计听觉显示器能实现信息的有效传递。听觉显示器分为两大类：音响及报警装置和语言传示装置。

6.4.1　音响及报警装置

6.4.1.1　音响及报警装置的类型及特点

（1）蜂鸣器

蜂鸣器（buzzer）是一种一体化结构的电子讯响器，属于电子元器件的一种，采用直流电压或者交流电压供电。蜂鸣器是音响装置中声压级最低、频率也较低的装置，广泛应用于以下领域：计算机行业（主板蜂鸣器、机箱蜂鸣器、计算机蜂鸣器）、打印机（控制板蜂鸣器）、复印机、报警器行业（报警蜂鸣器、警报蜂鸣器）、电子玩具（音乐蜂鸣器）、农业、汽车电子设备行业（车载蜂鸣器、倒车蜂鸣器、汽车蜂鸣器、摩托车蜂鸣器）、电话机（环保蜂鸣器）、定时器、空调、医疗设备、环境监控等。蜂鸣器发出的声音柔和，不会使人紧张或惊恐，适合较安静的环境，常配合信号灯一起使用。例如，驾驶员在操纵汽车转弯时，驾驶室的显示仪表板上就有信号灯闪亮和蜂鸣器鸣笛，显示汽车正在转弯，直到转弯结束。

（2）铃

铃根据用途不同，其声压级和频率有较大差别。例如，电话铃声的声压级和频率只稍大于蜂鸣器，主要作用是在宁静环境下让人注意；而用于指示上下班的铃声和报警的铃声，其声压级和频率就较高，因而可用于具有一定噪声强度的环境中。

（3）角笛和汽笛

角笛的声音有吼声（声压级 90～100dB，低频）和尖叫声（即高声强、高频）两种，常用于高噪声环境中的报警装置。汽笛是一种使空气或蒸汽强行输入一个孔洞或输向一层薄薄的边瓣，产生一种雄浑的笛子声的装置。汽笛声频率较高，声强也高，是适用于紧急状态的音响报警装置。

（4）警报器

警报器的声音强度大，可传播很远，频率由低到高，发出的声调有上升与下降的变化，主要用于危急状态报警，例如防空警报、火灾警报等。警报器广泛应用于钢铁冶金、电信铁塔、起重机械、工程机械、港口码头、交通运输、风力发电、远洋船舶等行业，是工业报警系统中的一个配件产品。

表 6-10 给出了一般音响显示和报警装置的强度和频率参数，可供设计时参考。

表 6-10　一般音响显示和报警装置的强度和频率参数

使用范围	装置类型	平均声压级/dB		可听到的主要频率/Hz	应用举例
		距离装置2.5m 处	距离装置1m 处		
用于较大区域（或高噪声场所）	4in 铃	65～67	75～83	1000	用作工厂、学校、机关上下班的信号，以及报警的信号
	6in 铃	74～83	84～94	600	
	10in 铃	85～90	95～100	300	
	角笛	95～100	100～110	5000	主要用于报警
	汽笛	100～110	110～121	7000	

续表

使用范围	装置类型	平均声压级/dB		可听到的主要频率/Hz	应用举例
		距离装置2.5m处	距离装置1m处		
用于较小区域(或低噪声场所)	低音蜂鸣笛	50~60	70	200	用作指示性信号
	高音蜂鸣笛	60~70	70~80	400~1000	可作报警用
	4in铃	60	70	1100	用于提醒人注意的场合,如电话、门铃,也可用作小范围内的报警信号或用于报时
	4in铃	62	72	1000	
	4in铃	63	73	650	
	钟	69	78	500~1000	

注:1in=2.54cm。

6.4.1.2 音响和报警装置的设计原则

① 听觉信号的强度应相对高于背景噪声的水平,以防止产生声音掩蔽效应。使用两个或两个以上听觉信号时,各信号之间应有明显差别,并且相同信号在所有时间里应代表同样的意义。

② 音响信号必须保证位于信号接收范围内的人员能够识别并按照规定的方式做出反应。因此,音响信号的声级最好能在一个或多个倍频程范围内超过听阈10dB以上。

③ 音响信号必须易于识别,因此音响和报警装置的频率选择应在噪声掩蔽效应最小的范围内。例如,报警信号的频率在500~600Hz;当噪声声级超过110dB时,最好不用声信号作为报警信号。

④ 为引人注意,可采用时间上均匀变化的脉冲声信号,脉冲声信号的频率应不低于0.2Hz和不高于5Hz。

⑤ 报警装置最好采用变频的方式,使音调有上升和下降的变化。例如,紧急信号的音频应在1s内由最高频(1200Hz)降低到最低频(500Hz),然后转为听不见,再突然上升。这种变频声可使信号变得特别刺耳。

⑥ 对于重要信号的报警,除使用音响报警装置外,最好与光信号同时作用,组成视听双重报警信号。

⑦ 尽量使用间歇的或变化的声音信号,避免使用连续稳态信号;采用声音的强度、频率、持续时间等维度作信息代码时,应避免使用极端值。代码数目不应超过使用者的绝对辨别能力。

6.4.2 语言传示装置

人与机器之间也可用语言来传递信息。传递和显示语言信号的装置称为语言传示装置。例如,送话器是语言传示装置,而受话器是显示语言的装置。经常使用的语言传示系统有:无线电广播、电视、电话、报话机和对话器及其他录音、放音的电声装置等。用语言作为信息载体，可使传递和显示的信号含义准确、接收迅速、信息量大，但易受噪声的干扰。在进行语言传示装置的设计时应注意以下几个问题。

（1）语言的清晰度

所谓语言的清晰度是指人耳通过语言传达能听清的语言（音节、词或语句）的百分数。例如，若听清的语句或单词占总数的 20%，则该听觉传示器的语言清晰度就是 20%。对于听对和未听对的记分方法有专门的规定。表 6-11 给出了语言清晰度与人的主观感觉的关系。从表中可知，在进行语言传示装置的设计时，其语言的清晰度必须在 75% 以上才能正确地传示信息。

表 6-11　语言清晰度与人的主观感受的关系

语言清晰度/%	人的主观感受
＜65	不满意
65～75	语言可以听懂，但非常费劲
75～85	满意
85～96	很满意
＞96	完全满意

（2）语言的强度

语言传示装置输出的语音，其强度直接影响语言清晰度。不同的研究结果表明，语言的平均感觉阈限为 25～30dB（即测听材料可有 50% 被听清楚），而汉语的平均感觉阈限为 27dB。当语言强度增至刺激阈限以上时，清晰度逐渐增加，直到差不多全部语音都被正确听到的水平；强度再增加，清晰度仍保持不变，直到强度增至痛阈为止（见图 6-9）。

从图 6-9 中可以看出，当语言强度接近 120dB 时，受话者将有不舒服的感觉；当语言强度达到 130dB 时，受话者耳中有发痒的感觉，再高便达到痛阈，将有损耳朵的机能。因此，语音传示装置的语言强度最好在 60～80dB。

（3）噪声对语言传示的影响

当语言传示装置在噪声环境中工作时，噪声将会影响语言传示的清晰度。当噪声声压级大于 40dB 时，阈限的变动与噪声强度成正比。这种噪声对语言信号的掩蔽作用可用信噪比（指有用信号功率 S 和噪声功率 N 的比值，记作 S/N）来描述，在掩蔽阈限里，S/N 在很大的强度范围内是一个常数。只有在很低或很高的噪声水平时，S/N 才必须增加。

国际电工委员会对信噪比的最低要求是前置放大器 ≥63dB，后级放大器 ≥86dB，合并式放大器 ≥63dB。合并式放大器信噪比的最佳值应大于 90dB，CD 机的信噪比可达 90dB 以上，高档的 CD 机可达 110dB 以上。

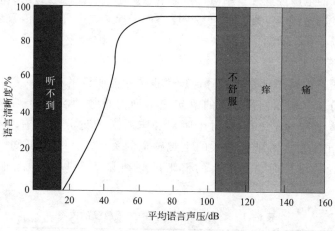

图 6-9　语言的强度与清晰度的关系

6.5　控制装置的类型及设计原则

控制器是将人的信息传递给机器，用以调整、改善机器运行状态的装置，其本质是将人的输出信号转换为机器的输入信号的装置。与此同时，人也能感受到控制器的反馈信息。控制器的设计是否合理，密切关系着作业人员的工作效率、可靠性和作业疲劳程度等。生产活动中有很多事故都是由设计控制器时未考虑到人的因素而引起的，因此，为了避免事故的发生，在设计控制器的过程中必须要考虑作业者的生理、心理、生物力学等特征，使之必须适合人的使用要求。

6.5.1　控制器的类型

控制器的分类方法有很多。如果按操纵控制器的人体部位来划分，控制器可分为手动控制器、脚动控制器和其他控制器（如言语控制器、膝控制器）等；如果按照控制器运动类型的不同，控制器可分为旋转控制器、摆动控制器、按压控制器、滑动控制器和牵拉控制器（表 6-12）。各种控制器简图如图 6-10 所示。各类控制器的特性及适用范围各不相同，表 6-13～表 6-16 分别给出了旋转控制器、摆动控制器、滑动控制器和牵拉控制器的特性及适用范围，可供设计时参考。

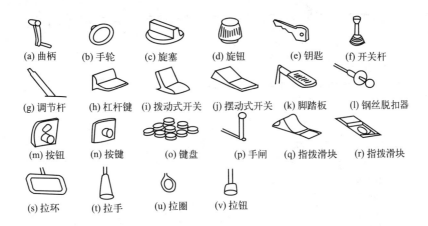

图 6-10　各种控制器简图

表 6-12　控制器分类

基本类型	运动类型	举例	说明
做旋转运动的控制器	旋转	曲柄、手轮、旋塞、旋钮、钥匙等	控制器受力后,在围绕轴的旋转方向上运动,也可反向倒转或继续旋转直至起始位置
做近似平移运动的控制器	摆动	开关杆、调节杆、杠杆键、拨动式开关、摆动式开关、脚踏板等	控制器受力后,围绕旋转点或轴摆动,或者倾倒到一个或数个其他位置,通过反向调节可返回起始位置
做平移运动的控制器	按压	钢丝脱扣器、按钮、按键、键盘等	控制器受力后,在一个方向上运动,在施加的力被解除之前,停留在被压的位置上,通过反弹力可回到起始位置
	滑动	手闸、指拨滑块等	控制器受力后,在一个方向上运动,并停留在运动后的位置上,只有在相同方向上继续向前推或者改变力的方向,才可使控制器做返回运动
	牵拉	拉环、拉手、拉圈、拉钮	控制器受力后,在一个方向上运动,回弹力可使其返回起始位置,或者用手使其向相反方向运动

表 6-13　旋转控制器的特性及适用范围

名称	特性	调节角度	尺寸/mm	扭矩/(N·m)	
				单手操纵	双手操纵
曲柄	进行无级控制时,要求几个快速旋转动作后,控制器停止在一个位置上;进行两个或多个工位分级控制时,要求快速精确调节,且调节位置要求可见和可触及时均可使用曲柄	无限制	曲柄半径 100 以下	0.6～3	—
			100～200	5～14	10～28
			200～400	4～80	8～160

续表

名称	特性	调节角度	尺寸/mm		扭矩/(N·m)	
					单手操纵	双手操纵
手轮	用于无级调节、三工位和多工位分级开关，极少应用于两工位。特别适宜于要求控制器保持在某一工位上及要求精确调节的场合。为防止无意识的操作，需加特殊的保险装置	无限制；无把手 60°	手轮半径	25～50	0.5～6.5	—
				50～200	—	2～40
				200～250	—	4～60
旋塞	用于两个工位、多个工位和无级调节。若调节范围小于一周，用于分级调节的旋塞可以有 2～24 个工位(旋塞量程选择开关)。旋塞应成指针形状或带有指示标记，各工位有指示数值，以利于精确控制，最适用于要求控制器保持在某一工位和要求可见工位的精确调节	在两个开关位置之间 15°～90°	塞长	25 以下	0.1～0.3	
				25 以上	0.3～0.7	
旋钮	无级调节的旋钮适宜于施力不大、旋转运动不受限制、可用于粗调和精调的场合。若调节范围小于一周，带有指示标记的旋钮可有 3～24 个开关工位。若通过旋钮的形状做出了相应的标识，不带标记的无级调节旋钮可用于两个工位调节	无限制	旋钮直径	15～25	0.02～0.05	
				25～70	0.035～0.7	
钥匙	为避免非授权的和无意识的调节，可用钥匙做两级或多级调节，尤其适用于要求控制器保持在某一工位及要求工位可见的场合	在两个开关之间 15°～90°	0.1～0.5			

表 6-14 摆动控制器的特性及适用范围

名称	特性	行程/mm	操纵力/N
开关杆	可用于两个或多个工位调节，也可用于多个运动方向以及无级调节，最适用于要求每个工位都可见、可触及且快速调节的场合，也适用于要求保持控制器位置的场合	20～300	5～100
调节杆(单手调节)	可用于两个或多个工位的调节、无级调节以及传递较大的力，当要求保持控制器的位置、快速调节和要求相应工位可见又可触及时，宜使用调节杆	100～400	10～200
杠杆键	仅限于两个工位，最适用于单手同时快速操纵较多个控制器的场合，也适用于要求保持控制器的位置，且有时可触及工位的场合	3～6	1～20
拨动式开关	可调节两个或三个工位。极适用于在地方小的条件下，单手同时快速准确调节几个控制器和要求可见、可触及工位的场合	10～40	2～8

续表

名称	特性	行程/mm	操纵力/N
摆动式开关	仅限于两个工位,最适用于在地方小的情况下,对几个控制器用单手同时进行快速准确调节,也适用于要求可见和可触及相应工位的场合	4~10	2~8
脚踏板	可用于两个或几个工位的调节和无级调节,尤其适宜于快速调节和传递较大的力,采取相应的结构设计时,可保持调节的位置和达到所要求的精度,也可使脚较长时间地放置在踏板上面,保持调节的位置	20~150	30~100

表 6-15 滑动控制器的特性及适用范围

名称	特性	行程/mm	操纵力/N
手闸	调节频率较低时,可用于两个工位或数个工位的调节及无级调节,工位易于保持且可见又可触及。阻力不大时,可作为两个终点工位间的精确调节。需单手同时调节多个滑动控制器时,可进行快速精确调节,并可保持在调节的工位上	10~400	20~60
指拨滑块	指拨滑块有两类:一类为滑块所受的力是通过手指与滑块之间摩擦传递的,此类滑块只允许有两个工位,可做快速准确调节,最适用于地方小、工位可见的场合,也适用于应防止无意识操作的场合;另一类为滑块所受的力是通过其凸起的形状传递的,此类滑块可用于两个或多个工位的调节以及无级调节,可做快速调节,最适用于要求可见和可触及所调节工位且保持控制器位置的场合	5~25	1.5~20

表 6-16 牵拉控制器的特性及适用范围

名称	特性	行程/mm	操纵力/N
拉环	可进行两个工位或多个工位以及无级调节,最适宜于要求可见工位和要求保持控制器位置的快速调节场合	10~400	20~100
拉手	可进行两个工位或多个工位的调节以及无级调节。在有恰当的结构设计的情况下,最适用于要求可见工位的场合	100~400	20~60
拉圈	可进行两个工位或多个工位的调节以及无级调节。在有恰当的结构设计的情况下,最适用于要求可见工位和要求保持控制器位置的场合	10~100	5~20
拉钮	可进行两个工位或多个工位的调节以及无级调节。在有恰当的结构设计的情况下,最适用于要求可见工位的场合	4~100	5~20

6.5.2 控制器的设计原则

正确地设计和选择控制器的类型对于安全生产、提高功效极为重要，需要遵循以下基本原则。

（1）准确性原则

要求控制装置的设计和选用符合作业操作的特性，如手控操纵器适用于精细、快速调节，也可用于分级和连续调节，脚控操纵器适用于动作简单、快速、需要较大操纵力的调节。脚控操纵器一般在坐姿有靠背的条件下选用。

（2）简单性原则

控制器的操作方式应简洁明了，尽量避免复杂难懂的操作程序，尽量减少编码的错误；不使用不利于识读的控制编码；尽量符合使用目的，越简单、清晰越好。

（3）适用性原则

根据操作特性，合理选用或设计控制器类型。例如，手动按钮、钮子开关或旋钮开关适用于用力小、移动幅度不大及高精度的阶梯式或连续式调节；长臂杠杆、曲柄、手轮及踏板则适合于用力大、移动幅度大和低精度的操作。

（4）安全性原则

要求设计时考虑安全因素，提高本质安全水平，如紧急制动的控制器要尽量与其他控制器有明显区分，避免混淆；注重防操作失误装置的设计。

（5）宜人性原则

尽量利用控制器的结构特点进行控制（如弹簧、点动开关等）或借助操作者体位的重力进行控制（如脚踏开关），以防产生疲劳和单调感。

6.5.2.1 控制器的设计要求

① 尺寸、形状要适应人体结构尺寸要求。快速而准确的操作宜选用手动控制器，用力需要过大时宜选用脚动控制器。适宜的操纵力不应该超出人的用力限度，并将操纵器控制在人施力适宜、方便的范围内。表 6-17 为部分控制器的最大允许用力。

表 6-17 部分控制器的最大允许用力

操纵对象的形式	最大允许用力/N
轻型按钮	5
重型按钮	30
脚踏按钮	20~90
轻型转换开关	4.5
重型转换开关	20
手轮	150
方向盘	150

② 与人的施力和运动输出特性相适应。例如，控制器向上扳或顺时针旋转的控制方向应预示着上升或增强。

③ 当有多个控制器时，应易于辨认和记忆。控制器应从大小、颜色、空间位置上加以区别，最好与控制功能之间有一定的逻辑联系。

④ 尽量利用控制器的结构特点或操作者体位的重力进行控制。重复性和连续性的控制动作应分布在各个器官，防止产生单调感和作业疲劳。

⑤ 尽量设计多功能控制器。

6.5.2.2　操纵阻力的设计

控制信息的反馈方式有仪表显示、音响显示、振动变化及操纵阻力。其中，操纵阻力是为了提高操作的准确性、平稳性和速度以及向操作者提供反馈信息，以判断操纵是否被执行，同时防止控制器被意外碰撞而引起的偶发启动。因此，它是设计控制器的重要考虑因素。操纵阻力主要有静摩擦力、弹性力、黏滞力和惯性力，其特性对比见表 6-18。

表 6-18　控制器操纵阻力的特性对比

操纵阻力	特性对比	应用举例
静摩擦力	运动开始时阻力最大,此后显著降低,可用以减少控制器的偶发启动。但控制准确度低,不能提供控制反馈信息	闸刀
弹性力	阻力与控制器位移距离成正比,可作为有用的反馈源。控制准确度高,放手时,控制器可自动返回零位,特别适用于瞬时触发或紧急停车等操作,可用以减少控制器的偶发启动	弹簧
黏滞力	阻力与控制运动的速度成正比。控制准确度高、运动速度均匀,能帮助稳定控制,防止控制器的偶发启动	活塞
惯性力	阻力与控制运动的加速度成正比,能帮助稳定控制,防止控制器的偶发启动。但惯性可阻止控制运动的速度和方向的快速变化,易引起控制器调节过度,也易引起操作者疲劳	摇把

6.5.2.3　控制器的编码设计

为了使每个控制器都有自己的特征，进而避免确认时出错，可以将控制器进行合理编码。编码的方法一般是利用形状、大小、位置、颜色或标志等不同特征对控制器加以区别，有时也会同时采用几种方式进行编码组合。

（1）形状编码

形状编码是按照控制器的性质设计成不同的形状，并与控制器的功能相联系，以便使各控制器彼此之间不易混淆。采用形状编码时应该注意以下几个方面：一是控制器的形状应尽可能地反映控制器的功能，从而使人能由控制器的形状联想到该控制器的用途，这样便可减少在紧急情况下因误触控制器而造成的事故；二是控制器的形状应使操作者在无视觉指导下仅凭触觉也能够分辨出不同的控制器，因此编码所选用的形状不宜过分复杂；三是控制器的形状设计应使操作者在戴有手套的情况下也可以通过触摸便能区分出不同的控制器。

图 6-11 给出了亨特（Hunt）通过实验在 31 种旋钮形状中筛选出的三类16 种适合于不同情况、识别效果好的形状编码的旋钮。其中，A 类（连续转动）适用于做 360°以上的连续转动或者频繁转动，旋钮偏转的角度位置不具有重要的信息意义；B 类（断续转动）适用于旋转调节范围不超过或极少超过360°的情况，旋钮偏转的角度位置不具有重要的信息意义；C 类（控制信息）旋钮调节范围不宜超过 360°，适用于旋钮的偏转位置可提供重要信息的场合，例如用以指示状态等。

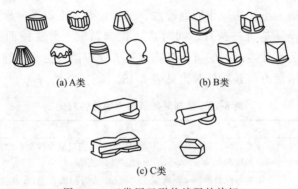

图 6-11　三类用于形状编码的旋钮

（2）大小编码

如果想仅凭触觉就能正确辨认出不同尺寸的控制器（例如圆形旋钮），则控制器之间的尺寸差别必须足够大（圆形旋钮的尺寸必须相差 20% 以上）。对于旋钮、按钮、扳动开关等小型控制器，通常只能划分大、中、小三种尺寸等级。因此，大小编码方式的使用效果不如形状编码有效，使用范围也较为有限。勃雷特莱（Bradley）曾通过实验研究发现，无论是正常的还是较大的轴摩擦力，旋钮的直径以 50mm 左右为最佳。当旋钮直径偏离最佳值时，转动旋钮的耗用时间随轴摩擦力的增加而明显增加。

（3）位置编码

利用控制器与控制器的相对位置以及控制器与操作者体位的相对位置进行编码。例如，汽车上的离合器踏板、制动器踏板和加速踏板就是以位置编码相互区分的。位置编码的控制器数量不多，须与人的操作顺序和操作习惯一致，这样在没有视觉辅助的情况下，操作者也能够准确地搜索到所需要的控制器。利用位置编码，控制器之间应有足够的间距，以防控制器使用时发生置换错误。相邻控制器间应有一定的间距以利于辨别，此间距一般不宜小于 125mm。

对于仅用手而不用眼睛的操作，控制器垂直方向排列的准确性要优于水平方向布置。

（4）颜色编码

控制器的颜色编码一般不单独使用，而要同形状或大小的编码合并使用。颜色只能靠视觉辨认，而且只有在较好的照明条件下才能看清楚，所以它的使用范围也就受到限制。人眼虽然能辨别很多颜色，但用于控制器编码的颜色，一般只使用红、橙、黄、蓝、绿五种颜色，过多反而容易混淆。颜色编码一般分为两种形式：一种是一个控制器用一种颜色进行区分，适合于控制器比较少的产品；另外一种是把功能相近或功能上有一定联系的控制器放置在一种颜色区域内，作为控制器使用功能的区分，这种情况适合于控制器较多的产品。

（5）标志编码

在控制器上面或侧旁，用文字或符号标明其功能。标志编码要求有一定的空间和较好的照明条件。标志本身应当简单明了、易于理解。文字和数字必须采用清晰的字体。例如，计算机显示器的亮度、色彩、对比度等的调节旋钮以及一些消费电子产品上的表示运转速度的箭头标志等。它是一种简单而又应用很普遍的编码方式，采用这种编码方式，需要有良好的照明条件，还需要占有一定的控制面板空间。

6.6　控制装置设计

6.6.1　手动控制器设计

如果控制器的设计不合理，那么频繁的操作会使操作者产生不适甚至疼痛感，影响劳动情绪及工作效率。因此，设计时需要考虑人体测量学、生物力学及操作习惯等因素。由于手在操作过程中的准确性和灵活性，设计控制器时总是优先考虑手控形式。适用于手操作的控制器包括旋钮、按钮、手轮和曲柄、控制杆等。

6.6.1.1　旋钮设计

旋钮是通过手的拧转完成控制动作的，其形状多样，旋转的角度也各异。一般旋转角度超过 360°的多倍旋钮，其外形宜设计成圆柱形或锥台形；旋转角度小于 360°的部分旋钮，其外形宜设计成接近圆柱形的多边形；定位指示旋钮，宜设计成简洁的多边形，以强调指明刻度或工作状态。为使操作时手与旋钮间不打滑，可将旋钮的周边加工出齿纹或多边形，以增大摩擦力。对于带凸棱的指示型旋钮，手握和施力的部位是凸棱，因而凸棱的大小必须与手的结构和操作运动相适应，才能提高操纵工效。实验表明，单旋钮的直径取 50mm 时最佳。

6.6.1.2　按钮设计

按钮是通过手指的按压完成控制动作的，常用的有圆形和矩形，有的还带有信号灯，它分为单工位和双工位两种类型。单工位指的是按则下降，松手就弹回；双工位是指按下之后会自动锁住，再按时才能恢复至原位。为使操作方便，按钮表面宜设计成凹形。在设计按钮时需要考虑直径、阻力和移动距离。

（1）按钮直径

按钮的尺寸主要按成人手指端的尺寸和操作要求而定。圆弧形按钮直径为 8～18mm，矩形按钮为 10mm×10mm、10mm×15mm 或 15mm×20mm，按钮应高出盘面 5～12mm，行程为 3～6mm，按钮间距一般为 12.5～25mm，最小不得小于 6mm。

（2）按钮阻力

按钮应采用弹性阻力。阻力的大小取决于用哪个手指操作。有关研究结果表明，用食指指尖操作的按钮，阻力为 2.8～11N；用拇指操作的按钮，阻力为 2.8～22N；各手指均可操作的按钮，阻力为 1.4～5.6N。按钮的阻力不宜太小，以防被无意识驱动。

（3）移动距离

按钮应比盘面高 5～12mm，升降行程为 3～6mm，按钮之间的间隔为 12.5～25mm。

按钮开关一般用音响、阻力的变化或指示灯作为反馈信息。

6.6.1.3　手轮和曲柄

手轮和曲柄可以双手同时或交替作业，转动力量较大，因而适用于需要较大操作扭矩的情形。回转直径是根据用途来选定的，通常为 80～520mm。机床上用的小手轮直径为 60～100mm；汽车、工程机械方向盘的直径为 330～600mm；手轮和曲柄上握把的直径为 20～50mm。手轮和曲柄在不同操作情况下的回转半径为：转动多圈，20～51mm；快速转动，28～32mm。手轮和曲柄的操纵力与操纵方式有关，单手操作为 20～130N，双手操作不得超过 250N。

6.6.1.4　控制杆

控制杆常用于机械操作，通过前后推拉或左右推拉等方向的运动完成控制操作，如汽车的变速杆。它一般需要占据较大的空间，但同时杆的长度也与操纵力的大小有关，该长度增加时更省力。操纵杆的操纵力最小为 30N，最大为 130N，使用频率高的操纵杆，操纵力最大不应超过 60N。例如，汽车变速杆的操纵力约为 30～50N。当操纵力较大、采用立姿操作时，操纵杆手柄的位置应与人的肩部等高或略低于肩部的高度；当采用坐姿操作时，操纵杆手柄的位置应与人的肘部等高。

长期使用不合理的控制杆，可使操作者产生痛觉，手部出现老茧甚至变形，影响劳动情绪、劳动效率和劳动质量。因此控制杆的外形、大小、长短、重量以及材料等，除应满足操作要求外，还应符合手的结构、尺度及触觉特征。设计控制杆时，应主要考虑以下几个方面。

（1）手把形状应与手的生理特点相适应

就手掌而言，掌心部位肌肉最少，骨间肌和手指部位是神经末梢满布的区域。而大鱼际、小鱼际是肌肉丰满的部位，是手掌上的天然减振器。设计手把形状时，应避免将手把丝毫不差地贴合于手的握持空间，更不能紧贴掌心。手把着手方向和振动方向不宜集中于掌心和骨间肌。因为长期使掌心受压和受振，可能会引起难以治愈的痉挛，容易引起疲劳和操作不正确。

（2）手把形状应便于触觉对它进行识别

在使用多种控制器的复杂操作场合，每种手把必须有各自的特征形状，以便操作者确认。手把形状必须尽量反映其功能要求，还要考虑操作者戴上手套也能分辨和方便操作。

（3）尺寸应符合人手尺度的需要

要设计一种合理的手把，必须考虑手幅长度、手握粗度、握持状态和触觉的舒适性。通常，手把的长度必须接近和超过手幅的长度，使手在握柄上有活动和选择的范围。手把的径向尺寸必须与正常的手握尺度相符或小于手握尺度。

另外，手把的结构必须能够保持手的自然握持状态，以使操作灵活自如。手把的外表面应平整、光洁，以保证操作者的触觉舒适性。

6.6.2　脚动控制器设计

如果是需要连续操作，而且用手不方便，或者操纵力超过 50～150N，或者手部的控制负荷过大时，可以采用脚动控制器。脚动控制器通常是在坐姿姿态且背部有支撑时操作的，多用右脚，操纵力较大时用脚掌，快速操作时用脚尖。除了脚动开关，脚踏板和脚踏按钮是最常用的两种脚动控制器，如图 6-12、图 6-13 所示。当操纵力超过 50～150N 时，或者操纵力小于 50N 但需连续操纵时，优选脚踏板。

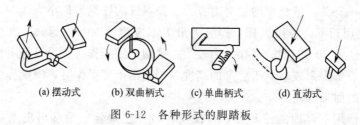

(a) 摆动式   (b) 双曲柄式   (c) 单曲柄式   (d) 直动式

图 6-12　各种形式的脚踏板

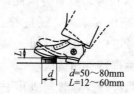

图 6-13　脚踏按钮

（1）脚踏板

脚踏板多采用矩形或椭圆形平面板，设计时应以脚的使用部位、使用条件和用力大小为依据，如表 6-19 所列。用脚的前端进行操作时，脚踏板上的允许用力不宜超过 60N；用脚和腿同时进行操作时，脚踏板上的允许用力可达 1200N；对于快速动作的脚踏板，用力应减至 20N。

表 6-19　脚动控制器的适宜用力

脚动控制器	适宜用力/N	脚动控制器	适宜用力/N
休息时脚踏板受力	18～32	离合器最大蹬力	272
悬挂脚蹬	45～68	方向舵	726～1814
功率制动器	＜68	可允许的最大蹬力	2268
离合器和机械制动器	＜136	—	—

在操纵过程中，操作者往往会将脚放在脚踏板上，为了防止脚踏板被无意碰触而发生误操作，脚踏板应有一定的启动阻力，该启动阻力至少应当超过脚休息时脚踏板的承受力，至少应为 45N。

此外，脚踏板的形式也会影响操纵效率，图 6-14 是各种结构形式的脚踏板，每分钟脚踏次数（x）的实验值依次为 187 次、178 次、176 次、140 次、171 次。实验结果还显示，图 6-14(a) 所示踏板的效率最高，图 6-14(d) 所示踏板的效率最低，它比图 6-14(a) 所示踏板多用 34％的时间。

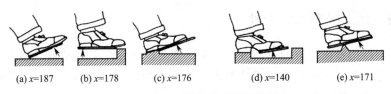

(a) x=187　　(b) x=178　　(c) x=176　　　　(d) x=140　　　(e) x=171

图 6-14　不同结构形式的脚踏板

（2）脚踏按钮

脚踏按钮与按钮的形式相似，特定情形下还可以替代手动按钮。它多采用圆形或矩形，可用脚尖或脚掌操纵。踏压表面应设计成齿纹状，以避免脚在用力时滑脱，它还要能够提供操纵的反馈信息。图 6-13 中脚踏钮的尺寸范围为 $d=50\sim80\text{mm}$，$L=12\sim60\text{mm}$。

6.7　控制器和显示器的相合性

6.7.1　空间关系的相合性

著名的恰帕尼斯试验以煤气炉的 4 个灶眼作为显示器，研究了 4 种旋钮和 4 种仪表的位置对应关系，如图 6-15 所示，总共进行了 1200 次操作试验。结果表明，出现操作差错的次数分别为 0 次、76 次、116 次、129 次。由此可见，控制器应尽可能地靠近相联系的显示器，并配置于显示器的正下方或右侧。

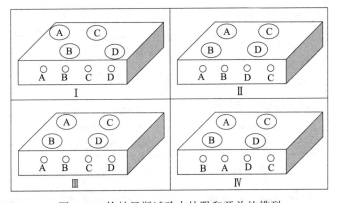

图 6-15　恰帕尼斯试验中灶眼和开关的排列

6.7.2 运动关系的相合性

显示器指针或光点的运动方向与操纵器的运动方向应当互相一致。控制器的运动方向与显示器或执行系统的运动方向在逻辑上一致（图 6-16），符合人的习惯定势，即控制与显示的运动相合性好。

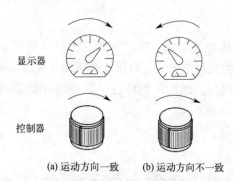

图 6-16 控制器与显示器运动方向逻辑一致性

6.7.3 控制/显示比

控制/显示比（简称 C/D 比）是指控制器的位移量与对应的显示器可动元件的位移量之比。位移量可用直线距离或角度、旋转次数等来表征。

控制/显示比表示系统的灵敏度。控制/显示比的数值越大，操纵器移动同样的距离时，所对应的显示器的指示量就越大，表示灵敏度越低，如图 6-17 所示。

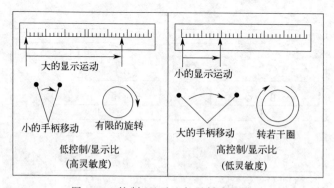

图 6-17 控制/显示比与灵敏度的关系

控制/显示比相对较大的操纵器，适用于粗调或要求快速调节到预定位置的场合，调节操作过程时间较短，但不容易控制操纵的精确度。而控制/显示比相对较小 0 的操纵器，适用于细调或要求操纵准确的场合，调节操作过程时间较长。

6.8　显示器和控制器的布置

6.8.1　显示器和控制器的布置原则

一台复杂的机器，往往在很小的操作空间集中了多个显示器和控制器。为了便于操作者迅速、准确地认读和操作，获得最佳的人机信息交流体验，显示装置及控制装置的设计基本要求就是保证人机双方的信息能够迅速、准确地交流。减少信息加工的复杂性，从而提高工作效率。设计能实现最佳效果的信息交流系统，布置显示器和控制器时应遵循如下原则。

（1）使用顺序原则

如果控制器或显示器是按某一固定使用顺序操作的，则控制器或显示器也应按同一顺序排列布置，以方便操作者记忆和操作。

（2）功能顺序原则

按照控制器或显示器的功能关系安排其位置，将功能相同或相关的控制器或显示器组合在一起。另外按多个控制器的作用顺序排列布置显示器及控制器。如果功能的顺序不止一个，应按照主要功能顺序排列。

（3）使用频率原则

将使用频率高的显示器或控制器布置在操作者的最佳视区或最佳操作区，即布置在操作者最容易看到或触摸到的位置。对于只是偶尔使用的显示器或控制器，则可布置在次要区域。但对于紧急制动器，尽管其使用频率低，也必须布置在当操作者需要时，即可迅速、方便操作的位置。

（4）重要性原则

按照控制器或显示器对实现系统目标的重要程度安排其位置。重要的控制器或显示器应安排在操作者操作或认读最为方便的区域。

（5）运动方向性原则

显示器指针或光点的运动方向与控制器的运动方向应当一致。控制器的运动方向与显示器或执行系统的运动方向在逻辑上一致，符合人的习惯定势，即控制与显示的运动相合性好。

（6）安全防控原则

在显示器与控制器布置过程中，要求关注安全防控。显示与控制的配合布置一定要注意符合人机信息交流的规律和特性，保障人机正常交互；同时要注意危险因素的防控，避免能量意外输入或者损失而导致系统故障或事故。

（7）时间顺序原则

对于必须按一定时间顺序显示的仪表或按一定顺序操作的控制器，应按照它们起作用的时间顺序依次排列。图 6-18 为五位数值输入旋钮的排序，为了与数值对应，就需要由右向左使五个旋钮分别代表个位、十位、百位、千位和万位。

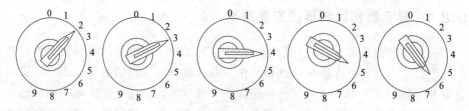

图 6-18 五位数值输入旋钮的排序

为做到以上七项原则，需要做大量的实验和调查研究工作。首先要在保证安全性能的基础上，确定出每种仪表和控制器的使用时间顺序、作用功能顺序、使用频率、重要性程度顺序、运动方向的状态等，然后才有可能着手研究具体实施的可能性和方法，最后按人机系统要求的精确度、效率、劳动强度以及可靠性等条件对该显示-控制系统进行评价。

6.8.2 视觉显示器的布置

显示器布置得当，可提高认读效果，减少巡检时间，提高工作效率。显示器布局中的主要问题有两个：一是选择最佳认读区域；二是仪表的配置方法。

6.8.2.1 选择最佳认读区域

对于视觉显示器，在确定它在仪表板上的安装位置时，除考虑上述原则以及它与相对应的控制器的空间关系外，还必须考虑它的可见度。因为视觉显示器是否能发挥作用，完全依赖它是否能被操作者看见。然而，人对显示反应的速度和准确度则是随显示器在人的视野中位置的不同而不同。海恩斯（Haines）和吉利兰（Gilliland）1973 年曾测试了人对放置于其视野中不同位置的光的反应时间。图 6-19 为视野中等反应时的曲线，可用于确定重要程度不同的显示器的位置。显然，重要显示器应布置在反应时间最短的视区之内。

从图 6-19 中可得出如下的结论：

① 最快的反应区域在视中心上下 8°，右 45°左 10°的范围内，这个区域明

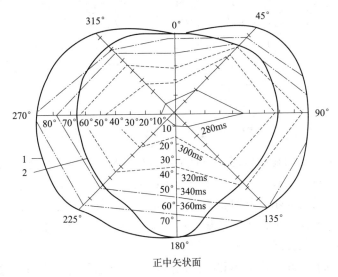

图 6-19　视野中等反应时的曲线

1—单眼视野；2—双眼视野

显地偏向右方，在此范围人的视力最好，看得最清晰，因而这是认读效率最高的区域。

② 随着反应速度下降，反应时间等值曲线的围绕面积扩大，上述偏右的现象逐渐减弱，但始终有一定偏量，可见仪表布置靠右比靠左有利。

③ 在对角线上，右下角 135° 方向的视区优于其他三个方向（45°、225°、315°）的视区。

显然，重要显示器，应该布置在反应时间最短的视区之内。人眼的分辨能力也随视区而异。以视中心线为基准，视线向上 15° 到向下 15°，是人出现最少差错的易见范围。在此范围内布置显示器，操作者的误读率最小。若超出此范围，误读率将增大。增大情况可由人的视线向外每隔 15° 划分的各个扇形区域所规定的相应不可靠概率来表示。

6.8.2.2　仪表的配置方法

用于检查目的的显示仪表群，往往是由多个相同的仪表构成的。如果将这种仪表群中各个仪表的指针的正常位按一定的规律组合排列图案，对于发现异常极为方便。图 6-20（a）所示的构型效果比图 6-20（b）所示的构型效果好。

刻度盘指针仪表最适宜用于检查显示和动态显示。这种显示常常需要多表同时进行，所用的仪表又往往是相同的，多个相同的仪表就构成一个仪表群。

检查显示的目的是监视机器的运行状态。当机器处于正常情况时，很多仪

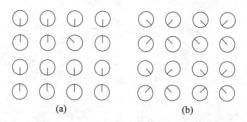

图 6-20 仪表群的构造（每种构型中都有一个指标反常）

表指针都处于稳定的显示状态；一旦某部分出现异常，相关的那支仪表才会出现变位显示，在这个过程中仪表相当于一种记忆元件。稳定状态：平时的显示是"无信号"的，表示正常时仪表指针稳定不动；异常状态：每出现某种异常时就会在相应的仪表上做出一次显示和记录。因此，将显示器按某种几何规律排列对发现异常状况最为有利。

要求：为了保证工作效率和减少疲劳，布置显示器时，应当考虑让操纵者不必运动头部和眼睛，更不要移动座位，即可一眼看清全部显示器。

方案：一般可根据显示器的数量和控制室的容量，选择直线形布置、弧形布置或折式布置等方式。从视觉特征来说，仪表板的视距最好是 70cm 左右，其高度最好与眼相平，布置时，面板应后仰 30°。

（1）仪表群的排列——约翰斯加尔的排表实验

1953 年，约翰斯加尔（Johnsgard）将 16 支仪表排成四种情况（图 6-21）。

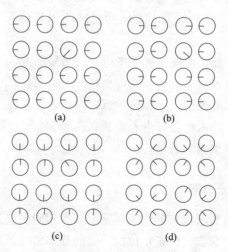

图 6-21 Johnsgard 仪表阵

① 所有仪表指针一律指向左[图 6-21(a)]。
② 仪表分为左右两组，每组内两表指针相对[图 6-21(b)]。
③ 仪表分为上下两组，每组内两表指针相对[图 6-21(c)]。

④ 仪表分为四种，每组表针都指向中心[图 6-21(d)]。

不论哪一种排法，都是将表针的指向排成有规律的图案，一旦发现有破坏这个图案者，必为异常显示。实验结果表明，图 6-21(d) 的效果最差，图 6-21(c) 优于图 6-21(b)，图 6-21(a) 为最好。

（2）仪表群的排列——达谢夫斯基的排表实验

1964 年达谢夫斯基（Dashevsky）进一步做了排表实验。他将仪表的指针加上延续线画到表板上（图 6-22），发现画延伸线的比不画延伸线的误差率减少 85%，相比约翰斯加尔的排法误读率减少 92%，这种排法提高功效的原因是指针延伸线强化了图案的规律性特征。

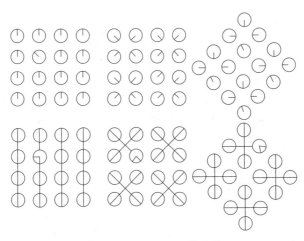

图 6-22　Dashevsky 仪表阵

6.8.3　控制器的布置

控制器可根据其重要性、使用频率、施力大小等安排空间位置。图 6-23 所示是考虑人体尺寸和运动生物力学特性所确定的在操作者正前方的垂直控制板上布置控制器的 4 个区域。对于不同的控制器，由于其操作动作不同，它们的最佳操作区域范围是有区别的。

控制器布局中主要有三个问题：一是控制器的位置设计；二是控制器的间隔设计；三是防止误操作设计。

（1）控制器的位置设计

控制器布置的位置除应遵守时间顺序、功能顺序、使用频率、重要性及运动方向原则外，还要考虑以下几点。

① 要考虑各种控制器本身操作特点，将其布置在控制的最佳操作区域之内。颜色编码控制器应布置在最佳视觉域之内；位置编码控制器应安排在习惯

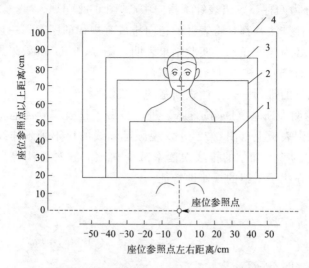

图 6-23　受控制器在垂直板上的布置区域

1—主要控制器；2—紧急控制器和精确调节的次要控制器；

3—其他次要控制器的可取限度；4—次要控制器的最大布置区

的操纵位置上，使控制器的位置有利于编码的识别。

② 联系较多的控制器应尽量互相靠近。

③ 控制器的排列和位置要符合其操作程序和逻辑关系。

④ 应适合人左右手及左右脚的能力。

1965 年，夏普（Sharp）和霍恩希恩（Hornseth）将旋钮、扳动开关和按钮三种控制器分别布置在三个距操作者 760mm 的控制板上，由操纵实验得到如图 6-24 所示的操作区域。从图中可以看出，扳动开关的适应操作区域最小，其次是旋钮，操作区域最大的是按钮。产生这样的结果主要取决于各种控制器的手动方法、动作距离及移动方向。

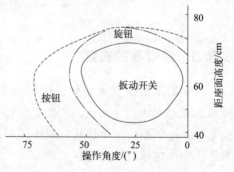

图 6-24　不同操控器的操作区域

图 6-25 表示出了在合理操作时间内，三种控制器的分布范围。由图可知，按钮、旋钮的最佳操作区域范围都比肘节开关大，说明肘节开关对安装位置的要求较高。

（2）控制器的间隔设计

控制器的间隔要适当，间隔小排得紧凑，观察方便，但间隔过小会明显增

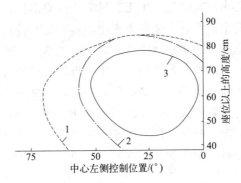

图 6-25 左手操作的按钮、旋钮和肘节开关最佳位置布置区域
1—旋钮；2—按钮；3—肘节开关

加误操作率。控制器的间距取决于控制器的形式、操作顺序和是否需要防护等因素。控制器的安排和间隔应尽可能在做盲目定位等动作时，有较好的操作效率。控制器的形式对于控制器间隔的影响很大。不同形式的控制器要求不同的使用方式。

例如，按钮只需指尖向下按，对周围的影响最小。而扳动开关既要求手指在扳钮两侧有足够的空间以便捏住钮柄，又要求留出沿扳动方向的手的活动空间。

再如，对于杠杆操纵器，如果两个杠杆必须用两手同时操作，两只手柄间就必须留有可容纳两只手动作时不会相碰的距离；如果两只杠杆是用一只手顺序操作，两支手柄的间距可以小得多。

布雷德利（Bradley）于 1969 年对 24 名右手为利手的被试者进行了旋钮间距实验。实验的旋钮直径为 10～35mm，间距由 10mm 增到 40mm。实验发现，当间距增加到 25mm 时，操作速度最快，继续增大间距，操作速度出现下降的趋势。表 6-20 给出了集中控制器需要的间距，可供参考。

表 6-20 几种控制器需要的间距 单位：mm

操作方法		同时操作	单肢顺序操作	单肢随机操作	不同的手指操作
手指	按钮	—	25	50	10
	扳动开关	—	25	50	15
手	杠杆	125	—	100	
	曲柄	125	—	100	
	旋钮	125	—	50	
脚	踏板之间	—	100	150	
	中心距	—	200	250	

许多控制器排列在一起时，控制器之间应有适宜的间距，若彼此之间的间隔距离太大，将增加操作者四肢不必要的运动量，且不利于控制板空间的充分

利用；若间隔距离太小，又极易发生无意触动，造成误操作。

控制器之间的最小间距，主要取决于控制器的类型（用手还是用脚操纵）、控制操作的方式（是按顺序还是随机的、双手还是单手、手同时操纵几个控制器等）以及操作者有无防护衣等。例如，用手指指尖操纵的按钮比用脚操纵的踏板所需要的控制间隔要小得多。又如，双手同时操纵两个杠杆比只需一只手操纵两个杠杆所需的间隔要大，等等。图 6-26 和表 6-21 分别给出了手动按钮、肘节开关、踏板、旋钮、曲柄、操纵杆等控制器的间距示意及最小和最佳间距值。在没有限制保持最小间距时，应尽可能取表 6-21 中的最佳值，以减少偶发启动。

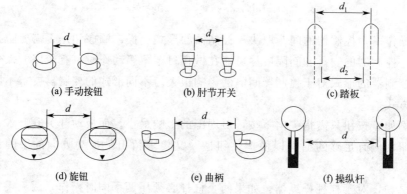

图 6-26　各种控制器的间距

表 6-21　各种控制器之间的间隔距离值　　单位：mm

控制器名称	操作方式	控制器之间的距离(d)	
		最小值	最佳值
手动按钮	一只手指随机操作	12.7	50.8
	一只手指顺序连续操作	6.4	25.4
	各个手指随机或顺序操作	6.4	12.7
肘节开关	一只手指随机操作	19.2	50.8
	一只手指顺序连续操作	12.7	25.4
	各个手指随机或顺序操作	15.5	19.2
踏板	单脚随机操作	$d_1=203.2$	254.0
		$d_2=101.6$	152.4
	单脚顺序连续操作	$d_1=152.4$	203.2
		$d_2=50.8$	101.6
旋钮	单手随机操作	25.4	50.8
	双手左右操作	76.2	127.0
曲柄	单手随机操作	50.8	101.6
操纵杆	双手左右操作	76.2	127.0

（3）防止误操作设计

即使控制器的间隔和位置都设计得合适，也存在发生误操作的可能。对于重要的控制器，为避免发生误操作，可以采取以下措施：

① 将按钮或旋钮设置在凹入的底座之中，或加装栏杆等。

② 使操作手在越过此控制器时，手的运动方向与该控制器的运动方向不一致。

③ 在控制器上加盖或加锁。

④ 按固定顺序操作的控制器，可以设计成联锁的形式，使之必须依次操作才能动作。

⑤ 增加操作阻力，使较小外力不起作用。

6.8.4　显示器与控制器的配合

在显示器与控制器联合使用时，显示器与控制器的设计不仅应该使各自的性能最优，而且应该使它们之间的配合达到最优。显示器与控制器的配合得当可减少信息加工与操作的复杂性，因而可减少人为差错，避免事故的发生。显然，这对紧急情况下的操作更为重要。

（1）控制/显示比

控制/显示比（简称 C/D 比）是指控制器的位移量与对应显示器可动元件的位移量之比。位移量可用直线距离（如杠杆、直线式刻度盘等）或角度、旋转次数（如旋钮、手轮、图形或半圆形刻度盘等）来测量。控制/显示比表示系统的灵敏度，即 C/D 比值越高，表明系统的灵敏度越低，反之则越高。在使用与显示器运动相联系的控制器时，人的操作效果会明显地受到 C/D 比值的影响。在这类操作中，人首先进行粗略调整运动（即大幅度地移动控制器），此时所需的时间称为粗调时间。在粗略调节之后要进行精细的调节以便找到正确的位置，此时所需的时间称为微调时间。通常，若 C/D 比值较小，粗调时间短，微调时间长；而 C/D 比值较大，粗调时间长，微调时间短（图 6-27）。

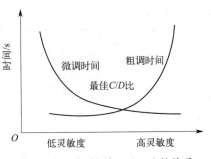

图 6-27　调节时间与 C/D 比的关系

当粗调时间与微调时间之和最小时，则系统的控制/显示比最佳。一般系统的最佳控制/显示比可以根据系统的设计要求及性质通过实验来确定。旋钮的最佳 C/D 比的取值范围是 0.2～0.8，有操纵杆或手柄时则以 2.5～4.0 较为理想。

（2）控制器与显示器的配合设计原则

控制器与显示器的配合一致，主要包括两个方面：一方面是控制器与显示器在空间位置关系上的配合一致，即控制器与其相对应的显示器在空间位置上有明显的联系；另一方面是控制器与显示器在运动方向上的一致，即控制器的运动能使与其对应的显示器（或系统）产生符合人的习惯模式的运动。例如，操作者顺时针方向旋转旋钮，显示仪表上应该指示出增量；再如汽车转向盘向右转动，则汽车向右拐；等等。

显示器和控制器空间位置关系的合适与否直接影响系统运行的效率高低；控制器与相应的显示器的运动方向相协调，对于提高操作质量、减轻人的疲劳，尤其是对于防止人紧急情况下的误操作具有重要的意义。控制器与显示器的最佳运动兼容随两者的相对位置、运动方式等因素而改变。

关于这两方面的详细讨论，可参考相关文献。

 习 题

1. 什么是人机界面？
2. 简述人机界面设计的基本原则，并举例说明这些原则在实际设计中的应用。
3. 信息显示方式的类型及功能有哪些？
4. 指针式仪表设计，需要考虑哪些内容来保障可读性和准确性？
5. 防止控制器意外启动的方法有哪些？
6. 显示器和控制器的布置，应该遵循哪些原则来保障安全、高效和易用性？
7. 一个良好的多媒体教室，从人机界面的角度考虑，主要应该具备哪些条件？请具体说明并阐述原因。
8. 如果请你进行高铁驾驶舱设计，请列出人机界面安全设计的相关内容及原则。

第 7 章

作业环境与作业空间

 学习目标：

① 了解温度、照明、色彩、噪声、振动、电离辐射等作业环境对人的工作绩效和健康的影响，掌握环境条件改善的一般方法及原则。

② 掌握工作场所的照明设计，温度环境综合评价方法，色彩与功效的关系；熟悉安全色和安全标志的意义。

③ 了解作业空间设计的基本原则，掌握作业姿势与作业空间布置的基本内容。

④ 理解作业环境与作业空间安全性、舒适性的设计目标，在设计实践中展现人文关怀。

 重点和难点：

① 高低温环境的危害和改善措施，作业场所的照明要求，色彩设计及其应用，噪声和震动的控制措施，微气候环境对人的影响，作业环境改善措施。

② 作业场所空间布置，安全距离设计。

7.1 温度环境

环境的温度与人体健康密切相关，过热或者过冷都会引起人体不良的生理反应，不利于正常作业。根据作业特性和劳动强度的不同，要求工厂车间内作业区的空气温度和湿度必须满足相应的标准，如表 7-1 所列。

表 7-1　工厂车间内作业区的空气温度和湿度标准

车间和作业的特征			冬季		夏季	
			温度/℃	相对湿度	温度/℃	相对湿度
主要放散对流热的车间	散热量不大的	轻作业	14～20	不规定	不超过室外温度3℃	不规定
		中等作业	12～17			
		重作业	10～15			
	散热量大的	轻作业	16～25	不规定	不超过室外温度5℃	不规定
		中等作业	13～22			
		重作业	10～20			
	需要人工调节温度和湿度的	轻作业	20～23	≤80%～75%	31	≤70%
		中等作业	22～25	≤70%～65%	32	≤70%～60%
		重作业	24～27	≤60%～55%	33	≤60%～50%
放散大量辐射热和对流热的车间[辐射强度大于 2.5×10^5J/(h·m²)]			8～15	不规定	不超过室外温度5℃	不规定
放散大量湿气的车间	散热量不大的	轻作业	16～20	≤80%	不超过室外温度3℃	不规定
		中等作业	13～17			
		重作业	10～15			
	散热量大的	轻作业	18～23	≤80%	不超过室外温度5℃	不规定
		中等作业	17～21			
		重作业	16～19			

7.1.1　高温

（1）高温作业环境界定

《工业场所有害物质因素职业接触限值　第 2 部分：物理因素》（GBZ 2.2—2007）规定，高温作业指的是在生产劳动过程中，工作地点平均 WBGT 指数（wet bulb globe temperature index，又称湿球黑体温度）≥25℃的作业。而一般情况下，凡具有下述情形之一者即为高温作业环境。

① 在有热源的生产场所中，热源的散热率大于 83736J/(m³·h)；

② 作业环境的温度在寒冷地区高于 32℃，在炎热地区高于 35℃；

③ 作业环境的热辐射强度超过 4.186J/(cm²·min)；

④ 作业环境的温度高于 30℃，相对湿度（RH）大于 80%。

（2）高温环境下人的生理反应

高温环境下进行作业会导致一系列的生理变化和心理变化，比如大量出汗、增加心脏负荷以及人体对环境应激的耐力降低。此时人体的热平衡会遭到破坏，高温对人体的这种负面作用会随着环境中热负荷的加重而更加强烈，通常会经历代偿、耐受和病理损伤三个阶段。

作业者刚接触高温环境时，体内的对流和辐射散热都受到抑制，散热低于产热，导致人体的热平衡开始受到破坏，体内的热含量增加。此时，体温调节中枢（即代偿机能）会通过两种途径增大散热量：一是通过扩张皮肤血管增加体表血流，提高对流和辐射散热的能力；二是通过汗腺排汗产生显性出汗蒸发散热。这一达到新的动态热平衡的过程即为代偿段。

当高温环境持续严重时，体温调节中枢就无法有效地调节和控制散热量，无法达到新的动态热平衡。此时，机体体温调节机制受到抑制，造成心率过快、外周血流过大、回心血不足、大脑及肌肉出血。而且由于大量排汗，失水失盐过多，会出现口渴、恶心等症状。机体无力进行代偿，转而进入耐受阶段。

如果高温环境更加恶劣，机体的体温调节机制完全被抑制，人体已无法承受此时的热刺激，随即进入病理损伤阶段。该阶段会出现各种功能性热病，例如热衰竭、热昏厥、热痉挛等，但是在症状初发的情况下，如果抢救及时就能迅速恢复。一旦热环境进一步恶化，血管高度收缩，排汗基本停止，体温便会升至41℃以上，导致机体各部分尤其是大脑产生不可逆的严重损伤，甚至会有生命危险。

上述机体在高温环境下的生理反应如图 7-1 所示。

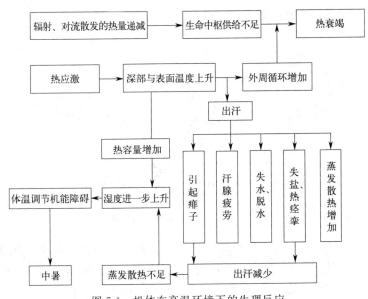

图 7-1 机体在高温环境下的生理反应

（3）高温环境的影响

人在高温环境中作业时体温会升高，心情容易烦躁不安，由此引起的各种不舒适会影响机体的脑力劳动、信息处理、记忆力等部位的正常功能发挥。以空气温度为33℃、相对湿度为50%、穿薄衣服进行作业时所处环境的温度为有效温度。Wing 等在 1965 年对高温对脑力劳动工作效率的影响进行研究，并总结出了不降低作业效率的温度与暴露时间的函数关系，如图7-2所示。

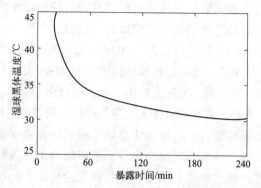

图 7-2　不降低脑力劳动效率的温度与暴露时间的关系

除此以外，高温对重体力劳动效率影响更大。这是因为在高温环境中，很大一部分的血液供给要用于皮肤散发热量，调节体温，而供给肌肉活动的血液就相应减少了。图7-3为马口铁工厂的相对产量在不同季节的变化趋势，整个曲线图显示，高温条件下重体力劳动的效率会明显下降。

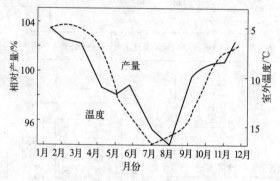

图 7-3　温度对劳动效率的影响

ONeal 和 Biship 对 10 位男性实验对象在高温下（湿球黑体温度为 30℃）重复重体力劳动前、后的认知能力（算术、反应时间、短期记忆等）进行了对比研究，结果表明，部分实验对象在高温条件下作业一段时间之后，算术的出错率明显增加，点击计算机屏幕上小点的反应时间明显增加，记忆力也明显降低。

（4）高温的控制措施

高温作业环境的设计应该遵循国家标准（《工作场所职业病危害作业分级第 3 部分：高温》（GBZ/T 229.3—2010），如表 7-2 所列。

表 7-2　高温作业分级

劳动强度	接触高温作业时间/min	WBGT 指数/℃						
		29～30 (28～29)	31～32 (30～31)	33～34 (32～33)	35～36 (34～35)	37～38 (36～37)	39～40 (38～39)	41～ (40～)
Ⅰ （轻劳动）	60～120	Ⅰ	Ⅰ	Ⅱ	Ⅱ	Ⅲ	Ⅲ	Ⅳ
	121～240	Ⅰ	Ⅱ	Ⅱ	Ⅱ	Ⅲ	Ⅳ	Ⅳ
	241～360	Ⅱ	Ⅱ	Ⅲ	Ⅲ	Ⅳ	Ⅳ	Ⅳ
	361～	Ⅱ	Ⅲ	Ⅲ	Ⅳ	Ⅳ	Ⅳ	Ⅳ
Ⅱ （中劳动）	60～120	Ⅰ	Ⅱ	Ⅱ	Ⅱ	Ⅲ	Ⅲ	Ⅳ
	121～240	Ⅱ	Ⅱ	Ⅲ	Ⅲ	Ⅳ	Ⅳ	Ⅳ
	241～360	Ⅱ	Ⅲ	Ⅲ	Ⅳ	Ⅳ	Ⅳ	Ⅳ
	361～	Ⅲ	Ⅲ	Ⅳ	Ⅳ	Ⅳ	Ⅳ	Ⅳ
Ⅲ （重劳动）	60～120	Ⅱ	Ⅱ	Ⅲ	Ⅲ	Ⅳ	Ⅳ	Ⅳ
	121～240	Ⅱ	Ⅲ	Ⅲ	Ⅳ	Ⅳ	Ⅳ	Ⅳ
	241～360	Ⅲ	Ⅲ	Ⅳ	Ⅳ	Ⅳ	Ⅳ	Ⅳ
	361～	Ⅲ	Ⅳ	Ⅳ	Ⅳ	Ⅳ	Ⅳ	Ⅳ
Ⅳ （极重劳动）	60～120	Ⅱ	Ⅲ	Ⅲ	Ⅳ	Ⅳ	Ⅳ	Ⅳ
	121～240	Ⅲ	Ⅲ	Ⅳ	Ⅳ	Ⅳ	Ⅳ	Ⅳ
	241～360	Ⅲ	Ⅳ	Ⅳ	Ⅳ	Ⅳ	Ⅳ	Ⅳ
	361～	Ⅳ	Ⅳ	Ⅳ	Ⅳ	Ⅳ	Ⅳ	Ⅳ

注：括号内 WBGT 指数值适用于未产生热适应和热习服的劳动者。

表 7-2 高温作业分级

作业者在高温环境中的反应及耐受时间受到多种因素的影响。作业环境的气温会受到很多因素的影响，除了主要因素大气温度以外，还受到作业场所中的各种热源的影响，例如加热炉、被加热物体、设备运转发热等。这些热源会以热传导、对流的方式加热作业环境中的空气，还会通过热辐射加热周围的物体，形成二次热源，扩大直接加热空气的面积，最终导致气温升高。因此，高温作业环境可以从生产工艺和技术、保健措施、生产组织措施等方面加以改善。

在生产工艺和技术方面，要合理地设计生产工艺过程，应尽可能将热源设置在作业场所主导风向的下风向；采取一定的隔热措施，例如在热源与作业者之间设置水幕、水箱、遮热板等；加强自然通风，利用普通天窗、挡风天窗及开敞式厂房等；还要降低湿度，必要时辅助机械通风和空调设备。

在保健方面，由于高温作业时会大量出汗，需要及时补充水分和营养。为了维持高温作业工人水盐代谢平衡，应适当饮用含盐饮料，如盐汽水和盐茶水等，茶除了含有多种生物碱和维生素外，还具有强心、利尿、清热等作用。高温作业时，应酌情增加水分补充和盐的摄入。高温作业时能量消耗增加，需要从食物中补充足够的热量和蛋白质，尤其是动物蛋白。同时还应增加维生素的摄入，特别是 B 族维生素和维生素 C，以利于提高机体对高温环境的耐受能力。高温作业工人应穿热导率小、透气性好的工作服，加强个人防护。根据不同作业的要求，还应适当佩戴防热面罩、工作帽、防护眼镜、手套、护腿等个人防护用品，特殊高温作业工人，如炉衬热修、清理钢包等，为防止强烈热辐射作用，可以穿特制的隔热服、冷风衣、冰背心等。要加强医疗预防工作，高温作业工人应进行就业和入暑前健康体检，了解职工在热适应能力方面的差异。

在生产组织方面，要通过增加休息次数、延长午休等途径合理安排作业负荷；在远离热源的场所设置工间休息场所并备有足够的椅子、茶水、风扇等。而且为了不破坏皮肤的汗腺机能，休息室中的气流速度和温度都要适中；最好采用集体作业，以便能及时发现热昏迷的作业者。训练作业者能区分热衰竭和热昏迷，便于及时施救。

7.1.2 低温

（1）低温作业环境界定

《低温作业分级》（GB/T 14440—1993）规定：在生产劳动过程中，其工作地点平均气温等于或低于5℃的作业称为低温作业。常见的低温作业有高山高原工作、潜水员水下工作、现代化工厂的低温车间以及寒冷气候下的野外作业等。

（2）低温环境下人的生理反应

与高温环境下类似，在低温环境下进行作业时，人体也会经历代偿、耐受和病理损伤三个阶段。

刚接触低温环境时，机体对流和辐射散热的作用会明显增强，热平衡开始遭受破坏，体内含热量有所减少。此时，为了减少散热，体温调节中枢会通过收缩皮肤血管减少体表血流，降低对流和辐射散热的能力。而另一方面，人体在感到不舒适以后会自发性改变体位，保持全身性散热率与产热率在新的平衡状态。这一过程为适应性的代偿。

低温环境比较恶劣时，体温调节中枢作用也难以达到新的热平衡。此时，即使机体外周血管有所收缩，对流和辐射散热也不会减少，进而会导致核心温度下降。这样一来，机体无力进行代偿，随即进入耐受阶段，机体会出现局部性和全身性的冷应激。如果低温环境极端严峻时，机体的体温调节机制完全被抑制，冷应激已经超出了人体的生理耐受范围，人体就会进入病理损伤阶段。在这一阶段，人体会出现心率减慢、语言发生障碍、意识不清、完全丧失工作能力等情况。如果作业者在上述症状发生初期能够得到及时复温抢救，就能逐渐恢复；反之，体温迅速下降会出现生命危险。

（3）低温环境的影响

在认知能力方面，低温环境对简单的脑力劳动影响不明显。Horvat 和

Freedman 以一群在 −29℃ 的温度下室内居住了 14 天的士兵作为研究对象，研究结果表明，他们的视觉分辨反应时间与在中等热环境下比较相似。但是，冷风会分散人的注意力，所以会延长人的反应时间。

此外，低温对体力劳动也会造成负面影响。因为低温环境中，人体皮肤血管收缩，组织温度下降，手指会麻木，手部操作的灵巧性会下降。而且当手部皮肤温度低于 8℃ 时，触觉敏感性也会变弱。一般手指灵巧性的临界温度为 12～16℃。

图 7-4 为某军火工厂相对事故发生率与环境温度的关系。由图可见，事故发生率随着温度降低而增加。Ray 和 Orysiak 等的相关研究表明，低温环境会导致认知、感觉、神经肌肉和关节功能受损，从而导致手工操作能力下降。低温与手工操作性能之间的关系复杂，受多种因素的影响。此外，低温还会引起疼痛，增加兴奋水平并分散注意力，导致手工操作效率降低。

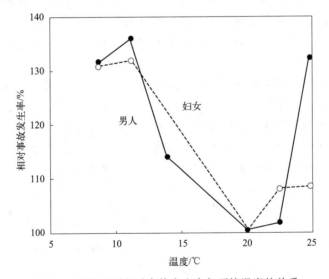

图 7-4　军火工厂相对事故发生率与环境温度的关系

7.2　照明环境

在生产活动中，人们从外界接收的各种感觉信息中，85% 以上为视觉信息。从人机工程学的角度来看，照明条件的好坏直接影响视觉获得信息的效率与质量，环境照明对人的作业舒适度、视力保护、保证工作效率和质量、确保安全生产的意义重大，因此，环境照明条件是影响作业环境的重要因素之一。

7.2.1 照明对工效的影响

（1）照明与疲劳

适合的照明可以帮助提高视力。因为亮光下作业者瞳孔缩小，视网膜上成像更为清晰，视物更清楚。当照明不良时，因需反复努力辨认，易产生视疲劳，工作不能持久。视疲劳的症状有：眼部乏累、怕光、眼部疼痛、视力模糊、眼部充血、分泌物过多以及流泪等。视疲劳还会引起视力下降、眼球发胀、头痛以及其他疾病而影响健康，导致作业失误甚至造成工伤。

（2）照明与工作效率

提高照度，改善照明，对减少视疲劳、提高工作效率有很大影响。适当的照明可以提高工作的速度和精确度，从而增加产量，提高质量，减少差错。对于手工劳动以及要求紧张记忆和逻辑思维的脑力劳动，舒适的光线条件都有助于提高工作效率。

某些依赖视觉的工作对照明提出的要求则更加严格。增加照明并非总是与劳动生产率的增长相联系。当照度提高到一定限度时，可能引起眩目，从而对工作效率产生消极影响。研究表明，随着照度增加到临界水平，工作效率迅速得到提高；在临界水平上，工作效率平稳，若照度超过这个水平，增加照度对工作效率提升很小，甚至会加重视疲劳，使工作效率下滑。视疲劳和生产率随照度变化的曲线如图 7-5 所示。

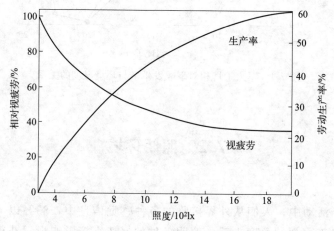

图 7-5 视疲劳和生产率随照度变化的曲线

（3）事故与照明

事故的数量与工作环境的照明条件有密切的关系。事故统计资料表明，事故产生的原因虽然是多方面的，但照度不足是重要的影响因素。如我国大部分地区，在 11 月、12 月、1 月这三个月里白天较短，工作场所人工照明时间增加，和自然光照明相比，人工照明的照度值较低，因此事故发生的次数在冬季最多。图 7-6 为一年中各月份事故次数与照明的关系。

事故的数量还与工作场所的照明环境条件有关系。如果作业环境照明条件差，操作者就不能清晰地看到周

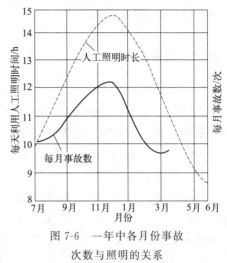

图 7-6 一年中各月份事故
次数与照明的关系

围的物体和目标，在操作时产生差错而导致事故发生。图 7-7 是照明与事故发生率的关系，图中仅表示照度由 50lx 提高到 200lx 时，工伤事故次数、差错件数、因疲劳缺勤人数的下降情况。

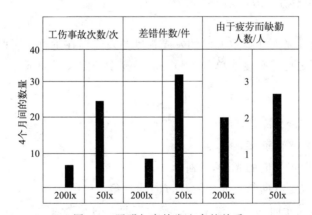

图 7-7 照明与事故发生率的关系

（4）照明与情绪

生理和心理方面的研究表明，照明会影响人的情绪及人的兴奋性和积极性，从而影响工作效率。一般认为，明亮的房间是令人愉快的，如果让被试者在不同照度的房间中选择工作场所，一般都选择比较明亮的地方。眩光使人感到不愉快，被试者一般都尽量避免眩光和反射光。还有许多人喜欢光从左侧投射。

总之，改善工作环境的照明，可以改善视觉条件，节省工作时间，提高工

作质量，提升工作效率，保护视力，减轻疲劳，减少差错，避免或减少事故，有助于提高工作兴趣。

7.2.2 光的度量

（1）光通量

光通量是最基本的光度量，可定义为单位时间内通过的光量。它是用国际照明委员会规定的标准人眼视觉特性（光谱光效率函数）来评价的辐射通量，单位为流明（lm）。利用光电管可测量光通量。

（2）发光强度

发光强度简称光强，是指光源发出并包含在给定方向上单位立体角内的光通量，常用来描述点光源的发光特性。光强的单位为坎德拉（cd），光强与光通量的关系用式(7-1) 表示：

$$I = \frac{\Phi}{\Omega} \tag{7-1}$$

式中　I——光强，cd；

　　　Φ——光通量，lm；

　　　Ω——立体角，rad（1rad＝57.30°）。

（3）亮度

亮度是指发光面在指定方向的发光强度与发光面在垂直于所取方向的平面上的投影面积之比，亮度的单位为 cd/m^2，亮度的定义式如下：

$$L = \frac{I}{S\cos\theta} \tag{7-2}$$

式中　L——亮度，cd/m^2；

　　　S——发光面面积，m^2；

　　　I——取定方向的光强，cd；

　　　θ——取定方向与发光面发现方向的夹角，（°）。

亮度表示发光面的明亮程度。在取定方向上的发光强度越大，在该方向看到的发光面积越小，看到的明亮程度越高，即亮度越大。这里的发光面可以是直接辐射的面光源，也可以是被光照射的反射面或透射面。亮度可用亮度计直接测量。

（4）照度

照度是被照面单位面积上所接受的光通量，单位为勒克斯（lx）。照度的定义式如下：

$$E = \frac{I\cos\theta}{d^2} \tag{7-3}$$

式中　E——照度，lx；

　　　θ——受照物体表面法线与点光源照明方向的夹角，(°)；

　　　d——受照面与点光源之间的距离，m；

　　　I——点光源发光强度，cd。

式(7-3) 表明，受点光源照明的物体垂直面上的照度与光源和受照面之间的距离的平方成反比，与光源的发光强度成正比。由此可知，增加或减少点光源的光强度、改变受照物体与光源的距离、调整光源与受照体之间的夹角，均是改变受照物体表面照度的有效途径。

测定工作场所的照度，可以使用光电池照度计。工作场所内部空间的照度受人工照明、自然采光以及设备布置、反射系数等多方面因素的影响，因此测定位置的选择要考虑这些因素。一般立姿工作的场所取地面上方 85cm，坐姿工作时取工作台上方 40cm 高处进行测定。

7.2.3　作业场所照明设计

7.2.3.1　照明方式

工业企业的建筑物照明通常采用三种形式：自然照明、人工照明和两者同时并用的混合照明。人工照明按灯光照射范围和效果，又分为一般照明、局部照明、综合照明以及特殊照明等方式。

（1）一般照明

一般照明又称整体照明，是一种不考虑局部照明的照明方式。在整个车间（或厂房）内以大致相同的照度来进行照明，所以照度较为均匀，作业者的视野亮度一样，视力条件好，工作时心情愉快，但耗电较多、不经济。一般照明相对于局部照明，其效率和均匀性都比较好，适用于作业点密集的场所或作业点不固定的场所。

（2）局部照明

局部照明通常是将光源靠近操作面安装，可以保证工作面有充足的照度，故耗电量少，但照明的光线不均匀。当操作人员的视线由工作面转移到其他地方时，照度变化较大，需有一个适应过程，所以要注意避免眩光和周围变暗造成强对比的影响。当对工作面照度的要求不超过 40lx 时，不必采用局部照明。

（3）综合照明

综合照明是指由一般照明和局部照明共同构成的照明。其比例近似 1∶5 为好。若对比过强，则使人感到不舒适，对作业效率有影响。对于较小的工作场所，一般照明的比例可适当提高。综合照明是一种最经济的照明方式，常用于要求照度高，或有一定的投光方向，或固定工作点分布较稀疏的场所。

259

（4）特殊照明

特殊照明是利用不同性质的光束帮助人们观察操作面的照明方式。这种照明方式适用于不容易观察的操作或用以上各照明方式难以达到预期效果而采用的方式。

7.2.3.2 光源选择

室内采用自然光照明是最理想的。因为自然光明亮、柔和，是人们所习惯的，光谱中的紫外线对人体生理机能还有良好的影响。所以在设计中应最大限度地利用自然光。但是，自然光受昼夜、季节和不同条件的限制，因此在生产环境中常常要用人工光源作为补充照明。选择人工光源时，应优先选择接近自然光的光源，还应根据生产工艺的特点和要求选择。目前，人工光源中常采用 LED（发光二极管）灯、荧光灯、荧光高压汞灯、长弧氙灯、高压钠灯及金属卤化物灯等。

除此以外，在设计选择光源时，应考虑光源的显色性。显色性是指不同光谱的光源照射在同一颜色的物体上时，呈现不同颜色的特性。通常用显色指数（R_a）来表示光源的显色性。光源的显色指数越高，其显色性能越好。一般 R_a 是由光谱分布计算求出的。在显色性的比较中，一般以日光或接近日光的人工光源作为标准光源，其显色性最优，将其一般显色指数 R_a 用 100 表示，其余光源的一般显色指数均小于 100。常见光源的显色指数见表 7-3。

表 7-3　常见光源的显色指数

光源	R_a	光源	R_a
日光	100	白色荧光灯	55～85
白炽灯	97	金属卤化物灯	53～72
日光色荧光灯	75～94	高压汞灯	22～51
氙灯	95～97	高压钠灯	21

7.2.3.3 避免眩光

当视野内出现的亮度过高或对比度过大时，人会感到刺眼且观察能力降低，这种刺眼的光线叫作眩光。

眩光按产生的原因可分为直射眩光、反射眩光和对比眩光三种。直射眩光是由眩光源直接照射引起的，直射眩光与光源位置有关（图 7-8）。反射眩光是由视野中光泽表面的反射所引起的。对比眩光是物体与背景明暗相差太大所致。

眩光的危害主要是破坏视觉的暗适应，产生视觉后像，使工作区的视觉效率降低，产生视觉不舒适感，分散注意力，造成视疲劳。研究表明，做精细工

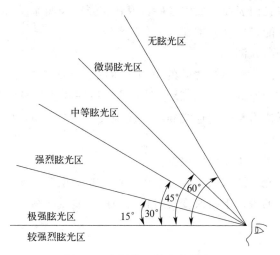

图 7-8 光源位置的眩光效应

作时，眩光在 20min 内就会使差错明显，工作效率显著降低，眩光源对视觉效率的影响程度与视线和光源的相对位置有关（图 7-9）。

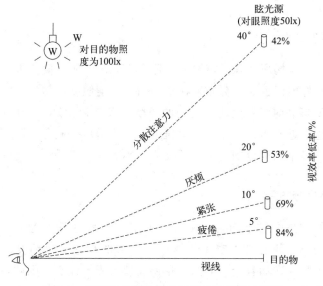

图 7-9 光源的相对位置对视觉效率的影响程度

为了防止和控制眩光，应采取如下措施。

（1）限制光源亮度

当光源亮度大于 $16 \times 10^4 \, cd/m^2$ 时，无论亮度对比如何，都会产生严重的眩光。如普通白炽灯灯丝亮度达到 $3 \times 10^6 \, cd/m^2$ 以上，应考虑用氢氟酸进行化学处理，使玻壳内表面变成内磨砂，或在玻壳内表面涂以白色无机粉末，以提高光的漫射性能，使灯光柔和。

（2）合理分布光源

尽可能将光源布置在视线外的微弱刺激区。例如，采用适当的悬挂高度，使光源在视线 45°角以上，眩光就不明显了。另一办法是采用不透明材料将光源挡住，使灯罩边沿至灯丝连线和水平线构成一定保护角，此角度以 45°为宜，至少不应小于 30°。

（3）改变光源或工作面的位置

对于反射眩光，通过改变光源与工作面的相对位置，使反射眩光不处于视线内；或在可能的条件下，改变反射物表面的材质或涂料，降低反射系数，以求避免反射眩光。

（4）合理的照度

要取得合理的照度，需进行照度计算。根据所需要的照度值及其他已知条件（如照明装置形式及布置、房间各个面的反射条件及照明灯具污染等情况）确定光源的容量或数量。在可能的条件下，适当提高照明亮度，减小亮度对比。

7.2.3.4　照度分布

任何一个工作场所，除了需要满足标准中规定的照度值要求以外，在其内的工作面，最好能保证照度分布得比较均匀。所谓照度均匀度，是指规定表面上的最小照度与平均照度之比。均匀的照度分布是视觉感受舒服的重要条件，照度均匀度越接近 1 越好；相反，该值越小，越增加视疲劳。照度均匀的标准是场内最大、最小照度分别与平均照度之差小于或等于平均照度的 1/3。

7.2.3.5　亮度分布

工作空间的亮度过于均匀也不好。工作对象和周围环境应存在必要的反差，柔和的阴影会使心理上产生主体感。如果把所有空间都设计成一样的亮度，不仅耗电量大，而且会令人感觉单调而使人漫不经心。因此，要求视野内有适当的亮度分布，既能使工作处有中心感的效果，有利于正确评定信息，又使工作环境协调，富有层次和愉快的气氛。在集体作业的情况下，需要亮度均匀的照明，以保证每个作业者都有良好的视觉条件。从事单独作业的情况下，并不一定每个作业者都需要同样的亮度分布，可以使工作面明亮些，周围空间稍暗些。

室内亮度比最大允许值见表 7-4。视野内的观察对象、工作面和周边环境之间最适宜的亮度比为 5：2：1，最大允许亮度比为 10：3：1。如果房间照度水平不高，如不超过 300lx，视野内的亮度差别对视觉工作的影响比较小。

表 7-4　室内亮度比最大允许值

条件	办公室、学校	工厂
观察对象与工作面之间（如书与桌子）	3：1	5：1
观察对象与周围环境之间	10：1	20：1
光源与背景之间	20：1	40：1
一般视野内各表面之间	40：1	80：1

7.2.3.6　照明的稳定性

照明的稳定性是指照度保持一定值，不产生波动，光源不产生频闪效应。照度稳定与否直接影响照明质量。为此，应使照明电源的电压稳定，并且在设计上要保证使用过程中照度不低于标准值，所以就要考虑到光源老化、房间和灯具受到污染等因素，适当增加光源功率，采取避免光源闪烁的措施等。

7.3　色彩环境

色彩在人类生产生活中起着极为重要的作用。生产生活中的环境色彩变化和刺激有助操作者保持感情和心理平衡以及正常的知觉和意识，对生产中的机器、实体设备、各类工具和操作对象进行恰当的色彩设计能使其外观美化，让操作者心情舒畅、愉快，视觉良好，有利于提高工作效率；若色彩设计不恰当，则可能破坏机器设备的造型形象，引起操作者的视疲劳以及心理上的反感、压抑，从而降低工作效率。但要实现这样的目标，必须充分地研究和认识色彩规律和色彩功能。

7.3.1　色彩设计基础

7.3.1.1　色彩的含义

色彩与人的视觉生理机能有着密切的关系。自然界的各种色彩之所以能被人察觉，主要是因为光照在物体上，物体表面对色光吸收和反射，再作用于视觉器官而形成了人们对色彩的感觉。光线是形成色彩的条件，人的视觉生理作用是色彩感觉的必需因素。因此，色彩是光与视觉生理共同作用的结果。

7.3.1.2 色彩的基本知识

（1）分类

色彩可分为无彩色和有彩色。

无彩色是指由黑色、白色和深浅变化不同的灰色所组成的黑白系列中没有纯度的各种色彩。在这个系列中，无彩色的变化代表着物体反射率的变化，在视觉上称为明度变化。

有彩色系列包括除黑白系列之外的有纯度的各种颜色，如红、橙、黄、绿、蓝、紫等。任何一种色彩都有色调、明度和纯度三个方面的性质，即任何一种色彩都有特定的色调、明度和纯度，这三种性质是色彩最基本的构成元素。

（2）色彩的三个基本要素

① 色调。色调是色光光谱上各种不同波长的可见光在视觉上的表现，是区别色彩种类的名称。颜色的名称代表了这种颜色的相貌，如红、红橙、黄、青蓝、紫等，每种颜色都有与其他颜色不同的相貌特征和名称。

② 明度。明度是指色彩的明暗程度，又称光亮度、鲜明度，是全部色彩都具有的属性，与物体表面色彩的反射率有关。当照度一定时，反射率的大小与表面色彩的明度大小成正比。对颜料来说，在色调和纯度相同的颜料中，白颜料反射率最高，在其他颜料中混入白色，可以提高混合色的反射率，也就是提高混合色的明度，混入白色越多，明度越高；而黑颜料恰恰相反，混入黑色越多，明度越低。色调不同而纯度相同的颜色，其明度是不同的，如黄色明度高，看起来很亮；紫色明度低，看起来很暗；橙、红、绿、蓝色等介于两者之间。

③ 纯度。纯度是指色彩的纯净程度，即颜色色素的凝聚程度，又称色度、彩度、鲜艳度、饱和度等。纯度表示颜色是否鲜明和含有颜色多少的程度，它取决于表面反射光波波长范围的大小，即光波的纯度。达到饱和状态的颜色纯度最高，其色泽鲜艳、饱满。光谱上的各种颜色是最饱和的颜色。在饱和颜色的基础上加入黑、白、灰色，其纯度都会降低，加入得越多，纯度就越低。在光谱中的七种标准色中，红色纯度最高，黄绿色纯度最低，其他色纯度居中。黑、白、灰色是无彩色，纯度为零。

7.3.2 色彩对人体的影响

色彩的辨别力、明视性等会对人的心理产生不同的影响，并由于性别、年龄、个性、生理状况、心情、生活环境、风俗习惯的不同而产生不同的个体或群体的差异。总体包含以下几种心理效应。

（1）温度感

红色使人有一种温暖的感觉，因此，将红、橙、黄色称为暖色，而橙红色为极暖色。蓝色会使人有一种寒冷感，因此青、绿、蓝色称为冷色，而青色为极冷色，色彩的温度感是人类长期在生产、生活经验中形成的条件反射。当一个人观察暖色时，会在心理上明显出现兴奋与积极进取的情绪；当一个人观察冷色时，会在心理上明显出现压抑与消极退缩的情绪。

（2）轻重感

色彩的轻重感是物体色彩与人的视觉经验的共同作用，使人感受到的重量感。深浅不同的色彩会使人联想起轻重不同的物体。决定色彩轻重感的主要因素是明度，明度越高显得越轻，明度越低显得越重。例如，在工业生产中，高大的重型机器下部多采用深色，上部多采用亮色，可给人以稳定、安全感，否则会使人感到有倾倒的危险。

（3）硬度感

色彩的硬度感是指色彩给人以柔软和坚硬的感觉，与色彩的明度和纯度有关。在无彩色中黑、白是硬色，灰色是软色。一般常采用高明度和中等纯度的色彩来表现软色。

（4）胀缩感

色彩的胀缩感是指色彩在对比过程中，色彩的轮廓或面积给人以膨胀或收缩的感觉。色彩的轮廓、面积胀缩的感觉是通过色彩的对比作用产生的。通常，明度高的色和暖色有膨胀作用，这种色彩给人的感觉比实际大，如黄色、红色、白色等；而明度低的色和冷色则有收缩作用，这种色彩给人的感觉比实际小，如棕色、蓝色、黑色。

（5）远近感

色彩的远近感是指在相同背景下进行配置时，某些色彩感觉比实际所处的距离显得近而另一些色彩感觉比实际所处的距离显得远，也就是前进或后退的距离感。这主要与色彩的色相、明度和纯度三要素有关。从色相和明度来说，冷色感觉远，暖色感觉近；明度低的色彩感觉远，明度高的色彩感觉近。而纯度则与明度不同，暖色且纯度越高感觉越近，冷色且纯度越高感觉越远，如在白色背景中，高纯度的红色比低纯度的红色感觉近，高纯度的蓝色比低纯度的蓝色感觉远。

（6）情绪感

不同颜色对人的影响不同，如红色有增加食欲的作用；蓝色有使人情绪稳定的作用；紫色有镇静作用；褐色有升高血压的作用；明度较高而鲜艳的暖色容易引起疲劳；明度低、柔和的冷色给人稳重而宁静的感觉；暖色系颜色令人兴奋，可以激发人的感情和情绪但也易使人感到疲劳；冷色系颜色令人沉静，可以抑制人的情感和情绪，有利于宁静地休息。

此外，明亮而鲜艳的暖色给人以轻快、活泼的感觉，深暗而浑浊的冷色给人以忧郁、沉闷的感觉。无彩色系列中的白色与纯色配合给人以明朗活泼的感觉，而黑色使人产生忧郁的感觉，灰色则为中性。因此，在色彩视觉传达设计中，可以合理地应用色彩的情绪感觉，营造适应人的情绪要求的色彩环境。

7.3.3　色彩设计

7.3.3.1　色彩设计的分类

① 环境色彩。包括厂房、商店、建筑物、室内环境等色彩设计。
② 物品配色。包括机床设备、家具、纺织品、包装等。
③ 标志管理用色。有安全标志、管理卡片、报表、证件等。

7.3.3.2　色彩设计的方法与步骤

（1）色彩设计方法

计算机色彩模拟系统可用于分析配色。模拟系统可以改变、分析、评价各种色彩的组合，确定某一色彩的设计。当进行环境色彩设计时，还可以通过把有代表性的四季景象进行协调、对比来确定建筑物的最佳配色，也可参考已有的设计经验，或用绘画的方式进行评价。

（2）色彩设计步骤

① 根据造型、用途确定色彩设计原则。
② 按以上原则提出各种设计方案。
③ 进行模拟。
④ 制定评价标准，确定理想配色的条件，分析、评价提出的各种设计方案，从中选出最佳方案。

7.3.3.3　色彩调节的概念及目的

（1）色彩调节的概念

选择适当的色彩，利用色彩的效果，可以在一定程度上对环境因素起到调节作用，称为色彩调节。

利用色彩对环境因素进行调节不需要继续追加运行成本，更不会消耗能源，并且它直接作用于人的心理，只要人的视线所及，不论什么空间类型都能发挥作用。因此，色彩调节在作业空间设计和工业设备的施色等方面具有广泛的应用。

（2）色彩调节的目的

色彩调节的目的就是使环境色彩的选择更加适合于人在该环境中所进行的特定活动。色彩调节的目的可分为三大类：

① 提高作业者作业愿望和作业效率；

② 改善作业环境、减轻或延缓作业疲劳；

③ 提高生产的安全性，降低事故率。

其中，第一类适用于生产劳动和工作学习的环境，以提高作业者的主观工作愿望和客观工作效率；第二类适用于人的各种特定活动，在客观上改善作业环境的氛围，主观上减少作业者的生理和心理疲劳；第三类适用于生产劳动现场，如生产车间厂房或户外工地现场，是为了排除作业者受到身体甚至生命的危害，实际上这种调节并不能调节环境因素，而是改变了安全因素，因此称为安全色。

7.3.3.4 色彩调节的应用

色彩调节在作业空间设计和工业设备的施色等各方面具有广泛的应用，可以改善生产现场的氛围，创造良好的工作环境以提高工效，减少疲劳，提高生产的安全性、经济性，降低废品率。车间厂房的施色可分为两部分：一部分是车间、厂房建筑的空间构件；另一部分是设置其中的机械、设备及各种管线。对它们实施色彩调节的施色可分为：安全色、对比色、技术标志用色和环境色。

（1）安全色

安全色是传递安全信息含义的颜色。《安全色和安全标志》（GB 2894—2025）中规定红、蓝、黄、绿 4 种颜色为安全色，其含义和用途见表 7-5。

表 7-5 安全色的含义和用途

颜色	含义	用途举例
红色	传递禁止、停止或提示消防设备、设施的信息	禁止标志； 停止信号：机器、车辆的紧急停车手柄或按钮以及禁止人们触动的部位
蓝色	传递应遵守规定的指令性信息	指令标志：如必须佩戴个人防护用品，道路上指引车辆和行人行驶方向的指令
黄色	传递注意、警告的信息	警告标志； 警戒标志：如作业区内危险机器和坑池边周围警戒线； 行车道中线； 机械设备的齿轮箱； 安全帽

颜色	含义	用途举例
绿色	传递安全的提示性信息	提示标志； 车间内的安全通道； 车辆和行人通行标志； 消防设备和其他安全防护设备的位置

使用安全色必须有很高的打动知觉的能力与很高的视认性，所表示的含义必须能被明确、迅速地区分与认知。因此，使用安全色必须考虑以下三方面：

① 危险的紧迫性越高，越应该使用打动知觉程度高的色彩。

② 危险可能波及的范围越广，越应使用视认性高的色彩。

③ 应该制定约定俗成的色彩作为安全色标准，以防止安全色含义的错误理解。

凡是有特殊要求的零部件、机械、设备等的直接活动部分，管线的接头、栓等部件以及需要特别引起警惕的重要开关，特别的操纵手轮、把手，机床附设的起重装置，需要告诫人们不能随便靠近的危险装置都必须施以安全色。对于调节部件，一般也应施以纯度高、明度大、对比强烈的色彩加以识别。

（2）对比色

对比色是使安全色更加醒目的反衬色，包括黑、白两种颜色。安全色与对比色同时使用时，应按表 7-6 所列的规定搭配使用。

表 7-6　安全色与对比色的规定搭配

安全色	相应的对比色
红色	白色
蓝色	白色
黄色	黑色
绿色	白色

（3）技术标志用色

色彩也应用于技术标志中，表示材料、设备设施或包装物等。《工业管道的基本识别色、识别符号和安全标识》（GB 7231—2003）根据管道内物质的一般性能，将基本识别色分为八种，见表 7-7。

表 7-7　八种基本识别色和颜色标准编号

种类	色彩	标准色	种类	色彩	标准色
水	艳绿	G03	酸或碱	紫	P02
水蒸气	大红	R03	可燃液体	棕	YR05
空气	淡灰	B03	其他液体	黑	
气体	中黄	Y07	氧	淡蓝	PB06

（4）环境色

车间、厂房的空间构件包括地面、墙壁、顶棚以及机械设备中除了直接活动的部件与各种管线的接头、栓等部件外，都必须施以环境色。车间、厂房色彩调节中的环境色应满足以下要求：

① 应使环境色形成的反射光配合采光照明形成足够的明视性。

② 应与避免直接眩光一样，尽量避免施色涂层形成的高光对视觉的刺激。

③ 应形成适合作业的中高明度的环境色背景。

④ 应避免配色的对比度过强或过弱，保证适当的对比度。

⑤ 应避免大面积使用纯度过高的环境色，以防视觉受到过度刺激而过早产生视疲劳。

⑥ 应避免如视觉残像之类的虚幻形象出现，确保生产安全。

如在需要提高视认度的作业面内，尽可能在作业面的光照条件下增大直接工作面与工作对象间的明度对比。经有关专家实验统计，人们在黑色底上寻找黑线比在白色底上寻找同样的黑线所消耗的能量要高 2100 倍。为了减轻视疲劳，必须降低与所处环境的明度对比。

同样，在控制器中也应注意控制器色彩与控制面板之间以及控制面板与周围环境之间色彩的对比，以改进视认性，提高作业的持久性。

综上所述，设计工作场所的用色应考虑：颜色不要单一，明度不应太高或相差悬殊，饱和度也不应太高，根据工作间的性质和用途选择色彩，利用光线的反射率。而设计机器设备的用色应考虑：颜色与设备功能相适应，设备配色与色彩相协调，危险与示警部位的配色要醒目，突出操纵装置和关键部位，显示器要异于背景用色，设备要异于加工材料用色。

7.4　噪声环境与振动环境

7.4.1　噪声环境

噪声是影响范围很广的一种职业性有害因素，在许多生产劳动过程中，都可能接触噪声，长期接触一定强度的噪声可以对人体健康产生不良影响。

7.4.1.1　噪声的性质和分类

噪声是声音的一种，具有声音的物理特性。从卫生学的角度来说，凡是使人感到厌烦或不需要的声音都称为噪声。其中，生产过程中产生的声音、频率和强度没有规律，听起来使人感到厌烦，称为生产性噪声或工业噪声。除此之外，还有交通噪声和生活噪声等。

生产性噪声的分类方法有多种，按照来源可以分为以下几种。

（1）机械性噪声

由于机械的撞击、摩擦、转动所产生的噪声，如冲压、打磨发出的声音。

（2）空气动力性噪声

空气动力性噪声是由气体振动产生的，当气体中有了涡流或发生突变时，引起气体的扰动，就产生了空气动力性噪声。如被压缩的空气或气体由孔眼排出时产生的噪声；在汽缸（内燃机）内爆炸产生的噪声；管道中气流运行时压力波动产生的噪声。

（3）电磁性噪声

电磁性噪声是由电机缝隙中交变力相互作用而形成的，如变压器所发出的嗡嗡声。

7.4.1.2　噪声的危害

噪声是一种人们所不希望存在的声音，它经常影响着人们的情绪和健康，干扰人们的工作、学习和正常生活。目前影响工人健康、严重污染环境的工业噪声源有风机、空气压缩机、电动机、柴油机、纺织机、冲床、圆锯机、球磨机、凿岩机等。这些噪声源设备普遍应用于各工业部门，产生的噪声声级高，影响面大。我国在控制这些噪声问题方面，虽已积累了相当丰富的经验，但仍存在许多实际问题，尚待研究解决。

长期在高噪声环境下工作而又没有采取任何有效的防护措施，必将导致永久性的听力损伤，甚至导致严重的职业性耳聋。国内外现都已把职业性耳聋列为重要的职业病之一。强噪声除了可导致耳聋外，还可对人体的神经系统、心血管系统、消化系统以及生殖系统等产生不良的影响。大量的试验表明，在超过85dB的噪声作用下，大脑皮质的兴奋和抑制失调，导致条件反射异常，出现头痛、头晕、失眠、多汗、恶心、记忆力减退、反应迟缓等；而噪声对心血管系统的慢性损伤作用，一般发生在80～90dB的噪声强度下。试验研究还表明，噪声可导致胃的收缩机能和分泌机能降低。另外，噪声还容易影响人的工作效率，干扰人们的正常谈话。在噪声环境中工作往往使人烦躁、注意力不集中，差错率明显上升。

7.4.1.3　噪声设计标准

对噪声环境的设计首先要符合相关标准和规范，如《工业企业设计卫生标准》（GBZ 1）和《工业企业噪声控制设计规范》（GB/T 50087）。标准规定工业企业应对生产工艺、操作维修、降噪效果进行综合分析，采用行之有效的新技术、新材料、新工艺、新方法。对于生产过程和设备产生的噪声，应首先从声源上进行控制，使噪声作业劳动者接触的噪声声级符合有关标准的规定。采用工程控制技术措施仍达不到《工作场所有害因素职业接触限值　第 2 部分：物理因素》（GBZ 2.2—2007）要求的，应根据实际情况合理设计劳动作息时间，并采取适宜的个人防护措施。工业企业内各类工作场所噪声限值应符合表7-8 中的规定。

表 7-8　工业企业内各类工作场所噪声限值

工作场所	噪声限值/dB（A）
生产车间	85
车间内值班室、观察室、休息室、办公室、实验室、设计室等的室内背景噪声级	7
正常状态下精密装配线、精加工车间，计算机房	700
主控室、集中控制室、通信室、电话总机室、消防值班室、一些办公室、会议室、设计室、实验室等的室内背景噪声级	60
医务室、教室、值班宿舍等的室内背景噪声级	55

7.4.1.4　噪声作业分级

《工作场所职业病危害作业分级　第 4 部分：噪声》（GBZ/T 229.4—2012）中规定了工作场所生产性噪声作业的分级方法。

（1）稳态和非稳态连续噪声

按照《工作场所物理因素测量　第 8 部分：噪声》（GBZ/T 189.8—2007）的要求进行噪声作业测量，依据噪声暴露情况计算 $L_{EX,8h}$ 或 $L_{EX,w}$ 后，根据表 7-9 确定噪声作业级别，共分四级。

表 7-9　噪声作业分级

分级	等效声级 $L_{EX,8h}$/dB	危害程度
I	$85 \leqslant L_{EX,8h} < 90$	轻度危害
II	$90 \leqslant L_{EX,8h} < 94$	中度危害
III	$95 \leqslant L_{EX,8h} < 100$	重度危害
IV	$L_{EX,8h} \geqslant 100$	极重危害

注：表中等效声级 $L_{EX,8h}$ 与 $L_{EX,w}$ 等效使用。

$L_{EX,8h}$ 表示按额定 8h 工作日规格化的等效连续 A 声级，即 8h 等效声级是指将一天实际工作时间内接触的噪声强度等效为工作 8h 的等效声级。

$L_{EX,w}$ 表示按额定周工作 40h 规格化的等效连续 A 声级，即 40h 等效声级是指将非每周 5d 工作制的特殊工作所接触的噪声声级等效为每周工作 40h

的等效声级。

等效连续 A 声级是指在规定的时间内，某一连续稳态噪声的 A 计权声压级，具有与时变的噪声相同的均方 A 计权声压级，则这一连续稳态噪声的声级就是此时变噪声的等效声级，单位用 dB 表示。

（2）脉冲噪声

按照 GBZ/T 189.8—2007 的要求测量脉冲噪声声压级峰值（dB）和工作日内脉冲次数 n，根据表 7-10 确定脉冲噪声作业级别，共分四级。

表 7-10　脉冲噪声作业等级

分级	声压峰值/dB			危害程度
	$n \leqslant 100$	$100 < n \leqslant 1000$	$1000 < n \leqslant 10000$	
Ⅰ	$140.0 \leqslant n < 142.5$	$130.0 \leqslant n < 132.5$	$120.0 \leqslant n < 122.5$	轻度危害
Ⅱ	$142.5 \leqslant n < 145.0$	$132.5 \leqslant n < 135.0$	$122.5 \leqslant n < 125.5$	中度危害
Ⅲ	$145.0 \leqslant n < 147.5$	$135.0 \leqslant n < 137.5$	$125.5 \leqslant n < 127.5$	重度危害
Ⅳ	$n \geqslant 147.5$	$n \geqslant 137.5$	$n \geqslant 127.5$	极重危害

注：n 为每工作日内脉冲次数。

7.4.1.5　噪声的控制

一般来说，控制职业噪声危害的技术途径主要有三方面：一是控制噪声源；二是在传播途径上降低噪声；三是采取个人防护措施。

1）控制噪声源

工作噪声主要由两部分构成：机械性噪声和空气动力噪声，因此，声源控制主要从以下两个方面着手。

（1）降低机械性噪声

机械性噪声主要由运动部件之间及连接部位的振动、摩擦、撞击引起。这种振动传到机器表面，辐射到空间中形成噪声。降低机械性噪声的措施如下：

① 改进机械产品的设计，方法有二：一是选用产生噪声小的材料，一般金属材料的内摩擦、内阻尼较小，消耗振动能量的能力小，因而用金属材料制造的机件，振动辐射的噪声较强，而高分子材料或高阻尼合金制造的机件，在同样振动下，辐射的噪声就小得多；二是合理设计传动装置，在传动装置的设计中，尽量采用噪声小的传动方式，对于选定的传动方式，则通过结构设计、材料选用、参数选择、控制运动间隙等一系列办法降低噪声。

② 改善生产工艺。采用噪声小的工艺，用电火花加工代替切削；用焊接或高强度螺栓代替铆接，用电动机代替内燃机，以压延代替锻造。

（2）降低空气动力性噪声

空气动力性噪声主要由气体涡流、压力急骤变化和高速流动造成。降低空气动力性噪声的主要措施是降低气流速度、减少压力脉冲、减少涡流。

2）控制噪声的传播

传播途径一般是指通过空气或固体传播声音，在传播途径上控制噪声主要是阻断和屏蔽声波的传播或使声波传播的能量随距离衰减。

（1）全面考虑工厂的总体布局

在总图设计时，要正确评估工厂建成投产后的厂区环境噪声状况，高噪声车间、场所与低噪声车间、生活区距离远些，特别强的噪声源应设在远处。此外，把各工作场所中同类型的噪声源集中在一起，防止声源过于分散，减少污染面，便于采取声学技术措施集中控制。

（2）调整声源指向

在与声源距离相同的位置，不同的声源指向上，接收到的噪声强度不同。多数声源的低频辐射指向性较差，随着频率的增加，指向性增强。对于指向性噪声源，若在传播方向上布置得当，会有显著降噪效果。如电厂、化工厂的高压锅炉、高压容器的排气放空等经常会发出较强的高频噪声，此时把出口朝向上空或朝向野外，与朝向生活区排放相比降噪效果更明显。

（3）利用天然地形

利用山冈土坡、树丛草坪和已有的建筑障碍阻断一部分噪声的传播，在噪声强度很大的工厂、车间、施工现场、交通道路两旁设置足够高的围墙或屏障，种植树木限制噪声传播。

（4）采用吸声材料和吸声结构

利用吸声材料和结构吸收声能，降低反射声。经吸声处理的房间，可降低噪声 7～15dB。

（5）采用隔声和声屏装置

采用隔声罩把噪声罩起来，或用隔声室把人防护起来，可以降低噪声对人体的危害。

3）加强个体防护

当其他措施不成熟或达不到听力保护标准时，使用耳塞、耳罩等方式进行个体保护是一种经济、有效的方法。在低于 85dB 的低噪声区，耳塞或耳罩使人耳对噪声及语言的听觉能力同时下降，所以戴耳塞或耳罩更不易听到对方的谈话内容；在高于 85dB 的高噪声区，使用耳塞或耳罩可以降低人耳受到的高噪声负荷，有利于听清对方的谈话内容。

4）卫生保健措施

定期对接触噪声的工人进行健康检查，特别是听力的检查，发现听力损伤应及时采取有效的防护措施。进行就业前体检，获得听力的基础资料，并对患有明显听觉器官、心血管及神经系统器质性疾病者，禁止其参加强噪声作业。

5）音乐调节

一般认为，音乐调节是指利用听觉掩蔽效应，在工作场所创造良好的音乐环境以掩蔽噪声，缓解噪声对人心理的影响，使作业者减少不必要的精神紧张，推迟疲劳的出现，相对提高作业能力的过程。

6）其他

调整班次、增加休息次数、轮换作业等也是很好的防护方法。

7.4.2 振动环境

7.4.2.1 振动及分类

振动是指一个物体或质点在外力的作用下沿直线或弧线相对于基准（平衡）位置来回往复的运动。振动是自然界中很普遍的运动形式，广泛存在于人们的生活和生产中。振动是常见的职业有害因素，在一定条件下可以危害劳动者身心健康，引起职业病。

生产中产生振动的原因主要有：

① 不平衡物体的转动；

② 旋转物体的扭动和弯曲；

③ 活塞运动；

④ 物体的冲击；

⑤ 物体的摩擦；

⑥ 空气冲击波。

锻造机、压力机、切断机、空气压缩机、铣床、振动筛、送风机、振动传送带、印刷机、纺织机等，都是典型的产生振动的机械。运输工具如内燃机车、拖拉机、汽车、摩托车、飞机、船舶等，农业机械如收割机、脱粒机、除草机等，也是常见的振动源。

在当前，接触较多、危害较大的生产性振动来自振动性工具，主要包括：

① 风动工具，如凿岩机、风铲、风锤、风镐、风钻、除锈机、造型机、铆钉机、捣固机、打桩机等。

② 电动工具，如链锯、电钻、电锯、振动破碎机等。

③ 高速旋转机械，如砂轮机、抛光机、钢丝抛光研磨机、手持研磨机、钻孔机等。

矿物开采的凿岩、粉碎、钻井，木业、林业生产中的伐木、电锯，机械制造的造型、捣固、清理、铆钉、砂轮，工业原料的粉碎、筛选、机械加料及搅拌，基本建设中的混凝土搅拌、打桩、水泥制管，这些生产作业都可能密切接触振动工具和振动机械。

7.4.2.2　振动的危害

振动会对人体的多种器官造成影响和危害，从而导致长期接触的人员罹患多种疾病，尤其是手持风动工具和传动工具的工人，生产性振动对他们健康的影响十分突出。

振动对人体的危害分为局部振动危害和全身振动危害。加在人体的某些个别部位并且只传递到人体某个局部的机械振动称为局部振动。如果只通过人的手部传到手臂和肩部，则这种振动称为手传振动。通过支持表面传递到整个人体上的机械振动称作全身振动。振动通过立姿人的脚、坐姿人的臀部和斜躺人的支撑面传到人体的都属于全身振动。强烈的机械振动能造成骨骼、肌肉、关节和韧带的损伤，当振动频率和人体内脏的固有频率接近时，还会造成内脏损伤。足部长期接触振动时，有时即使振动强度不是很大，也可能造成脚痛、麻木或过敏，小腿和脚部肌肉有触痛感，足背动脉搏动减弱，趾甲甲床毛细血管痉挛，等等。局部振动对人体的影响是全身性的，末梢机能障碍中最典型的症状是振动性白指的出现。振动性白指在不同国家有不同的名称，如雷诺现象、振动病、职业性雷诺现象等。振动性白指的特点是发作性的手指发白和发绀。变白部分一般从指尖向手掌发展，进而波及手指甚至全手，也称"白蜡病"。局部振动还可能造成手部的骨骼、关节、肌肉、韧带不同程度的损伤。振动不但影响工作环境中劳动者的身心健康，而且会使他们的视觉受到干扰、手的动作受妨碍和精力难以集中等，造成操作速度下降、生产效率降低，并且可能导致事故。长期接触强烈的振动，对人的循环系统、消化系统、神经系统、血液循环系统、呼吸系统都有不同程度的影响。

7.4.2.3　振动设计标准

对振动的设计依据《工业企业设计卫生标准》（GBZ 1—2010）。该标准规定全身振动强度不超过表 7-11 中规定的卫生限值；受振动（1~80Hz）影响的辅助用室（如办公室、会议室、计算机房、电话室、精密仪器室等），其垂直或水平振动强度不应超过表 7-12 中规定的设计要求。

表 7-11　全身振动强度卫生限值

工作日接触时间 t/h	卫生限值/（m/s^2）
$4 < t \leqslant 8$	0.62
$2.5 < t \leqslant 4$	1.10
$1.0 < t \leqslant 2.5$	1.40
$0.5 < t \leqslant 1.0$	2.40
$t \leqslant 0.5$	3.60

表 7-12　辅助用室垂直或水平振动强度卫生限值及工效限值

接触时间 t/h	卫生限值/(m/s^2)	工效限值/(m/s^2)
$4<t\leqslant 8$	0.31	0.098
$2.5<t\leqslant 4$	0.53	0.17
$1.0<t\leqslant 2.5$	0.71	0.23
$0.5<t\leqslant 1.0$	1.12	0.37
$t\leqslant 0.5$	1.8	0.57

7.4.2.4　振动的控制

在很多情况下，振动是不能全部消除或避免的，对振动的防护主要是考虑如何减少和避免振动对作业者的损害。采取的主要措施如下。

（1）控制振动源

改革工艺过程，采取技术措施，进行减振、隔振，以至消除振动源的振动，这是预防振动职业危害的根本措施。例如，采用液压、焊接、粘接等工艺代替铆接工艺；采用水力清砂、化学清砂等工艺代替风铲清砂；设计自动或半自动的操纵装置，减少手部和肢体直接接触振动；工具的金属部件改用塑料或橡胶，以减弱因撞击而产生的振动；采用减振材料降低交通工具、作业平台的振动。

（2）限制作业时间和振动强度

通过研制和实施振动作业的卫生标准，限制接触振动的强度和时间，最大限度地保障作业者的健康是预防措施的重要方面。例如，日本曾规定链锯伐木作业，在 8h 工作日内累计使用链锯不超过 2h，每次使用应在 10min 内，每周不超过 40h。接触振动强度和时间的限制标准均体现在相应的全身振动和局部振动的暴露限值中。

（3）改善作业环境，加强个人防护

作业环境的防寒、保温有重要意义，特别是寒冷季节的室外作业，要有必要的防寒和保暖设施。振动性工具的手柄温度如能保持在 40℃，对预防振动性白指的发生和发作有较好效果。控制作业环境中的噪声、毒物和湿度等，对防止振动职业危害也有一定作用。配备、合理使用个人防护用品，如工作服，特别是防振手套、减振座椅等，也能减轻振动危害。

（4）加强健康监护和卫生监督

按规定进行就业前和定期健康体检，实施三级预防，及早发现，及时治疗，加强健康管理和宣传教育，提高劳动者的健康意识。

7.5　微气候环境

7.5.1　微气候因素

微气候是指工作场所的气候条件，主要是指作业环境局部的气温、湿度、气流速度以及作业场所的设备、产品和原料等的热辐射条件。微气候直接影响作业者的工作情绪和身体健康，因而不但极大影响工作质量与效率，还会对生产设备产生不良影响。

各种微气候因素是互相影响、互相补偿的，某一因素变化对人体造成的影响，常可由另一因素的相应变化所补偿。例如，人体受热辐射所获得的热量可以被低气温抵消，当气温升高时，若气流速度加大，会使人体散热增加，使人感到不是很热。低温、高湿使人体散热增加，导致冻伤；高温、高湿使人体丧失蒸发散热机能，导致热疲劳。

7.5.2　微气候环境对人体及工作的影响

（1）高温对人体及作业的影响

一般将热源散热量大于 $84kJ/(m^3 \cdot h)$ 的环境叫作高温作业环境，其有以下三种类型：

① 高温、强热辐射作业，其特点是气温高、热辐射强度大、相对湿度较低。

② 高温、高湿作业，其特点是气温高、湿度大，如果通风不良就会形成湿热环境。

③ 夏季露天作业，如农田劳动、建筑施工等露天作业。

在高温作业环境中，人体可能出现一系列生理功能改变，如人的脉搏加快，皮肤血管舒张，血流量大大增加，心率和呼吸加快；消化液分泌量减少，消化吸收能力受到不同程度的抑制，引起食欲不振、消化不良和胃肠疾病的增加；注意力不易集中，严重时会出现头晕、头痛、恶心、疲劳乃至虚脱等症状；大量丧失水分和盐分，甚至引起虚脱、昏厥乃至死亡。

此外，高温对作业效率也有影响。英国研究发现，缺少通风设备的工厂，夏季产量与春秋季相比降低 13％；装有通风设备的同类工厂，产量降低 3％。此外，在高温作业环境下从事体力劳动，小事故和缺勤的发生概率增加，车间产量下降。当环境温度超出有效温度 27℃时，发现需要用运动神经操作，警戒性和决断技能的工作效率会明显降低，而非熟练操作工的工作效能比熟练工损失更大。可见，温度对工作效果的反应敏感，当有效温度超过 29.5℃ 时，事故增多，工作效率快速下降。

（2）低温对人体及作业的影响

低温一般是指 18℃ 以下的温度，但对人和工作有不利影响的低温通常在 10℃ 以下。与高温环境一样，低温作业环境同样会使人感到不舒服。

人体在低温作业环境中，皮肤血管收缩，体表温度降低，辐射和对流散热量达到最小。如果时间较长，还会导致循环血量、白细胞、血小板减少，血糖降低、血管痉挛、营养障碍等症状。一般将中心体温 35℃ 及以下称为体温过低。体温 35℃ 时，寒战达到最大，若体温继续下降，则寒战停止，继而逐渐出现一系列临床症状和体征。体温在 32.2～35℃ 范围内，可见手脚不灵、运动失调、反应减慢及发音困难。寒冷引起的这些神经效应使低温作业工人易受机械事故的伤害。

在低温作业环境中，工作消耗的体力要比常温环境下多。当作业所产生的热量不足以保持体温时，会引起工作效率的变化。在低温环境条件下，首先感到不适的是手、脚、腿和胳膊，以及暴露部分——耳、鼻、脸。图 7-10 记录了防空兵某型高炮作业者在不同环境温度及持续时间下，在装填炮弹工作中进行精细作业的平均操作次数。由图 7-10 可以看出，作业时间越长、实验环境温度越低，作业者的每分钟平均操作次数就越少。也就是说，随着温度降低和持续时间加长，手的灵活性逐渐下降。

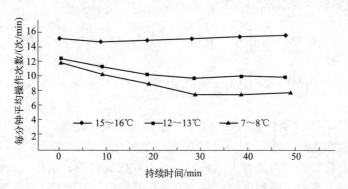

图 7-10　低温作业环境中作业持续时间与手的灵活性的关系

7.5.3　微气候环境的主观感觉及评价

7.5.3.1　人体的热平衡

尽管人所处的作业环境千变万化，但是人的体温波动却很小，为了维持生命，人体要经常对 36.5℃的目标值进行自动调节。人体在自身的新陈代谢过程中，一方面不断吸收营养物质，制造热量；另一方面不断地对外做功，消耗热量。同时通过皮肤和各种生理过程与外界环境进行热交换，将产生的热量传递给周围环境，包括人体外表面以对流和辐射的方式向周围环境散发的热量、人体汗液和呼出的水蒸气带走的热量。人体热平衡状态如图 7-11 所示，当人体产热和散热相等时，处于热平衡状态，人体感觉不冷不热；当产热多于散热时，人体热平衡被破坏，可导致体温升高；当散热多于产热时，会导致体温下降，人体将感觉到冷。可见这并不是一个简单的物理过程，而是在神经系统调节下的非常复杂的过程。人体如果得不到热平衡，则要随着散热量小于或大于产热量的变化，发生体温上升或下降，人就会感到不舒服，甚至生病。

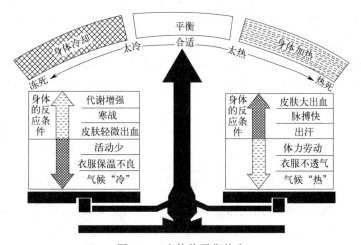

图 7-11 人体热平衡状态

7.5.3.2 舒适的微气候环境条件

衡量微气候环境对人体的舒适程度是相当困难的，不同的人有不同的评估。一般认为"舒适"有两种含义：一种是指人主观感到的舒适；另一种是指人体生理上的适宜度。比较常用的是以人主观感觉作为标准的舒适度。人的自我感觉的舒适度与工作效率有关。

（1）舒适的温度

舒适温度是指某一温度范围，生理学上常规定为：正常地球引力和海平面气压条件下穿着薄衣服、坐着休息、无强迫热对流、未经热习服的人所感到舒适的温度。按照这一规定，舒适温度一般指（21±3）℃。

人主观感到舒适的温度与许多因素有关，既有客观条件又有主观因素。客观条件包括：季节不同舒适温度不同，夏季比冬季高；湿度越大，风速越小，则舒适温度越低；在不同地域长期生活的人，对舒适温度的要求也不同。主观因素包括：不同的体质、性别、年龄的差别，女性的舒适温度比男性高 0.55℃，40 岁以上的人比青年人约高 0.55℃；穿厚衣服对环境舒适温度的要求较低；不同劳动条件下的舒适温度也不同。表 7-13 是在室内湿度为 50％时某些劳动的舒适温度指标。

表 7-13　不同劳动条件下的舒适温度指标（室内湿度为 50％）

作业姿势	作业性质	工作举例	舒适温度/℃
坐姿	脑力劳动	办公室、调度台	18～24
	轻体力劳动	操纵、小零件分类	18～23
站姿	轻体力劳动	车工、铣工	17～22
	重体力劳动	沉重零件安装	15～21
	很重体力劳动	伐木	14～20

（2）舒适的湿度

在不同的空气湿度下，人的感觉不同。高气湿会使人的皮肤感到不适，对工作效率产生消极影响；低气湿时人会感到口鼻干燥。一般来说，最适宜的相对湿度是 40％～60％。

当室内气温 T 在 12.2～26℃时，最合适的湿度 φ（％）与 T（℃）的关系如下：

$$\varphi = 188 - 7.2T \tag{7-4}$$

（3）舒适的风速

舒适的风速与场所的用途和室温有关。普通办公室最佳空气流速为 0.3m/s，教室、阅览厅、影剧院为 0.4m/s；从季节来看，春秋季为 0.3～0.4m/s，夏季为 0.4～0.5m/s，冬季为 0.2～0.4m/s。而当室内温度和湿度很高时，空气流速最好为 1～2m/s。

7.5.3.3　微气候环境的评价依据

微气候环境对人体影响的主观感觉是评价微气候环境的主要依据之一，几乎所有的微气候环境评价标准都是在研究人的主观感觉的基础上制定的。在不同微气候环境因素下对众多作业者的主观感觉进行调查，所获得的资料便可以作为主观评价的依据。

7.5.3.4　微气候环境的综合评价指标

由于气温、湿度、风速以及热辐射等因素综合作用于人体产生感觉，所以应采用一个综合指标来表示和评价微气候环境。常用的评价方法或指标有以下四种。

（1）不舒适指数（DI）

不舒适指数用于评价人体对温度、湿度环境的感觉。不舒适指数可由式（7-5）求出：

$$DI = (T_d + T_w) \times 0.72 + 40.6 \qquad (7-5)$$

式中　DI——不舒适指数；

　　　T_d——干球温度，℃；

　　　T_w——湿球温度，℃。

通过计算各种作业场所、办公室及公共场所的不舒适指数，就可以掌握其环境特点及对人的影响。不舒适指数的不足之处是没有考虑风速。

（2）有效温度（ET）

有效温度是一种生理热指标，是根据被试者在实验条件下对温度、湿度和气流速度的主观感受来划分等级，成为统一的具有同等温度感觉的等效温度。图 7-12 为穿正常衣服进行轻劳动时的有效温度，从图中可以查出一定条件下从事轻劳动的有效温度。例如，在干球温度为 30℃、湿球温度为 25℃、风速为 0.5m/s 的环境中，分别找出干球温度 30℃ 点和湿球温度 25℃ 点，通过这两点间的连线与风速为 0.5m/s 曲线的交点，即可求出此时的有效温度为 26.6℃。

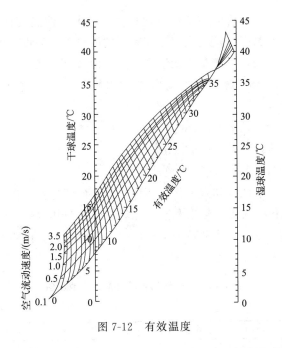

图 7-12　有效温度

有效温度的不足之处是没有考虑辐射的影响，但可用黑球温度代替干球温度加以校正。

（3）三球温度（WBGT）

三球温度是将干、湿、黑球温度计分别测得的温度按一定的比例进行加权平均得出的温度指标，是一种用于评价在暑热环境下热强度的综合指标。

在受太阳辐射的环境下，湿球温度计应完全暴露在太阳辐射下，而干球温度计应防止太阳辐射，三球温度基本公式如下：

$$WBGT=0.1T_d+0.7T_w+0.2T_g \tag{7-6}$$

式中　WBGT——三球温度，℃；

T_d——干球温度，℃；

T_w——自然通风状态下的湿球温度，℃；

T_g——黑球温度，℃。

若在室内和室外遮阴的环境下，干球温度项可以取消，而黑球温度的权重系数为 0.3，则三球温度公式改成如下形式：

$$WBGT=0.7T_w+0.3T_g \tag{7-7}$$

三球温度综合考虑了空气温度、辐射温度、气流和湿度的影响，比有效温度更适于暑热环境下的热强度评价，特别是现在常用于室内（舱内）暑热环境的评价。

（4）卡他度（H）

卡他度一般用于评价劳动条件舒适程度，可由卡他温度计测量计算得出。测定卡他度的卡他温度计是为模拟人体表面的散热条件而设计的，其下端有一个圆柱形的酒精容器，上部是棒状温度计，上面只有 38℃ 和 35℃ 两个刻度线。可通过测定液柱由 38℃ 降到 35℃ 时所需要的时间 t 而求得卡他度。

$$H=F/t \tag{7-8}$$

式中　H——卡他度，$mcal/(cm^2 \cdot s)$，$1cal=4.19J$；

F——卡他计常数，$mcal/cm^2$；

t——由 38℃ 降至 35℃ 所经过的时间，s。

卡他度分为干卡他度和湿卡他度两种，干卡他度包括对流和辐射的散热效应，湿卡他度则包括对流、辐射和蒸发三者综合的散热效果。卡他度表示了温度、湿度和风速三者对人体散热的综合作用，数值越大，说明散热越好。工作时感到较舒适的卡他度值见表 7-14。

表 7-14　工作时感到较舒适的卡他度值

单位：$mcal/(cm^2 \cdot s)$

劳动状况	轻作业	中等作业	重作业
干卡他度	＞6	＞8	＞10
湿卡他度	＞18	＞25	＞30

7.5.4　改善微气候环境的措施

7.5.4.1　高温作业环境的改善

高温作业环境的改善应从生产工艺和技术措施、保健措施、生产组织措施等几方面入手。

（1）生产工艺和技术措施

① 合理设计工艺流程，改进生产设备和操作方法，是改善高温作业劳动条件的根本措施；

② 隔热，是防暑降温的一项重要措施；

③ 降低湿度；

④ 通风降温。

（2）保健措施

① 合理供给饮料和补充营养，高温作业工人应补充与出汗量相等的水分和盐分；

② 做好个人防护，应根据工作需要，使用工作帽、防护眼镜、面罩、手套、鞋盖、护腿等个人防护用品；

③ 进行职业适应性检查，凡有心血管系统器质性疾病、血管舒缩调节机能不全、持久性高血压、溃疡病、活动性肺结核、肺气肿、肝肾疾病、明显的内分泌疾病（如甲状腺功能亢进）、中枢神经系统器质性疾病、过敏性皮肤瘢痕的患者和处于重病后恢复期及体弱者，均不宜从事高温作业。

（3）生产组织措施

① 合理安排作业负荷，高温作业条件下，不应采取强制生产节奏，应适当减轻工人负荷，合理安排作息时间，以减少工人在高温条件下的体力消耗；

② 合理安排休息场所，温度控制在 20～30℃，最适于高温作业环境下身体积热后的休息；

③ 职业适应，对于离开高温作业环境较长时间又重新从事高温作业者，应给予更长的休息时间，使其逐渐适应高温环境。

7.5.4.2　低温作业环境的改善

（1）做好防寒和保暖工作

应按《工业企业设计卫生标准》和《工业建筑供暖通风与空气调节设计规范》（GB 50019—2015）的规定，设置必要的采暖设备，使低温作业地点保持合适的温度。冬季露天作业或在无采暖设施的车间工作时，应在工作地点附近设取暖室，供工人轮流取暖休息之用。除低气温外，应注意风致冷效应，若工作地点的风速高、气温低，须提供更高隔离值的保暖服装。

（2）注意个人防护

为低温作业人员提供御寒服装，其面料应具有热导率小、吸湿性和透气性强的特性。在湿环境下劳动，应发放橡胶工作服、围裙、长靴等防湿用品。工作时若衣服浸湿，应及时更换或烘干。教育、告知工人体温过低的危险性及预防措施：肢端疼痛和寒战是低温的危险信号（提示体温可能降至 35℃），当寒战十分明显时，应终止作业。劳动强度不可过高，防止过度出汗。禁止饮酒，酒精除影响注意力和判断力外，还可扩张血管，减少寒战，导致人体散热增加而诱发体温过低。

（3）增强耐寒体质

人体皮肤在长期和反复的寒冷作用下，表皮会增厚，御寒能力增强，从而适应寒冷，故经常冷水浴或冷水擦身或较短时间的寒冷刺激结合体育锻炼，均可提高人体对寒冷的适应性。此外，适当摄入富含脂肪、蛋白质和维生素的食物也有帮助。

7.6　其他作业环境

7.6.1　有毒环境

当某物质进入机体并累积到一定量后，与机体组织和体液发生生物化学或生物物理作用，扰乱或破坏机体的正常生理功能，引起暂时性或永久性病变，甚至危及生命，该物质就被称为毒性物质。生产性毒性物质在生产环境中常以气体、粉尘、蒸气等各种形态存在，如氯化氢、氰化氢等以气态污染环境；低沸点的物质，例如苯、汽油等以蒸气形态污染环境；而喷洒农药时的药物、喷漆时的漆雾等，则以雾的形态污染环境。这些生产性毒性物质会引起职业中毒，危害作业者的身体健康甚至导致死亡事故的发生，因此，针对毒性物质环境的设计就显得尤为重要。

7.6.1.1　有毒有害气体

有毒气体是指常温、常压下呈气态的有害物质。例如冶炼过程、发动机排放过程的一氧化碳。有毒蒸气是有毒固体升华、有毒液体挥发形成的蒸气。空气中的有害气体或蒸气超过一定限值时，就会导致作业者中毒或者诱发其他职业性疾病。工业生产中几种常见的有毒有害气体的浓度与人体的关系如表 7-15

所列。

表 7-15　几种常见有毒气体与人体的关系

气体名称	气体浓度/10^{-6}	对人体的影响
CO	50	允许的暴露浓度,可暴露8h(OSHA,美国职业安全与健康管理局)
	200	2~3h内可能会导致轻微的前额头痛
	400	1~2h后前额头痛并呕吐,2.2~3.5h后眩晕
	800	45min内头痛、头晕、呕吐,2h内昏迷,可能死亡
	1600	20min内头痛、头晕、呕吐,1h内昏迷并死亡
	3200	5~10min内头痛、头晕,30min无知觉,有死亡危险
	6400	1~2min内头痛、头晕,10~15min无知觉,有死亡危险
	12800	马上无知觉,1~3min内有死亡危险
H_2S	0.13	最小的可感觉到的臭气味浓度
	4.60	易察觉的有适度臭味的浓度
	10	开始刺激眼球,可允许的暴露浓度;可暴露8h〔OSHA,ACGIH(美国政府工业卫生学家协会)〕
	27	强烈的不愉快的臭味,不能忍受
	100	咳嗽、刺激眼球,2min后可能失去嗅觉
	200~300	暴露1h后,出现明显的结膜炎(眼睛发炎)、呼吸道受刺激
	500~700	失去知觉,呼吸停止(中止或暂停),以至于死亡
	1000~2000	马上失去知觉,几分钟内呼吸停止并死亡,即使马上搬到新鲜空气中,也可能死亡
Cl_2	0.5	允许的暴露浓度(OSHA,ACGIH)
	3	刺激黏膜、眼睛和呼吸道
	3.5	产生一种易觉察的臭味
	15	马上刺激喉部
	30	30min内最大的暴露浓度
	100~150	肺部疼痛、压感,暴露稍长将引起死亡
NO	25	允许的暴露浓度(OSHA)
	0~50	较低的水溶性,因此超过TWA浓度(时间加权平均浓度),对黏膜也有轻微刺激
	60~150	咳嗽、烧伤喉部,如果快速移到清新空气中,症状会消除
	200~700	即使短时间暴露也会死亡
NO_2	0.2~1	可察觉的有刺激的酸味
	1	允许的暴露浓度(OSHA,ACGIH)
	5~10	对鼻子和喉部有刺激
	20	对眼睛有刺激
	50	30min内最大的暴露浓度
	100~200	肺部有压迫感,急性支气管炎,暴露稍长将引起死亡
SO_2	0.3~1	可察觉的最初低SO_2浓度
	2	允许的暴露浓度(OSHA,ACGIH)
	3	非常容易察觉的气味
	6~12	对鼻子和喉部有刺激
	20	对眼睛有刺激
	50~100	30min内最大的暴露浓度
	400~500	引起肺积水和声门刺激的危险浓度,暴露时间更长会导致死亡

气体名称	气体浓度/10^{-6}	对人体的影响
HCN	10	允许的暴露浓度（OSHA）
	10～50	头痛、头晕、眩晕
	50～100	感到反胃、恶心
	100～200	暴露在此环境中 30～60min 即引起死亡
NH$_3$	0～25	对眼睛和呼吸道的最小刺激
	25	允许的暴露浓度（OSHA,ACGIH）
	50～100	眼睑肿起，结膜炎，呕吐，刺激喉部
	100～500	高浓度时危险，刺激变得更强烈，稍长时间会引起死亡

工业粉尘是指能长时间漂浮在作业场所空气中的固体微粒，粒子大小多在 $0.1\sim10\mu m$。例如木材、油、煤类等燃烧时产生的烟尘，固体物质的粉碎、铸件的翻砂、沉积粉尘遇到振动等情况都易在作业环境中造成粉尘。

烟（尘）则是指直径小于 $0.1\mu m$ 的悬浮在空气中的固体微粒，一般形成于燃料的燃烧、高温熔融和化学反应等过程中。某些金属熔融时所产生的蒸气在空气中会迅速冷凝或者氧化，其间也会形成烟，例如熔铜铸铜时会产生氧化锌烟。

如果作业者在操作过程中长期暴露在上述毒物环境中，就会由于接触过量的有毒有害物而发生中毒，甚至死亡。

7.6.1.2 毒物的危害

不同的毒物会对人体的不同部位或者生理机能造成损害，例如有害气体或蒸气会引发职业中毒。粉尘会诱发职业性呼吸系统疾患，例如尘肺病、职业性过敏性肺炎等。常见的毒物损害有以下几方面。

（1）神经系统

毒物对中枢神经和周围神经系统均有不同程度的危害作用，其表现为神经衰弱综合征、全身无力、易于疲劳、记忆力减退、头晕、头痛、失眠、心悸、多汗，多发性末梢神经炎及中毒性脑病，等等。汽油、四乙基铅、二硫化碳等中毒还表现为兴奋、狂躁、癔病。

（2）呼吸系统

氨、氯气、氮氧化物、氟、三氧化二砷、二氧化硫等刺激性毒物可引起声门水肿及痉挛、鼻炎、气管炎、支气管炎、肺炎及肺水肿。有些高浓度毒物（如硫化氢、氯、氨等）能直接抑制呼吸中枢或引起机械性阻塞而窒息。

（3）血液和心血管系统

严重的苯中毒，可抑制骨髓造血功能；砷化氢、苯肼等中毒，可引起严重的溶血，出现血红蛋白尿，导致溶血性贫血；一氧化碳中毒可使血液的输氧功能发生障碍；钡、砷、有机农药等中毒，可造成心肌损伤，直接影响人体血液循环系统的功能。

（4）消化系统

肝是解毒器官，人体吸收的大多数毒物蓄积在肝脏里，并由它进行分解、转化，起到自救作用。但某些亲肝性毒物，如四氯化碳、磷、三硝基甲苯、锑、铅等，主要伤害肝脏，往往形成急性或慢性中毒性肝炎。汞、砷、铅等急性中毒，可引发严重的恶心、呕吐、腹泻等消化道炎症。

（5）泌尿系统

某些毒物会损害肾脏，尤其以汞和四氯化碳等引起的急性肾小管坏死性肾病最为严重。此外，乙二醇、汞、镉、铅等也可以引起中毒性肾病。

（6）皮肤损伤

强酸、强碱等化学药品及紫外线可导致皮肤灼伤和溃烂。液氯、丙烯腈、氯乙烯等可引起皮炎、红斑和湿疹等。苯、汽油能使皮肤因脱脂而干燥、皲裂。

（7）眼睛的危害

化学物质的碎屑、液体、粉尘飞溅到眼内，可发生角膜或结膜的刺激炎症、腐蚀灼伤或过敏反应。尤其是腐蚀性物质，如强酸、强碱、飞石灰或氨水等，可使眼结膜坏死糜烂或角膜混浊。甲醇会影响视神经，严重时可导致失明。

（8）致突变、致癌、致畸物

某些化学毒物可引起机体遗传物质的变异。有突变作用的化学物质称为化学致突变物。有的化学毒物能致癌，这种能引起人类或动物癌症的化学物质称为致癌物。有些化学毒物对胚胎有毒性作用，可引起畸形，这种化学物质称为致畸物。

（9）对生殖功能的影响

工业毒物对女工月经、妊娠、授乳等生殖功能可产生不良影响，不仅对妇女本身有害，而且可累及下一代。接触苯及其同系物、汽油、二硫化碳、三硝基甲苯的女工，易出现月经过多综合征；接触铅、汞、三氯乙烯的女工，易出现月经过少综合征。化学诱变物可引起生殖细胞突变，引发畸胎，尤其是妊娠后的前三个月，胚胎对化学毒物最敏感。在胚胎发育过程中，某些化学毒物可致胎儿发育迟缓，可致胚胎的器官或系统发生畸形，可使受精卵死亡或被吸收。有机汞和多氯联苯均有致畸胎作用。

7.6.1.3　尘、毒环境的卫生标准

《工业企业设计卫生标准》规定优先采用先进的生产工艺、技术和无毒

（害）或低毒（害）的原材料，消除或减少尘、毒职业性有害因素；对于工艺、技术和原材料达不到要求的，应根据生产工艺和粉尘、毒物特性，参照《工作场所防止职业中毒卫生工程防护措施规范》（GBZ/T 194—2007）的规定设计相应的防尘、防毒通风控制措施，使劳动者活动的工作场所有害物质浓度符合《工作场所有害因素职业接触限值　第 1 部分：化学有害因素》（GBZ 2.1—2019）的要求；如预期劳动者接触浓度不符合要求的，应根据实际接触情况，参照《有机溶剂作业场所个人职业病防护用品使用规范》（GBZ/T 195—2007）、《呼吸防护用品的选择、使用与维护》（GB/T 18664—2002）的要求同时设计有效的个人防护措施。

7.6.1.4　毒害环境的改善措施

为了使毒物环境符合标准规范的要求，保障作业人员的身体健康及安全，可以采取以下几种措施加以改善。

① 以无毒或毒性小的原材料代替有毒或毒性大的原材料。例如，有毒的四氯化碳可用氯仿等代替；铸造业所用的石英砂容易引起硅沉着病，可用其他无害的或含硅量较少的物质代替；选择无硫或低硫燃料，或采取预处理法去硫，等等。

② 改变操作方法。改变操作方法通常是改善作业环境条件的最好办法。如将人工洗涤法改为蒸汽除油污法，蓄电池铅板的氧化铅改为机械涂法以及静电喷漆法，等等。尽可能使生产过程机械化、自动化。

③ 隔离或密闭法。为了将有害作业点与作业人员隔开，可采用隔离措施。隔离的方式有围挡隔离、时间隔离、距离隔离、密闭等。密闭是在产生有毒气体、蒸气、液体或粉尘的生产过程中，将机器设备、管道、容器等加以密闭，使之不能逸出。

④ 湿式作业。对于产生粉尘的作业过程，利用水对粉尘的湿润作用，采用湿式作业可以收到良好的防尘效果，如耐火材料、陶瓷、玻璃、机械铸造行业等所使用的固体粉状物料采用湿式作业，使物料含水量保持在 3%～10%，即可避免粉尘飞扬。石粉厂用水碾、水运可根除尘害。

⑤ 通风。通风是改善劳动条件、预防职业毒害的有力措施。特别是在上述各项措施难以解决的时候，采用通风措施可以使作业场所空气中有毒有害物质含量保持在国家规定的最高容许浓度以下。

⑥ 合理的厂区规划。在新建、扩建、改建工业企业时，要在厂址选择、厂区规划、厂房建筑配置以及生活卫生设备的设计方面加以周密的考虑，应遵照《工业企业设计卫生标准》（GBZ 1）中有关规定执行。

⑦ 作业场所的合理布置。作业场所布置应做到整齐、清洁、有序，按生

产作业、设备、工艺功能分区布置。

⑧ 个体防护措施。当采用各种改善技术措施还不能满足要求时，应采用个体防护措施，使作业人员免遭有害因素的危害。

⑨ 包装及容器要有一定强度，经得起运输过程中正常的冲撞、振动、挤压和摩擦，以防毒物外泄，封口要严，且不易松脱。

⑩ 加强厂区的绿化建设。

7.6.2 电磁辐射

当导线有交流电通过时，导线周围辐射出一种能量，这种能量以电场和磁场形式存在并以波动形式向四周传播，人们把这种交替变化的，以一定速度在空间传播的电场和磁场称为电磁辐射或电磁波。电磁辐射分为射频辐射、红外线、可见光、紫外线、X 射线及 α 射线等。

电磁辐射广泛存在于人类生产生活的环境中。各种电磁辐射因其频率、波长、量子能量不同，对人体的危害作用也不同。当量子能量达到 12eV 以上时，对物体有电离作用，能导致机体的严重损伤，这类辐射称为电离辐射。量子能量小于 12eV 的，不足以引起生物体电离的电磁辐射称为非电离辐射。

7.6.2.1 非电离辐射

1）非电离辐射的来源及危害

（1）射频辐射

射频辐射又称无线电波，量子能量很小。按波长和频率，射频辐射可分为高频电磁场、超高频电磁场和微波 3 个波段。

高频作业，如高频感应加热金属的热处理、表面淬火、金属熔炼、热轧及高频焊接等。高频介质加热对象是不良导体，广泛用于塑料热合、棉纱与木材的干燥、粮食烘干及橡胶硫化等。高频等离子技术用于高温化学反应和高温熔炼。

作业地带的高频电磁场主要来自高频设备的辐射源，如高频振荡管、电容器、电感线圈及馈线等部件。无屏蔽的高频输出变压器是作业人员的主要辐射源。

微波作业。微波加热广泛用于食品、木材、皮革及茶叶等加工以及医药与纺织印染等行业。烘干粮食、处理种子及消灭害虫是微波在农业方面的重要应用。医疗卫生上主要用于消毒、灭菌与理疗等。

生产场所接触微波辐射多因设备密闭结构不严，造成微波能量外泄或由各种辐射结构（天线）向空间辐射微波能量。

一般来说，射频辐射对人体的影响不会导致组织器官的器质性损伤，主要引起功能性改变，并具有可逆性特征，在停止接触数周或数月后往往可恢复。但高强度长期射频辐射，将对心血管系统造成危害。

（2）红外线辐射

在生产环境中，加热金属、熔融玻璃及强发光体等可成为红外线辐射源。炼钢工、铸造工、轧钢工、锻钢工、玻璃熔吹工、烧瓷工及焊接工等可受到红外线辐射。红外线辐射对机体的影响主要是皮肤和眼睛。

（3）紫外线辐射

生产环境中，物体温度达1200℃以上时其辐射电磁波谱中即可出现紫外线。随着物体温度的升高，辐射的紫外线频率增加，波长变短，其强度也增大。常见的辐射源有冶炼炉（高炉、平炉、电炉）、电焊、氧乙炔气焊、氩弧焊和等离子焊接等。

强烈的紫外线辐射作用可引起皮炎，表现为弥漫性红斑，有时可出现小水泡和水肿，并有发痒、烧灼感。在作业场所比较多见的是紫外线对眼睛的损伤，即由电弧光照射所引起的职业病——电光性眼炎。此外在雪地作业、航空航海作业时，受到大量太阳光中紫外线照射，可引起类似电光性眼炎的角膜、结膜损伤，称为太阳光眼炎或雪盲症。

（4）激光

激光不是天然存在的，而是通过人工激活某些活性物质，在特定条件下受激发光。激光也是电磁波，属于非电离辐射，被广泛应用于工业、农业、国防、医疗和科研等领域。在工业生产中，主要利用激光辐射能量集中的特点，用于焊接、打孔、切割和热处理等。激光可应用于农业的育种、杀虫。

激光对人体的危害主要是由它的热效应和光化学效应造成的。激光能烧伤皮肤，它对皮肤损伤的程度取决于其强度、频率及人体肤色深浅、组织水分含量和角质层厚度等。

2）非电离辐射的控制与防护

高频电磁场的主要防护措施有场源屏蔽、距离防护和合理布局等。对微波辐射的防护措施包括直接减少源的辐射、屏蔽辐射源、采取个人防护及执行安全规则。对红外线辐射的防护重点是对眼睛的保护，减少红外线暴露和降低炼钢工人等的热负荷，生产操作中应佩戴有效过滤红外线的防护镜。对紫外线辐射的防护是屏蔽和增大与辐射源的距离，佩戴专用的防护用品。对激光的防护，应包括激光器、工作室及个体防护三方面：激光器要有安全设施，在光束可能泄漏处应设置防光封闭罩；工作室围护结构应使用吸光材料，色调要暗，避免裸眼看光；使用适当个体防护用品并对人员进行安全教育；等等。

7.6.2.2　电离辐射

（1）电离辐射的来源

凡能引起物质电离的各种辐射称为电离辐射。其中，α、β 等带电粒子都能直接使物质电离，称为直接电离辐射；γ 光子、中子等非带电粒子，先作用于物质产生高速电子，继而由这些高速电子使物质电离，称为非直接电离辐射。能产生直接或非直接电离辐射的物质或装置称为电离辐射源，如各种天然放射性核素、人工放射性核素和 X 线机等。

随着核工业、核设施的迅速发展，放射性核素和射线装置在工业、农业、医药卫生和科学研究中已经广泛应用。接触电离辐射的人员也日益增多。

（2）电离辐射的防护

电离辐射的防护，主要是控制辐射源的质和量。电离辐射的防护分为外照射防护和内照射防护。外照射防护的基本方法有时间防护、距离防护和屏蔽防护，通称"外防护三原则"。内照射防护的基本防护方法有围封隔离、除污保洁和个人防护等综合性防护措施。

7.7　作业空间安全性设计

人在操纵机器时所需要的操作活动空间和机器、设备、工具、被加工对象所占有的空间的总和，称为作业空间。作业空间安全性设计是根据人的操作活动要求，对机器、设备、工具、被加工对象等进行合理的布局与安排，以达到操作安全、可靠、舒适、方便，提高工作效率的目的。

天宫空间站
作业环境与作业
空间案例

7.7.1　作业空间安全性设计的基本原则

7.7.1.1　作业空间的类型

人与机器设备等互相配合完成工作任务是在一定的空间范围内进行的。人在完成工作任务过程中的活动空间，即设备、工具、被加工对象等所占据的空间称为工作空间或者作业空间。按照作业空间包含的范围不同，可以将其分为近身作业空间、个体作业场所和总体作业空间。

（1）近身作业空间

近身作业空间是指作业者在某一固定的工作岗位上，考虑人体的静态或动态的尺寸限制，保持站姿或坐姿的工作姿势，完成作业任务时所涉及的空间范围。

（2）个体作业场所

个体作业场所是指作业者周围与作业有关的、包含设备因素在内的作业区域，简称作业场所，如吊车驾驶室。在个体作业场所中，不仅要考虑近身作业空间，还要考虑信息显示器、控制器、操作目标的布置，以有利于操作者准确、快速地获取信息并及时操作。

（3）总体作业空间

将彼此之间有相互联系的多个个体作业场所布置在一起就构成了总体作业空间。总体作业空间不是直接的作业场所，而是反映个体作业场所之间尤其是多个作业者之间的相互联系。

广义上讲，作业空间的设计就是综合考虑人的生理、心理等方面的因素，对作业空间中的作业者、机器、设备、工具等按照工艺流程、作业者的要求进行合理的布置，提高整个人机系统的可靠性和经济性。狭义上讲，作业空间设计就是为了合理设计作业者的坐姿或站姿工作岗位，确保作业者工作时的健康、安全和舒适。

7.7.1.2　作业空间设计的步骤

（1）前期调研

要制定作业空间的设计目的和任务，必须对现场情况进行调查研究。一方面需要了解作业内容、作业过程、作业所需的工具和设备、作业的生产要求与环境要求等；另一方面需要了解工作人员群体的人体尺度、人体模型、培训要求等。

（2）确定初步设计方案

根据前期的调研结果总结作业空间的设计要求，确定初步的设计方案，即空间的初步规划。结合作业性质及工艺特点等布置现场作业者和作业对象。

（3）空间模型

空间模型有比例模型和全尺寸模型两种。比例模型是一种抽象的概念性描述；全尺寸模型可以作为一种模拟手段，检验现实的作业空间设计是否合理，舒适性是否满足，有助于设计者全面分析并改进设计结果。作业空间设计模型往往被应用于设计一些重要且复杂的作业空间设计（如井下调度中心控制室）。

（4）讨论并修正设计方案

对初步的设计方案进行多方论证，调整其中未体现出设计要求的部分内容，补充和改进不足之处，并进行空间的总体合理性验证。

（5）撰写设计报告

设计报告是对整个设计过程的全面描述，体现了设计师的设计思想及设计手段。它包括空间设计概念的建立、问题的提出以及问题的解决方法。

7.7.1.3 作业空间设计应遵循的原则

操作者对作业空间的具体要求受到很多因素的影响，例如作业特点、作业空间特点、视觉范围、作业姿势、个体因素、维修活动等。为了使作业空间设计得既经济、合理，又能给作业人员的操作带来舒适和方便，作业空间设计时一般应遵守以下原则：

① 正确协调总体设计与局部设计之间的关系。作业空间的设计应从全局的角度出发，保证空间内人和机的合理布局，避免某一处的作业者和作业对象过于集中，造成该处的空间劳动负荷过大。在此前提下，再考虑空间内各局部要素之间的平衡与协调。由于总体与局部之间既相互依存又相互制约，所以需要正确协调它们之间的关系。

② 工作空间的设计要以人为中心，以设备为切入点。也就是说，设计的时候要围绕操作要求，把人的生理、心理需求作为设计的主要依据，最终为操作者设计一个舒适的作业环境。如果依据人体测量数据设计时，则要保证至少90%的操作者都能够适应而且可操作。

7.7.2 作业场所空间布置

作业场所空间布置是指在有限的作业空间内，在完成作业面设定的前提下，合理地安排与布局显示器、控制器等其他作业对象。工作空间的设计应实现人-机-环境的全局整体性和局部协调性。既需要从机器、设备的功能和结构因素上考虑如何方便地完成工序并保证一定的经济性，又要从作业主体人上考虑如何高效地完成工作任务并保证一定的安全性。

7.7.2.1 作业场所布置的原则

任何元件都可有其最佳的布置位置，它取决于人的感受特性、人体测量学与生物力学特性以及作业的性质。对于作业场所而言，因为显示器与控制器太多，不可能每一个设施都处于理想的位置，这时必须依据一定的原则来安排，从人机系统的整体来考虑，最重要的是保证方便、准确的操作，据此可确定作业场所布置的总体原则。

（1）重要性原则

首先考虑操作上的重要性。最优先考虑的是实现系统作业的目标或达到其他性能最为重要的元件。一个元件是否重要往往由它的作用来确定。有些元件可能并不频繁使用，但却是至关重要的，如紧急控制器，一旦使用就必须保证迅速而准确。

（2）使用频率原则

显示器与控制器应按使用频率的大小依次排列。经常使用的元件应放在作业者易见、易及的位置。

（3）功能原则

根据机器的功能进行布置，把具有相同功能的机器布置在一起，以便作业者记忆和管理。

（4）使用顺序原则

在设备操作中，为完成某动作或达到某一目标，常按顺序使用显示器与控制器。这时，元件则应按使用顺序排列布置，以使作业方便、高效，如启动机床、开启电源等。

7.7.2.2　主要工作岗位的空间尺寸

对作业场所进行布置时，除了要了解人的身体测量数据和机器设备等固有的尺寸以外，还要考虑动态作业时人的舒适活动范围以及机器设备与周围环境之间合理的间距尺寸。人在作业场所中会从事一些主要的生产工作，同时也会进行一些故障排查或检修工作等，工作空间尺寸是否合适对工作效率有着很大的影响，因此必须要进行合理的设计。

（1）工作间

工作间是操作者的主要活动场所，为了使操作人员活动自如，避免产生心理障碍和身体损伤，要求工作场地面积大于 $8m^2$，每个操作者的活动面积应大于 $1.5m^2$，且自由活动场地的宽度大于 $1m$。最优活动面积为 $4m^2$。不同作业姿势的操作者所需要的工作空间尺寸也不同，如表 7-16 所列。

表 7-16　基本尺寸要求

作业者	工作空间/m^2
坐姿工作人员	12
不以坐姿为主人员	15
重体力作业者	18

（2）机器设备与设施间的布局尺寸

作业场所中多台机器协同作业时，机器设备与设施间要保持足够的空间距离。按照各活动机件处于正常作业时能达到的最大范围计算，所需要的最小间距如表 7-17 所列。另外，如果是高于 $2m$ 的运输线，需有附加牢固护罩。

表 7-17　不同设备类型之间的最小间距　　　　　　单位：m

间距类型	设备类型		
	小型	中型	大型
加工设备之间	0.7	1	2
设备与墙、柱	0.6	0.7	0.9
操作空间	0.6	0.7	1.1

（3）办公室管理岗位和设计工作岗位

多人共同作业的办公区域，空间太小会使人肢体难以伸展，过于收缩会带来身体的不适感。而从心理方面考虑，空间太小会使作业者缺乏私密空间，容易感到拘谨，不利于工作的进行。因此，办公室管理岗位和设计工作岗位的空间设计，应同时从生理和心理的角度考虑。办公室人员的空间尺寸如表 7-18 所列。

表 7-18　办公室人员的空间尺寸

人员类别	面积/m^2	活动空间/m^3	高度/m
管理人员	≥5	≥15	≥3
设计人员	≥6	≥20	≥3

7.7.2.3　辅助性工作场地的空间设计

辅助性工作场地包括工作场所的出入口，通道和走廊，楼梯、梯子和斜坡道，平台和护栏，等等。这些辅助性的工作场地又称公共工作位置或公共活动区域，也是作业空间的重要组成部分。因此，除了主要工作岗位的空间尺寸以外，还必须考虑这些辅助的工作场地尺寸。

（1）出入口

对于一些封闭的工作区域，往往必须考虑设置一些常规出入口供日常通行，允许预期的人员、车辆和货物不受限制地通过。出入口的位置不应使进、出人员意外地启动控制器或堵塞通往控制器的通道。应急出口还必须能用手或者脚一触即开，若采用把手或者按钮的打开方式，操纵力应小于 220N。

出入口的宽度和高度应视具体情况（如是否进出车辆及车辆和负荷的大小等）确定。仅供人员进、出的出入口，最小高度不得低于 2.1m，最小宽度不得窄于 0.81～0.86m。除了用于防风雨或通风等其他用途以外，出入口一般应避免采用门槛。

封闭的工作场所还要有必要的应急出口，用于特殊紧急情况下人员的疏散。因此，应急出口的设计既要保证人员的迅速撤离，又要考虑救援装备和防护服，如表 7-19 所列。

表 7-19　应急出口的尺寸　　　　　　　　单位：mm

应急出口的类型	尺寸	
	最小	最优
矩形门窗开口	405×610	510×710
方形门窗开口	460	560
圆形门窗开口	560	710

（2）通道和走廊

工作区域经常存在一条或几条通道和走廊，在设计它们的高度、宽度和位置时，都应考虑该区域预定的人流和物流的大小和方向。

对仅供人通行的人行道和走廊来说，其尺寸相对可小些。但为了使人们通过不受限制，应在人体测量数据基础上，采用修正系数的办法，为穿臃肿防护服和携带装备的人员留出足够的余隙。例如，按人体测量尺寸，一个人可以侧身或者以其他姿势通过 510mm 宽的走廊。然而在考虑了着装等因素后，单人或单向通行的走廊宽度至少应为 760mm。表 7-20 是各种通道的尺寸值，图 7-13 是对应的尺寸位置。

表 7-20　各种通道的尺寸　　　　　　　　单位：mm

代号	A	B	C	D	E	F	G	H	I	J
静态尺寸	300	900	530	710	910	910	1120	760	单向 760	610
动态尺寸	510	1190	660	810	1020	1020	1220	910	双向 1220	1020

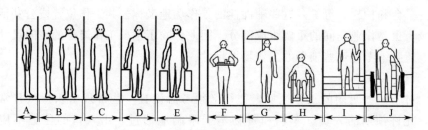

图 7-13　各种通道的尺寸位置

设计通道和走廊，应选择在视线良好的区域，尽量设双向通道，避免单向，保证通道流畅；明确通道的实质用途，避免作业者在其内搬运设备；为通道设置必要的标记及结构形式。图 7-14 所示为通道和走廊的最小空隙。

（3）楼梯、梯子和斜坡道

现代企业一般都有高大的设备或厂房，许多人的工作位置离地面都有一定的高度，为了最快、最有效地进入或通过这些工作区域，应该设置楼梯、梯子和斜坡道。

① 楼梯。楼梯的设计参数包括坡度、抬步高度和踏脚板深度。楼梯的最佳斜度应设计为 30°～35°左右，坡度小于 20°应设计为坡道，大于 50°应该使用

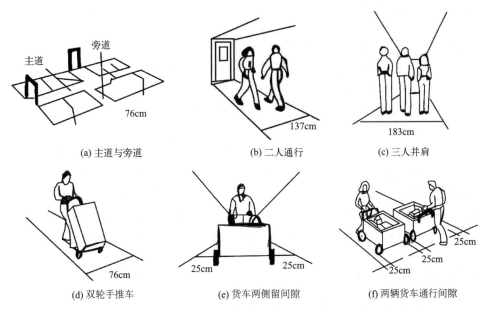

图 7-14　通道和走廊的最小空隙

梯子。楼梯各参数的尺寸如表 7-21 所列。

表 7-21　楼梯各参数的尺寸

坡度/(°)	抬步高度/m	踏脚板深度/m
30	160	280
35	180	260
40	200	240
45	220	220
50	240	200

② 梯子。常用的梯子有移动式和固定式两种。固定的梯子一般设计有扶手，称为扶梯，坡度范围在 $50°\sim75°$ 之间。而移动的梯子一般可折叠，所以使用时应使其坡度大于 $70°$，防止出现滑移。梯子的坡度决定其抬步高度和踏板深度，坡度越小，踏板越深，而抬步高度也越小，具体尺寸可参考楼梯设计参数。

③ 斜坡道。作业场所中有时会碰到两个不同高度的作业面，为了便于在这两个作业面之间进行装卸货物、运输重物等作业，需要设计一个连接两个作业面的地面通道，通常称为斜坡道。斜坡道的设计要考虑的是作业者的个人力量和操作安全性，一般对于手推车和运货车，斜度不能超过 $15°$，无动力时设计坡道要缓一些。而且坡道的表面也要防滑，并在两边安装扶手，在此上进行搬运作业的设备还要设计刹车装置。

（4）平台和护栏

① 平台。在生产中，根据情况往往要求将作业人员升至设备的最佳操作范围之内进行作业，这时就需要建立围绕工作区域或在工作区域的相关部分建立连续工作面，这种工作面叫作平台。平台的设计要求负荷要大于实际负荷，并与相邻工作设备表面的高度差小于±50mm，平台的尺寸不得小于910mm×700mm，空间高度大于1800mm。此外，还要在平台面板四周装踢脚板，高度不得小于150mm。

② 护栏。当护栏或走廊高度高出地面200mm时，为防止作业人员从高处工作位置或地板开口处掉下去，在所有敞开侧都必须装设护栏。护栏的扶手高度应根据第95百分位的人体垂心高度和可能携带的最大负荷量对重心高度的影响确定，其数值应大于1050mm。护栏可采用网状结构。当采用非网状结构形式时，护栏的立柱间距应小于1000mm，横杆间距应小于380mm。

7.7.2.4　工位器具的设计

工位器具是指企业在生产现场（通常指生产线）或仓库中用以存放生产对象工具的各种装置。它包括常用的辅助性器具，一般都是用来盛装各种零部件、原材料等，能同时满足生产的需要和方便生产工人的操作。工位器具的设计是否合理、适用，对作业环境有着很大的影响，设计时需要考虑工位器具的选用、工位器具设计要求、工位器具的使用和布置要求等内容。

（1）工位器具的选用

工位器具按其用途可分为通用和专用两种：通用的工位器具一般适用于单件小批生产；专用的工位器具一般适用于成批生产。

工位器具按其结构形式可分为箱式、托板式、盘式、筐式、吊式、挂式、架式和柜式等。方法如下：

① 原材料毛坯等不需隔离放置的工件可选用箱式和架式。

② 大型零部件等可选用托板式。

③ 小工件、标准件等可选用盘式。

④ 需要酸洗、清洗、电镀或热处理的工件可选用筐式。

⑤ 细长的轴类工件可选用吊式、挂式、架式。

⑥ 贵重及精密件如工具、量具可选用柜式。

（2）工位器具设计要求

① 周转运输首先应考虑工件存放条件、使用工序和存放数量，需防护部位及使用过程中残屑和残液的收集处理等，并要求利用周转运输和现场定置管理。

② 应使工件摆放条理有序，并保证工件处于自身最小变形状态，易磕、砸、划伤部位应采用加垫等保护措施。

③ 应便于统计工件数量。

④ 要减少物件搬运及拿取工件的次数，一次移动工件数量要多，但同时应对人体负荷、操作频率和作业现场条件加以综合考虑。

⑤ 依靠人力搬运的工位器具应有适当把手和手持部位。

⑥ 重量大于 25kg 或不便使用人力搬运的工位器具应有供起重的吊耳、吊钩等辅助装置，需用叉车起重的应在工位器具底部留有适当的插入空间，起吊装置应有足够的强度并使其分布对称于重心，以便起重抬高时按正常速度运输不至于发生倾覆事故。

⑦ 应保证拿取工件方便并有效地节省容器空间。应按拿取工件时的手、臂、指等身体部位伸入形式，留出最小入手空间。

⑧ 工位器具的尺寸设计要考虑手工作业时人的生理和心理特征，以及合理的作业范围。

⑨ 对需要身体贴近进行作业的工件器具，应在其底部留有适当的放脚空间。

⑩ 工位器具不得有妨碍作业的尖角、毛刺、锐边、凸起等，需堆码放置时应有定位装置以防滑落。带抽屉的工位器具应在抽屉拉出一定距离的位置设有防滑脱的安全保险装置。

（3）工位器具的使用和布置要求

① 放置的场所、方向和位置一般应相对固定，方便拿取，避免因寻找而产生走路、弯腰等多余动作。

② 放置的高度应与设备等工作面高度协调，必要时应设有自动调节升降高度的装置，以保持适当的工作面高度。

③ 堆码高度应考虑人的生理特征、现场条件、稳定性和安全性。

④ 带抽屉的工位器具应根据拉出的状态，在其两侧或正面留出手指、手掌和身体的活动距离。

⑤ 为便于使用和管理，应按技术特征用文字、符号或颜色进行编码或标示，以利于识别。

⑥ 编码或标示应清晰、鲜明，位置要醒目，同类工位器具标示应一致。

7.7.3　作业姿势与作业空间布置

正确的人体姿势和体位可以减少静态疲劳，有利于保证人的身体健康和工作质量，提高劳动生产率；相反，作业姿势不舒适，例如久站不动，长期地或经常重复地弯腰（指脊背弯曲角超过 15°），经常重复地单腿支撑，手臂长时间向前伸直或伸开等，容易导致作业疲劳，时间久了甚至会引起劳损（如驼背、腰肌劳损和肩肘腕综合征等），是职业病的一大起因。因此，作业的时候一定要尽量避免不正确的姿势。

生产活动中常见的作业姿势一般可以分为坐姿、立姿、坐-立交替姿势等。

7.7.3.1 坐姿作业空间布局设计

坐姿作业空间布局设计主要包括工作台、工作座椅、人体活动余隙和作业范围等的尺寸和布局等。

1）适合坐姿的作业

① 持续时间较长的静态作业。坐姿时，支持身体的力较小，腿上消耗的能量和负荷较小，血液循环畅通，可减少疲劳和人体能量的消耗。

② 精密度要求高而又要求仔细的作业。坐姿时，若设备振动或移动，则人体有较大的稳定度和平衡度。

③ 需要手足并用，并对一个以上踏板进行控制的作业。坐姿时，双脚容易移动，可借助座椅支撑对脚动控制器施以较大力量。

2）坐姿作业设计的影响因素

坐姿作业通常是在作业面上进行的，作业范围为操作者手和脚可伸及的一定范围的三维空间。空间布置时需要考虑的因素主要包括工作台、作业范围、人体活动余隙和工作座椅等的尺寸和布局等。

（1）坐姿工作面的高度

坐姿工作面的高度主要由人体参数和作业性质等因素决定。设计坐姿工作面的高度时应以坐高或坐姿肘高的第95百分位数作为参考数据。一般用座面高度加1/3坐高或坐姿肘高减25mm来确定工作面高度。若少部分作业者无法适应这一设计高度，可以选择合适的脚踏板（脚垫）来调整。对于不同的作业性质，作业需要的力越大，则工作面高度就越低；作业视力要求越强，则工作面的高度就越高。图7-15给出了坐姿情况下不同的工作面高度，图7-16为工作面高度与人的身高和作业活动性质的关系。

① a线适合对视力强度、上肢活动精度和灵活性要求很高的作业，如高精度轴组装配。工作面高度一般选为（880±20）mm，眼睛与被观察物体之间的距离为120～250mm，能区分直径小于0.5mm的零件。

② b线适合对视力强度要求较高的工作，如仪表的组装、精确复制和画图等，工作面高度一般选为（840±20）mm，眼睛与被观察物体之间的距离为250～350mm，能区分直径小于1mm的零件。

③ c线适合一般的作业要求，如一般的钳工、坐着的办公工作等，工作面高度一般为（740±20）mm，眼睛与被观察物体之间的距离小于500mm，能区分直径小于10mm的零件。

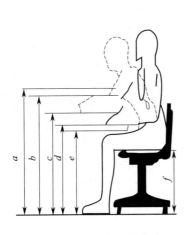

图 7-15　坐姿工作面的高度

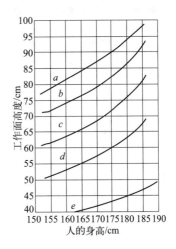

图 7-16　工作面高度与人的身高和
作业活动性质的关系

④ d 线适合精度要求不高、需要较大力气才能完成的手工作业，如电脑输入数据、产品包装、大零件安装等，工作面高度一般为（680±20）mm，眼睛与被观察物体之间的距离大于 500mm。

⑤ e 线适合视力要求不高的作业，如操作一般机械等，工作面高度一般为（600±20）mm，眼睛与被观察物体之间的距离大于 400mm。

（2）坐姿工作面的宽度

工作面宽度视作业功能要求而定。若单供肘靠之用，最小宽度为 100mm，最佳宽度为 200mm；仅当写字面用，最小宽度为 305mm，最佳宽度为 405mm；作办公用，最佳宽度为 910mm；作实验台用，视需要而定。为保证大腿容隙，工作面板厚度一般不超过 50mm。工作面的宽度根据使用功能不同具体设定，如表 7-22 所列。

表 7-22　工作面的宽度

使用功能	宽度/mm	
	最小宽度	最佳宽度
仅供肘靠	100	200
仅当写字面	305	405
办公桌	—	910
实验台	根据实际情况确定,厚度为 50mm	

（3）容膝空间

在设计坐姿用工作台时，必须根据脚可到达区域在工作台下部布置容膝空间，以保证作业者在作业过程中腿脚姿势方便舒适。图 7-17 为腿脚的几种姿

301

势：两腿伸直；腿在座位下弯曲；一只脚在前，一只脚在后；两腿交叉；两脚交叉；脚放在脚动控制器上。适宜的容膝空间尺寸见表 7-23。

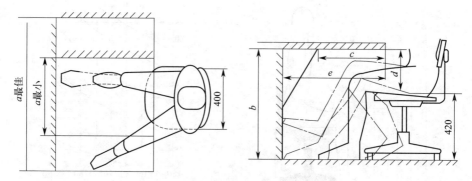

图 7-17 不同腿脚的姿势的容膝空间（单位：mm）

表 7-23 适宜的容膝空间尺寸

符号	尺度部位	尺寸/mm	
		最小	最大
a	容膝孔宽度	510	1000
b	容膝孔高度	640	680
c	容膝孔深度	460	660
d	大腿空隙	200	240
e	容腿孔深度	660	1000

（4）椅面高度及活动余隙

坐姿作业离不开工作座椅。座椅的设计应使作业者在长期坐着工作时，感到具有生理上舒适、操作上方便、容易维持躯干的稳定和变换姿势、能减少疲劳和提高工效等作用效果。工作座椅需要占用的空间，不仅包括座椅本身的几何尺寸，还包括人体活动需要改变座椅位置等余隙要求。椅面高度和座椅布置的活动余隙要求如下：

① 椅面高度应根据坐姿腘高和坐姿肘高的第 95 百分位数进行设计，矮身材的人可以通过脚踏板（脚垫）调整。一般椅面高度比工作面高度低 270～290mm 时，上半身操作姿势最方便。因此，椅面高度宜取（420±20）mm。

② 座椅放置的深度距离（工作台边缘至固定壁面的距离），至少应在810mm 以上，以便容易移动椅子，方便作业者的起立与坐下等活动。

③ 工作座椅的扶手至侧面固定壁面距离最小为 610mm，以利于作业者自由伸展胳膊等。

（5）坐姿作业范围

坐姿作业范围是作业者以坐姿进行作业时，手和脚在水平面和垂直面内所触及的最大轨迹范围。它分为水平作业范围、垂直作业范围和立体作业范围。

① 水平作业范围是指人坐在工作台前，在水平面上方便地移动手臂所形成的轨迹。它包括正常作业范围和最大作业范围。正常作业范围是指上臂自然下垂，以肘关节为中心，前臂做回旋运动时手指所触及的范围；最大作业范围是指人的躯干前侧靠近工作面边缘时，以肩峰点为轴，上肢伸直做回旋运动时手指所触及的范围。坐姿作业的水平作业范围如图 7-18 所示。

② 垂直作业范围。以肩峰为轴，上肢伸直在矢状面上移动的范围为垂直面的垂直最大作业范围；上臂自然下垂以桡骨点为轴前臂在矢状面上的移动范围为垂直正常作业范围。坐姿作业的垂直作业范围如图 7-19 所示。

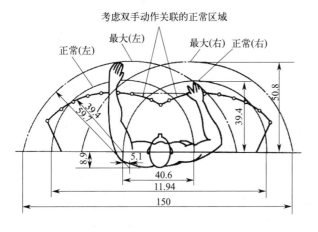

图 7-18　坐姿作业的
水平作业范围（单位：cm）

图 7-19　坐姿作业的
垂直作业范围（单位：mm）

③ 立体作业范围指的是将水平和垂直作业范围结合在一起的三维空间。实际上，坐姿作业时，作业者的动作范围被限制在工作面以上的空间范围，其上肢作业范围为一立体空间，如图 7-20 所示。图 7-21 为坐姿立体空间作业范围，坐姿立体空间作业范围的舒适区域介于肩和肘之间，此时手臂的活动路线最短、最舒适，能迅速而准确地进行操作。

例如，当坐姿作业是小件组装，要把 8 个部件装配起来，则作业者面前至少需要有 250mm×250mm 的操作面积。供料箱应分布在作业者前方大于 250mm 处（即装配区的周围）和工作场所中心左方或右方 410mm 之内，并且不得高于工作面 500mm（最好在工作面上方 250mm 处，以减轻肩部肌肉疲劳）。经常取用的物件应置于操作面之前 150～300mm 范围内，使作业者无须向前弯曲身体就能拿到。大而重的物件需靠近场地前面，允许作业者有时（每小时几次）到场外取物。

7.7.3.2　立姿作业空间布局设计

立姿作业空间主要包括工作台、工作活动余隙和作业范围等的尺寸和布局。

图 7-20 坐姿上肢作业范围

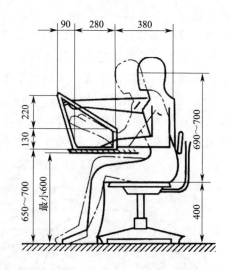

图 7-21 坐姿立体空间作业范围（单位：mm）

（1）立姿工作面的高度

立姿工作面的高度与身高、作业时施力的大小、视力要求和操作范围等很多因素有关。在考虑不同身高的作业者对工作面高度的要求时，虽然可以设计出高度可调的工作台，但实际上，大都通过调整脚垫的高度来调整作业者的身高和肘高。因此，立姿工作面高度应按照身高和肘高的第 95 百分位数设计。对男女共用的工作面高度按照男性的数值设计。图 7-22 按照男性身高的第 95 百分位数给出了立姿情况下不同的工作面高度。

图 7-22 中：尺寸 a 所示的台面高度为 $1050 \sim 1150\text{mm}$，适合于精密工作、靠肘支撑的工作（如书写、画图等）。尺寸 b 所示的台面高度为 1130mm，适合于虎口钳固定在工作台上的高度。尺寸 c 所示的台面高度为 $959 \sim 1000\text{mm}$，适用于要求灵巧的工作、轻手作业（如包装、安装等）。尺寸 d 所示的台面高度为 $800 \sim 950\text{mm}$，适用于要求用力大的工作（如刨床、钳工工作等）。

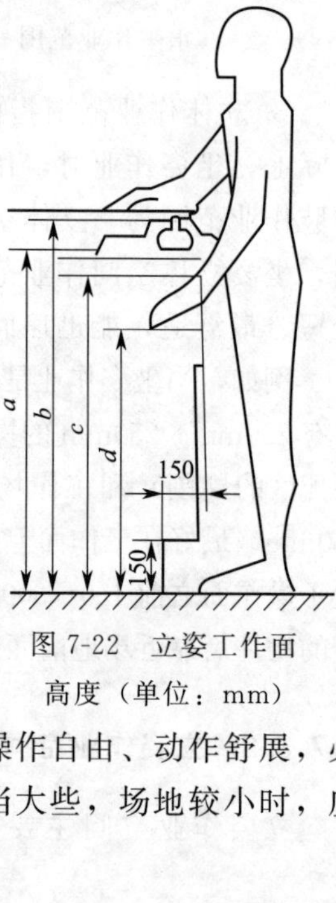

工作面的宽度视需要而定。

（2）立姿工作活动余隙

图 7-22 立姿工作面高度（单位：mm）

立姿作业时人的活动性比较大，为了保证作业者操作自由、动作舒展，必须使站立位置有一定的活动余隙。有条件时，可以适当大些，场地较小时，应按有关人体参数的第 95 百分位数加上穿着防寒服时的修正值进行设计，一般应满足以下要求。

① 站立用空间（作业者身前工作台边缘至身后墙壁之间的距离），不得小于 760mm，最好能在 910mm 以上。

② 身体通过的宽度（在局部位置侧身通过的前后间距），不得小于 510mm，最好能保证在 810mm 以上。

③ 身体通过的深度（在局部位置侧身通过的前后间距），不得小于 330mm，最好能保证在 380mm 以上。

④ 行走空间宽度（供双脚行走的凹进或凸出的平整地面宽度），不得小于 305mm，一般须在 380mm 以上。

⑤ 容膝容足空间。立姿作业提供容膝容足空间，可以使作业者站在工作台前能够屈膝和向前伸脚，不仅站着舒服，而且可以使身体靠近工作台，扩大上肢在工作台上的可及深度。容膝孔的高度应为 640～680mm；容膝孔的深度应为 460～660mm；容腿孔的深度应为 660～1000mm；大腿离工作台面的空隙不得小于 200mm。

⑥ 过头顶余隙（地面至顶板的距离）。一些岗位的过头顶余隙就是楼层的高，但许多大型设备常在机器旁建立比较矮小的操纵控制室，空间尺寸十分有限。如果过头顶余隙过小，心理上易产生压迫感，影响作业的耐久性和准确性。过头顶余隙最小应大于 2030mm，最好在 2100mm 以上，在此高度下不应有任何构件通过。

（3）立姿作业范围

立姿水平作业范围与坐姿作业时基本相同，立姿垂直作业范围要比坐姿作业的大一些，也分为正常作业范围和最大作业范围，同时有正面和侧面之分（图 7-23）。最大可及范围是以肩关节为中心、以臂的长度为半径（720mm）所画的圆弧；最大抓取范围是以 600mm 为半径所画的圆弧；最舒适的作业范围是半径为 300mm 左右的圆弧，身体前倾时，半径可增加到 400mm。

7.7.3.3　坐-立姿作业空间布局设计

在设计坐立交替的工作面时，工作面的高度以立姿作业时的工作面高度为准，为了使工作面高度适合坐姿操作，需要提供较高的椅子。椅子高度以 68～78cm 为宜，同时一定要提供脚踏板，作为作业者坐姿工作时脚部休息的地方，否则作业者很难工作持久。图 7-24 给出了坐立交替工位设计要求。

因坐-立姿作业空间的特殊性，工作椅的设计布局宜采用以下方式：

① 椅子可以移动，以便在立姿操作时可将它移开。

② 椅子高度可调，以适应不同身高工作者的需要。

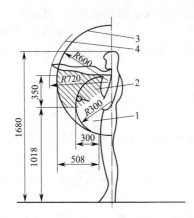 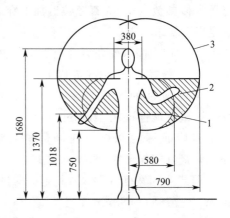

图 7-23　立姿作业范围（单位：mm）

1—最舒适的作业范围；2—较有利的作业范围；3—最大抓取范围；4—最大可及范围

③ 坐姿作业时应提供脚踏板（脚垫），如工作椅座面过高，没有脚踏板的情况下作业者的双脚下垂，造成座面前缘压迫大腿，使血液循环受阻。踏板中心位置高度应为座面高度减去坐姿腘高的第 95 百分位数，以保证容膝空间适应 90% 以上的人群。若踏板高度可调，调节范围取 20～230mm 为宜。

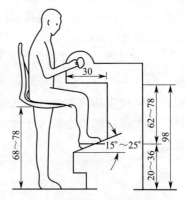

图 7-24　坐立交替工位
设计要求（单位：cm）

7.7.3.4　其他姿势的作业空间

除了在固定工作岗位上通过操纵机器直接生产制造产品之外，还有大量的作业者从事机器设备安装维修工作。当进入设备和管路布局区域或进入设备和容器的内部时，由于空间的限制，作业者只能采用蹲姿、跪姿和卧姿等进行工作。因此，必须在设备的设计和布局时预见到相应姿势并预留所需空间，具体包括两个方面：一是到达各检修点的可达性问题；二是在各检修点的可操作性问题。

（1）检修通道的布局与最小尺寸

解决可达性问题，就是根据可能的通行姿势设计合理的检修通道。检修通道应针对一切可能的检修项目，采用最容易使所需的零部件、作业者的身体、工具等顺利通过的形状。在确定具体尺寸时，应考虑作业者携带零部件和工具的方式所需的工作余隙，还应考虑作业人员在通道内的视觉要求。否则，遇到紧急检修时，作业者、工具和更换的零部件无法进入导致不得不拆除或破坏其他的设施，造成减产或停产。

一般情况下，设置一个大的检修通道比设置两个或更多个小的检修通道的效果要好，检修通道应位于正常安装时易于接近的设备表面或直接进入最便于维修的地方，同时应处于远离高压或危险转动部件的安全区。否则应采取有效的安全措施，以防作业人员进出时受到伤害。表 7-24 给出了人体形态尺寸对各种通行方式的最小通道尺寸。

表 7-24　人体形态尺寸对各种通行方式最小通道尺寸

序号	通行方式	尺度	尺寸/mm		
			最小	最好	穿着防寒服
1	单人正面通过	宽×高	560×1600	610×1860	810×1910
2	双人并行通过	宽×高	1220×1600	1370×1860	1530×1910
3	双人侧身通过	宽×高	760×1600	910×1860	910×1910
4	方形垂直入口	边长×边长	459×459	560×560	810×810
5	圆形垂直入口	直径	560	610	
6	矩形水平入口	宽×高	535×380	610×510	810×810
7	圆形爬行管道	直径	635	760	810
8	方形爬行管道	边长×边长	635×635	760×760	810×810

（2）其他姿势最小作业空间尺寸

安装与维修机器设备时，若检修点的作业空间过小，人的肢体施展不开，就会以不合理的方式用力而损伤肌肉、骨骼组织，或者会因把持不住工具、零部件等而造成物体掉落，既影响工作效率，又容易砸伤人体。

全身进入的各种姿势所需的最小作业空间尺寸，应根据有关人体测量项目的第 95 百分位数进行设计，具体尺寸见图 7-25 和表 7-25。

表 7-25　其他姿势的最小作业空间尺寸

作业姿势	尺度标记	尺寸/mm		
		最小值	选取值	穿着防寒服
蹲坐作业	a 高度	120	—	130
	b 宽度	7	92	100
屈膝作业	a 高度	120	—	130
	c 宽度	90	102	110
跪姿作业	d 宽度	110	120	130
	e 高度	145	—	150
	f 手距地面高度		70	
爬着作业	g 高度	80	90	95
	h 长度	150	—	160
俯卧作业（腹部朝下）	i 高度	45	50	60
	j 长度	245	—	—
仰卧作业（背部向下）	k 高度	50	60	65
	l 长度	190	195	200

有时候，出于结构或其他具体情况的需要，安装维修作业是通过观察口和

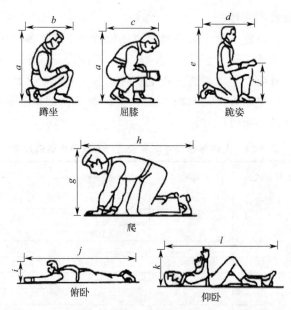

图 7-25　其他姿势的最小作业空间尺寸

操作通道两个部分去实现的。即作业中，只需用手或手指伸入某个区域内部。这时，必须在设备上设计出最佳轮廓外形的检查孔、检查窗或门等，以便手能自如活动。

对于检查孔或观察窗的间隙尺寸，设计时要考虑人携带零件和工具时的余隙以及人在通道内的视觉要求。最好将检修点布置在容易接近的设备表面或者设备内部容易接近的区域，同时还要远离高压电或危险转动部件。此外要确保在检修点可进行维修工作，使检修点的作业空间允许维修者在其内伸展自如，不致损伤肌肉、骨骼组织等。由标准工具尺寸和使用方法确定的维修空间的尺寸见表7-26。

表 7-26　由标准工具尺寸和使用方法确定的维修空间的尺寸

开口部尺寸	尺寸/mm		开口部尺寸	尺寸/mm			使用工具
	A	B		A	B	C	
	140	150		135	125	145	可使用螺丝刀等
	175	135		160	215	115	可用扳手向上旋转60°

开口部尺寸	尺寸/mm		开口部尺寸	尺寸/mm			使用工具
	A	B		A	B	C	
	200	185		215	165	125	可用扳手从前面旋转60°
	270	205		215	130	115	可使用钳子、剪线钳等
	170	250		305	—	150	可使用钳子、剪线钳等
	90	90					

7.7.4 安全距离设计

由于种种原因，许多设备要实现无任何危险之处是很难的，因此就必须考虑与其保持一定的安全距离。安全距离有两种：一是防止人体触及机械部位的间隔，称为机械防护安全距离，机械防护安全距离的确定，主要取决于人体测量参数；二是使人体免受非触及机械性有害因素影响的间隔，如超声波危害、电离辐射和非电离辐射危害、冷冻危害以及尘毒危害等，其安全距离的确定，主要取决于危害源的强度和人体的生理耐受限。

7.7.4.1 机械防护安全距离设计

机械防护安全距离分为 3 类：防止可及危险部位的安全距离、防止受挤压的安全距离和防止踩空致伤的盖板开口安全距离。其大小等于身体尺寸或最大可及范围与附加量的代数和。

$$S_d = (1 \pm K)L \tag{7-9}$$

或
$$S_d = (1 \pm K)R_m \tag{7-10}$$

式中　S_d——安全距离，mm；

　　　L——人体尺寸，mm；

　　R_m——最大可及范围，mm；

　　　K——附加量系数。

由于安全距离直接关系到人体的安全与健康，所以人体尺寸或最大可及范围的选取，应采用第 99 百分位数上男女两者中较大的数值作为最小安全距离的设计依据；采用第 1 百分位数上男女两者中较小的数值作为最大安全空隙的设计依据。这样可以保证 99％以上的人群不会进入危险区域内部。同时，为了保证人体不会触及危险区域的界面，还必须在人体尺寸或最大可及范围的基础上加上一个附加量（即安全余量），用 K 表示。应用式(7-9) 和式(7-10) 计算不允许身体触及的最小安全距离时用减号。附加量的大小系数 K 可按表 7-27 选取。

表 7-27　身体有关部位附加量系数

身体有关部位	K
身高等大尺寸	0.03
上、下肢等中等尺寸，大腿围度	0.05
手、指、足面高、脚宽等小尺寸，头胸等重要部位	0.10

公式中的安全距离 S_d 是根据人体的裸体测量数据得到的。实际应用时，还应考虑不同环境所要求的着装因素。

机械防护安全距离的具体尺寸可参阅《生产设备安全卫生设计总则》（GB 5083—2023）。

7.7.4.2　防止可及危险部位的安全距离设计

如果人体接触机械设备（含附属装置）的静止或运动部分，可能导致受伤，在机器设备设计时或作业空间布局设计时，必须考虑防止可及危险部位的安全距离。防止可及危险部位的安全距离包括上伸可及安全距离、探越可及安全距离、上肢自由摆动可及安全距离和穿越孔隙可及安全距离。

（1）上伸可及安全距离

当双足跟着地站立时，手臂上伸可及的安全距离 S_d 为 2410mm，如图 7-26 所示。

（2）探越可及安全距离

在身体越过固定屏障或防护设施的边缘时，最大可及距离是防护屏的高度和危险部位高度的函数（图 7-27），相应的安全距离可由表 7-28 查得。

图 7-26　上伸可及安全距离

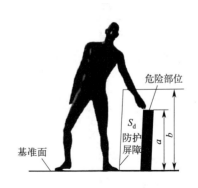

图 7-27　探越可及安全距离

表 7-28　探越可及安全距离　　　　　　　　　单位：mm

a	b							
	2400	2200	2000	1800	1600	1400	1200	1000
2400	—	50	50	50	50	50	50	50
2200	—	150	250	300	350	350	400	400
2000	—	—	250	400	600	650	800	800
1800	—	—	—	500	850	850	950	1050
1600	—	—	—	400	850	850	950	1250
1400	—	—	—	100	750	850	950	1350
1200	—	—	—	—	400	850	950	1350
1000	—	—	—	—	200	850	950	1350
800	—	—	—	—	—	500	850	1250
600	—	—	—	—	—	—	450	1150
400	—	—	—	—	—	—	100	1150
200	—	—	—	—	—	—	—	1050

注：a 为从地面算起的危险区域高度；b 为防护屏障棱边的高度。

（3）上肢自由摆动可及安全距离

有些作业中，人体上肢的掌、腕、肘、肩等关节根部紧靠在固定台面或防护设施的边缘仅由支靠点前面一部分肢体向四周自由摆动从事作业活动，此时的安全距离可以由表 7-29 查出。

表 7-29　上肢自由摆动可及安全距离　　　　　　单位：mm

上肢部位		S_d	图示
从	到		
掌指关节	指尖	≥120	

续表

| 上肢部位 | | S_d | 图示 |
从	到		
腕关节	指尖	≥225	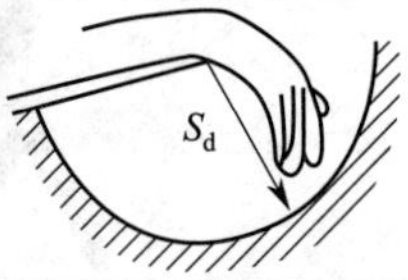
肘关节	指尖	≥510	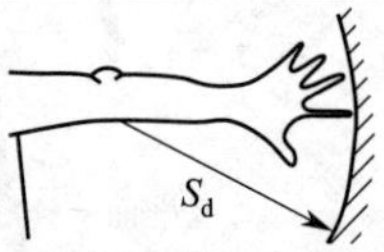
肩关节	指尖	≥820	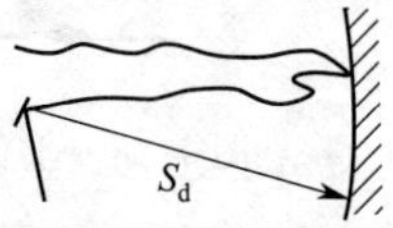

注：S_d 为上肢自由摆动可及安全距离。

（4）穿越孔隙可及安全距离

当空间尺寸有限、危险部位在人体可及范围之内时，一般就在危险部位安上防护罩或防护屏。大多数防护罩或防护屏都采用网状或栅栏形状的结构，以便能起到防护屏障的作用，不妨碍正常的观察检查。但是，如果网状或栅栏状的孔隙过大，屏障与危险部位过于靠近，某肢体不小心穿越孔隙，依然有可能触及危险部位而产生伤害事故。因此，当防护屏或防护罩与危险部位不能远距离隔离时，就必须根据某些肢体的测量参数（第 1 百分位数男女两者中较小值）来确定防护屏或防护罩的最大孔隙，以防止肢体的某个部位通过。相反，如果已经确定了防护屏或防护罩的孔隙尺寸，则应根据第 99 百分位数男女两者中较大值来确定防护屏或防护罩至危险部位的安全距离，使能够穿越孔隙的那部分肢体不能触及危险部位。表 7-30 给出了可供防护屏或防护罩布局设计选用的穿越网状（方形）孔可及安全距离，穿越栅栏状（条形）缝隙可及安全距离可以参照表 7-31。

表 7-30　穿越网状（方形）孔隙可及安全距离　　　　单位：mm

上肢部位	方形孔边长 a	S_d	图示
指尖	4＜a≤8	≥15	—
手指（至掌指关节）	8＜a≤25	≥120	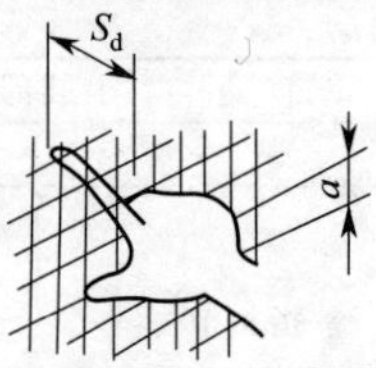

续表

上肢部位	方形孔边长 a	S_d	图示
手掌(至拇指根)	$25<a\leqslant40$	$\geqslant195$	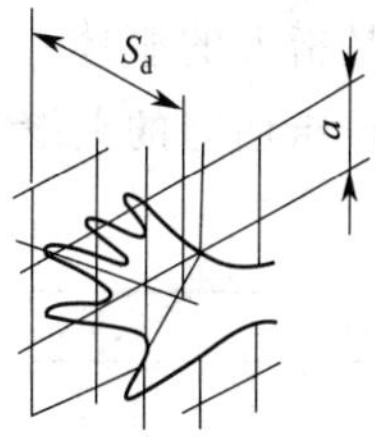
手臂(至肩关节)	$40<a\leqslant250$	$\geqslant820$	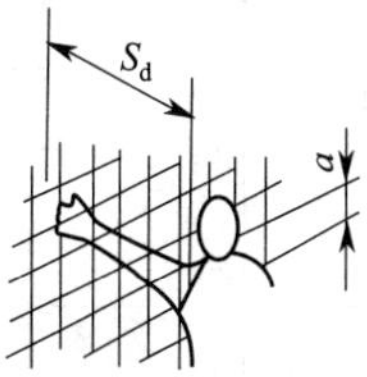

注：当孔隙边长度在 250mm 以上时，作业者身体可以钻入，按探越类型处理。

表 7-31　穿越栅栏状（条形）缝隙可及安全距离　　　单位：mm

上肢部位	方形孔边长 a	S_d	图示
指尖	$4<a\leqslant8$	$\geqslant15$	—
手指(至掌指关节)	$8<a\leqslant20$	$\geqslant120$	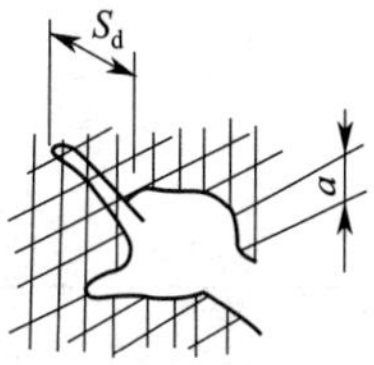
手掌(至拇指根)	$20<a\leqslant30$	$\geqslant195$	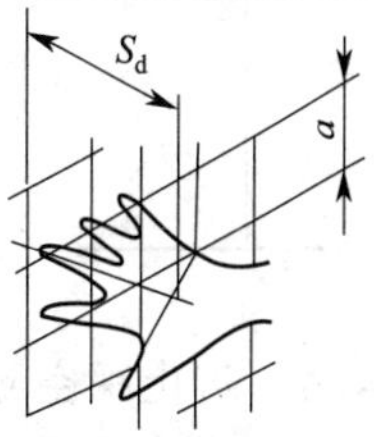
手臂(至肩关节)	$30<a\leqslant135$	$\geqslant320$	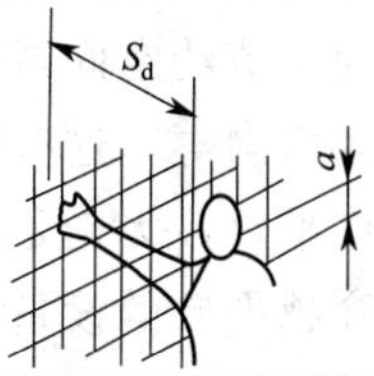

7.7.4.3　防止受挤压的安全距离设计

　　在机械的设计和工作场地的布置中，存在一些固定的夹缝部位或可变动的夹缝部位。当人体的某一部位在某种力的作用下陷入或被夹入其中时，容易造

313

成皮肤挫伤和肌肉损伤。因此，存在夹缝部位时，夹缝间距必须大于安全距离；否则，夹缝部位将被视为人体有关部位的危险源。防止人体受挤压的部位主要是指人的躯体、头、腿、足、臂、手掌和食指等，表 7-32 给出了防止人体受挤压伤害的夹缝安全距离。

表 7-32　防止人体受挤压伤害的夹缝安全距离　　　　单位：mm

身体部位	安全夹缝间距	图示	身体部位	安全夹缝间距	图示
头	≥280	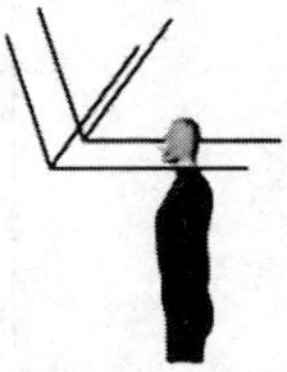	手、腕、拳	≥100	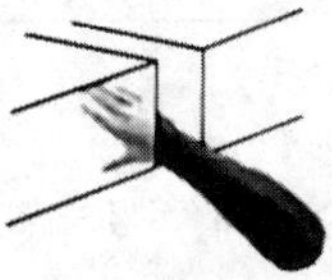
手指	≥25	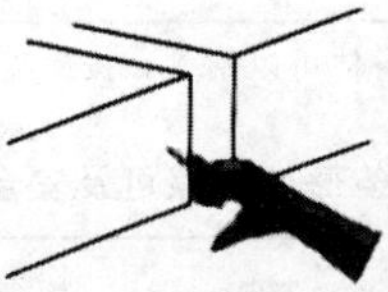	躯体	≥470	
手臂	≥120	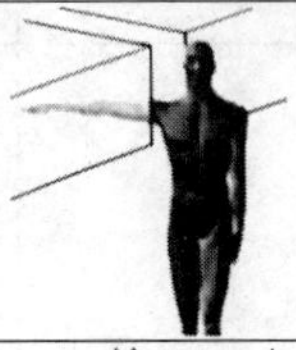	腿	≥210	
足	≥120	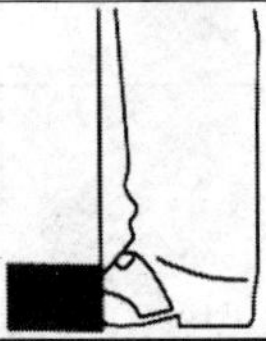			

7.7.4.4　防止踩空致伤的盖板开口安全距离设计

为了节约空间或合理布局，常把一些设备布置在地面以下，如地下电缆沟、排水沟等，这些空间上方需要覆盖盖板，以保证正常通行。另外，一些高层工作平台，无论是土建施工时还没装上穿越平台的设备，还是停机大修时拆除了穿越平台的设备，均会在平台地板上出现空洞。为防止作业人员坠落，需要覆盖上盖板作为临时安全措施。盖板有封闭式的，也有开口式的。对开口式盖板来说，由于盖板上开口尺寸过大，作业人员经过时可能发生踩空坠落事故，或下肢的某一部分嵌入开口引起挫伤、扭伤甚至骨裂事故。因此，盖板开口安全距离的设计十分重要。盖板开口安全距离一般是指盖板上保障不使人踩空致伤的开口最大间隙，并分为矩形开口和条形开口两种，如图 7-28 所示。

其中，矩形开口的安全距离：长 $S_{d1} \leqslant 150mm$，宽 $S_{d2} \leqslant 45mm$；条形开口的安全距离：$S_d \leqslant 35mm$。

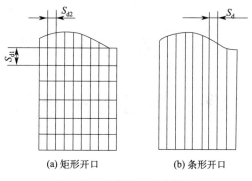

(a) 矩形开口　　　　　　(b) 条形开口

图 7-28　盖板开口安全距离

 习 题

1. 为什么说提高照度、改善照明对提高工作效率有很大影响？持续增加照明与劳动生产率的增长一定成正相关关系吗？

2. 眩光是什么？简述眩光对作业的不利影响以及如何控制眩光危害。

3. 色彩对人的心理有哪些影响？说明常见的色彩心理效应。

4. 安全色是哪几种颜色？分别代表什么含义？

5. 车间、厂房色彩调节中的环境色应满足哪些要求？

6. 噪声的危害有哪些？如何进行噪声控制？

7. 微气候环境对人体及工作有哪些影响？

8. 什么是作业空间设计？

9. 坐姿和立姿作业空间布局设计主要包括哪些方面？

10. 简述如何确定安全防护距离。

11. 对学校的教学楼、实验楼、图书馆、寝室等地的采光照度值进行实地测量、计算和分析，对照国家相关标准提出改进方案。

12. 某公司当前办公空间存在照明昏暗、噪声干扰大、空间狭窄、休息区域不足等问题，现计划对其办公区域进行重新设计与布局，旨在提升员工的舒适度、工作效率及身心健康。请给出办公区域设计应考虑的因素及相关设计原则。

第8章

人机系统可靠性分析与评价

 学习目标:

① 熟练掌握人机系统可靠性分析方法和评价方法，并能运用相关数学模型和统计方法对人机系统的可靠性进行量化计算与分析。

② 针对实际的人机系统案例，具备独立开展可靠性分析与评价工作的能力，能够通过现场调研、数据采集与分析等手段，找出系统存在的可靠性问题，并制定切实可行的改进措施，培养解决实际工程问题的能力。

③ 培养系统思维能力，能够从整体视角出发，全面考虑人机系统中人员、机器、环境等要素之间的相互作用和影响，避免片面性和局部性思维，提高对复杂系统问题的分析与解决能力。

④ 通过对人机系统可靠性案例的分析，尤其是由可靠性问题导致的安全事故案例，深刻认识人机系统可靠性在保障人民生命财产安全、促进社会和谐稳定发展中的重要性，增强职业责任感和使命感。

 重点和难点:

① 人机系统的分析方法和人机系统的可靠性分析。

② 人机系统评价。

人机系统是一个极其复杂的系统，系统的性能是否达到人-机-环境三要素的最优（或较优）的组合，是评价、分析人机系统所要解决的问题。人机系统设计的目标是把系统的安全性、可靠性、经济性综合起来加以考虑，并以人的因素为主导因素，使人能在系统中安全、舒适、高效的工作。系统分析、评价是运用系统的方法，对系统和子系统的设计方案进行定性和定量的分析与评价，以便提高对系统的认识、优化方案的技术。

8.1　人机系统分析方法

8.1.1　连接分析法

连接分析法（link analysis）是一种描述系统各组件之间相互作用的简单图解技术，是一种对已设计好的人、机、过程和系统进行分析、评价的简便方法。连接分析的目的是合理配置各子系统的相对位置及信息传递方式，减少信息传递环节，使信息传递简捷、通畅，提高系统的可靠性和工作效率。

8.1.1.1　连接的类型

连接是指人机系统中，人与机、机与机、人与人之间的相互作用关系，因此相应的连接形式有人-机连接、机-机连接和人-人连接。人-机连接是指作业者通过感觉器官接收机器发出的信息或作业者对机器实施控制操作而产生的作用关系；机-机连接是指机械装置之间所存在的依次控制关系；人-人连接是指作业者之间通过信息联络，协调系统正常运行而产生的作用关系。

连接分析是指综合运用感知类型（视、听、触觉等）、使用频率、作用负荷和适应性，分析、评价信息传递的方法。连接分析涉及人机系统中各子系统的相对位置、排列方法和交往次数。因此，按连接的性质，人机系统的连接方式主要有对应连接和逐次连接两种。

（1）对应连接

对应连接是指作业者通过感觉器官接受他人或机器发出的信息，或作业者根据获得的信息进行操作而形成的作用关系。对应连接有显示指示型和反应动作型两种。以视觉、听觉或触觉来接收指示形成的对应连接称为显示指示型对应连接。例如，操作人员观察显示器后，进行相应操作。即人的视觉与显示信号形成一个连接。操作人员得到信息后，以各种反应动作来操纵各种控制装置而形成的连接称为反应动作型对应连接。

（2）逐次连接

人在进行某一作业过程中，往往不是一次动作便能达到目的，而且需要多次逐个的连续动作。这种通过逐次动作达到一个目的而形成的连接称为逐次连接。如汽车司机在交叉路口停车后重新起步的操作过程：确认允许通行信号（信号灯的绿灯显示或交通民警的指挥信号）→左脚把离合器踏板踩到底→右手操纵变速杆，迅速挂上起步挡→缓缓抬起左脚使离合器平稳结合，同时右脚平稳踏下加速踏板，使汽车平稳起步→汽车加速到一定车速时，左脚迅速把离合器踏板踩到底，同时右脚迅速抬起，把加速踏板迅速松开→右手操纵变速杆，迅速换入高一级挡位→缓慢抬起左脚，使离合器平稳结合，同时右脚平稳踏下加速踏板，使汽车进一步加速→汽车加速到更高车速时，左脚迅速把离合器踏板踩到底，同时右脚迅速抬起，把加速踏板迅速松开→右手操纵变速杆，迅速换入更高一级挡位（直接挡或最高挡）→缓慢抬起左脚，使离合器平稳结合，同时右脚平稳踏下加速踏板，使汽车加速到稳定车位后，保持稳速行驶。这一复杂的操作过程就构成了一条典型的逐次连接。

8.1.1.2 连接分析法的步骤

连接分析法的步骤可分为绘制连接关系图和调整连接关系两步。

（1）绘制连接关系图

连接分析通过连接关系图进行。将人机系统中操作者和机器设备的分布位置绘制成平面布置图，人机系统中的各种要素均用符号表示，各种要素之间的对应关系根据不同连接形式用不同的线型表示，连接关系图中的要素符号、线型的含义如表 8-1 所列。

表 8-1　连接关系图中的要素符号、线型的含义

要素符号、线型	○	□	——————	------------	—·—·—
含义	操作者	控制器、显示器等设备装置	操作连接	听觉信息传递连接	视觉观察连接

例如，在图 8-1 所示的控制系统设计中，作业者 3、1、4 分别对显示器和控制装置 C、A、D 进行监视和控制，作业者 2 对显示器 C、A、B 的显示内容进行监视，并对作业者 3、1、4 发布指示。其连接关系如图 8-2 所示。

（2）调整连接关系

为了使各子系统之间达到相对位置最优化，在调整连接关系时常使用以下三个优化原则。

① 减少交叉。为了使连接不交叉或减少交叉环节，通过调整人机关系及其相对位置来实现。图 8-3(a) 为某人机系统的初步配置方案，图 8-3(b) 为修改后的方案。修改后交叉点消失，显然图 8-3(b) 所示方案比图 8-3(a) 所示方案更合理。这样经过多次作用分析，直至取得简单、合理的配置为止。

② 综合评价。对于较为复杂的人机系统，仅使用上述图解很难达到理想的效果，必须同时引入系统的"重要程度"和"使用频率"两个因素进行分析优化。确定链的形态、重要度和频率，求出每一个链的链值。各链的重要度和

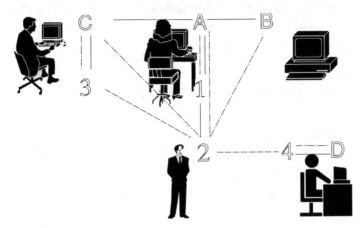

图 8-1　控制系统设计

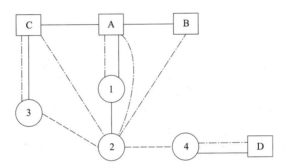

图 8-2　控制系统设计中的连接分析图

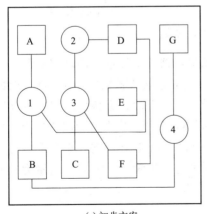

(a) 初步方案　　　　　　　　　　　(b) 修改后的方案

图 8-3　连接方案的优化

频率一般用 4 级计分，即 "极重要" 或 "频率很高" 者为 4 分，"重要" 或
"频率高" 者为 3 分，"一般重要" 或 "一般频率" 者为 2 分，"不重要" 或

"频率低"者为1分。每一链的链值为链的重要度分值与频率分值的乘积，系统的链值等于各个链值之和。

　　a. 相对重要性。请有经验的人员确定连接的重要程度，根据"重要就近"原则进行配置。

　　b. 使用频率。按使用频率的大小对连接进行评价。

　　c. 综合评价。将相对重要性和使用频率两者相对值乘积的大小作为综合评价值，进行优化配置。

　　图 8-4(a) 所示是某连接图初始方案，连线上所标的数值是重要性和使用频率的乘积，即综合评价值。在进行方案分析中，既要考虑减少交叉点数，又要考虑综合评价值，将图 8-3(b) 所示方案调整为图 8-4(b) 所示方案，与改进前相比，连接变得流畅且易使用。

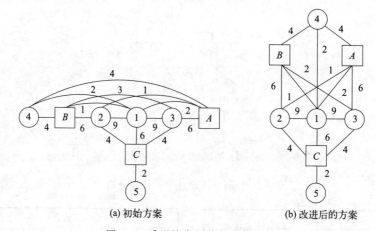

(a) 初始方案　　　　　　(b) 改进后的方案

图 8-4　采用综合评价的连接分析

　　③ 运用感觉特性配置系统的连接。从显示器获得信息或操纵控制器时，人与显示器或人与控制器之间形成视觉连接、听觉连接或触觉连接（控制、操纵连接）。视觉连接或触觉连接应配置在人的前面，由人的感觉特性决定。而听觉信号即使不来自人的前面也能被感知，因此，连接分析还应考虑运用感觉特性配置系统的连接方式。图 8-5 描述了 3 人操作 5 台机器的连接情况，小圆圈中的数值表示连接综合评价值。图 8-5(a) 所示为改进前的配置，图 8-5(b) 所示为改进后的配置。视觉、触觉连接配置在人的前方，听觉连接配置在人的两侧。

8.1.1.3　连接分析法的应用

（1）对应连接分析

　　图 8-6(a) 为某雷达室的初始平面图。为了减少交叉和缩短行走距离，运

用连接分析法优化雷达室内的人机间的连接。利用连接图将图 8-6(a) 简化为图 8-6(b)。图 8-6(c) 所示为改进方案的连接图，改进方案的人机间连接关系与旧方案完全相同，但平面布置不同。改进方案的平面布置如图 8-6(d) 所示。

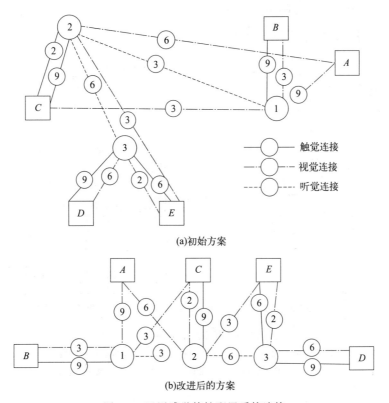

(a)初始方案

(b)改进后的方案

图 8-5　运用感觉特性配置系统连接

（2）逐次连接分析

连接分析可用于控制盘的布置。在实际控制过程中，某项作业需对一系列控制器进行操纵才能完成。这些操纵动作往往按照一定的逻辑顺序进行，如果各控制器安排不当，各动作执行路线交叉太多，会影响控制的效率和准确性。运用逐次连接分析优化控制盘布局，可使各控制器的位置得到合理安排，减少动作线路的交叉及控制动作所经过的距离。

图 8-7 是机载雷达的控制盘示意，标有数字的线是控制动作的正常连贯顺序。图 8-7(a) 是初始设计示意图。显然，操作动作既不规则又曲折。当操作连续进行时，通过对各个连接的分析，按每个操作的先后顺序，画出手从控制器到控制器的连续动作，得出控制器的最佳排列方案如图 8-7(b) 所示，使手的动作更趋于顺序化和协调化。

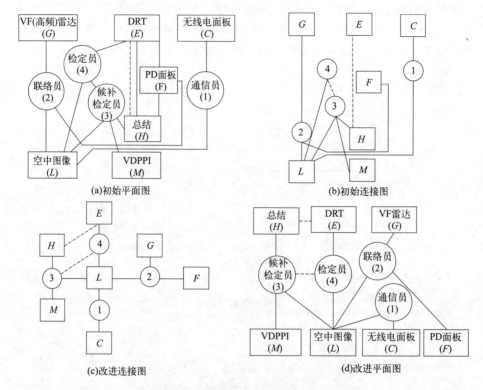

图 8-6　雷达室平面布置设计

DRT—数据记录与传输设备；PD面板—平面位置显示器面板；

VDPPI—具有特定功能的平面位置显示相关设备

8.1.1.4　连接分析法的特点

连接分析法以硬件为导向，所以该方法不一定依据对从事任务的操作人的观测，可能不需要操作人员的参与。通常情况下，对过程的描述可以提供绘制连接分析图的基础信息。不过，对于特定分析可能需要通过观测和收集数据来获取一些信息。

连接分析法相对来讲比较客观，是一种直接的技术，前期培训很少的分析人员也可以操作。不需要贵重的设备或者资源，只需要分析人员的时间。对于多人系统的交流是一种比较有用的技术。该技术需要通过其他途径进行原始数据收集，以建立作为绘制连接分析基础的任务过程。对于随意、非系统步调的任务来讲，这个过程本身就需要大量的观测。连接分析只考虑系统中的物理关系，对于性能优化来讲，其他的关系（例如感觉形态、概念兼容性等）可能更重要。由于分析图的复杂性，只有相对简单的子系统可以应用此技术。连接分

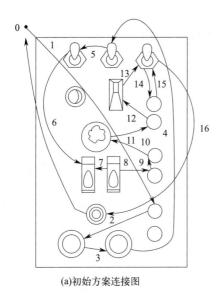

(a)初始方案连接图

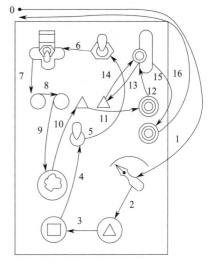

(b)改进后方案连接图

图 8-7　机载雷达的控制盘示意

0—控制动作起点与终点

析法将连接的重要性和它们的频率等同，连接分析只表明连接的频率，并没有提供有关连接可利用时间的信息。

8.1.2　作业分析法

作业分析法是以作业系统为对象，对现行各项作业、工艺和工作方法进行系统分析，从中找出不合理、浪费的因素并加以改进，以达到有效利用现有资源、增进系统功效的目的。作业分析法包括方法研究和时间研究两大类技术（如图 8-8 所示），它们紧密联系、相辅相成。作业分析法始于被誉为科学管理之父的美国人泰勒。

8.1.2.1　方法研究

方法研究是对现行或拟定的工作方法进行系统记录、严格考查进而分析改进的技术。方法研究的目的在于改进工艺和程序。改进工厂、车间和工作场所的平面布置，改进整个工厂和设备的设计，改进物料、机器和人力的利用，经济地使用人力，减少不必要的疲劳以改善工作环境。

（1）方法研究的步骤

方法研究的步骤及实施如表 8-2 所列。

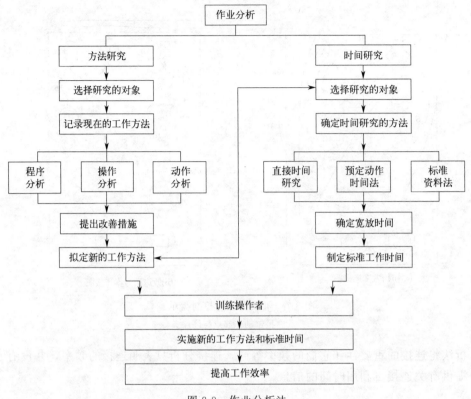

图 8-8　作业分析法

表 8-2　方法研究的步骤及实施内容

步骤名称	含义	实施内容
选择	选择拟研究的工作对象	从经济上、技术上和人的反应三方面考虑,选择确定拟研究的工作对象
记录	通过直接观察,记录与现行方法有关的全部事实	使用一系列图表,清晰、准确地按顺序记录事件;或既记录事件顺序,又记录事件时间,以便比较容易地研究相关事件的相互作用
考查	使用最符合目的的提问,严格而有次序地考查所记录的事实	提问技术是进行严格考查所使用的有效方法。对所研究的每项活动依次进行系统的步步提问
开发	开发最实用、最经济、最有效的工作方法,但要估计到所有意外情况	正确地提出问题,并作出回答后,首先在流程图上记录所建议的方法,以便同现行方法进行比较、核查,确保不再有任何问题;然后建立新的记录,确定在目前情况下最好的方法
定义	对新方法作出定义,使其始终能被辨认	写出报告,详细说明现行方法和改进方法,并说明改进的理由。在取得有关部门的批准后,着手实施
建立	将新方法作为标准工作方法建立起来	宣传新方法的优越性及其制定的标准,使工人及其代表接受新方法。重新培训工人,使其掌握新方法

续表

步骤名称	含义	实施内容
保持	通过定期检查,保证该标准方法的贯彻实施	有关部门必须采取措施,定期检查,确保新方法的贯彻实施。没有特别充足的理由,不允许工人重回旧方法,也不允许采用未经批准的方法

（2）程序图

程序图是在方法研究中，用于观察记录与现行作业方法有关的全部事实的一组图表。通过这些图表所记录的整个生产过程中的各个程序，可以分析、研究生产系统和生产子系统中的各种关系。目前国际上通用的程序图有 6 种：操作程序图、流程程序图、流程线图、人机程序图、工组程序图和双手操作程序图。绘制程序图时，通常用一套符号记录生产过程中的全部事件。常用的基本符号如表 8-3 所列。

表 8-3　绘制程序图的 5 种通用符号

名称及其符号	符号的含义
操作 ○	表示工艺过程、方法或工作程序中的主要步骤。凡改变物料的物理或化学性质的过程均用此符号。在双手操作程序图中用以表示对工具、零部件或材料所进行的抓取、定位、使用、放松等动作
检验 □	表示加工中或加工后,对物料的质量和数量所进行的检验、试验、比较或鉴定。管理中的文件审核、数据核对、检查印刷品等也属于检验,也用此符号
运输或移动 ⇒	表示工人、物料或设备从一处向另一处的移动。如物料搬上搬下运输工具、钳工台、仓库货架等。在双手操作程序图中定义为移动,表示手或肢体向工件、工具、材料移动或收回的动作
暂存或等待	表示在操作、运输、检验中的等待,如物料放在小车上或工作台上等待加工、工人等候电梯、文件等待处理等。在双手操作程序图中定义为停顿,用以表示一只手或肢体空闲的状态
储存或握持 ▷	表示受控制的储存,物料在某种方式的授权下存入仓库或从仓库发放,或为了控制目的而保存。在双手操作程序图中定义为握持,用以表示握住工件、工具或材料的动作

（3）考查和开发

用提问的方法对程序图所记录的全部事实做进一步分析，称为考查。考查清楚基本情况之后，即可优化现行方案，开发新的方法。可用 ECSIRR 法，它是删减（elimmation）、合并（combination）、简化（simplification）、改进（improvement）、替换（replacement）、重排（rearrangement）等 6 种方法的统称。

1）程序分析

程序分析从宏观出发，对整个生产过程进行全面观察、记录和总体分析。程序分析的范围包括三个方面，即产品的生产过程、生产服务过程和管理活动过程。程序分析常用的分析工具为操作程序图、流程程序图和流程线图。

325

（1）操作程序图

操作程序图是以图表形式表示从原料投入生产直至加工成零件或装配成产品为止所经历的各种操作及检验过程。该图只反映操作和检验两种活动，运输、等待、储存在图中不作记录。图中用竖线表示操作程序的流程，用横线表示物料的投入。图 8-9 为摇杆的操作程序图。

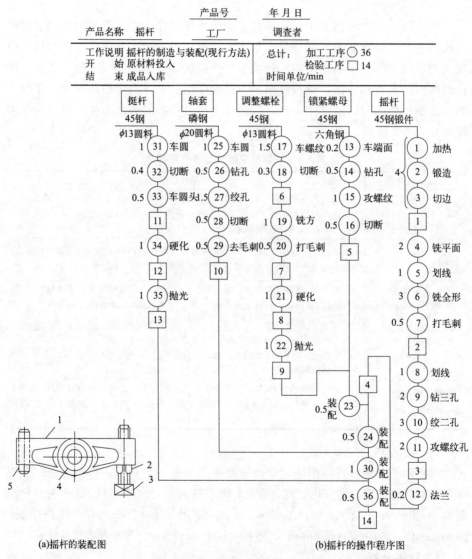

图 8-9 操作程序图

1—遥杆；2—锁紧螺母；3—调整螺栓；4—轴套；5—挺杆

（2）流程程序图和流程线图

流程程序图是一种按时间顺序记录操作、检验、运输、等待、储存等 5 种活动的图表。它反映了生产过程中包括经过时间、移动距离以及等待在内的整个活动，是方法研究中最有用的工具。根据研究对象不同，流程程序图可分为物料型、人员型和设备型。表 8-4 为物料型流程程序。

表 8-4　物料型流程程序

产品名称	BX487T 形块	符号	现行方法	改进方法	节省状况
作业内容	T 形块一箱(20 盒，每盒 10 件)的接收、检验、点数、打标及存入货架	操作○	2	2	—
		运输⇨	11	6	5
		等待D	7	2	5
地点	新产品 3 库	检验□	2	1	1
操作人		储存▽	1	1	—
制表人		距离/m	56.2	32.2	24
审定人		时间/h	1.96	1.16	0.80

	说明	距离/m	时间/min	○	⇨	D	□	▽	备注
现行方法	从货车卸下，置于斜板上	12			●				2 人
	在斜板上滑下	6	10		●				2 人
	滑向储藏处并码垛	6			●				2 人
	等待启封	—	30			●			
	卸箱垛	—							
	移掉盖子，交付票据并取出	—	5	●					2 人
	置于手推车上	1			●				
	推向收货台	9	5		●				2 人
	准备从推车上卸下	—	10			●			
	置箱于工作台上	1	2		●				2 人
	从箱中取出纸盒，启封检查								
	重新装箱	—	15				●		仓库员
	置箱于手推车上	1	2		●				2 人
	待运	—	5			●			
	运向检查工作台	16.5	10		●				1 人
	待检	—	10			●			箱在车上
	从箱和盒中取出 T 形块	1	20				●		检查员
	对照图纸检查，然后复原								
	等待搬运工	—	5			●			箱在车上
	推至点数工作台	9	5		●				1 人
	等待点数	—	15			●			箱在车上
	从箱和盒中取出 T 形块	—	15	●					仓库工
	从工作台上点数及复原								
	等待搬运工	—	5			●			箱在车上
	运至分配点	4.5	5		●				1 人
	存库								
								●	
	共计	56.2	174	2	11	7	2	1	

续表

说明	距离/m	时间/min	○	⇒	D	□	▽	备注
从推车上卸置于斜板上	12							2人
从斜板上滑下	6	5						2人
放在手推车上	1							2人
推到启箱处	6	5						1人
移去箱盖	—	5						1人
推向收货台	9	5						1人
等待卸车	—	5						
从箱中取出纸盒，打开 将T形块放在工作台台上 进行点数及检查	—	20						检查员
点数并重新装箱								仓库工
等待搬运工		5						
推至分配点	9	5						1人
存库	—	—						
共计	32.2	55	2	6	2	1	1	

改进方法

流程线图是用来补充流程程序图的一种图表。它按照实际尺寸，采用一定比例，将流程程序图所涉及的工作区域、设备、工作台、检验台、原材料、制品或成品存放位置等画成平面布置图。流程线图一般与流程程序图结合使用，主要分析生产过程中物料和人员运动的路线。流程线图[图 8-10(a)（现行方法）和图 8-10(b)（改进方法）]是表 8-4 流程程序的补充。

2）操作分析

操作分析是研究一道工序的运行过程，分析到操作为止，而程序分析是分析到工序为止。操作分析常用的工具为人机程序图、工组程序图和双手操作程序图。

操作分析的基本要求是：使操作总数最少，工序排列最佳，每一操作员简单、合理利用肌肉群，平衡两手负荷，尽量使用夹具；尽量用机器完成工作；减少作业循环和频率；消除不合理的空闲时间；工作地点应有足够的空间；等等。

通过操作分析，应使人的操作及人机相互配合达到最经济、最有效的程度。

（1）人机程序图

人机程序图是记录在同一时间坐标上，人与机之间协调与配合关系的一种图表，如图 8-11 所示。通过对图 8-11 进行分析，可以减少人机空闲时间，提高人机系统效率。

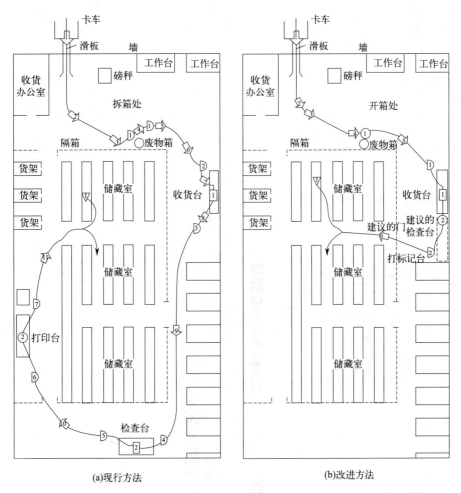

图 8-10　流程线图

（2）工组程序图

工组程序图是记录在同一时间坐标上，一组工人共同操作一台机器或不同工种的工人共同完成一项工作时，他们之间的配合关系，如图 8-12 所示。

（3）双手操作程序图

双手操作程序图是按操作者双手动作的相互关系记录其手（或上、下肢）的动作的图表。双手操作程序图一般用来表示重复相同操作时的一个完整工作循环。它着眼于工作地点布置的合理性和零件摆放位置的方便性，如表 8-5 所列。

工作部门		表号		统计项目		现行的	改进的	节省效果
产品名称		B239铸件		人	周程时间/min	2.0	1.36	0.64
					工作时间/min	1.2	1.12	0.08
作业名称		精铣第二面			空闲时间/min	0.8	0.24	0.56
机器名称	速度	进给量s	铣削深度t		时间利用率/%	60	83	23
				机	周程时间/min	2.0	1.36	0.64
操作者	年龄	技术等级	文化程度		工作时间/min	0.8	0.8	—
					空闲时间/min	1.2	0.56	0.64
制表者		审定者			时间利用率/%	40	59	19

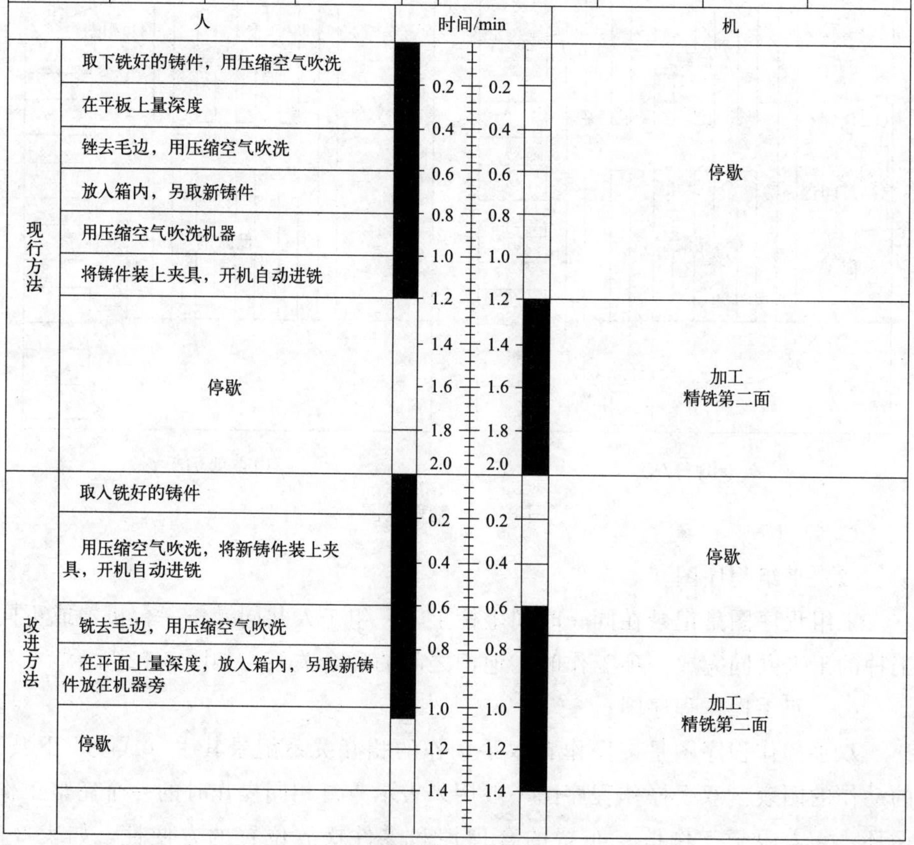

人	时间/min	机

图 8-11　人机程序图

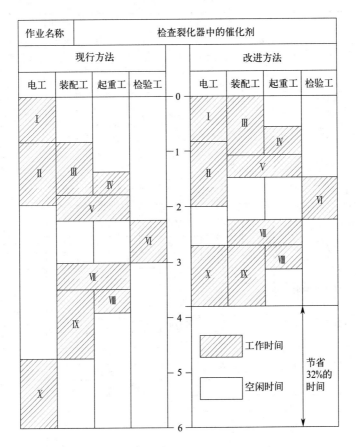

图 8-12　工组程序图

Ⅰ—卸走加热器；Ⅱ—检查维修；Ⅲ—松开顶盖；Ⅳ—挂上吊车钩；Ⅴ—卸去顶盖；
Ⅵ—检查、调节催化剂；Ⅶ—更换顶盖；Ⅷ—卸吊车钩；Ⅸ—上紧顶盖；Ⅹ—换上加热器

表 8-5　双手操作程序

图表号			工作地面置简图	
产品名称	长 1m、直径 φ3 的玻璃管		现行方法	改进方法
作业内容	切成 15mm 长			
工作地点	总厂三车间			
操作者	年龄	技术等级	文化程度	
绘图者		审定者		

右手说明	时间/min	○	⇒	D	▽	○	⇒	D	▽	时间/min	左手说明
现行方法 握住玻璃管											拿起锉刀
移到卡具											握住锉刀
插入卡具											将锉刀移向玻璃管
压向后端											握住锉刀
握住玻璃管											用锉刀在管子上刻槽
悄悄退出玻璃管											握住锉刀
将玻璃管旋转120°~180°											握住锉刀
压向后端											将锉刀移向玻璃管
握住管子											刻玻璃管
退出管子											将锉刀放在桌子上
将管子移到右手											移向管子
把管子折断											弯管子
握住管子											放开切下的一段
把管子上重点抓一下											锉
改进方法 握住管子推向停挡											握住锉刀
旋转管子											用锉刀刻槽
握住管子											用锉刀轻击管子

方法	现行的		改进的	
	左手	右手	左手	右手
操作	8	5	2	2
运输	2	5	—	—
等待	—	—	—	—
握持	4	4	1	1
检验	—	—	—	—
共计	14	14	3	3

3）动作分析和动作经济原则

（1）动作分析

动作分析是方法研究中的一种微观分析。它以操作过程中操作者的手、眼和身体其他部位为研究对象，按动作的目的分解为一系列的动素加以分析、研究。人体动作可划分为18种动素，如表8-6所列。这18种动素可归纳为三类：第一类为工作动素，即完成操作所必需的动素；第二类为干扰工作的动素，此类动素有妨碍第一类动素进行的倾向，通常可通过改进工作地点的布置加以消除；第三类为无效动素。动作分析的基本任务是通过分析、研究，尽量排除第二、三类动素，减少第一类中不必要的动素，将保留下来的动素合理组合，以便制定最佳操作方法和制定动作时间标准，使操作简便、省力、高效。

表 8-6 动素的名称、符号、定义

类别	序号	动素名称	代号	符号	颜色	定义
第一类	1	伸手 reach	RE	⌣	橄榄绿	无负荷的空手向目的物移动的基本动作
	2	抓握 grasp	G	∩	深红	用手抓握目的物的动作
	3	移荷 move	M	⌣	草绿	手或躯体有负荷地由甲地移动到乙地的动作
	4	装配 assemble	A	#	深紫	将两个或两个以上物体组合在一起的动作
	5	运用 use	U	∪	紫色	使用工具、设备或仪器改变目的物的动作
	6	装卸 disassemble	DA	#	淡紫	组合在一起的目的物分解为两个以上或使一物体脱离他物的动作
	7	卸荷 release	RL	⌣	洋红	放下目的物的动作
	8	检验 inspect	I	◊	深褚	将目的物与规定标准相比较的动作
第二类	9	寻找 search	SH	◇	黑色	用眼睛或手探索目的物防伪的动作
	10	发现 find	F	◉	深灰	在寻找之后,看到目的物的瞬间
	11	选择 select	ST	→	浅灰	在多个物体中选择目的物的动作,包括数量
	12	计划 plan	PN	⏻	褐色	为考虑下一步骤怎么做而出现的停顿(思考)
	13	定位 position	P	⌐	蓝	使一个目的物与另一个目的物对准的动作
	14	预定位 preposition	PP	⌐	天蓝	将目的物预先放在规定位置的动作
第三类	15	握持 hold	H	∩	金褚	将目的物握在手中保持不动的动作
	16	延迟 unavoidable	UD	◁	黄	在操作中属于外界因素,使操作者无法控制(避免)而发生的工作中断
	17	故延 avoidable	AD	◡	柠檬黄	在操作中因操作者本人的因素而使工作中断
	18	休息 rest	R	⌐	橘黄	为消除疲劳而进行必要的休息,不含产生动作

（2）动作经济原则

动作经济原则是一种既保证动作经济而又有效的经验性法则。这些原则是以人的生理、心理特点为基础，以减轻人在操作过程中的疲劳为目的而建立的。

利用人体原则如下：

① 双手应同时开始，并同时完成动作。

② 除休息时间外，双手不应同时闲着。

③ 双臂的动作应对称，方向应相反。

④ 双手和身体的动作应尽量利用最低等级（如表 8-7 所列），以减少不必要的体力消耗。

表 8-7　人体动作等级

等级	枢轴	身体动作部位	说明
1	指节	手指	手动作中等级最低、速度最快的运动
2	手腕	手和手指	上臂和前臂保持不动，仅手指和手腕产生动作
3	肘	前臂、手和手指	手指、手腕和前臂的动作，即肘部以下的运动，是一种不易引起疲劳的有效动作
4	肩	上臂、前臂、手和手指	手指、手腕、前臂及上臂的动作，即肩以下的动作
5	躯体	躯干、上臂、前臂、手和手指	手指、手腕、前臂、上臂及肩的动作。该动作速度最慢，耗费体力最多，并会产生身体姿势的变化

⑤ 应当利用力矩协助操作。

⑥ 动作过程中，使用流畅而连续的曲线运动（如抛物线运动），比用方向突然发生急剧变化的直线运动要好。

⑦ 作业时眼睛的活动应处于舒适的视觉范围内，避免经常改变视距。

⑧ 动作既要从容、自然、有节奏和规律，又要避免单调。

布置工作地点的原则如下：

① 应给固定的工作地点提供全部工具和材料。工具材料应有固定位置，以减少寻找造成的人力和时间的浪费。

② 工具、物料和操纵装置应放在操作者的最大工作范围之内，并尽可能靠近操作者，但应避免放在操作者的正前方。应使操作者手的移动距离和次数越少越好。

③ 应利用重力进给，利用料箱和容器传送物料。

④ 工具和材料应按最佳动作顺序排列布置。

⑤ 应尽量利用下滑运动传送物料，以避免操作者用手处理已完工的工件。

⑥ 应提供充足的照明，提供与工作台高度相适应并能保持良好姿势的座椅。工作台与座椅的高度应使操作者可以变换操作姿势，可以坐、站交替，具有舒适感。

设计工具和设备的原则如下：

① 应尽量使用钻模、夹具或脚操纵的装置，将手从所有的夹持工件的工作中解放出来，以便做其他更为重要的工作。

② 尽可能将两种或多种工具组合为一种。

③ 用手指操作时，应按各手指的自然能力分配负荷。

④ 工具中各种手柄的设计，应尽量增大与手的接触面，以便于施加较大的力。

⑤ 机器设备上的各种杠杆、手轮和摇把等，应放置在操作者使用时尽量不改变或极少改变身体的位置（粗大费力的操作除外），并应最大限度地利用机械力。

8.1.2.2　时间研究

时间研究是在方法研究的基础上，运用一些技术来确定操作者按规定的作业标准完成作业所需的时间。

时间研究的目的在于揭示造成生产中无效劳动时间的各种原因，确定无效时间的性质和数量，采取措施消除无效时间，并在此基础上制定合理的作业时间标准。

时间研究的用途是比较各种工作方法的效果，合理安排作业人员的工作量，平衡作业组成员之间的工作量，并为编制生产计划和生产进程、劳动成本管理、估算标价、签订交货合同、制定劳动定额和奖励办法等提供基础资料和科学依据。

时间研究的步骤如下：

① 选定需要研究的工作对象。

② 记录全部工作环境、作业方法和工作要素的有关资料。

③ 考查全部记录资料和细目，以保证使用最有效的方法和动作，将非生产的和不适当的工作要素与生产要素区别开来。

④ 选用适当的时间研究技术，衡量各项要素的工作时间。

⑤ 制定包括休息和个人生理需要等宽放时间在内的作业标准时间，并建立标准数据库。若时间研究仅用于调查无效时间或比较工作方法的效果，可不进行制定作业标准时间这一项。

时间研究技术主要有工作抽样、秒表测时研究、预定动作时间标准法和标准资料法。

8.2　人机系统的可靠性分析

长期以来，可靠性研究对象被局限在"机"上，事实上很多事故是由人的差错造成的。1979 年 3 月 28 日发生在美国的三哩岛核电站放射性物质泄漏事件和 1986 年 4 月 26 日发生在苏联的切尔诺贝利核电站事故，主要是由人的因素造成的。随着社会的进步，人在各方面都成为非常重要的因素。同时，由"环境"因素所造成的事故也屡见不鲜，美国"挑战者"号航天飞机爆炸就是由助推器密封圈在低温环境中失效引起的。再如，高温作业时，人的细胞异常活跃，易于早期产生疲劳，增加了发生事故的可能性；低温作业时，环境从人体夺走热量，使人由于寒冷而束缚了手脚，也易于诱发事故。因此，系统的可靠性研究对象通常涉及人、机、环境三方面。

在现实生活和生产工作中，几乎每时每刻都在发生各式各样的事故，对人们的生命健康和财产安全构成很大威胁。很大一个原因可以归结为人、机、环境之间关系不相协调的结果。于是，以减少事故、提高系统安全性为目的的人、机、环境系统的可靠性研究，日益被人们所重视。当把人作为可靠性研究对象时，机器的状态和所处环境即为规定条件；当把机器作为可靠性研究对象时，人的状态和所处环境即为规定条件；当把环境作为可靠性研究对象时，人和机器即为规定条件。如果人在规定的时间内和规定的条件下没有完成规定的任务，就称为人为差错，相应地用人的差错率来度量。机器在规定时间和规定的条件下丧失功能，就称为故障，相应地用机器的故障率来度量。环境如果没有达到规定的指标要求，就称为环境故障，相应地用环境故障率来度量。

由此可见，可靠性的定量描述可以表明系统中的某一方面，如果在规定条件下能够充分实现其功能要求，就是可靠的；相反，若随时间的进程，系统中的某一方面在某一时刻出现故障、失效，不能实现其功能要求，就是不可靠的。

8.2.1 人的可靠性

人在各种工程系统的总体可靠性中起着重要的作用，因为各种系统之间都是通过人这个子系统相互联系起来的，如何研究人对整个系统在运行过程中的影响，是一个十分重要的问题。在人机系统中，人与机器相互结合，人就成为系统的组成部分，就必须按系统目标的统一要求，完成所承担的职能作用。从系统工程的角度考虑，人机构成了一个串联的人机系统，人机系统的可靠度与机器可靠度和人的操作可靠度有关。为了获得系统的最高效能，除了硬件的可靠度指标要高以外，还要求操作技术熟练，机器要适合人的生理要求，即人的操作可靠性指标也要高。现代科学技术的发展使得机器的可靠性越来越高。相比而言，人的可靠性就显得越来越重要。图 8-13 是人、机器和系统可靠性之间的关系。

图 8-13 显示，当人的可靠性为 0.8 时，机器可靠性达到 0.95，整个人机

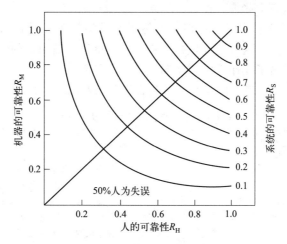

图 8-13　人、机器的可靠性与人机系统可靠性的关系

系统的可靠性仅为 0.76；若不断改进设计，使机器的可靠性达到 0.99，系统的可靠性仍只有 0.79。因此，提高人的可靠性是提高系统可靠性的关键。分析人的可靠性，找出引发事故的人为原因，可以寻求防止事故发生的措施，提高人机系统的可靠性。

8.2.1.1　人为差错

人为差错是指人员未能实现规定的任务（或实现了禁止的动作），可能导致中断计划运行或引起人员伤亡和财产损失。人为差错对系统产生的影响随系统的不同而不同，造成的后果也是不一样的。因此，必须对人为差错的特点、类型以及后果加以分析，并定量化地给出它们发生的概率。人为差错的发生有各种不同的原因，大多数人为差错发生的原因是基于这样一个事实，即人可以用各种不同方式去做各种不同的事情。

1）人为差错的分类

人为差错一般分为两大类：信息处理过程、执行任务的性质。

（1）按信息处理过程分类

① 未正确提供、传递信息：如果发现提供的信息有误，就不能认为是操作人员的差错。在分析人为差错时，对这一点的确认是绝对必要的。

② 识别、确认错误：如果正确地提供了操作信息，则要查明眼、耳等感觉器官是否正确接收到这一信息，进而是否正确识别到了。如果肯定其过程中某处有误，就判定为识别、确认错误。这里所谓识别，是指对眼前出现的信号或信息的识别；确认是指操作人员积极搜寻并检查作业所需的信息而言。

③ 记忆、判断错误：进行记忆、判断或者意志决定的中枢处理过程中产

337

生的差错或错误属于此类。

④ 操作、动作错误：中枢神经虽然正确发出指令，但它未能转换为正确的动作而表现出来。这种情况包括姿势、动作的紊乱所引起的错误，或者拿错了操作工具及弄错了操作方向，遗漏了动作，等等。

表 8-8 给出了出现上述 4 类差错的直接原因和动机分析。

表 8-8　差错的直接原因和动机分析

直接原因	动机
(1)未正确提供、传递信息 ①未发出信息、未传递信息 ②内容不明或者易弄错 ③显示的场所、传递的方式不当,不能一目了然 ④环境条件不完善或者受环境的干扰(光线暗、噪声大等) ⑤其他	①人为疏忽、系统故障、流程缺陷 ②信息设计不佳、培训不足、文化差异 ③界面设计问题、设备布局不当、信息过载 ④环境设计缺陷、设备老化、外部干扰 ⑤技术限制、人为故意
(2)识别、确认错误 ①无知觉、误知觉 ②无识别、误识别 ③无确认、误确认	①对眼前的信号、信息没看见、看错、不关心 ②嫌麻烦,在检查上偷了工 ③遇到意外事,使识别、确认有误 ④误解,贸然断定 ⑤注意力只集中到眼前突发事件上,忽视其他信息
(3)记忆、判断错误 ①无记忆、误记忆 ②无判断(忘记)、误判断 ③意志抑制失效,意图的判断有误	①想不起指示、联络事项 ②已经知道危险,但一瞬间误认为不危险 ③认定可靠无需确认,因而未检查 ④认为以前都成功了,这次也没问题 ⑤因为对方知道,未联络 ⑥以为工作已了结,开始了下一道作业 ⑦被其他事分了神,工作顺序失误 ⑧想着(担心)下一道工作漏了工序 ⑨情况骤变,时间紧迫,被迫立即做出判断 ⑩热衷工作,没发觉时间过去而延误 ⑪作业课题太难,沉思 ⑫过度紧张、兴奋,致使不能做出判断
(4)动作、操作错误 ①动作欠缺、省略、误动作 ②跳过操作程序 ③操作程序有误 ④姿势、动作紊乱	①因惊慌、愤怒、恐惧而不能控制动作 ②看见眼前的状况,漫不经心地动手操作 ③感情用事,莽撞行事 ④提前停止作业 ⑤急不可待地做其他事,失去时机 ⑥不能控制习惯动作的冒出 ⑦反射性动作 ⑧捷径反应 ⑨无目的、无意义的重复操作

（2）按执行任务的性质分类

人为差错按照执行任务阶段的错误性质可划分为几种类别。

① 设计错误。这是由设计人员设计不当造成的错误。错误一般分为三种情况：

a. 设计人员所设计的系统或设备，不能满足人机工程的要求，违背了人机相互关系的原则；

b. 设计时过于草率，设计人员偏爱某一局部设计而导致片面性；

c. 设计人员在设计过程中对系统的可靠性和安全性分析不够或没有进行分析。

② 操作错误。这是操作人员在现场环境下执行各种功能时所产生的错误，主要有：

a. 缺乏合理的操作规程，任务复杂而且在超负荷条件下工作；

b. 人员的挑选和培训不够；

c. 操作人员对工作缺乏兴趣，不认真工作；

d. 工作环境太差，违反操作规程，等等。

③ 装配错误。生产过程中装配错误有：使用了不合格的或错误的零件；漏装了零件；零部件的装配位置与图纸不符；虚焊或漏焊及导线接反；等等。

④ 检验错误。检验的目的是发现缺陷或毛病。由于在检验产品过程中的疏忽而没有把缺陷或毛病完全检测出来从而产生检验错误，这是允许的，因为检验不可能有 100％的准确性。一般认为检验的有效度只有 85％。

⑤ 安装错误。没有按照设计说明书、图纸或安全手册进行设备安装造成的错误。

⑥ 维修错误。维修保养中发生错误的例子很多，如设备调试不正确，校核疏忽，检修前和检修后忘记关闭或打开某些阀门，某些部位用错了润滑剂，等等。随着设备的老化，维修次数增多，发生维修错误的可能性增加。

2）人为差错的故障模式及人为差错的概率估计方法

（1）人为差错的故障模式

如上分析，人为差错的发生有各种不同原因，诸如信息提供、识别、判断、操作等。一个或多个人的活动都可能涉及人为差错，这些差错可归纳为人的 6 种故障模式，如图 8-14 所示。

（2）人为差错的概率估计

人为差错的概率是对人的行为的基本量度。其定义如下：

$$P_{he} = \frac{E_n}{O_{pe}}$$

式中　E_n——某项工作（作业对象）中，发生的差错数；

O_{pe}——某项工作中，可能发生差错的机会的总次数；

P_{he}——为完成某项工作，人为差错发生的概率。

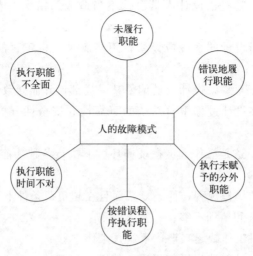

图 8-14　人的故障模式

8.2.1.2　人的可靠性分析

　　人的可靠性对人机系统的安全性起着至关重要的作用,其研究贯穿人机系统的设计、制造、使用、维修和管理的各个阶段。对人的可靠性研究是为了在人发生失误时,确保人身安全,不致严重影响系统的正常功能。因此,人的可靠性可定义为:在规定条件下、在最短的时间内,由人成功地完成作业任务且能实现人机系统合理、有效运行功能的能力。

　　人的可靠性分析是用于定性或定量评估人的行为对系统可靠性或安全性影响程度的方法,它与概率风险性评价之间有一定的联系。概率风险性评价是为了辨识由人参与作业的风险性,而人的可靠性分析是评价人完成作业能力的大小,其主要内容有以下几方面:

　　① 如何用概率量度人的可靠性。

　　② 如何通过人为失误的可能性评估人的行为对人机系统的影响。

　　③ 可靠性评估与概率风险性评估相互独立而又彼此相关。

　　因此,人的可靠性分析在降低人为失误的方面起着不可或缺的作用,不但能够辨识出不希望发生事故产生的原因,又能对事故造成的损失给予客观的评价,包括定性和定量分析两个方面。

　　人的可靠性的定性分析在于辨识人失误的本质和失误的可能状况,可通过观察、访问、查询和记录等方法进行失误分析。常见的失误类型有四类:未执行系统分配的功能、错误执行了分配的功能、按照错误的程序或错误的时间执行了分配的功能、执行了未分配的功能。这些定性分析是人的可靠性的定量分析的基础。人的可靠性的定量分析是从动态和静态两个方面来估计人的失误对系统正常功能的影响程度，可以通过人的操作、行为模式和适当的数学模型来完成。当系统比较复杂和重要时，需要人机工程专家、工程技术人员和管理人员等共同参与，必要时建立专家知识库，采取定性、定量相结合的分析手段。

8.2.1.3　人的操作可靠度

1）定义

人的操作可靠度是指作业者在规定条件下、规定时间内正确完成操作的概率，用 R_H 表示。人的操作不可靠度（人体差错率）用 F_H 表示，两者关系为

$$R_H + F_H = 1 \qquad\qquad (8\text{-}1)$$

2）人的操作可靠度计算

人的行动过程包括信息接收过程、信息判断和加工过程、信息处理过程。人的可靠性也包括人的信息接收的可靠性、信息判断的可靠性、信息处理的可靠性。这三个过程的可靠性就表达了人的操作可靠性。

（1）间歇性操作的操作可靠度计算

间歇性操作的特点是在作业活动中，作业者进行不连续的间断操作。例如，汽车换挡、制动等均属间歇性操作。这种操作可能是有规律的，有时也可能是随机的。因此，对于这种操作不宜用时间来表述其可靠度，一般用次数、距离、周期等来描述其可靠度。

若某人执行某项操作 N 次，其中操作失败 n 次，则当 N 足够大时，此人的操作不可靠度为

$$F_H = \frac{n}{N} \qquad\qquad (8\text{-}2)$$

人在执行此项操作中，其操作可靠度为

$$R_H = 1 - F_H = 1 - \frac{n}{N} \qquad\qquad (8\text{-}3)$$

这里必须说明的是：在上述公式中，要求 N 足够大。但实际上，人的操作时间或次数是有限的，这里 F_H 实质上是人体差错的频率。只有当 $N \to \infty$，才有 $\lim\limits_{N \to \infty} \dfrac{n}{N} = F_H$

所以，只有当 N 足够大时，这个误差才可以忽略不计。

例如，汽车司机操纵刹车 5000 次，其中有 1 次失误项，操作的可靠度为

$$R_H = 1 - \frac{1}{5000} = 0.9998$$

（2）连续性操作的操作可靠度计算

连续性操作是在作业活动过程中，作业者在作业时间内进行连续的操作活

动。例如对运行仪表的全过程进行监视，汽车在行驶中司机对方向盘的操纵、对道路情况的监视等。连续性操作可直接用时间进行描述。连续性操作的操作可靠度，可用人的操作可靠性模型来描述，即

$$R_{\mathrm{H}}(t) = \mathrm{e}^{-\int_0^1 \lambda(t)\mathrm{d}t} \tag{8-4}$$

式中　t——连续工作时间；

$\lambda(t)$——t 时间内人的差错率。

例如，汽车司机操纵方向盘的恒定差错率为 $\lambda(t) = 0.0001$，若司机驾车 300h，其可靠度为

$$R_{\mathrm{H}}(300) = \mathrm{e}^{-0.0001t} = \mathrm{e}^{-0.0001 \times 300} = 0.9704$$

说明：$\lambda(t)$ 是随时间变化的函数，对于同一个人，在不同的时间内，其差错率 $\lambda(t)$ 是不同的；对于不同的人，其差错率 $\lambda(t)$ 也是不同的。因此，在计算连续性操作可靠度时，一般是根据不同的人、不同的时间、进行同一操作的差错率的平均值计算的。

8.2.2 机的可靠性

在人机系统中，机器设备本身的故障以及人机系统设计的协调性差导致了许多事故的发生。因此，人们为了防止事故，在生产活动开始时，要对机器设备的安全性进行预测，并根据具体情况，运用已有的经验和知识，及时调整和更正事先的预测，使预测的准确性达到最优。由此所决定的人的行动和机器性能方面的预测在实际工作中与最初设想达到一致的程度就是可靠性。

就机器设备而言，可靠性是指机器、部件、零件在规定条件下和规定时间内完成规定功能的能力。

规定条件包括使用条件、维护条件、环境条件、储存条件和工作方式等。某些电子元器件在实验室中使用和在火箭上使用，其可靠性就可以相差几个数量级。机器在超负荷下使用和连续不断工作其可靠性都会降低；相反，产品在减负荷（低于使用负荷）下使用，可靠性提高。

设备规定的工作可靠时间依据不同对象和工作目的而异，如火箭要求几秒或几分钟内工作可靠，而一台机床要求的可靠使用时间则长得多。一般来说，机器设备的可靠性随使用时间的增加而逐渐降低，使用时间越长，可靠性越低。使用时间不同，可靠性也不同。

规定功能是指机器设备本身的性能指标以及人能方便、安全、舒适地操纵机器的使用功能。若机器和设备达到规定功能，则视为可靠；若产品丧失规定功能，则称其发生故障、失效或不可靠。

度量可靠性指标的特征量称为可靠度。可靠度是在规定时间内，机器设备

或部件完成规定功能的概率。若把它视为时间的函数，就称为可靠度函数。就概率而言，可靠度是累积分布函数，它表示在该时间内成功完成功能的机器或部件占全部工作的机器或部件的百分数。设可靠度为 $R(t)$，不可靠度为 $F(t)$，则

$$R(t) = 1 - F(t) \tag{8-5}$$

若 $F(t)$ 对时间 t 微分，即可得函数 $f(t)$，称为故障密度函数，即

$$f(t) = \frac{\mathrm{d}F(t)}{\mathrm{d}t} = -\frac{\mathrm{d}R(t)}{\mathrm{d}t} \tag{8-6}$$

故障率 $\lambda(t)$ 可用下式表示：

$$\lambda(t) = \frac{f(t)}{R(t)} = -\frac{\mathrm{d}R(t)}{R(t)\mathrm{d}t} \tag{8-7}$$

如 $\lambda(t)$ 已知，可将式(8-7)变为积分形式，即可求得 $\lambda(t)$ 与 $R(t)$ 的关系：

$$R(t) = \mathrm{e}^{-\int_0^t \lambda(t)\mathrm{d}t} \tag{8-8}$$

当 $\lambda(t)$ 是常数时，即 $\lambda(t) = \lambda$，则有

$$R(t) = \mathrm{e}^{-\lambda t} \tag{8-9}$$

其中故障率 λ 等于机器或部件平均无故障时间的倒数，即

$$\lambda = \frac{1}{\text{平均无故障时间}} = \frac{1}{\theta} \tag{8-10}$$

所以可靠度 $R(t)$ 也可写为

$$R(t) = \mathrm{e}^{-t/\theta} \tag{8-11}$$

显然，随着使用时间的增加，机器或部件的可靠度不断降低，如图 8-15 所示。根据式(8-11)，当机器或部件使用时间等于平均无故障间隔时间时，即 $t = \theta$ 时，机器或部件的可靠度为

$$R(t) = \mathrm{e}^{-1} = 0.368 \tag{8-12}$$

为了提高机器或部件的可靠度，必须使 t/θ 的比值最小。

1）机器故障

机器或部件的故障率 $\lambda(t)$ 随使用时间的递增按不同使用阶段变化。通常可分为三个阶段。

① 初期故障，发生于机器试制或投产早期的试运转期间。其主要是由设计或生产加工中潜在的缺点所致。潜伏未被发现的错误、制造工艺不良、材料和元器件的缺陷，在使用初期暴露出来，就呈现为故障。例如螺钉、螺栓免不了有次品，焊接有可能假焊，等等。

为了尽早发现这些缺陷，就要对材料、元器件进行认真筛选、试验、改进制造工艺，以及对成品做延时、老化处理和人机系统的安全性试验等，以提高

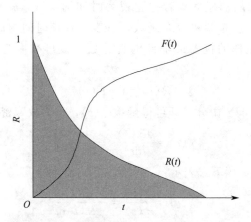

图 8-15　机器的可靠度与时间的关系

机器在使用初期的可靠性。

　　② 随机故障，是在机器处于正常工作状态下的偶发故障。这期间，故障率较低且稳定，称为恒定故障期。这期间的故障不是通过检修等方法可以避免的。这些故障常常是由超过元器件设计强度和应力过于集中所致。偶发故障是随机的，既无规律又不易预测。但是对一般机器都可规定一个允许的故障率，把对应这个故障率的寿命称为耐用寿命或有效工期。在一定条件下耐用寿命越长越好。

　　③ 磨损故障，即后期磨损故障。随着时间的增长，故障率迅速增加。这一时期的故障主要是由长期磨损，机器或部件老化、疲劳、腐蚀或类似的原因所致。在研究机器耗损故障之后，就可以制定出一套预防检修和更换部分元件的方法，使耗损故障期延迟到来，以延长有效工作期。

　　机器或部件的以上三个阶段的故障率与时间的关系如图 8-16 所示。

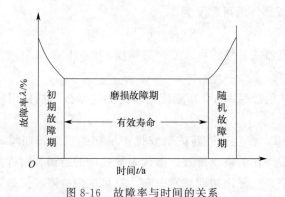

图 8-16　故障率与时间的关系

2）机器的可靠性分析

可靠性是机器或部件的重要指标之一。在制定设计方案时，就要考虑可靠性的估计问题，对机器或部件进行可靠性的定量分析。定量分析的方法是根据故障率来计算机器或部件可能达到的可靠度或计算在实际应用中符合性能要求的概率。

一台机器由许多部件组成，一个生产单元又由许多机器或设备组成，进而，许多生产单元组成了整个生产系统。无论是组成机器或设备的许多部件或零件之间，还是组成生产单元和生产系统的众多机器设备之间，在完成规定功能和保障系统正常运转时，都是按一定连接方式进行配置的。构成系统的各单元之间的配置方式通常可归结为串联配置方式和并联配置方式两类。

（1）串联配置方式

如图 8-17 所示，系统能量的输入按顺序依次通过功能上独立的单元 $A_i =$ 1，2，3，…，n，然后才输出。当串联配置时，欲使整个系统正常工作，必须使所有单元都不发生故障。如果系统中的任意一个单元发生故障，就会导致整个系统发生故障。因此对于重要的和可靠性要求高的系统，应力求避免采用串联配置方式。

输入能量　　　　　　　　　　　　　　　　　　　　　　输出能量

图 8-17　串联配置系统

如果每个单元的可靠度为 R_1，R_2，R_3，…，R_n，则系统的可靠度为

$$R_s = R_1 \times R_2 \times R_3 \times \cdots \times R_n$$

$$R_s = \prod_{i=1}^{n} R_i \tag{8-13}$$

在计算可靠度时，要注意系统类型的复杂性。例如电子计算机系统在整个运算过程中，不是所有元件都投入运行，所以还需注意这种因素，以免可靠度的计算结果偏低。另外，还要注意使用条件，因为相同的元件在不同的环境下使用，其故障率或寿命也是不相同的。

（2）并联配置方式

如图 8-18 所示，并联配置系统是由一系列平行工作的单元组成的系统。该系统中只要不是全部单元发生故障，系统仍可以正常工作。因为系统中没有发生故障的单元照样保持能量的输入和输出。实际上，所有单元同时发生故障的概率极低，所以并联配置方式保持系统正常，运行的可靠性比串联方式高得多，但经济性差。因此，

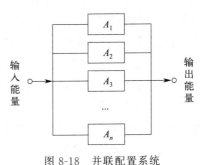

图 8-18　并联配置系统

选择并联配置方式时要根据系统的重要程度而定。

并联配置方式的系统可靠性按概率公式可表示为

$$R_s = 1 - (1 - R_1)(1 - R_2) \cdots (1 - R_n) = 1 - \prod_{i=1}^{n} (1 - R_i) \qquad (8\text{-}14)$$

3）提高机器的可靠性

提高机器的可靠性有两个目的：一是延长机器设备的使用寿命；二是保证人机系统的安全性。

可靠性高的产品，使用效率就高，使用寿命就长，甚至一个产品能顶几个用。在现代设计中，一个元件不可靠，影响的不是元件本身，而是一台设备、一条生产线以至整个生产系统。

机器设备可靠性高，就会使人操作起来感到安全，减少失误，避免伤亡事故的发生和经济损失，相应的人机系统的可靠性就会提高。

提高机器的可靠性的方法应从两方面考虑：减少机器本身故障，延长使用寿命；提高使用安全性。

用下面几种方法可减少机器故障。

① 利用可靠性高的元件。机器设备的可靠性取决于组成件或零件的可靠性，因此必须加强原材料、部件及仪表等的质量控制，提高零部件的加工工艺水平和装配质量。

② 利用备用系统。在一定质量条件下增加备用量，尤其是厂矿的关键性设备，如电源、通风机、水泵等都应有备用的；矿井的主扇、连接电机及电源也都应有备用品，以使井下通风不致因偶然事件而中断。

③ 采用平行的并联配置系统，当其中一个部件出现故障时，机器设备仍能正常工作。如果两个单元并联，系统中的一个单元发生故障，则系统的可靠性就降低到只有一个单元的水平。所以为保持高可靠性，必须及时察觉故障，并能迅速更换和调整。

④ 对处于恶劣环境下的运行设备应采取一定的保护措施，如通过温度、湿度和风速的控制来改善设备周围的条件，对有些机器设备以至零部件要采用防振、防浸蚀、防辐射等相应措施。

⑤ 降低系统的复杂程度，因为增加机器设备的复杂程度就意味着其可靠性降低，同时机器设备的复杂操作也容易引起人为失误，提高故障率。

⑥ 加强预防性维修。预防性检查和维修是排除事故隐患、消除机器设备潜在危险、提高机器设备可靠性的重要手段。通过检修查明，有的部件仍可继续使用；有的部件已达到使用寿命的耗损阶段，必须进行更换，否则会因为存在隐患而导致更严重的事故发生。

提高机器设备使用安全性的方法，主要是加强安全装置的设计，即在机器设备上配以适当的安全装置，尽量减少事故的损失，并避免对人体的伤害；同时，一旦机器设备发生故障，可以起到中止事故，加强防护的作用。

8.2.3　环境因素

环境条件是影响安全人机系统可靠性的重要因素。人使用和操纵机器设备都是在一定的空间环境中进行的。在正常条件下，人、机、环境之间互相制约而保持平衡，且随时间的推移不断调节这种平衡关系，以保证整个系统的可靠性。一旦人、机、环境系统中的某一因素出现异常，使系统的平衡遭到破坏，就会发生事故造成财产损失。因环境因素而造成事故的例子很多。不同的环境条件对人、对机器设备都会有不同程度的影响。优良、舒适、合理的环境条件，可使作业人员减轻疲劳、心情舒畅、减少失误；可以提高机器设备、元器件的使用寿命，降低故障率。相反，恶劣的环境条件，给人和机器设备带来不利影响，降低了系统的可靠性。

就人、机、环境的总系统而言，人与环境、机与环境可以作为子系统来对待。下面对这两个子系统分别进行讨论。

1）提高人-环境系统的可靠性

（1）温度、湿度

作业环境中温度和湿度的变化，除来自机器、装置和人的热能通过传导、对流和辐射产生影响外，主要是季节变化带来的影响。

夏天环境温度高、湿度大；而冬天温度低、湿度小。高温、高湿的环境使人感到不舒适，心情烦躁、疲惫、头晕，增加了操作人员生理上的疲劳和懈怠，反应迟钝，操作能力降低，容易产生人为失误，使人-环境系统的可靠性降低。

低温条件会影响人手脚动作的灵活性，尤其是对于用手指进行的精细操作，温度过低会使手指的灵活性降低，手肌力和动感觉能力都明显变差，以致发生冻伤无法工作。

要使作业人员舒适、安全和高效率地工作，就要为生产工作场所创造适宜的气候环境，即适宜的温度、湿度及合适的风速。

高温防护的措施可以采用通风降温、安装空调装置、穿戴防护服装等方式。低温防护主要是保持工作环境的温度，通常用加温设备即可做到。

（2）照度

人在作业场所从事的各种生产活动，是通过光来观察环境并做出判断而进行的。然而，如果作业环境的光照条件不好，作业人员就不能清晰地识别物体，从而容易接收错误信息，产生行动失误，导致事故发生。同时，因照度不足,作业人员在识别显示装置和操纵装置的过程中,就会产生疲劳,引起心理上的变化,使思考能力和判断能力迟缓,增加了发生事故的潜在危险。因此,保证作业环境的良好照度,对于减少事故、提高系统的可靠性具有非常重要的意义。

为了减少光照不足带来的事故,作业场所应尽量设法利用日光来达到作业照度的要求,如采用大面积玻璃钢窗;在可能的条件下,机器设备的色调应明快、干净,避免使用灰暗色调。在需要人工照明的情况下,应尽量使光线不要太暗,但也不要太亮。太亮的光线易产生明、暗对比很强的阴影,会造成作业人员视疲劳。作业照明的选择和确定,要以作业特点和作业环境舒适以及减少事故为原则。

(3) 环境噪声

噪声是人们不需要的声音,是一种公害。在工业生产中,各种机器和装置振动、冲击、摩擦而产生的各种杂乱频率交织在一起的声波,就形成作业环境的噪声。随着噪声的升高,会给人的各种生理机能带来危害。

在噪声环境下,语言的清晰度降低,影响正常的交谈和思维能力。短时间暴露在噪声下,会引起听觉疲劳,使听力减退;暴露时间过长会引起永久性耳聋,甚至还会引起多种疾病,更主要的是在某些重要场合,由于噪声掩盖报警信号而引起伤亡事故。

此外,噪声对人的心理影响也是生产操作中不安全的一个重要因素。噪声的声压升高,人的交感神经就会紧张,引起心情烦躁,注意力不集中,这样就容易发生人为失误,致使事故增多。

所以,在安全生产中,必须采取积极的防护措施,尽量减少噪声对人的生理和心理的不良影响。防治噪声的主要途径有:降低源噪声,包括更换装置、改善噪声源;控制有源噪声,包括隔声、吸声、消声、减振等,调整总体布局;加强个人防噪措施;等等。将噪声控制在国家规定的标准以内。

(4) 环境污染

目前,有害气体、蒸气和粉尘等所造成的污染最为普遍。人们长期处在这种环境中,日积月累,各种有害物质必将对人体产生不良的生理效应,轻则引起精神不快,感官受刺激,工作效率降低;重则造成职业病及生产事故,甚至危及生命。所以,环境污染问题越来越受到人们的重视。

控制环境污染,要根据污染的性质采取不同的措施。例如,对空气污染,可采取通风、除尘和净化空气的方法;对污水,要采用污水净化处理器进行净化处理;对其他有害物质,要尽量提高设备与装置的安全性,防止有害物质的泄漏,并设置有效的吸收、燃烧和处理装置,尽量使作业环境的有害物质含量减少到最低限度,保证作业人员的身心健康,减少事故,使人机系统能够可靠、有效地工作。

2）提高机-环境系统的可靠性

（1）温度

通常机器设备所处的环境温度越高，对其可靠性的影响越大。由于机器设备在运行过程中都要散热，如果作业环境的温度过高，便不利于机器和设备的散热，就会增加机器设备发生故障的可能性。因此要利用传导、对流、辐射等散热途径来降低各种热源对机器设备的不利影响。

利用传导散热的主要措施有：选用热导率大的材料；扩大热传导零件间的接触面积；缩短热传导的路径，路径中不应有绝热和隔热元件。

利用对流散热的主要措施有：加大温差，降低周围对流介质的温度；加大散热面积；加大周围介质的对流速度。

利用辐射散热的主要措施有：在零件或散热片上涂黑色粗糙漆；加大辐射体的表面积；加大辐射体与周围环境的温差；等等。

在机器设备升温过高的工作环境中，需采取降温通风措施，如强迫通风、液体冷却、蒸气冷却以及半导体制冷等。

（2）腐蚀

潮气、霉菌、盐雾和环境中其他腐蚀性气体对机器设备的影响，主要表现在金属表面腐蚀、材料绝缘性能下降、其他性能劣化和失效等。由于腐蚀而造成了机器设备寿命周期的下降。

防止腐蚀主要采用的方法如下：

① 为了防潮，可以将金属件电镀和表面涂覆。

② 为了防霉，可以选用不生霉和经防霉处理的材料，机器设备还须经常维修清理以保证干燥和清洁。

③ 为防止不同金属接触而造成电化学腐蚀，要采用金属表面保护措施，如烧蓝和煮黑等工艺。

④ 当使用环境恶劣时，要求高的产品应采用密封和灌封结构，以防止环境中腐蚀性气体的影响。

（3）振动

机器设备和装置在运行当中的变频、冲击、加速等会造成不同程度的振动。强烈的共振会导致机器设备或零部件损坏，且给作业人员带来不利影响，大大降低了系统的可靠性。

因此，在设计上采取相应的防振、耐振措施，也是提高机器-环境系统可靠性的重要方面。

防振、耐振的措施充分利用了加固技术、缓冲技术、隔离技术、去耦技术、阻尼技术和刚性化设计原理，尽量减轻振动给机器设备带来的不利因素。

在要求严格的情况下，必须设置减振器。减振器的选择主要考虑减振系统的重量、重心位置和各自的固有频率等因素。机械振动是一门专业的学科系统，这里不再赘述。

（4）辐射

具有辐射的环境对机器和设备产生不同程度的不利影响，辐射主要有电磁辐射，如 γ、X 射线和电磁脉冲；粒子辐射，如电子、质子、中子和 α 粒子。辐射对机器设备的损伤包括瞬时的电离效应、半永久性的表面效应和永久性的位移效应以及各种热效应。

为了提高设备抗辐射能力，尤其是电子设备，必须进行防辐射研究。如合理地选择材料和元器件；进行设备本身抗辐射电路的设计；采用良好的组装工艺；采用真空密封或灌封结构来隔绝器件表面的空气，以防止电离效应的影响；采用屏蔽措施。此外，还须尽力控制辐射源，使作业环境的各种辐射降低到最低限度，以保障机器设备和人正常工作的条件。

8.2.4　人机系统可靠度计算与评价

（1）人机系统的可靠度计算

人机系统可分为串联人机系统和冗余人机系统，如表 8-9 所列。把多余的要素加入系统中构成的并联系统称为冗余系统。冗余系统具有冗余度，这是提高系统可靠性的一种有效方法。

表 8-9　人机系统结合形式及可靠度

名称	框图	人机系统可靠度计算公式及说明
串联系统	人 R_H　机器 R_M	$R_S = R_H R_M$
并联冗余式	人$_A$ R_{HA}　人$_B$ R_{HB}　机器 R_M	$R_S = [1-(1-R_{HA})(1-R_{HB})]R_M$ 两人操作可提高异常状态下的可靠性，但由于相互依赖也可能降低可靠性
待机冗余式	± 机器自动化 R_{MA}　人监督 R_H	$R_S = 1-(1-R_{MA}R_H)(1-R_{MA})$ 人在自动化系统发生误差时进行纠正

续表

名称	框图	人机系统可靠度计算公式及说明
监督校核式		$R_S=[1-(1-R_{MB}R_H)(1-R_H)]R_M$ 将并联冗余式中的一个人换成监督者的位置,人与监督者的关系如同待机冗余式

（2）海洛德分析评价法

海洛德分析评价法（human error and reliability analysis logic development，HERALD）是人的失误与可靠性分析逻辑推演法。它通过计算系统的可靠性，分析评价仪表、控制器的配置和安装位置是否适合人的操作。一般先求出人执行任务时的成败概率，然后对系统进行评价。

大量的实验表明：人眼在视中心线上、下各 15°的正常视线区域内，最不容易发生错误。因此，在该范围内设置仪表或控制器时，误读率或误操作率极小，距离该区域越远，则误读率和误操作率将越大。以视中心线为基准向外，每 15°划分一个区域，在不同的扇形区域内规定相应的误读概率即劣化值 D_i（表 8-10）。如果显示控制板上的仪表被安排在 15°以内最佳位置上，其劣化值为 0.0001～0.0005；如果将该仪表安排在 80°的位置上，则相应劣化值 D_i 增加到 0.0030。所以，在进行仪表配置时，应该研究如何使其劣化值尽量小些。操作人员有效作业概率可用下式计算：

$$P = \prod_{i=1}^{n}(1-D_i) \tag{8-15}$$

式中　P——有效作业概率；

　　　D_i——各仪表安放位置的劣化值。

表 8-10　视区与劣化值 D_i 的关系

视线上下的角度区域	劣化值 D_i	视线上下的角度区域	劣化值 D_i
0°～15°	0.0001～0.0005	45°～60°	0.0020
15°～30°	0.0010	60°～75°	0.0025
30°～45°	0.0015	75°～90°	0.0030

【例 8-1】某仪表显示板安装 4 种仪表，其中有 3 种仪表安装在中心视线 25°之内，有 1 种仪表安装在中心视线 65°的位置上，求操作人员有效作业概率。

解：由表 8-10 查得，视线 25°以内仪表的劣化值为 0.0010，视线 65°以内的仪表劣化值为 0.0025，则

$$P = \prod_{i=1}^{n}(1-D_i)=(1-0.0010)^3(1-0.0025)=0.9945$$

如果监视该显示板的人员除去操作者外，还配备了其他辅助人员，则该系

统中操作人员有效作业概率 R_S 可以用下式计算:

$$R_S = \frac{[1-(1-P)^n](T_1+PT_2)}{T_1+T_2}$$

式中　P——操作人员有效地进行操作的概率;

　　　n——操作人员数;

　　　T_1——辅助人员修正主操作人员潜在差错而进行行动的宽裕时间,以百
　　　　　分比表示;

　　　T_2——剩余时间的百分比,$T_2=100\%-T_1$。

在本例中,$P=0.9945$,$n=3$,$T_1=50\%$(估计),$T_2=100\%-50\%=50\%$,则 R_S 为

$$R_S = \frac{[1-(1-P)^n](T_1+PT_2)}{T_1+T_2}$$

$$= \frac{[1-(1-0.9945)^2](50+0.9945\times50)}{50+50} = 0.9972$$

8.3　人机系统评价

8.3.1　检查表评价法

1)定义

所谓检查表评价法,是指利用人机工程学原理检查构成人机系统各种因素及作业过程中操作人员的能力、心理和生理反应状况的评价方法。用检查表法对人机系统进行评价是一种较为普遍的评价方法。使用该方法可以对系统有一个初步的定性的评价。需要时该方法也可方便地对系统中的某一个单元(子系统)进行评价。

2)主要评价内容

(1)国际工效学协会提议内容

国际工效学协会(IEA)提出的"人机工程学系统分析检查表评价"的主要内容如下:

①作业空间分析。分析作业场所的宽敞程度、影响作业者活动的因素、显示器和控制器的位置能否方便作业者的观察和操作。

②作业方法分析。分析作业方法是否合理,是否会引起不良的体位和姿势,是否存在不适宜的作业速度,以及作业者的用力是否有效。

③ 环境分析。对作业场所的照明、气温、干湿、气流、噪声与振动条件进行分析，考查是否符合作业者的心理和生理要求，是否存在能引起疲劳和影响健康的因素。

④ 作业组织分析。分析作业时间、休息时间的分配以及轮班形式、作业速率是否影响作业者的健康和作业能力的发挥。

⑤ 负荷分析。分析作业的强度、感知系统的信息接收通道与容量的分配是否合理，操纵控制装置的阻力是否满足人的生理特性。

⑥ 信息输入和输出分析。分析系统的信息显示、信息传递是否便于作业者观察和接收，操纵装置是否便于区别和操作。

（2）具体内容说明

检查表的内容包括信息显示装置、操纵装置、作业空间、环境要素。下面介绍人机系统检查表评价中几个主要部分的检查内容，如表 8-11 所列。

表 8-11　检查表评价法主要检查内容

检查项目	检查主要内容
信息显示装置	①作业操作能得到充分的信息指示吗？ ②信息数量是否合适？ ③作业面的亮度能否满足视觉要求及进行作业要求的照明标准？ ④警报信息显示装置是否配置在引人注意的位置？ ⑤控制台上的事故信号灯是否位于操作者的视野中心？ ⑥图形符号是否简洁、意义明确？ ⑦信息显示装置的种类和数量是否符合信息的显示要求？ ⑧仪表的排列是否符合按用途分组的要求？排列次序是否与操作者的认读次序一致？是否符合视觉运动规律？是否避免了调节或操纵控制装置时对视线的遮挡？ ⑨最重要的仪表是否配置在最佳的视野内？ ⑩能否很容易地从仪表盘上找出所需要认读的仪表？ ⑪显示装置和控制装置在位置上的对应关系如何？ ⑫仪表刻度能否十分清楚地分辨？ ⑬仪表的精度符合读数精度要求吗？ ⑭刻度盘的分度设计是否会引起读数误差？ ⑮根据指针能否很容易地读出所需要的数字？指针运动方向符合习惯吗？ ⑯音响信号是否受到噪声干扰？
操纵装置	①操纵装置是否设置在手易达到的范围内？ ②需要进行快而准确的操作动作是否用手完成？ ③操纵装置是否按功能和控制对象分组？ ④不同的操纵装置在形状、大小、颜色上是否有区别？ ⑤操作极快、使用频繁的操纵装置是否采用了按钮？ ⑥按钮的表面大小、按压深度、表面形状是否合理？各按钮的距离是否会引起误操作？ ⑦手控操纵装置的形状、大小、材料是否和施力大小相协调？ ⑧从生理上考虑,施力大小是否合理？是否有静态施力过程？ ⑨脚踏板是否必要？是否坐姿操纵脚踏板？ ⑩显示装置与操纵装置是否按使用顺序原则、使用频率原则和重要性原则布置？

检查项目	检查主要内容
操纵装置	⑪能用符合要求的操纵装置吗？ ⑫操纵装置的运动方向是否与预期的功能和被控制对象的运动方向相结合？ ⑬操纵装置的设计是否满足协调性（适应性和兼容性）的要求？ ⑭紧急停车装置设置的位置是否合理？ ⑮操纵装置的布置是否能保证操作者用最佳体位进行操纵？ ⑯重要的操纵装置是否有安全防护装置？
作业空间	①作业地点是否足够宽敞？ ②仪表及操纵装置的布置是否便于操作者采取方便的工作姿势？能否避免长时间采用站立姿势？能否避免出现频繁的取物曲腰？ ③如果是坐姿工作，能否有容膝放脚的空间？ ④从工作位置和眼睛的距离来考虑，工作面的高度是否合适？ ⑤机器、显示装置、操纵装置和工具的布置是否能保证人的最佳视觉条件、最佳听觉条件和最佳嗅觉条件？ ⑥是否按机器的功能和操作规定布置作业空间？ ⑦设备布置是否考虑人员进入作业姿势和退出作业姿势的必要空间？ ⑧设备布置是否考虑安全和交通问题？ ⑨大型仪表盘的位置是否有满足作业人员操作仪表、巡视仪表和在控制台前操作的空间尺寸？ ⑩危险作业点是否留有躲避空间？ ⑪操作人员精心操作、维护、调节的工作位置在坠落基准面上 2m 以上时，是否在生产设备上配置有供站立的平台和护栏？ ⑫对可能产生物体泄漏的机器设备，是否设有收集和排放渗漏物体的设施？ ⑬地面是否平整，没有凹凸？ ⑭危险作业区域是否隔离？
环境因素	①作业区的环境温度是否适宜？ ②全域照明与局部照明对比是否适当？是否有忽明忽暗、频闪现象？是否有产生眩光的可能？ ③作业区的湿度是否适宜？ ④作业区的粉尘是否超限？ ⑤作业区的通风条件如何？强制通风的风量及其分配是否符合规定要求？ ⑥噪声是否超过卫生标准？降噪措施是否有效？ ⑦作业区是否有放射性物质？采取的防护措施是否有效？ ⑧电磁波的辐射量怎样？是否有防护措施？ ⑨是否有出现可燃、有毒气体的可能？检测装置是否符合要求？ ⑩原材料、半成品、工具及边角废料放置是否整齐有序、安全？ ⑪是否有刺眼或不协调的色彩存在？

3）编制流程及注意事项

（1）编制流程

应根据被评价系统的实际情况和要求，有针对性地编制检查表，要尽可能全面和详细。检查表编制流程如图 8-19 所示。

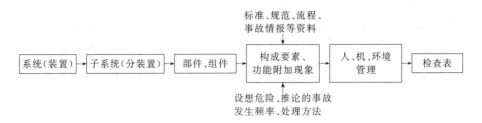

图 8-19 检查表编制流程

（2）编制流程注意事项

编制检查表时应注意以下几点：

① 从人机系统出发，利用系统工程方法和人机工程学的原理编制。可将系统划分成单元，便于集中分析问题。

② 要以各种规范、规定和标准等为依据。

③ 充分收集有关资料、市场信息和同类或类似系统（产品）的资料。

④ 由人机工程技术人员、生产技术人员和有经验的操作人员共同编制。

⑤ 检查表的格式有提问式、叙述式以及打分式。

4）应用举例

表 8-12 为用检查表评价法对某机器包装生产系统进行人机工程学评价的检查表。

表 8-12 某生产线人机工程评价检查表

序号	内容	是	否	不适用	评价说明及结果
1	尽量使作业人员避免不必要的步行或升降运动	√			
2	避免长时间站立		√		处于长期走、站姿势作业
3	不频繁出现前屈姿势		√		频繁弯腰、举升重物
4	作业有足够的空间采取满意的姿势	√			
5	有足够的空间变换姿势	√			
6	地面尽量平整	√			水磨石地面，光洁平整
7	地面的硬度、弹性适当		√		水泥地面，长期站走姿势，地面不适
8	升降设备充分宽敞			√	
9	安全通道符合要求	√			
10	不必要始终站立的作业，应设置椅子或其他支持物		√		至少在抄写和复检台前设置椅子
11	必要时设置垫脚板	√			
12	出入口有适当的高度和宽度	√			
13	作业面高度与自身相适应		√		机器作业面普遍偏高
14	作业人员的衣着适合作业场所的温度	√			穿普通衣服，空调车间温度 $T = 22 \sim 26℃$

序号	内容	是	否	不适用	评价说明及结果
15	需要快速、准确地操作,用手操作	√			
16	操作工具放在手能摸到的范围内	√			应按巴恩斯法、斯奈尔斯法、法莱法确定
17	操作工具按系统分类	√			
18	紧急用的操作工具除了必须配备外,还应在形状、大小、颜色上易于识别	√			
19	手操作的前后、左右、上下方向应与机器动作的方向一致	√			
20	需要敏捷及频度大的操作,利用按钮	√			
21	原则上双手都被占用的时候才用脚操作	√			
22	避免站着进行脚踏作业	√			
23	作业操作上的必要信息,不过多也不过少	√			3～7个
24	为判别视觉对象及进行作业,作业面的照度应符合标准	√			
25	警告信息易引起人的注意	√			
26	操作的手不妨碍观察其他必要视觉信息	√			
27	标志简单、明了	√			
28	动作联络信号标准化		√		现按习惯联络
29	噪声不妨碍作业时必要的对话		√		一般平均为 80.5dB(A),在 0.4m 内提高声音不影响对话
30	必要时,手触摸一下操作工具的形状和大小就可将其区别		√		
31	除紧急危险信号外,避免有令人不愉快的干扰	√			
32	对必要的动作有足够的空间	√			
33	只有必要时才用人力移动物体	√			
34	搬移动物体重量适宜	√			每小时 19 箱,每箱 12.7kg＜15kg(女)。搬移方法需改进
35	不同的信息,尽量避免在同一地方显示	√			
36	每个作业人员担当的操作控制范围适宜	√			
37	作业人员错误接收信号的结果,能立即觉察到	√			
38	作业中有自己的自然休息时间	√			根据生产组织和人员配置,情况尚可
39	共同作业分工明确,互相联络良好	√			
40	按规定设置非常出口,并标志清楚	√			

序号	内容	是	否	不适用	评价说明及结果
41	气温适当,作业舒适	√			$T=22\sim26℃$,湿度为 $40\%\sim60\%$,合适
42	整体照明与局部照明对比适当	√			只用整体照明
43	照明不产生眩光	√			
44	定期清洁和更换灯具,保证照明质量稳定		√		不洁、老化,使照度有所下降
45	噪声不会对人产生不利影响	√			高噪声区平均为 84dB(A)
46	对噪声有隔声、消声等措施	√			
47	机具振动不妨碍作业	√			
48	粉尘不影响作业者的身体健康	√			$<0.2mg/m^3$
49	作业者不受放射线照射	√			
50	有害物质对作业者身体不构成威胁	√			
51	适当采取措施,使有害物质不伤害皮肤		√		
52	有防范风害、水害、雷击、地震等自然灾害的设计		√		
53	妥善维护和管理劳动保护用具	√			
54	作业者担当的工序和一天的作业量适当	√			
55	在同一工种中,不使一部分人的作业量偏重		√		
56	进行医学检查,不安排医学上不适于作业的人工作	√			
57	没有反复频繁做同一作业而负担过重的人	√			按规定调换
58	充分保证包括用餐在内的休息时间	√			用餐时间 40min,上、下午工间休息各 15min
59	不连续数天深夜工作	√			
60	遵守妇女和少年就业限制的有关规定	√			
61	职工清楚发生灾害时的应急系统和措施	√			
62	定期进行环境监测	√			氧含量和风速检测不够
63	作业不使人呼吸困难和呼吸不适	√			
64	一个工作日的能量代谢率不过大	√			$M_{max}=2.2,M=1.85,I=15.5$
65	不过分要求持续紧张地工作,以免成为痛苦和失误的原因	√			
66	工作的单调性不会造成疲倦和痛苦	√			$d_R=-7.3\%>-10\%,W_R=-8\%>-13\%$。应定期更换为好
67	作业内容和方法不会影响人的身体健康		√		搬移方法需改进

序号	内容	是	否	不适用	评价说明及结果
68	当作业不适当时,不会成为人身安全、健康方面的问题		√		体弱者不要长期、高频率地搬移重物
69	疾病和缺勤的统计运用于卫生管理上	√			应建立劳动卫生管理档案
70	在作业负担规定中,特别照顾身体有缺陷的人			√	
71	有计划地维修机械设备,使机械设备故障很少出现	√			有定期维修计划
72	作业者之间的联络良好,不致成为重大祸因	√			
73	尽量考虑一旦突然发生事故,也不会酿成重大伤亡和损失	√			
74	为了能够充分应对紧急事态,要进行必要的训练	√			
75	随着作业时间的变化,能改变作业的流程和人员配备		√		若能根据疲劳情况改变机器速度,可提高作业效能
76	作业操作频率和持续时间,不超过操作者的操作能力	√			
77	劳保用品不会给人造成痛苦		√		劳保鞋透气性差,需改进
78	尽量避免有造成人过大心理负担的因素		√		应减少职工的压抑感和紧张心理

8.3.2　工作环境指数评价法

（1）空间指数法

作业空间狭窄会妨碍操作,迫使作业者采取不正常的姿势和体位,从而影响作业能力的正常发挥,提早产生疲劳或加重疲劳,降低工效。狭窄的通道和入口会造成作业者无意触碰危险机件或误操作,导致事故发生。因此,为了评价人与机、人与人、机与机等相互的位置安排,从而做出各种改进,可引入各种指标的评价值来判断空间的状况。

① 密集指数。密集指数表明作业空间对操作者活动范围的限制程度。查乃尔（R. C. Channell）与托克特（M. A. Tolcote）将密集指数划分为4级,如表8-13所列。

表 8-13　密集指数

指数值	密集程度	典型事例
3	能舒服地进行作业	在宽敞的地方操作机床
2	身体的一部分受到限制	在无容膝空间工作台上工作
1	身体的活动受到限制	在高台上仰姿作业
0	操作受到显著限制,作业相当困难	维修化铁炉内部

② 可通行指数。可通行指数用以表明通道、入口的通畅程度。它也被分为 4 级，如表 8-14 所列。在实际作业环境设计中，可通行指数的选择与作业场所中的作业者数目、出入频率、是否可能发生紧急状态造成堵塞及这种堵塞可能带来后果的严重程度有关。

表 8-14　可通行指数

指数值	入口宽度/mm	说明
3	＞900	可两人并行
2	600～900	一人能自由地通行
1	450～600	仅可一人通行
0	＜450	通行相当困难

（2）视觉环境综合评价指数法

视觉环境综合评价指数，是评价作业场所的能见度和判别对象（显示器、控制器等）能见状况的评价指标。该方法是借助评价问卷，考虑光环境中多项影响人的工作效率与心理舒适程度的因素，通过主观判断确定各评价项目所处的条件状态，利用评价系统计算各项评分及总的视觉环境指数，以实现对视觉环境的评价。该评价过程大致分为四步。

① 确定评价项目。评价方法的问卷形式如表 8-15 所列，其评价项目包括视觉环境中 10 项影响人的工作效率与心理舒适的因素。

表 8-15　评价项目及可能状态的问卷形式

项目编号 n	评价项目	状态编号 m	可能状态	判断投票	注释说明
1	第一印象	1	好		
		2	一般		
		3	不好		
		4	很不好		
2	照明水平	1	满意		
		2	尚可		
		3	不合适,令人不舒服		
		4	非常不合适,看作业有困难		
3	直射眩光与反射眩光	1	毫无感觉		
		2	稍有感觉		
		3	感觉明显,令人分心或令人不舒服		
		4	感觉严重,看作业有困难		
4	亮度分布（照明方式）	1	满意		
		2	尚可		
		3	不合适,令人分心或令人不舒服		
		4	非常不合适,影响正常工作		

项目编号 n	评价项目	状态编号 m	可能状态	判断投票	注释说明
5	光影	1	满意		
		2	尚可		
		3	不合适,令人不舒服		
		4	非常不合适,影响正常工作		
6	颜色显现	1	满意		
		2	尚可		
		3	显色不自然,令人不舒服		
		4	显色不正确,影响辨色作业		
7	光色	1	满意		
		2	尚可		
		3	不合适,令人不舒服		
		4	非常不合适,影响正常作业		
8	表面装修与色彩	1	外观满意		
		2	外观尚可		
		3	外观不满意,令人不舒服		
		4	外观非常不满意,影响正常工作		
9	室内结构与陈设	1	外观满意		
		2	外观尚可		
		3	外观不满意,令人不舒服		
		4	外观非常不满意,影响正常工作		
10	同室外的视觉联系	1	满意		
		2	尚可		
		3	不满意,令人分心或令人不舒服		
		4	非常不满意,有严重干扰或有严重隔离感		

② 确定分值及权值。对各评价项目均分为由好到坏四个等级,相应的值分别为 0、10、50、100。各项目评价分值用下式计算:

$$S_n = \frac{\sum^m (P_m + V_{nm})}{\sum^m V_{nm}} \tag{8-16}$$

式中　S_n——第 n 个评价项目的评分,$0 \leqslant S_n \leqslant 100$;

$\sum^m$——对 m 个状态求和;

P_m——第 m 个状态的分值,以状态编号 1、2、3、4 为序,分别为 0、10、50、100;

V_{nm}——第 n 个评价项目的第 m 个状态所得票数。

③ 综合评价指数计算:

$$S = \frac{\sum^m (S_n W_n)}{\sum^n W_n} \tag{8-17}$$

式中　S——视觉环境评价指数，$0 \leqslant S \leqslant 100$；

$\sum\limits^{n}$——对 n 个评价项目求和；

W_n——第 n 个评价项目的权值，项目编号 $1 \sim 10$，权值均取 1.0。

④ 确定评价等级。根据计算出的综合评价指数，按表 8-16 确定评价等级。

表 8-16　视觉环境综合评价指数

视觉环境指数 S	$S=0$	$0 < S \leqslant 10$	$10 < S \leqslant 50$	$S > 50$
等级	1	2	3	4
评价意义	毫无问题	稍有问题	问题较大	问题很大

（3）会话指数

会话指数是指工作场所中的语言交流能够达到通畅的程度。通常采用语言干扰级（SIL）衡量在某种噪声条件下，人在一定距离讲话声音必须达到多大强度才能使会话通畅；或在某一强度的讲话声音条件下，噪声强度必须低于多少才能使会话通畅。其评价指标如表 8-17 所列。

表 8-17　SIL 与谈话距离之间的关系

语言干扰级	最大距离/m	
SIL/dB	正常	大声
35	7.5	15
40	4.2	8.4
45	2.3	4.6
50	1.3	2.6
55	0.75	1.5
60	0.42	0.84
65	0.25	0.5
70	0.13	0.26

 习 题

1. 系统分析和系统评价的含义是什么？其主要的作用是什么？

2. 分析人机系统的可靠性与安全性的联系和区别。

3. 从可靠性的角度分析典型人机系统的优缺点。

4. 机的故障率一般经历哪几个阶段？

5. 连接和人机系统连接的主要形式及其含义是什么？

6. 何为故障率？

7. 蒸汽锅炉司炉工给水作业过程为：水位信号在正常水位，不启动水泵；水位信号在低水位时，司炉工启动给水泵，补水至正常水位。司炉工有可能脱岗或水位表故障，没能及时、准确获得水位信号，在低水位时没能及时处理，造成事故。试画出该作业的操作顺序图。

8. 汽车司机操纵方向盘的恒定差错率为 $\lambda(t)=0.0001$，若司机驾车 500h，其可靠度为多少？

9. 设有 5 块仪表，各置于视平线 15°、20°、25°、35°、50°，用海洛德分析评价法确定其有效操作概率 R。若配备一名辅助人员，其修正操作者的潜在差错而进行行动的宽裕时间为 70s，试求有效操作概率。

10. 试分析论述环境因素是如何影响人机系统可靠性的。

11. 国际工效学协会（IEA）提出的"人机工程学系统分析检查表评价"的主要内容有哪些？

12. 请举例说明工作环境指数评价法的主要步骤。

13. 图 8-20 为两个人-机混合系统，系统中人的可靠度 $R_H=0.9$，机的可靠度 $R_M=0.9$。试求两系统的可靠度 R_S，并比较其可靠度高低。

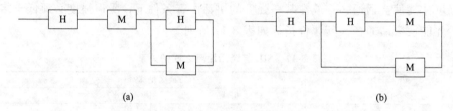

(a)   (b)

图 8-20 人-机混合系统

14. 有一汽车的制动系统可靠性连接关系如图 8-21 所示，其手刹系统和脚刹系统分别控制前轮系统及后轮系统，求系统的可靠度。

已知组成系统各单元的可靠度分别为：$R(A_1)=0.995$，$R(A_2)=0.975$，$R(A_3)=0.972$，$R(B_1)=0.990$，$R(B_2)=0.980$，$R(C_1)=R(C_2)=R(C_3)=R(C_4)=0.995$。

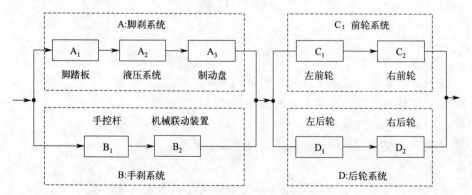

图 8-21 汽车制动系统可靠性框图

第 9 章

安全人机工程的新发展

 学习目标:

① 深入理解数字化的人体模型相关概念,精准掌握不同体态模型的构建原理与应用场景;全面熟悉人机系统建模与分析的方法,能够阐述各类模型的特点与适用范围。

② 熟练掌握协同工作中的人机交互技术,明确不同交互方式的优缺点及适用条件;精通基于人机交互的信息化界面设计原则与方法。

③ 透彻理解安全人机智能化的原理与技术实现路径,熟悉安全人机系统智能设计、施工与运维的流程和要点;通过分析智能安全人机工程应用案例,能够总结成功经验与常见问题解决方案,具备将智能化技术应用于实际安全人机工程的能力。

 重点和难点:

① 数字化模型构建与复杂人机系统分析。

② 协同工作中的人机交互原理、方式与技术实现。

③ 人机智能化的关键技术,如人工智能、大数据、物联网等在安全人机工程中的应用原理与方法。

9.1 数字化安全人机工程

数字化安全人机工程是安全人机工程学在数字化时代背景下的新分支与拓

展。数字化安全人机工程是将人机工程学原理与数字化技术相结合，通过数字化手段来优化人与机器、环境之间的交互，以保障人员安全、健康和系统高效运行的一门学科。它涉及在设计、评估和管理工作系统过程中利用信息技术对人的因素和安全因素进行综合考虑。

从技术角度讲，它是综合运用数字传感器技术、数据采集技术、计算机通信技术以及数据分析处理技术，将人机系统中的各种物理量、状态量等信息进行数字化转化的工程学科。例如，在一个自动化生产车间，通过在设备和工人身上安装各种高精度的传感器，这些传感器能够把机器的运行参数（如温度、转速、压力等）和人的生理数据（如心率、血压、动作轨迹等）转化为数字信号。

从人机交互角度来看，数字化安全人机工程致力于构建一个精准、高效的数字化交互平台。这个平台可以实时记录并传输人与机器之间的交互信息，包括操作指令、反馈信号等。以飞机驾驶舱为例，飞行员与飞机的各种操控系统之间的交互操作以数字化的方式被记录下来，如飞行员对操纵杆的每一个动作力度、角度，以及飞机各系统反馈的高度、速度、姿态等信息，都在这个数字化的交互环境中得以体现。

从安全保障角度讲，它利用所收集的海量数字化信息进行深度分析，以识别潜在的安全风险。这些风险可能包括人的操作失误倾向、机器的故障隐患等。例如，通过对长期积累的工人操作机器的数字数据进行分析，发现工人在某个特定工序中频繁出现不符合标准操作流程的动作，这可能预示着由操作习惯导致的安全风险；或者通过对机器运行数据的分析，提前预测关键部件的磨损和故障概率，从而提前进行维护和调整，保障人机系统的安全运行。

9.1.1　数字化的人体模型

9.1.1.1　人体模型分类

"人体模型"这个术语自提出以来，各种文献中给出了多种定义。随着对人体模型的深入研究与开发应用，其内涵与外延也在不断变化。例如，丁玉兰教授将人的结构、生理学或行为学的任何数学表达式看成人的模型；周前祥教授等将面向人机工效学设计的虚拟人表述为产品或系统用户群体的特征人体的计算机模型，作为产品或系统用户的替身（agent）或化身（avatar）；美国巴德勒（Badler）教授和中国郝建平教授认为虚拟人体模型，是人在计算机生成空间（虚拟环境）中的几何特性与行为特性的表示，是多功能感知与情感计算的研究内容，并将人体模型分为几何外观型、功能模型、基于时序的控制模型、自主性模型和个体特征模型；王成涛教授认为虚拟人技术是把人体形态学、物理学和生物学等信息，通过巨型计算机处理而实现的数字化虚拟人体，是一个可替代真实人体进行实验研究的虚拟技术平台。虚拟人技术将从多个层次形成人体数字模型，即将人的动态生理学和物理过程用数学方法进行描述，并建立相应的等效意义上的数字化模型。虚拟人体研究可分为 3 个阶段：虚拟可视人研究、虚拟物理人研究和虚拟生理人研究。

综合而言，人体模型是以人体测量参数为基础建立的用于描述人体形态特征、物理（含力学、传热学等）与生理特征、行为特征，甚至心理特征的有效载体，是人机系统研究、分析、数字化设计、评价、数值实验中不可或缺的重要辅助工具（含实物模型和数字化虚拟模型）。

人体模型的分类方法主要有按人体模型的用途划分、按人体模型存在的形式划分和按人体模型所承载的信息量划分等。

① 按人体模型的用途划分。按人体模型的用途划分，可分为医用人体模型和工效设计用人体模型（含有艺术、娱乐、虚拟现实中的人体模型）两大类。工效设计用人体模型是面向一切设计领域的，可以实现人体的工作姿势分析、动作分析、运动学分析、动力学分析、人机界面匹配与布局评价、人机环境系统设计、数字化动态实验等多种功能。

② 按人体模型存在的形式划分。按人体模型存在的形式划分，可分为实物模型与数字化人体模型，前者为现实世界中实验用的样本性生物人体模型和工业用的人体模型（含 2D 人体模板和 3D 仿真假人模型，如 Hybrid Ⅱ、Bio-RID 和 ADAM 等，有时也称仿真假人模型，在模型的各部位甚至还安装各种传感器），后者为计算机里所构建的虚拟环境中的各种数字化虚拟人体模型。

③ 按人体模型所承载的信息量划分。按人体模型所承载的信息量划分，数字化虚拟人体模型又分为具有几何属性的人体可视化模型（以形似为理想标准）、具有几何属性和物理属性（生物力学、热生理、热物理、人体电特性等）的数字化物理型人体模型（或称数字化生理型人体模型）、具有物理属性和感知特征的数字化生物型人体模型以及具有思维特征的数字化生物型人体模型（也称智能型人体模型或认知型人体模型，这是最理想的数字化人体模型，可以达到神形兼备）。

目前，实际人机系统设计实践中比较实用的、成熟的人体模型为人体几何模型和数字化物理型人体模型。

（1）2D 人体模板

通常所说的 2D 人体模板（见图 9-1）是目前人机系统设计时使用的一种实物仿真模型。这种人体模板是根据人体测量数据进行处理和选择而得到的标准人体尺寸，利用塑料板或密实纤维板等材料，按照 1∶1、1∶5、1∶10 等工程设计中常用的制图比例制成各个关节均可活动的人体模型。将人体模板放在实际作业空间或置于设计图纸的相关位置上，可用于校核设计的可行性和合理性。

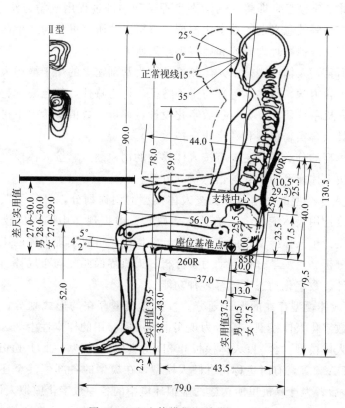

图 9-1　2D 人体模板（单位：cm）

德国 Kieler Puppe 人体模板是较早应用于汽车和航空工业的人体模板（DIN 33408）。在美国，福特（Ford）公司 S. P. Geoffrey 开发了 2D 人体模板。1962 年，该人体模板被 SAE（美国汽车工程师学会）收录到 J826 标准中。至今，SAE J826 人体模板仍是车身布置最常用的模板之一。人体模板主要用于辅助制图、校核空间尺寸和各种人机关系等。

（2）3D 仿真假人模型

3D 仿真假人模型是目前人机系统设计中常用的实物仿真假人模型。它由背板、座板、大腿杆及头部空间探测杆等构件组成，各构件的尺寸、重量及质心位置均以人体测量数据为依据，SID、BioRID CG、SKF、LRE 和 ADAM 是国际上具有代表性的产品。图 9-2 所示为 Hybrid Ⅲ 5th 成年男性仿真假人，有的仿真假人内有模拟人体内脏器官，称为类人体模型，可用于载运车辆的正面碰撞试验，甚至用于极端环境的安全与防护装置设计，如高温、高压、高腐蚀、高辐射、深空、深海作业人员的防护服等设计与验证等。图 9-3 为

THUMS（total human model for safety）类人体模型。

图 9-2　Hybrid Ⅲ 5th 成年男性仿真假人　　　　图 9-3　THUMS类人体模型

　　人体假人模型无法很好地对视野、伸及能力、舒适性等深层次问题进行评价，也无法适应快速发展起来的 3D 设计平台和虚拟设计的要求。

　　（3）数字化虚拟人体模型

　　在当今科技飞速发展的时代，数字化虚拟人体模型已成为多个领域研究与应用的关键技术支撑。其中，2D 数字人体模板是数字化虚拟人体模型的重要组成部分。egor SHAPE 系统为满足虚拟设计技术广泛应用的迫切需求，精心构建了一套完善的 2D 数字化人体模板设计方案，并配套提供了涵盖芬兰、北美以及欧洲等地区的丰富且详细的人体数据库资源。该系统将人体细致地划分为 9 个独具特色的人体数据库，其精妙之处在于，每个数据库中的人体模型大小均可依据实际需求灵活缩放，极大地增强了其在不同应用场景下的适用性。然而，美中不足的是，这种 2D 数字人体模板缺乏关节约束，这在一定程度上限制了其对人体动态模拟的精准度与完整性。

　　与之相对应的 3D 数字化人体模型，也就是常说的 3D 人体模型或虚拟人，则展现出更为强大和全面的功能特性。它是在计算机生成的虚拟环境中，对人体从几何特性、物理特性到行为特性进行全方位、立体化的精确表示。3D 数字化人体模型不仅栩栩如生地呈现出人类的外在形态特征，如逼真的五官轮廓、肢体比例等，更令人惊叹的是，它深度复刻了人类的生理特性。在其内部构建中，完整地包含了人体所有的脏器结构、错综复杂的血管网络、坚固的骨骼框架、富有弹性的肌肉组织以及细腻的皮肤质感等详尽生理数据。借助高性能计算机强大的运算能力，它能够精准地模拟人类在各种情境下的生理活动过程以及相应的生理反应机制。例如，在医学领域，可用于手术模拟训练，帮助医生提前熟悉手术操作流程，降低手术风险；在保健行业，能够模拟不同生活方式对人体健康的影响，为个性化保健方案的制定提供科学依据；在人机系统设计方面，通过模拟人体与机器设备的交互过程，优化产品设计，提高人机交互的舒适性与效率。总之，3D数字化人体模型在众多前沿领域都发挥着不可替代的重要作用，为推动科技进步与提升人类生活品质注入了源源不断的动力。

9.1.1.2 人体模型的构建

1）数字化人体几何模型的构建

数字化人体几何模型是数字化人体模型的核心部分，其构建方法主要是研究如何逼真地表达与显示人体表面各方面的详细特征信息与外观数据，以及对重构的3D人体模型进行渲染与编辑。至今已出现了多种构建与实现人体几何模型的方法，如直接建模法、2D照片识别法、模板匹配法和统计综合建模法等。目前还没有一种在操作难易性、模型逼真性和构建效率上完全满意的方法。通常取长补短地综合应用某几种方法，以达到建模目的。现在，数字化人体模型在人体数据、骨架模型、外表的表达、运动学、动力学模拟以及专业功能等方面已越来越完善了。

（1）面向数字化人体工程设计的数字化人体模型的建模要求

① 在考虑人体各环节之间相互作用的正确性和运动外观的逼真性、模型通用性的情况下，建模时可对骨骼形状、关节类型以及关节接触面进行适当的简化，以降低系统复杂性，提高人体运动仿真的实时性，降低对仿真计算力资源的要求。当然，随着计算力资源的不断充裕及更高效算法的发展，可以提高模型的复杂性，即提高模型的自由度，尤其是肩关节、脊柱关节和肢体末端的精细动作的可视化仿真分析与评估，以及与年龄特征相匹配的人体皮肤精细化仿真，等等。目前商用人体模型系统所能建立的人体运动自由度为1～148个，区别于所提供的手、足、肩和脊椎的详尽程度。

② 人体模型的运动和反应必须像真实人体，且应该与真实人体的物理、热生理、电特性有合理一致性，应该与真实人体在相似条件下的经验、数据具有良好的一致性。

③ 人体模型必须是基于精确而有效的人体测量学数据（无论是统计学数据还是个性化测量数据）构建的，具有可调节参数改变人体测量尺寸的功能。同时，应采用数据库系统进行管理，以提高人体模型的使用效率和灵活性，以及人体测量数据的更新和拓展效率。

④ 人体模型的结构数据表达符合虚拟现实建模语言（VRML）中的虚拟人数据标准H-Anim。

⑤ 应提高对模型的行为或作业进行工效学分析的能力。利用计算机的信

息处理功能，实现人体的运动和操作行为的可视化，并能与真实人体应有的反应进行对比。

⑥ 人体模型系统必须方便适用。具有参数化构建人体模型的能力，为模型的使用者提供良好的人机界面，操作过程要求直观，易于记忆。

⑦ 人体模型系统应该具有相应的虚拟环境构建能力。例如工作场所的房间、光照、工作台、座椅、工具和设施等，可依需要进行交互创建、修改，或与第三方 3D 建模系统和虚拟现实系统之间有无缝的接口。

（2）数字化人体模型的构建过程

数字化人体建模的过程如下：

① 结合领域问题特点，简化并确定人体模型的几何结构与组成部分，包括各部件（器官）、约束（关节和姿态）及其几何外形。

② 取得描述人体模型的空间方位、几何及运动参数或物理参数等。

③ 确定全局坐标系，组装模型，并使各部件的局部坐标简化，便于分析和计算。

④ 对人体模型进行初步校核，消除尺寸误差，限定各关节的运动范围。

⑤ 对人体模型添加约束、力和运动，构造人机系统模型，将其应用于具体问题中进行分析和研究。

⑥ 若需要，根据实际情况对人体模型及其环境进行适当简化而不影响分析结果，从而更有利于模型的建立，实现运动仿真。

（3）数字化人体模型的几何形态和表现形式

在现有商业化人机辅助设计软件中，可以通过如下几种方式来表示人体的几何模型，以满足不同情况下的显示需要，且在仿真过程中各种显示形式可以相互转换。

① 棒型人体模型。棒型人体模型是最早出现的虚拟人体几何模型之一，它将人体骨骼简化为棒体，主要用于实现人体骨架模型。人体被认为由一系列具有分级层次关系的刚体部件（如前臂）通过关节连接组成，这些部件往往附着在代表人体骨架的连线上，当给这些连线加入反向运动学的约束时，就可以利用这样一个模型来实现运动模拟等任务。3D 的棒型人体模型反映了所建模型的骨骼结构简化情况（环节数和关节数以及运动自由度），对人体结构进行了较大简化，因而其真实感较差，仅适用于进行骨架层的人机环境评价，无法进行涉及肌肉等其他生理结构的复杂人机环境评价。人体可以表示为分段和由关节组成的简单连接体，使用运动学模型来实现动画模拟。简单的骨架模型只是模拟人体的大致动作，不涉及皮肤的表示和变形计算。

② 实体型人体模型。实体模型可以基于体素模型构建，利用基本规则实

体表示人体，包括利用圆柱/锥体、椭球体、球体、椭圆环等进行构建（如Hanavan 模型）和基于 CSG 模型构建，使用光线投射法确定身体表面皮肤。实体模型对人体结构进行了简化，较为简单，外观真实感较差，仅适用于骨架层的人机环境评价，不适用于涉及肌肉等其他生理结构的复杂人机工效评价，但可以用于人机环境设计与评价（如多体系统动力学仿真分析、振动生物力学模型构建、人体电磁模型表示等）。

③ 表面型人体模型。表面模型分为两个层次：第一层为骨架层，按照人体各肢体的层次关系排列，形成虚拟人运动系统的基础；第二层为皮肤层，表面模型由一系列多边形（如 Sammie 定义的人体几何外观）或曲面片的表面将人体骨骼包围起来表示人体外形，主要有多边形法、参数曲面法（Bezier 曲面、B 样条曲面、NURBS 曲面）和有限元法等。皮肤的几何外形变形由底层的骨架驱动。表面型人体模型真实感较强，但数据量大、计算复杂而且建模速度较慢。

早期数字化虚拟人的几何表示常采用棒型人体模型、实体型人体模型和表面型人体模型。棒型模型和实体型人体模型这两种方法简单、使用方便、数据量少、计算时间代价小，但无法表示人体表面的局部变化，逼真度不够。另外，棒型人体模型很难区分遮挡情况，对扭曲和接触等运动无法表示。表面型人体模型真实感较强，但数据量大、计算复杂而且建模速度较慢。为了克服上述单个模型表现方式的不足，发展形成了一种人体分层模型的表示形式。

④ 多层复合模型。多层复合模型是最接近人体解剖结构的模型。这种模型综合了棒型、表面型和实体型人体模型的优点，可以满足不同层次的逼真性要求。多层复合模型是由基本骨架（骨骼层）、肌肉层和皮肤层构成的，有时也加入一层服饰层，表示虚拟人的头发、衣饰等，其中的基本骨架由关节确定其状态，决定了人体的基本姿态。肌肉层确定了人体各部位的变形，皮肤变形受肌肉层的影响，最后由皮肤层确定虚拟人的显示外观。在人体运动过程中，皮肤随着骨骼的弯曲和肌肉的伸展与收缩而变化，因此，皮肤的动态挤压和拉伸效果由底层骨架运动及肌肉膨胀、脂肪组织的运动获得。

2）多层人体模型的构建

最初的分层模型包含人体的皮肤和骨骼，查德威克（Chadwick）等在1989 年首次将分层模型加上了肌肉层。这种多层模型便是以人的物理和生理特征为基础，将人体分成了骨骼层、肌肉层、脂肪层和皮肤层，其中骨骼层决定了人体的基本姿态，肌肉层、脂肪层可以进行膨胀和拉伸变形，皮肤层使虚拟人外观显示逼真。多层建模便是采用基于解剖学的 3D 人体骨骼模型、肌肉几何模型和皮肤变形方法来构建与显示。分层模型各层间通过代数信息及物理原理连接起来。骨骼层的建模主要遵循 H-Anim 标准，兼顾了兼容性、适应性和简洁性。

（1）肌肉层几何模型构建法

肌肉是人体运动系统中受神经控制的动力器官。人体骨骼肌在神经系统支配下收缩和舒张，收缩时，以关节为支点牵引骨骼改变位置，产生运动。肌肉长时间保持某种状态或不停地收缩和舒张，则会引起行动能力的下降，即产生所谓的生理疲劳。为此，大量学者投身于以肌肉为主要研究对象的人机工程分析评价算法的研究中，其中较为著名的有疲劳/恢复分析、静态施力分析、能量代谢分析等。与此同时，丹麦奥尔堡大学的拉斯穆森（John Rasmussen）等开发的 ANYBODY 软件、MSC 软件公司开发的 LifeMOD 和 1975 年由荷兰的 TNO（国家应用科学研究院）公路汽车研究学会开发的 MADYNO 软件等均提供建立包含肌肉层的人体模型的功能，并使用该模型以生物学原则为约束条件对人机系统进行优化设计。大多数肌肉模型侧重于几何形态及变形机制，注重视觉上的逼真效果。由于这些模型过于复杂，因此，不易于对肌肉的生物力学特性进行表示。此外，虽然有些模型能够对肌肉生物力学提供支持，但由于其太过简化而丧失了真实性和准确性。建立生物力学模型时，目前主流软件（如 JACK、DELMIA/CATIA、SAFEWORK、ANYBODY、LifeMOD 和 DYMANO 等）均采用将肌肉对骨骼的作用力以作用力线的形式表示，包括力的作用点、作用线和作用方向。人体全身肌肉解剖模型见图 9-4。

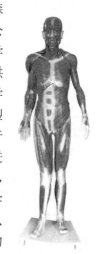

图 9-4　人体全身肌肉解剖模型

（2）皮肤层模型构建法

目前，主流的人机工程计算机辅助设计软件提供的皮肤变形数字化处理算法主要是蒙皮算法，即表面模型皮肤变形方法。

（3）骨架模型、肌肉层（含脂肪层）与皮肤模型的集成方法

分层建模结束之后是将各层次连接起来。适合分层建模的连接方法是由 Schneider 等最早提出的，后来塔尔曼等研究形成的连接思路与其不同，认为皮肤是从内部结构生成的而不是单独设计的。这两种思路考虑到人体各层次之间的关联性，但在建模时不能用数据或模型体现出来。

人体多层模型采用基于解剖学的 3D 人体骨骼模型、肌肉几何模型和皮肤变形方法来构建与显示。骨骼层的建模主要遵循 H-Anim 标准，兼顾了兼容性、适应性和简洁性。分层模型各层通过代数信息及物理原理连接起来，实现各层模型信息的集成。

9.1.2 人机系统的建模与分析

9.1.2.1 数字化虚拟人体动力学模型构建

人体动力学模型是数字化人机系统设计的重要组成部分。可将人的肢体看作多个刚体依次串联构成的树状多刚体系统。因此,可以方便地借助多刚体动力学方法对人机系统动力学问题进行研究。现有的主流人体仿真软件如 Open-Sim、ANYBODY、LifeMOD、DYNAMO、Human CAD 和西门子的 JACK 软件等均是求解这些问题的有力工具。其中,OpenSim 还是一款由斯坦福大学开发的用于教学和科研的开源人体仿真软件系统。这些商业化软件兼具人机工程学和生物力学的分析功能,可以通过导入完整的人体肌肉骨骼模型进行产品的人类工效学设计分析及作业中的动作分析,还可以计算模型中各块骨骼、肌肉和关节的受力、变形,肌腱的弹性功能,拮抗肌肉的作用和其他对于工作中的人体有用的特性,等等。

动力学以牛顿第二定律为理论基础,主要研究作用于物体的力与物体运动的关系。将数字化虚拟人应用于人机系统工效设计时,人体动力学算法主要是计算人体在运动过程中,关节力矩或肌肉力等力学参数。

建立动力学模型的主流方法包括牛顿-欧拉法、拉格朗日法、凯恩法和变形的凯恩法(休斯顿法)等,其中后两者最为常见。后两种方法相较而言,凯恩法的主要优点是避免了对人体系统复杂的内力计算,它定义了系统内坐标和外坐标(即连体坐标和惯性坐标),各分体的受力和运动状态分析均用内坐标表示,然后通过坐标转换变换到外坐标系统,这样的研究方法简化了人体运动计算。此外,凯恩法采用广义坐标及广义速率描述系统的状态,由于广义速率的选取有很大的自由,因而有可能得到十分简洁的动力学方程。而且,凯恩法中大量使用加法和乘法,方便程序化编程计算。

9.1.2.2 数字化人体运动控制技术

人体运动是一个极其复杂的过程。近年来,国内外关于人体运动仿真的研究工作主要集中在建立人体动力学模型上,利用机器人学中的动力学、运动学算法来生成动力学动画。吉拉德(Girard)等采用逆运动学仿真腿部运动,效果较好;托拉尼(Tolani)等采用逆运动学研究了人体肢体的运动;威廉斯(Wihelms)等采用动力学仿真方法得到更加逼真的物理效果,采用这种方法得到的虚拟人体运动模型具有较好的视觉效果,但是单纯的动力学仿真没有考虑人体的工效学,其人体动画中隐含着人体力量和动作之间的冲突,因为纯粹依靠动力学模型无法体现仿真主体——人的特性,即实现对力和力矩的控制。

人机工程设计辅助系统中常用的传统虚拟人体运动控制的方法有关键帧方法、逆运动学方法、动力学方法、过程方法、运动捕获的方法等。本小节在介绍不同层次的控制技术的基础上，介绍两种比较适用的技术以及人体运动的分层递阶控制模型等。

（1）关键帧方法

关键帧方法是控制虚拟人运动细节的传统方法。关键帧的概念来源于传统的卡通动画片制作。在 3D 计算机动画中，中间帧的生成由计算机来完成。所有影响画面图像的参数都可称为关键帧的参数，如位置、旋转角度等。

从原理上讲，关键帧插值问题可归结为参数插值问题，传统的插值方法都可应用到关键帧方法中，但关键帧插值又与纯数学的插值不同，有其特殊性。为了很好地解决插值过程中的时间控制问题，斯蒂克（Setkete）等提出了用双插值的方法来控制运动参数，插入的样条中，其中一条为位置样条，是位置对关键帧的函数；另一条为运动样条，是关键帧对时间的函数。

关键帧插值系统中要解决的另一个问题是物体朝向的插值问题。物体的朝向一般可由欧拉角来表示，因此朝向的插值问题可简单地转化为 3 个欧拉角的插值问题，但欧拉角又有其局限性，因为旋转矩阵是不可交换的，欧拉角的旋转逆运动学方法主要是根据关节末端的位置信息反推关节的角度信息。一定要按某个特定的次序进行，等量的欧拉角变化不一定引起等量的旋转变化，而是导致旋转的不均匀性，欧拉角还有可能导致自由度的丧失。休梅克（Shoemake）为了解决因采用欧拉角表示引起的麻烦，最早把网元数引入动画中，并提出用单位四元数空间上的 Bezier 样条来插值四元数。关键帧技术要求动画师除具有设计关键帧的技能外，还要特别清楚运动对象关于时间的行为。

（2）动力学方法

动力学方法是根据关节末端的速度、加速度反推人在运动时所需要的力和力矩，通过力和力矩计算得到关节的角度信息。用动力学控制虚拟人的运动体现了人体运动的真实性，但运动的规律性太强。在基于动力学的模拟中，也要考虑两个问题：正向动力学问题和逆向动力学问题。正向动力学问题是根据引起运动的力和力矩来计算末端效应器的轨迹。逆动力学问题更有用，它确定产生系统中规定运动的力和力矩。对于虚拟人，为了获得位置、速度、加速度的期望时间序列，可以用不同的方法计算关节力矩的时间序列。

（3）正向和逆向运动学方法

正向和逆向运动学方法是设置虚拟人关节运动的有效方法。

正向运动学是把末端效应器（如手或脚）作为时间的函数。关于固定参考坐标系，求解末端效应器的位置，与引起运动的力和力矩有关。一个行之有效的方法是把位置和速度从关节空间变换到笛卡尔坐标系。参数关键帧动画是正向运动学的最初应用，通过插入相应正向运动学的关键关节角来驱动关节肢体的运动。

逆向运动学方法在一定程度上减轻了正向运动学方法的烦琐工作。用户指定末端关节的位置，计算机自动计算出各中间关节的位置，即关节角是自动确定的。这是关键问题，因为虚拟人的各独立变量就是关节角。但是，从笛卡尔坐标到关节坐标的位置变换一般没有唯一解，为此，人们对关节轴进行了大量的特殊安排，以便在动画进行过程中得到唯一解。

利用正向和逆向运动学原理，布利奇（Boulic）等提出了人的行走模型，之后以预先记录的运动为参照，加入运动限制，提出了一种组合逆向/正向方法；布鲁德林（Bruderlin）等用移动参数和 15 个属性对人体行走进行特征化处理，将所生成的运动用于人体动画 lifeforms（生命形式）中，用逆运动学解决抓取问题。基于运动学系统的模型一般直观而缺乏完整性，它没有对基本的物理事实（如重力或惯性等）做出响应。

（4）基于过程的运动控制法

基于过程的运动控制法指的是用一个过程去控制物体的动画。过程动画技术解决一些特殊类型的运动（如行走、跑步等）是十分有效的。通过使用这种方法，只需要明确一小部分的参数（如速度、行走的步长等），通过一个具体的过程就可以计算出每一时刻的姿势。过程动画技术较关键帧技术的优势主要体现在两个方面：首先，可以很容易地生成一系列相似的运动；其次，过程动画技术可以应用在一些用关键帧动画实现起来非常复杂的系统（如粒子系统）中。过程动画技术也可以产生群体运动。例如，可以应用群体行为的算法来获得一群飞鸟的动画，当然也可以获得一群人的运动。

9.1.2.3　人体信息感知、决策、运动控制模型

人具有自适应能力、学习能力，能采用模糊概念对事物进行识别和判决，因此在人机系统中，人主要完成控制与决策两大功能，是人机系统中重要的组成部分。人为了对被控对象进行控制，必须首先对系统的控制误差与误差的变化率进行感知，并将感知到的信息用人脑中预先确定的概念进行判断，再根据上述的判断进行分析以决定需要采用何种控制策略，最后再通过神经与肌肉的反应来使之实现，从而产生所期望的控制量输出，如图 9-5 所示。

1）人体信息感知系统模型

（1）数字化传感器模拟感觉器官

① 视觉传感器：在数字化人机工程设计中，视觉传感器（如摄像头）被用于模拟眼睛的功能。这些传感器可以捕捉物体的形状、颜色、位置等视觉信息。高分辨率的摄像头能够精确地获取细节，类似人眼的视锥细胞对细节和颜

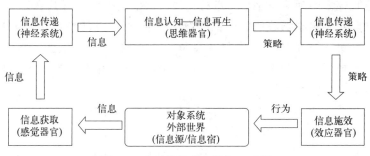

图 9-5　人对外界信息的加工过程

色的敏锐感知。例如，在智能汽车的自动驾驶系统中，车载摄像头作为视觉传感器，能够识别交通信号灯、道路标志和其他车辆的位置与运动状态。其工作原理是通过镜头将光线聚焦在图像传感器上，图像传感器将光信号转换为电信号，经过数字化处理后输出图像数据，就像视网膜将光信号转换为神经冲动一样。

② 听觉传感器：麦克风是模拟耳朵听觉功能的数字化设备。它能够将声音信号转换为电信号，进而进行数字化处理。不同类型的麦克风（如电容式、动圈式）有不同的特性，就像人耳的外耳、中耳和内耳在声音收集和传导过程中有不同的功能一样。在语音交互系统中，麦克风接收用户的语音指令，将其转换为数字音频信号，然后通过信号处理算法来识别语音内容，类似耳朵将声音振动转换为神经冲动，再由大脑的听觉中枢进行语音理解。

③ 触觉传感器：为了模拟皮肤的触觉感知，各种触觉传感器被开发出来。例如，压力传感器可以感知压力的大小，就像皮肤中的梅克尔细胞对压力变化敏感一样。还有振动传感器，用于检测物体的振动频率，类似皮肤中的环层小体。在虚拟现实（VR）和触觉反馈设备中，触觉传感器能够将接触力、纹理等信息转换为数字信号，为用户提供触觉体验。比如，在一些高端游戏手柄中，内置的触觉传感器可以根据游戏中的场景（如碰撞、射击等）为玩家提供不同强度和频率的振动反馈。

④ 嗅觉和味觉传感器：虽然嗅觉和味觉传感器的发展相对滞后，但也有一些研究成果。例如，电子鼻可以通过检测气体中的化学成分来模拟嗅觉感知。它利用化学传感器阵列，当气体分子与传感器表面的敏感材料发生反应时，会引起传感器的电学性质变化，从而产生信号来识别不同的气味。在食品检测和环境监测等领域有一定的应用前景。味觉传感器主要基于对溶液中化学成分的检测来模拟味觉，不过其复杂性和准确性仍有待提高。

（2）数字化信息传导通路模型

① 信号数字化与传输。与人体神经传导的电信号类似，数字化传感器获

取的信息也需要转换为数字信号进行传输。这个过程涉及模拟数字（A/D）转换。例如，视觉传感器获取的模拟图像信号通过 A/D 转换器转换为数字图像数据，以二进制的形式进行存储和传输。这些数字信号通过有线（如 USB、以太网等）或无线（如 Wi-Fi、蓝牙等）通信协议传输到计算机或其他数字处理设备。

信号传输过程中，需要考虑带宽、延迟和数据丢失等问题。就像人体神经传导需要保证神经冲动的准确和快速传递一样，在数字化系统中，要保证传感器获取的信息能够及时、完整地传输到处理单元。例如，在实时监控系统中，视觉传感器的图像数据如果传输延迟过高，可能会影响对场景的及时判断和响应。

② 数据处理单元中的信息中继与初步处理。数字处理设备［如计算机的 CPU（中央处理器）或专门的微控制器］接收到传感器传来的信息后，会像脊髓和脑干在人体中对感觉信息进行中继和初步处理一样。在这个阶段，会进行一些基本的信号处理操作，如滤波、放大、特征提取等。例如，对于听觉传感器传来的音频信号，可能会进行降噪处理，去除背景噪声，就像脊髓中的中间神经元对感觉信息进行整合和调节一样。然后，经过初步处理的信息会被进一步传递到更高级的软件算法或人工智能模型中进行深入分析。

（3）感知算法与感觉皮层模拟

① 视觉感知算法：在计算机视觉领域，有许多算法用于模拟大脑视觉皮层的功能。例如，卷积神经网络（CNN）可以对图像进行分层处理，类似视觉皮层的层次结构。在初级视觉阶段，CNN 的卷积层可以提取图像的边缘、线条等基本特征，类似初级视觉皮层对视觉特征的初步分析。然后，在后续的全连接层等部分，可以进行物体识别、场景分类等复杂的视觉感知任务，就像视觉联合皮层对视觉信息进行更复杂的处理一样。

② 听觉感知算法：对于听觉信息，信号处理算法可以分析音频信号的频率、强度、音色等特征。例如，在语音识别系统中，通过对音频信号进行短时傅里叶变换等操作来提取语音的频谱特征，然后利用隐马尔可夫模型（HMM）或深度学习中的循环神经网络（RNN）等模型来识别语音内容，类似大脑听觉皮层对听觉信息的分析和语言理解功能。

③ 触觉感知算法：在触觉反馈系统中，软件算法可以根据触觉传感器传来的压力、振动等信息，生成相应的反馈指令。例如，根据虚拟物体的硬度、纹理等属性，通过算法计算出应该给用户提供何种强度和频率的触觉振动反馈，就像大脑躯体感觉皮层对触觉刺激进行处理并与身体运动感知相结合一样。

（4）感知整合与智能决策

数字化人机工程设计中的系统不仅要单独处理各种感知信息，还要对它们进行整合。例如，在智能家居系统中，通过将视觉传感器（摄像头）、听觉传感器（麦克风）和其他传感器（如温度传感器、门窗传感器等）获取的信息进行整合，系统可以实现更智能的功能。当摄像头检测到有人进入房间，同时麦克风接收到语音指令时，系统可以综合这些信息做出智能决策，如打开灯光、调节空调温度等。这种感知整合类似大脑对多种感觉信息的整合，并且通过预先编程的规则或机器学习算法来实现智能决策，就像大脑的认知加工过程一样。同时，系统还可以通过机器学习算法不断学习和优化感知处理和决策过程，以适应不同用户的需求和环境变化。

2）人体信息融合识别及决策系统模型

由于人体的每种感知器官只对某种或者某些特定信息具有敏感性，因此单感知器官所获取的信息并不足以描述人体的感觉。为了揭示感觉系统的机理，必须将各感知单元与相邻的感知单元以及与其相联系的神经网共同视为一个系统，通过多种信息的互补，对感觉信息进行全面的识别。

人的感觉信息识别由两部分组成：一部分是感觉的融合识别，另一部分是大脑中各种知识的融合识别。人通过多种感知器官获得的信息，即使这些信息含有一定的不确定性、矛盾或者错误的成分，人们也可以将其综合起来，加以相互补充、印证，从而完整地处理具有不同功能的各种信息，实现单个传感器所不能实现的识别功能。图 9-6 描述了个人伦理决策模型与决策流程。

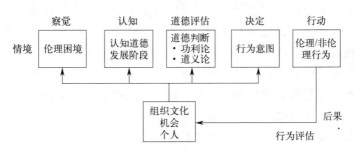

图 9-6　个人伦理决策模型与决策流程

3）人体运动控制系统模型

人体运动控制系统模型可以根据运动类型分为反射运动、节律性运动和随意运动三大类。

反射运动是人体对特定刺激产生的快速、自动、刻板的反应。它不需要大脑皮层的有意识参与，通常是由脊髓或脑干等低级中枢完成的。反射运动具有固定的反射弧，其目的是保护身体免受伤害、维持身体姿势或对环境变化做出快速反应。例如，当手指碰到尖锐物体时，会立即缩回，这就是一种典型的屈肌反射。其特点是反应迅速，几乎在刺激出现的同时就会发生相应的动作。

节律性运动是指具有周期性、重复性特点的运动，如行走、跑步、呼吸、咀嚼等。这类运动虽然可以在一定程度上受意识控制，但在正常情况下，它们主要由中枢神经系统内的特定神经回路产生和调节，不需要持续的意识参与。例如，行走时双腿交替摆动、呼吸时胸廓有节律地扩张和收缩等。节律性运动具有相对稳定的频率和幅度，并且可以根据环境和身体需求进行一定程度的调整。

随意运动是指在大脑皮层的意识控制下，有目的、精确、灵活地完成特定动作的运动。随意运动是人类适应环境、进行各种复杂活动（如写字、绘画、操作工具等）的重要基础。它需要大脑皮层、基底神经节、小脑等多个脑区的协同参与。例如，用手准确地拿起一个小物件并进行操作，这就需要精确地随意运动。随意运动具有高度的可变性和灵活性，可以根据任务要求和环境变化进行调整。

9.2　信息化安全人机工程

信息化安全人机工程是在信息技术广泛渗透的背景下，对安全人机工程领域的进一步拓展与深化。它聚焦于利用信息技术手段，如大数据、云计算、物联网、人工智能等，优化人机系统中的信息交互、安全管理与决策制定等环节，从而提升整个系统的安全性、可靠性与效率。

在现代工业环境中，各种智能设备、自动化生产线以及计算机控制系统相互连接，形成了复杂的信息网络。信息化安全人机工程旨在确保在这样的信息密集型环境中，人与机器之间的协作能够安全、顺畅地进行，并且能够有效应对信息过载、系统故障、网络攻击等潜在风险。

9.2.1　协同工作中的人机交互

9.2.1.1　协同工作人机交互的内涵与重要性

在信息化安全人机工程的框架下，协同工作中的人机交互强调人与机器在共同完成任务过程中信息交换、动作配合以及决策协调的方式与过程。这种交互不再是简单的单向指令传输，而是双向、多维度的动态协作。其重要性体现在多个方面。首先，高效的人机交互能够显著提高工作效率。例如在复杂的航空航天制造领域，操作人员与智能机器人协同作业，通过精准的交互，机器人能快速理解操作人员的意图并执行相应任务，如零部件的精密装配，从而大幅缩短生产周期。其次，良好的人机交互有助于提升作业的安全性。当人与机器能够准确地传递危险预警信息、操作反馈信息时，可有效避免因误解或信息延迟导致的安全事故。比如在危险化学品生产车间，自动化监测设备与人的交互能及时提醒操作人员采取防护措施或调整操作流程，防止有害物质泄漏引发的危害。最后，协同工作中的人机交互也是推动创新与技术进步的关键因素。人与智能机器在交互过程中不断产生新的想法与解决方案，促进工作方式的优化与新工艺流程的开发。

（1）协同中的人机能动性分配

在协同工作人机交互中，合理划分工作任务与决策权力至关重要。要依据人与机器各自的长处和短板，依据任务特性，如复杂性、重复性以及安全要求高低等，恰当地决定哪些任务由人执行，哪些交给机器完成，以及双方协作的程度。以飞机驾驶为例，自动导航系统（机器）负责常规飞行操作，如精准维持飞行高度、航线等，飞行员（人）则在复杂气象条件下做关键决策，如更改航线或选定备降机场。这样的分配能充分发挥双方优势，避免低效或重复劳动，进而提高工作效率。在高风险行业，如核能、化工行业，将危险操作与高精度监测交予机器，人负责监督、应急，可降低事故风险，保障安全。同时，合理分工还能让人从单调工作中解脱，专注创造性事务，优化工作体验，如文案撰写时文字处理软件助力基础工作，作者专注内容创作。

（2）协同中的动态学习和修正

人机协同工作期间，双方需借助不断交互，依据工作成果与反馈信息来调整工作方式与协作模式。一方面，机器依靠数据分析、机器学习算法及人工智能技术，收集操作记录、任务结果、用户反馈等大量数据，挖掘数据、训练模型，以此优化性能，如智能客服系统持续分析客户咨询与解答效果，更新知识库，优化回答策略。另一方面，人通过在职培训、经验积累、知识共享等提升技能，从与机器交互中获取新知识，依据机器反馈和工作要求反思、调整自身行为，如工程师借助计算机辅助设计软件学习新设计理念与方法。如此一来，面对工作环境与任务要求的持续变化，双方都能适应，保持高效协同，提升协同效果，像电商行业算法与运营人员相互适应市场变化。而且，这一过程还能激发创新潜力，推动发展，如科研领域科学家与高性能计算设备互动催生新发现。

（3）协同中的情境自适应

人与机器在协同工作时，要能察觉工作环境和任务情境的改变，并自动调适自身行为与协作方式。情境涵盖外部环境因素，如光线、温度等物理环境以及人员构成、人际关系等社会环境，还有内部任务因素，如任务紧急程度、优先级等。以智能家居系统为例，光线变暗（环境变化）时智能照明系统（机器）自动调亮灯光，主人进入睡眠模式（任务情境变化），电气设备自动进入低功耗状态。机器实现情境自适应依靠传感器技术、环境监测系统与智能控制算法，实时获取环境数据，按预设规则或自适应算法调整工作状态。人则凭借自身感知、经验与应变能力，依据环境、任务变化调整工作策略、操作方法及与机器的交互方式，如户外施工遇雨（环境变化），工人调整施工设备使用方式，暂停电气设备操作，采取防雨措施。具备该能力可确保工作连续、稳定，面对变化人机协同不中断、效率不会骤降，如物流配送遇交通拥堵时重新规划路线；还能提高灵活性、适应性，应对复杂场景，如军事作战时根据战场态势变化灵活反应；并且优化资源配置利用，如智能电网按用电需求调整发电量与电力分配。

9.2.1.2 协同工作人机交互的技术实现

目前，人机交互技术主要发展方向包括以下几个类别：触控交互、声控交互、动作交互、眼动交互、虚拟现实输入、多模态交互以及智能交互等。

1）触控交互技术

显示器从仅向用户输出可视信息到成为一种交互界面装置，主要是归因于触控功能与显示器的一体化模式，尤其是在移动装置上的使用。目前有四种技术方式能实现触控交互。

（1）电阻式触控技术

电阻式触摸屏通过压力感应原理来实现对屏幕的操作和控制。当手指触摸屏幕时，薄膜下层的 ITO（透明电极）会和玻璃上层的 ITO 有一个接触点，在 X 轴方向就其中一面导电层导通了 5V 均匀电压场，此时采样得到的电压由零变为一个正电压值，感应器检测到电压导通，传出相应的电信号，进行模数转换，最终将转换后的电压值与 5V 相比，即可计算出触摸点的 X 轴坐标值。同理可以计算出 Y 轴的坐标值，这样就完成了点选的动作，并呈现在屏幕上。电阻式触摸屏结构示意见图 9-7。

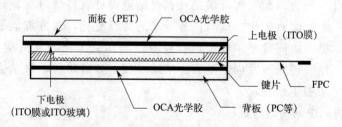

图 9-7　电阻式触摸屏结构示意

PET—聚对苯二甲酸乙二酯；OCA—光学透明胶；

FPC—柔性印刷电路板；PC—聚碳酸酯

（2）电容式触控技术

当手指触摸电容式触摸屏时，在工作面接通高频信号，此时手指与触摸屏工作面形成一个耦合电容，相当于导体，因为工作面上有高频信号，手指触摸时在触摸点吸走一个小电流，这个小电流分别从触摸屏的四个角上的电极流出，流经四个电极的电流与手指到四角的直线距离成比例，控制器通过对四个电流比例的计算，即可得出接触点坐标值。

（3）红外触控技术

当手指触摸屏幕时，红外光线将被阻断，依次选用红外发射管及其对应的红外接收管，在屏幕上方形成一个红外线矩阵平面，从而致使红外接收端的电压产生变化，红外接收端的电压经过 A/D 转换送达控制端，控制端将据此进行计算得出触摸位置。红外触摸屏原理示意见图 9-8。

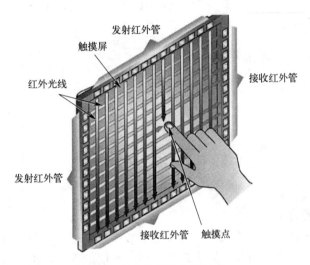

图 9-8　红外触摸屏原理示意

（4）表面声波触控技术

表面声波式触摸屏主要依靠安装在强化玻璃边角上的超声波换能器来实现触摸控制。当手指触摸显示屏时，手指阻挡了一部分声波能量的传播，此时接收波形将会发生变化，在波形图上可以看见某一时刻波形发生衰减，通过这个衰减信号控制器就可以计算出触摸点的位置。表面声波式触摸屏原理示意见图 9-9。

2）声控交互

（1）语音识别

语音识别是将音频数据转化为文本或其他计算机可以处理的信息的技术。主要由 4 个部分组成：特征提取、声学模型、语言模型和解码器搜索。语音识别系统的主要模块见图 9-10。

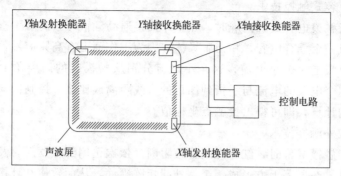

图 9-9　表面声波式触摸屏原理示意

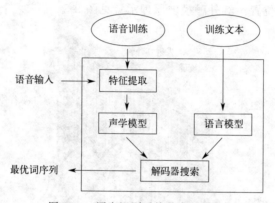

图 9-10　语音识别系统的主要模块

（2）语音合成

语音合成就是将一系列的输入文字信号序列经过适当的韵律处理后，送入合成器，产生具有尽可能丰富表现力和高自然度的语音输出，从而使计算机或相关的系统能够发出像人一样自然流利声音的技术。语音合成方法见图 9-11。

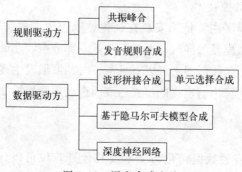

图 9-11　语音合成方法

语音合成的发展经历了机械式语音合成、电子式语音合成和基于计算机的语音合成发展阶段。语音合成具体分为规则驱动方和数据驱动方。

3）动作交互

目标获取是人机交互过程中的最基本的交互任务，用户向计算机指明想要交互的目标，其他的交互命令均在此基础上完成。随着交互界面的发展，在很多自然交互界面上，如远距离大屏幕、虚拟现实和增强现实设备等，传统的交互设备（如鼠标、键盘）无法继续用来完成目标获取任务。

因此，在这些界面上，研究者探索使用动作交互完成目标获取任务的可能方式。主要的输入方式分为直接和间接两种。

直接的动作选取要求用户通过接触目标位置的方式对其进行选取，例如在增强现实应用中，用户通过以手部接触的方式完成虚拟物体的选取。

间接的目标选取方式则需要用户通过身体部分的位置和姿态来控制和移动光标，再借助光标指示目标的位置进行选取。其中，一个广泛应用的光标控制方法是光线投射。

（1）手势识别

手势可定义为人手或者手和手臂相结合所产生的各种姿态和动作，它分为静态手势（指姿态，单个手形）和动态手势（指动作，由一系列姿态组成），前者对应模型空间里的一个点，后者对应一条轨迹。相应地，可以将手势识别分为静态手势识别和动态手势识别。

（2）姿势识别

姿势识别常用的算法有三类：

① 基于模板匹配的身体姿势识别方法；

② 基于状态空间的身体姿势识别方法；

③ 基于语义描述的身体姿势识别方法。

4）眼动交互

眼动交互通过多种自然眼动行为实现人机交互控制，主要有以下四种模式。

（1）驻留时间触发

驻留时间触发是指当注视点的驻留时间达到一定程度后，可以利用视线代替鼠标点击或键盘按钮等传统输入设备，触发相应的执行操作。驻留时间触发多用于控制图形界面或定位鼠标光标等，是一种较为流行的眼动交互方式，它也能够反映用户有意识地控制意图，以更好地完成交互。

（2）平滑追随触发

平滑追随运动多发生于观察场景中有缓慢移动的物体或目标，视线会产生平滑追随的运动状态。平滑追随运动是一种连续反馈的状态，眼睛捕捉运动目标的信号，将目标运动速度、方向、角度等信息反馈给大脑，再控制眼球跟随目标物体发生相对运动。在此过程中也会存在一些无意识眼跳等其他行为，在没有运动目标的场景下，一般不会产生该眼动行为，因此平滑追踪触发不是一种常用的眼动交互方式。

（3）眨眼触发

使用眨眼行为进行交互时，需要识别有意识地眨眼，例如眨眼频率超过一定程度，或一次眨眼过程中眼睛闭合的时间超过某个阈值。眨眼触发较为简单，但是当人眼处于长时间闭合状态时，由于眼动追踪仪无法捕捉瞳孔，可能会导致注视点丢失，在一定程度上会影响眼控系统精度。

（4）眼势

眼势是在眼跳的基础上提出的，但与眼跳的不同之处在于，眼跳往往是人在观察场景或对象时发生的一种无意识的视线转移，其眼跳的起点和终点都未知，依赖人的视觉注意。而眼势被定义为一系列有序的视线行程，每一个行程是两个固定注视点或注视区域的有意的视线移动。因此，眼势作为一种新的眼动交互方式，可以反映人的有意识触发意图。不同路径的行程可以定义不同的眼势，不同的眼势可以映射为不同的交互指令。眼势可以分为单行程眼势和多行程眼势。

5）虚拟现实输入

文本输入作为应用中重要的交互技术，为应用提供了重要的交互体验。目前已经开发了多种适用于虚拟现实的文本输入技术，现有的 VR 文本输入技术主要有实体键盘技术、虚拟键盘技术、新型输入技术（手部输入技术、圆形键盘输入技术、立体输入技术）。

6）多模态交互

不同形式的输入组合（例如语音、手势、触摸、凝视等）被称为多模态交互模式，其目标是向用户提供与计算机进行交互的多种选择方式，以支持自然的用户选择。相比于传统的单一界面，多模态界面可以被定义为多个输入模态的组合。

7）信息无障碍中的智能交互技术

信息无障碍（information accessibility）是一个学科交叉的技术和应用领域，旨在用信息技术弥补残障人士生理和认知能力的不足，让他们可以顺畅地与他人、物理世界和信息设备进行交互。

从研究和应用水平上看，信息无障碍总体还处于比较初步的状态。

在应用上，针对信息访问和设备使用，具有基本功能的技术可以被应用，但效果和效率等可用性指标都不高；在现实生活中，针对听障人士与他人交流、盲人独立出行等，能支撑的新技术还处于原型和概念阶段。

9.2.2　基于人机交互的信息化界面设计

基于人机交互的界面设计是信息化安全人机工程的关键环节，它以实现人与机器之间高效、准确、舒适且安全的信息交流为基础目标。界面设计需要充分考虑人的认知特性、行为习惯以及机器的功能与运行逻辑，构建一个直观、易用且能满足特定任务需求的交互平台。

从人的角度来看，要依据人类的感知觉规律，如视觉对颜色、形状、大小的敏感度，听觉对不同频率和音量声音的辨别能力，等等。例如，在设计警示信息界面时，采用鲜明的红色（视觉上易引起注意）并搭配尖锐的警报声（听觉上能迅速唤起警觉），以确保重要信息能及时被操作人员感知。同时，人的记忆容量和信息处理速度有限，界面设计应避免信息过载，将复杂信息进行合理分组与简化呈现。

从机器角度而言，界面设计要与机器的功能模块紧密相连，能够准确地将机器的运行状态、数据反馈等信息传达给人，并且能够接收并正确解析人的操作指令，使机器的性能得以充分发挥。例如，在工业控制系统界面中，要实时显示设备的温度、压力、流量等参数，并提供相应的操作按钮或输入框，以便操作人员进行参数调整或控制指令下达。

9.2.2.1　界面设计的原则

（1）深入用户研究

在安全人机工程的界面设计范畴内，深入用户研究是基石。这要求设计师全方位了解用户群体，涵盖他们的专业知识储备、操作习惯、身体机能特征以及认知能力水平等。例如，为老年人群设计医疗设备操作界面时，考虑到他们视力与手部灵活性下降，界面元素需放大、操作流程需简化，按钮需设计成大尺寸、高对比度样式，方便老年人轻松识别与按压，确保操作过程安全无虞。针对专业技术人员操作的工业控制系统，依据其熟练的专业知识，界面可展示更多详细参数与复杂功能选项，但布局仍要遵循人体视觉扫视规律，以提高信息获取效率，减少因误读信息引发的安全隐患。通过对不同用户群体细致入微的调研，为后续界面设计精准定位，使界面贴合用户实际，保障人机交互安全、顺畅。

（2）平衡功能选择

界面功能选择需精准权衡。一方面，要确保涵盖关键且必要的功能，以满足任务需求。以飞机驾驶舱仪表界面为例，飞行高度、速度、航向等关乎飞行安全的核心参数显示与调控功能必须完备，任何缺失都可能导致灾难性后果。

另一方面，又要避免功能过度堆砌引发操作混乱。在智能家居中控界面，若将所有家电的复杂高级功能一股脑呈现，用户极易迷失在繁多选项中，误操作概率大增。应依据用户日常使用频率、操作紧急程度对功能分级，将常用、紧急功能置于突出位置，以简洁易懂的方式呈现，如一键紧急制动、快速开关灯等；低频、复杂功能收纳于二级菜单，按需调取，这样既保障了功能完整性，又维持了操作简洁性，守护人机交互安全底线。

（3）文本内容显示

清晰恰当的文本内容显示举足轻重。文字大小要适配目标用户群体视觉能力，儿童教育类软件界面文字应较大、字体活泼，方便儿童识别；而办公软件针对长时间注视屏幕的成年用户，文字大小适中，保证阅读舒适性。用词需精准、通俗易懂，尤其是涉及安全警示的信息，如化工设备操作界面的危险提示，不能用晦涩专业术语，要用直白语言告知用户潜在风险及应对措施，如"高温高压，小心烫伤爆炸，紧急撤离路线→"，让用户瞬间理解危险处境。文本排版要符合视觉流程，重要信息居首、重点突出，利用颜色、加粗等手段强化警示文本，引导用户有序阅读，避免信息错读造成安全事故。

（4）尽量减少操作复杂性

简化操作流程是提升界面安全性的关键路径。从交互逻辑入手，摒弃烦琐的多层级菜单，采用扁平化设计，让用户至多通过两三次点击就能抵达目标功能。例如手机银行转账功能，将收款账户添加、金额输入、确认转账置于同一页面，减少页面跳转，降低操作失误风险。引入智能辅助功能，如自动填充、智能联想，用户输入部分信息后，系统自动补全或推荐相关选项，在电商购物搜索商品时加快操作速度，减少手动输入错误。利用手势操作拓展快捷方式，如三指下滑截屏、长按图标呼出常用功能，以自然流畅的手势替代复杂按键组合，降低用户记忆负担与操作出错概率，确保人机交互便捷、安全。

（5）丰富互动方式

多元互动方式能显著优化人机交互体验与安全性。除传统点击、输入外，融入触摸手势，如缩放地图、旋转模型，适应人类自然交互习惯，提升操控精准度。引入语音交互，在驾驶场景下，司机通过语音指令操控车载导航、拨打电话，双手无需离开方向盘，降低分心驾驶风险；智能语音助手还能实时反馈操作确认信息，如"已为您导航至目的地"，增强交互反馈及时性。对于复杂系统，如手术模拟培训设备，结合力反馈技术，器械操作时让用户感受真实阻力、弹性，模拟手术真实触感，提高操作熟练度，避免因手感缺失在实际手术中失误，全方位保障人机交互安全、高效。

（6）适当激发注意力

巧妙激发用户注意力可有效预防事故。利用动态元素吸引目光，如设备故障警示灯闪烁、重要通知弹窗动画，但要严控动态频率与时长，避免过度刺激引发用户烦躁或忽视。在游戏化学习软件界面，答对题目的庆祝特效适度吸引孩子注意力，强化学习正反馈；但工业监控界面的报警闪烁要简洁醒目，引导用户聚焦问题解决。变色提示也是常用手段，正常状态绿色，异常变红，如服务器机房温度监控界面，温度超标变红，瞬间抓住运维人员眼球，促使用户快速响应，守护人机交互关键环节安全。眼动与脑机接口的人机交互方法见图 9-12。

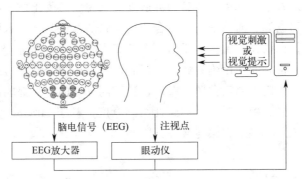

图 9-12　眼动和脑机接口技术的人机交互方法与流程

（7）颜色选择

颜色在界面设计中承载着重要安全信息。首先，遵循通用安全色规范，红色普遍用于警示危险，如消防设备操作界面的紧急停止按钮；绿色代表安全、通行，如电气设备的正常运行指示灯。其次，考虑色彩对比度，背景与文字、图标颜色搭配要保证清晰的辨识度，深色背景配浅色文字利于夜间或低光环境下的医疗监护仪显示，浅色背景加深色元素便于白天强光下的户外显示屏阅读。再次，兼顾色彩情感联想，儿童产品多用明亮欢快色彩激发兴趣，而金融理财界面倾向用沉稳色系传递专业可靠感，从色彩维度为安全人机工程界面设计筑牢根基。

9.2.2.2　界面设计的目标

在安全人机工程的框架之下，基于人机交互的界面设计有着清晰且关键的目标指向。

首要目标是保障人机交互过程中的绝对安全。在高危的工业生产场景，如核电厂操控室界面，必须杜绝因界面误导、信息误判等引发的误操作，通过严谨的功能布局、醒目的警示标志以及精准的信息反馈，确保操作人员每一步指令下达都准确无误，防止核泄漏等灾难性事故。在日常民用领域，如智能家居系统，避免因界面复杂混乱，让用户在操控家电时遭遇触电、火灾等风险，以安全为底线贯穿设计全程。

　　提升操作效率亦是核心追求之一。通过优化界面交互流程，例如企业资源规划（ERP）软件的界面设计，让员工能迅速找到所需功能模块，如订单处理、库存查询等，利用智能搜索、快捷导航等手段，减少不必要的操作步骤，原本耗时数分钟的任务流程缩短至几十秒，使员工将更多精力投入核心业务决策，而非浪费在烦琐的界面操作上，进而提升整个企业的运营效率。

　　再者，要致力于增强用户体验的舒适度。从视觉感受出发，医疗美容仪器的界面采用柔和色调、简洁图标，契合使用场景的静谧与优雅氛围，减轻用户就医的紧张感；在操作触感上，手持设备界面的按钮设计符合人体手部力学，按压反馈舒适，长时间使用不易疲劳；同时，满足用户个性化需求，如音乐播放软件允许用户自定义界面主题、布局，让不同喜好的用户都能沉浸于愉悦的使用体验之中，提高用户对产品的黏性与满意度。基于 labview 实现人机界面的数据采集系统及其显示方法与流程见图 9-13。

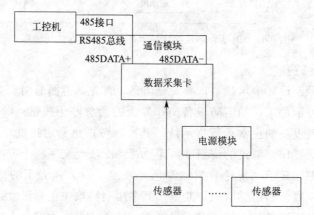

图 9-13　基于 labview 实现人机界面的数据采集系统及其显示方法与流程

　　还有一个重要目标是促进人机之间的深度协同。在自动驾驶汽车的人机交互界面中，一方面向驾驶员清晰展示车辆运行状态、路况信息，另一方面精准理解驾驶员意图，通过语音、手势等多模态交互，让驾驶员轻松下达指令，实现人与车默契配合，应对复杂多变的交通状况。在航空航天领域，地面指挥中心与航天器之间的交互界面，保障信息实时、精准传递，助力团队协同完成高难度航天任务，使人类智慧与机器性能相得益彰，拓展人机协作的边界与可能。

　　综上所述，安全人机工程中基于人机交互的界面设计，围绕安全保障、效率提升、舒适体验以及深度协同等多方面目标精细打磨，为各领域人机交互筑牢根基，推动行业稳健发展。

9.3　智能化安全人机工程

9.3.1　安全人机智能化

当下社会已经进入智能化时代，信息技术广泛应用，数据持续积累以及算法不断创新，不仅仅是计算机、手机、平板电脑（PAD），人们衣食住行的方方面面也都开始应用智能技术，如智能电视、智能导航、智能家居等，智能技术为人们生活的各个方面提供了方便、快捷的服务。依托人工智能技术，引入意图识别、语义理解、对话判断等智能手段，融合场景化设计和知识碎片加工技术可以实现交互服务，大数据信息时代的智能化技术给交互领域带来了新的手段和契机。

9.3.1.1　安全人机交互技术

安全人机交互技术（safety human-computer interaction techniques）是指通过计算机输入、输出设备，以有效的方式实现人与智能化设备安全对话的技术。安全人机交互技术包括机器通过输出或显示设备给人提供大量有关安全信息及请示等，人通过输入设备给机器输入有关信息、回答问题及提示请示等。安全人机交互技术是在安全生产过程中，计算机用户界面设计中的重要内容之一。它与认知学、人机工程学、心理学等学科领域有密切的联系。

（1）交互技术发展简要历史

最初的交互技术限于交互界面，Xerox Palo 研究中心于 20 世纪 70 年代中后期研制出原型机 Star，形成了以窗口（windows）、图标（icons）、菜单（menu）和指针（pointing devices）为基础的图形用户界面，也称 WIMP 界面。随着生产力的高速发展，传统的交互手段已无法满足基本需求。多媒体计算机技术的日益普及以及 VR 系统的出现，改变了人与计算机通信的方式，人机交互形式发生很大变化。随着多媒体软硬件技术的发展，在人机交互界面中可以使用多种媒体手段，用户只能用一个交互通道进行交互，而从计算机到用户的通信带宽要比从用户到计算机的大得多，因此这是一种不平衡的人-计算机交互。

虚拟现实技术除了要求有高度自然的三维人机交互技术外，受交互装置和交互环境的影响，不可能也不必要对用户的输入做精确的测量，这种方式是一种非精确的人机交互形式。三维人机交互技术在科学计算可视化中占有重要的地位。传统的 WIMP 技术从本质上讲是一种二维交互技术，不具有三维操作能力。要从根本上改变不平衡的人机交互形式，交互技术的发展必须适应从精确交互向非精确交互、从单通道交互向多通道交互、从二维交互向三维交互的转变，并开发人与机之间快速、低耗的多通道界面。

（2）交互类型

① 非精确的交互。语音交互（voice）主要以语音识别为基础，但不强调很高的识别率，而是借助其他通道的约束进行交互。姿势（gesture）主要利用数据手套、数据服装等装置，对手和身体的运动进行跟踪，完成自然的人机交互。头部跟踪（head tracking）主要利用电磁、超声波等方法，通过对头部的运动进行定位交互。视觉跟踪（eye tracking）是对眼睛运动过程进行定位的交互方式。上述都是比较常见的非精确交互手段。

② 多通道交互的体系结构。多通道交互的体系结构首先要能保证对多种非精确的交互通道进行交叉综合，使多通道的交互存在于一个统一的用户界面之中，同时，还要保证多通道交互过程在任何时候都能进行。良好的多通道交互的体系结构应能保证层序化的特点。各国对多通道交互的体系结构的研究十分重视。美国将人机界面列为信息技术中与软件和计算机并列的六项关键技术之一，并称其为"对计算机工业有着突出的重要性，对其他工业也是很重要的"。在美国国防关键技术中，人机界面不仅是软件技术中的重要内容之一，而且是与计算机和软件技术并列的 11 项关键技术之一。欧洲信息技术研究与发展战略计划（ESPRIT）还专门设立了用户界面技术项目，其中包括多通道人机交互界面（multimodal interface for man-machine interface）。可见，以发展新的人机界面交互技术为基础，可以带动和引导相关的软硬件技术的发展。

9.3.1.2 现阶段智能化交互面临的问题

智能安全交互系统经历了多年的发展，时至今日，人工智能的引入加快了产品发展的脚步，但不可否认的是，目前使用的相关智能交互系统仍旧存在不少问题，给使用者的感受仍旧是体感差、维护量大、回答生硬。

目前阻碍智能交互系统推广的因素可以概括为以下几点。

（1）缺乏场景化概念

目前市场上众多智能化交互产品都是从问答系统演变而来的，没有场景化的规划设计，无法立即响应和满足用户多变的需求，或者虽然可以解决实际需求问题，但是需要较长的等待时间，使用户丧失耐心，由此导致用户的使用感受急剧变差。

（2）维护工作量大

大多数智能交互产品的知识需要用户主动扩充，例如用户需要提供完整的标准问题和标准答案，还需要根据标准问题的内容，尽可能地编写扩展问题，如此才能满足提升交互信息准确率的要求。但这样的维护方式带来的后果是维护工作量大、耗时费力，同时需要逐条编写扩展问题，给系统的使用维护带来极大的挑战。

（3）交互模式呆板

"被动一问一答"模式是当下交互系统的主流，但是这种模式给交互体验者的深切感受就是死板和服务呆滞，和现实中人与人之间的交互存在明显差异，降低了交互体验者的再次使用意愿。此外，文本的回复模式也限制了交互内容的生动性和多样性。

（4）使用范围局限

在人机交互技术领域，尽管当前已经有许多新兴交互方式，比如体感交互、眼动跟踪、语音交互、生物识别等，但大部分的交互方式使用率都不是非常高，还未进入真正意义上的商业、工业应用普及，更没有哪种人机交互方式能够达到使使用者毫无障碍、随心所欲地与设备（机器）交流的水平。

（5）仍未摆脱界面交互

虽然随着智能手机的广泛应用，人借助触摸屏简化了原先烦琐的打字输入环节，但用户仍旧未彻底被解放，反而因为对触控交互智能设备的依赖变得越来越不自由。

9.3.2 安全人机系统智能设计、施工与运维

9.3.2.1 安全人机系统智能设计

1）安全人机系统智能设计的基本概念

安全人机系统智能设计就是充分发挥人在人-机-环境系统中的主体作用，根据人可能发挥作用的方式、程度、侧重点、阶段等特点，提出解决问题的智能化设计方案，并保证在设计中，充分考虑系统的安全性，利用智能化技术最大限度地避免一切不安全因素。

2）智能设计的基本方法——综合集成法

（1）综合集成法的基本概念

综合集成是从整体上考虑并解决问题的方法论。随着信息时代的到来，信息共享已成为大数据时代的一大特点，安全人机系统不再是一个闭塞、非畅通的系统，现如今安全人机系统逐渐演变成开放的复杂巨系统，而处理这种系统的典型方法论就是从定性到定量的综合集成。综合集成的特征是在各种集成（观念的集成、人员的集成、技术的集成、管理方法的集成等）之上的高度综合；又是在各种综合（复合、覆盖、组合、联合、合成、合并、兼并、包容、

结合、融合等）之上的高度集成。综合集成法的实质是把专家体系、数据和信息体系以及计算机体系结合起来，构成一个高度智能化的人机结合系统。

（2）综合集成法的主要特点

① 定性研究与定量研究有机结合，贯穿全过程。安全人机工程的研究方法就是定性研究与定量研究有机结合，安全人机工程学的学科侧重点就是将安全理念彻底融入人-机-环境系统的设计、实施、运行、维护全生命周期，贯穿全过程。

② 科学理论与经验知识结合，把人们对客观事物的知识综合集成来解决问题。安全人机工程学的研究就是从理论到实践的演化，研究思维就是将科学理论与经验知识相结合。

③ 应用系统思想把多种学科结合起来进行综合研究。

④ 根据复杂巨系统的层次结构，把宏观研究与微观研究统一起来。

⑤ 必须有大型计算机系统支持，不仅要有管理信息系统、决策支持系统等功能，还要有综合集成的功能。

3）智能设计的基本要点

开展安全人机系统智能设计的技术路线可以有多种。选择什么样的路线主要依据人与机器系统在问题求解中所承担的角色以及相互协作的关系，即人机结合模式。根据人机所承担角色的分量与主次作用，人机结合的模式可以分为人机结合、以人为主的策略，人机结合、以机为主的策略，人机结合、人机协作的策略，等等。

（1）人机合理分工

开展人机系统的智能化设计，要思考在感知、决策、执行三个层面上，将适合人做的事交给人去做，将适合机器做的事交给机器去做，而智能化设计则帮助人们解决哪些事情适合人去做，哪些事情适合机器去做。

（2）人机最佳合作

机器，特别是智能机器（具有一定"人类智能"的机器），先是作为人类肢体的延伸，后逐渐延伸人类的感知，甚至大脑，成为人类在认识世界、改造世界乃至创造世界过程中的重要力量。人与智能机器之间的新型协作关系体现在人与智能机器之间在智能层面上的独立性和互补性。各方都视对方为能够进行独立思考、独立决策的智能个体，人与机器之间形成真正的同事关系，共同合作，取长补短，从而使人机智能系统产生最佳效益，这也是保证人机系统设计过程的首要前提。

（3）智能设计过程中的人机交互方式

人机智能结合是通过人机交互作用实现的，人机交互方式应该做到以下几点。

① 计算机对人的友好支持，例如，能提供全面、透彻、灵活的直观信息，用"自然语言"和图形进行对话。

② 人不断给予计算机新知识，在满足智能结合的必要条件下，人的预见性和创造性可通过逻辑决策层，把分析、推理和判断的结果，即人的经验和知识传授给计算机，以提高和丰富计算机的智能。

③ 人机共同决策，包括在有些算法和模型已知时，靠人机对话确定某些参数，选择某些多目标决策得到满意解等。

（4）人机智能界面设计

随着各种形式的人机智能系统快速进入实用阶段，用户对人性化的人机智能界面十分关注，开发研究人员对此也极为重视。目前，最能反映综合技术融合的人机智能界面是多媒体和虚拟现实两种人性化智能界面。

4）智能设计的原则

① 系统整体化原则。在人机系统的智能化设计过程中，人与机器的关系应不再是主从关系，两者之间应建立一种"同事"的关系，即保证人机子系统的共同感知、共同思考、共同决策、共同工作、互相制约和相互监护。因此，系统中人与人、机器与机器、人与机器各部分之间的结合，是一种"整体结合"。

② 系统人本化设计原则。安全人机工程学原本就是研究以人为中心的设计思想和以人为本的管理理念。因此，在开展智能化设计阶段仍要坚持以人为本的设计原则。

③ 系统安全性原则。智能安全人机系统不同于一般无智能机的安全人机系统，如人与一般动力机械组成的系统，也不同于无人参与工作的智能机械系统，如无人驾驶汽车、飞机等系统。因此，在设计过程中对系统安全性标准的要求很高，即采取先进的智能化技术措施消除或控制系统的不安全因素，杜绝系统事故发生或使事故发生的概率降到极小值，最终实现本质安全化设计。

④ 系统最优化原则。应该指出，最优化不是一次简单工作，不是在所有情况下都存在。特别是在解决安全人机系统智能设计问题时，因为其影响因素太多，关系极为复杂，探索次优、满意的设计方案是比较可行的。所以，所谓最优化应该是人们对系统目标的追求，就是尽可能使系统的整体性保证在给定的目标下，系统要素集、要素的关系集以及其组成结构的整体结合效果为最大。

9.3.2.2　安全人机系统智能施工

1）智能施工的基本概念

智能施工是指在安全人机系统运行过程中，在完成智能化设计之后，根据设计方案的基本要求,以智能化机械和设备为工具,开展的设计与仿真、构件加工生产、安装、测控、人员的安全监测、建造环境感知等一系列生产活动。

智能施工整体架构可以分为三个层面。

第一个层面是终端层。充分利用物联网技术和移动应用提高现场管控能力。通过 RFID(射频识别)、传感器、摄像头、手机等终端设备,实现对安全人机系统建设过程的实时监控、智能感知、数据采集和高效协同,提高施工建造过程的管理能力。

第二个层面是平台层。在建造安全人机系统的过程中,通常会以大规模和不同维度的数据为支撑,因此要保证数据处理效率,这对提供高性能的计算能力和低成本的海量数据存储能力产生了巨大需求。通过云平台进行高效计算、存储及提供服务,让项目参建各方更便捷地访问数据、协同工作,使得智能施工过程更加集约、灵活和高效。

第三个层面是应用层。应用层核心内容应始终以提升安全系统的安全性能这一关键目标为核心,因此智能施工的管理系统是关键。智能施工应用层可通过可视化、参数化、数据化的特性让项目施工更加高效和精益,这也是实现智能施工精益管理的有效手段。

2)智能施工的重要技术手段

智能施工包括多个环节,为保证将安全理念注入其中,智能化技术是不可缺少的。智能施工的关键技术手段可归纳为以下几个方面。

(1)三维建模及仿真分析技术

三维仿真是指利用计算机技术生成的一个逼真的,具有视、听、触、味等多种感知的虚拟环境,用户可以通过其自然技能,使用各种传感设备同虚拟环境中的实体相互作用的一种技术。通过三维建模及仿真分析技术,对安全人机系统中的复杂构件进行三维建模,在此基础上,对其受力特征、建造全过程、与周边环境的关系进行仿真模拟。

(2)工厂预制加工技术

根据数字化的几何信息,借助先进的数控设备或者 3D 打印技术,对构件进行自动加工并成型。预制加工技术的应用同时促进了模块化生产和现场装配(模块化技术是实现智能化系统的前提)。

(3)机械化安装技术

采用计算机控制的机械设备或机器人,根据指定的施工过程,在现场对构件进行高精度的安装。智能化机械与传统的机械装置不同,其精度要求高、参数变化特征显著、仪器布局比较精密,因此安装技术要保证自动化和机械化。

(4)精密测控技术

精密测控是指利用地面监测法、地面摄影测量法等结合 GPS(全球定位系统)、三维激光扫描仪等先进的测量仪器，对建造空间进行快速放样定位和实时监测，从而提高安全人机系统智能化施工的精确性和准确性。

(5) 结构安全、健康监测技术

利用先进的传感技术、数据采集技术、系统识别和损伤定位技术，分析结构的安全性、强度、整体性和可靠性，对破坏造成的影响进行预测以尽早修复，或利用智能材料自动修复损伤破坏。健康监测过程涉及使用周期性采样的传感器阵列获取结构响应、损伤敏感指标的提取、损伤敏感指标的统计分析以确定当前设备的结构健康状况等过程。

(6) 人员安全与健康监测技术

安全人机系统的主导对象是人，因此对人员的安全与健康状况监测分析具有重要意义。通过对施工人员的生理和心理指标进行监测，通过规范化作业对其施工行为进行警示指导，保证施工作业人员的安全健康。

(7) 建造环境感知技术

在安全人机系统建造施工过程中，环境的影响也是至关重要的。安全人机工程研究的对象就是人-机-环境系统，因此对周边施工环境开展系统分析十分必要。建造环境感知技术就是对建造周边环境进行分析识别、确定位置、匹配感知、实时预测与预警的技术，通过寻找出潜在危险源，对人员提早警示，避免施工过程中的危害。

(8) 信息化管理技术

智能化施工除上述部分技术手段外，还应以智能施工的知识本体为基础，基于信息手段和系统思想，构建智能信息化管理体系。主要目的是借助项目信息管理平台、多方协同工作网络平台、4D 施工管理系统以及现场信息采集与传输系统，实现对安全人机系统施工过程的物料、质量、工作人员、机器设备等有关因素的一体化智能施工系统管理。

9.3.2.3　安全人机系统智能运维

运维是技术类运营人员根据业务需求，通过网络监控、事件预警、业务调度、排障升级等手段，对系统运行环境、人员和设备进行的综合管理，从而使系统长期稳定运行。早期的运维工作大部分都是由运维人员手工完成的，这种运维模式不仅低效，且需要耗费大量的人力资源。

自动化运维主要是利用一些开源的自动化工具解决运维工作中的重复性工作，可实现大规模和批量化的自动化工作处理，能极大降低人力成本和操作风险，提高运维效率。根据自动化运维的基本概念可知，自动化运维的本质依然是人与自动化工具相结合的运维模式，因此这种运维方式仍受限于人类自身的生理极限以及认识的局限，依旧无法持续地为大规模、高复杂性的系统提供高质量的服务。在智能化技术不断发展的今天，只有在运维领域引入新技术、新思路、新体系，才能更好地提升运维水平，更好地保障系统安全稳定高效地运行。

当前主流运维技术已从自动化运维向智能运维发展，利用人工智能来辅助甚至部分替代人工决策，可以进一步提升运维质量和效率。智能运维（artificial intelligence for IT operations，AIOps）是指通过机器学习等人工智能算法，自动地从海量运维数据中学习并总结规则，并做出决策的运维方式。智能运维将人工智能科技融入运维系统中，以大数据和机器学习为基础，从多种数据源中采集海量数据（包括日志、业务数据、系统数据等）进行实时或离线分析，具有主动性、人性化和动态可视化等特点，可有效增强传统运维的实施能力。智能运维绝不是一个跳跃发展的过程，其根基还是运维自动化、监控、数据收集、分析和处理等具体的工作，其重点主要是解决传统运维严重依赖人工决策的问题，实现决策的自动化、智能化。

上述几种运维方式的比较见表 9-1。

表 9-1　几种运维方式的比较

运维方式	手工运维	自动化运维	智能运维
运维效率	往往受限于人为因素，运维效率较低	在部分进程中实现自动化后，运维效率较手工运维有所提高	以大数据和机器学习为基础，可自动分析处理事件，在三种运维方式中的运维效率最高
系统可用性	异常处理效率低，系统可用性相对较低	异常处理与系统恢复速度较快，系统可用性相对较高	采用智能分析、预警、决策等智能化技术与手段，对系统出现的异常情况处理效率高，在某些情况下甚至可规避异常，系统可用性高
系统可靠性	受人为因素的影响，手工运维时系统的可靠性相对较低	人工开展的重复性操作可利用自动化工具实现，采用自动化运维时系统可靠性较高	结合多种智能化工具，可实现系统运维过程中的自维护、自控制功能，并采用多种策略使用工具，可靠性高

9.3.3　智能安全人机工程应用案例

9.3.3.1　人车领域的智能安全人机交互应用

人与驾驶的车辆形成了一种人-机-环境系统，车辆设计可参照人体尺寸进行自动调整。根据人机结合思想来设计新型人机结合的汽车智能安全系统，通过人、机器和计算机三者之间的有机结合，充分利用先进的计算机和电子技术，可以帮助人们用更直观、更适宜和更简便的方法处理各种复杂的安全行驶问题。此外，利用人机交互可实现装备智能化故障诊断和紧急救助的功能，进而实现人机联合诊断。所谓人机联合诊断，即采取人和智能机器共同判断、共同决策，当人的判断出现偏差或失误时，计算机智能系统将及时提醒并予以纠正，避免发生操作失误。可见，智能化的人机交互是实现人-车系统智能运行的前提。

（1）自然交互过程

大数据为智能化安全人机工程发展带来了前所未有的先机。特别是随着智能化普及，人机交互过程更为智能，自然交互应运而生。自然交互的目标是消除人所处的环境和计算机系统之间的界限，即在计算机系统提供的虚拟空间中，人可以通过眼睛、耳朵、皮肤等各种感觉器官及依靠手势和语言直接与之发生交互，这就是虚拟环境下的自然交互技术。

（2）混合现实交互过程

混合现实是在虚拟现实的基础上发展起来的新技术，也被称为增强现实（AR）。它是通过计算机系统提供的信息增加用户对现实世界感知的技术，将虚拟的信息应用到真实世界，并将计算机生成的虚拟物体、场景或系统提示信息叠加到真实场景中，从而实现对现实的增强。汽车驾驶培训模拟器可模拟车外的虚拟物体、场景等。AR 通常是以透过式头盔显示系统、AR 系统中用户观察点和计算机生成的虚拟物体的定位系统相结合的形式来实现的。操作人员操纵虚拟的方向盘就可以实现汽车驾驶。

在汽车的交互设计中，增强现实通常与平视显示紧密联系在一起，将信息直接投影在挡风玻璃上，增强现实很大程度上消除了驾驶员在行车时查看车辆信息而带来的隐患，这种技术可以让驾驶员在堵车时查看漏掉的消息资讯，保证驾驶行程的安全。

（3）虚拟现实交互过程

虚拟现实（virtual reality，VR）是近年来出现的高新技术，也称人工环境。虚拟现实是利用计算机模拟产生一个三维的虚拟世界，能够让使用者如同身历其境一般，从而及时、没有限制地观察三维空间内的事物。目前，虚拟现实显示设备分为两种，一种是直接嵌入式，另一种是接入式。未来汽车制造商将直接开发虚拟现实车载设备，通过接入汽车内置系统，让车内乘客在乘车之余有更多的沉浸式体验。需注意的是，不正确的导航界面会对 VR 体验产生负面影响，此外，不同界面的不同特性也会使驾驶体验有所不同。

（4）触觉感知交互过程

长时间的驾车会使驾驶员的听觉与视觉体验趋于感官的临界饱和状态，其操作也会进入疲劳期。驾驶汽车如同其他作业，作业时间过长，操作者的就可能产生疲劳。智能触觉感知系统可以缓解这种问题，触觉感知交互能够让用户通过非触碰的手势实现计算机数据操作，进而达成相关目的。

（5）听觉感知交互过程

听觉感知交互，属于前述自然交互，听觉感知交互过程就是通过人的语音与机器进行的交互活动，包括语音合成、语音搜索、语音听写、语音理解等智能语音交互功能。听觉感知交互可通过人的语音对机器进行控制，例如，乘客下车前，只需说一声"开门"，车辆可辨识声音频率后实现车门的自动打开。

（6）视觉感知交互过程

视觉类人机交互技术将会是最先得以发展的技术之一，如 AR（增强现实）技术和裸眼 3D。AR 就是借助计算机技术和可视化技术，产生一些现实环境中不存在的虚拟对象，并通过传感技术将虚拟对象准确"放置"在真实环境中，借助显示设备将虚拟对象与真实环境融为一体，并呈现给使用者富有真实感官效果的新环境。裸眼 3D 是对不借助偏振光眼镜等外部工具，实现立体视觉效果的技术的统称。目前，该类型技术的代表主要有光屏障技术、柱状透镜技术。

9.3.3.2 医学领域的智能安全人机交互应用

目前，医学领域的人机交互变得更为先进和智能。传统的机械设备的故障率也比较低，因此医学领域的智能化交互设备对设备安全性要求更高，下面通过介绍几个医学领域的人机交互案例，说明医学领域智能化安全人机交互的作用。

1）无障碍技术

障碍包括有形障碍和无形障碍，有形障碍的主要表现形式是个体不能在外界环境中自由地活动，而无形障碍主要是指个体无法将自身的思想主张传递给另一个体。狭义上的障碍包括智力、情绪、视听觉、语言、肢体、行为和多重障碍等。广义上的障碍包括人类个体的缺陷、环境中的物理障碍、信息障碍和心理障碍等。

无障碍技术的服务对象是存在功能缺陷的各类人群，无障碍技术是指个体可以通过调整计算机以满足其视听觉、语言、肢体和认知等特殊需要的计算机技术。针对不同程度功能障碍者的无障碍技术种类繁多，复杂程度也各不相同，但是它们从本质上都包含三个组成要素，表 9-2 列出了无障碍技术要素及其说明。

表 9-2　无障碍技术要素及其说明

无障碍技术要素	说明
辅助设置	在系统中，为了最大限度地满足用户在听、说、读、写和感知等方面的特殊需求而提供的产品参数设置
辅助技术产品	包括软件产品和硬件产品，软件产品如语音识别程序等，硬件产品如助听器等
兼容性	指操作系统、辅助产品的硬件设施和软件设施在运行时能够相互配合，保证整体功能的正常实现

根据人体功能障碍的缺陷部位不同，无障碍技术包括以下几种。

（1）运动障碍

针对有运动障碍的群体，常用的无障碍辅助技术主要包括语音识别程序、屏幕键盘程序、触摸屏、替换键盘和电子指示设备等。其中，电子指示设备与传统意义上的指示设备不同，用户使用该新型设备时，控制源为自身产生的可控生理信号如肌电信号、脑电信号或者眼电信号，通过对这些生理电信号按照自己的意愿进行控制，并借助有效的处理算法和一定的解码规律，将电信号转化成控制命令，控制屏幕上的光标。

（2）视觉障碍

为有视觉障碍的人设计的无障碍辅助技术的设备包括屏幕放大器、屏幕阅读器、可刷新的盲用显示器、点字印表机、有声和大印刷的文字处理器等。

（3）听觉障碍

听觉障碍者最常用的辅助产品就是助听器。目前，助听器分为数字和模拟两种类型。随着技术的发展，模拟助听器兼容性较差，不能适应主流电子设备的发展，所以逐渐被数字助听器取代。比较好的数字助听器可以根据用户听力缺失的具体频段进行智能调节，使处理结果与正常的听力结果高度吻合。

（4）语言障碍

语言障碍的症状包括失语、语言发展迟缓以及其他情况导致的记忆、问题解决或接收感觉信息等能力低下。对于有类似功能障碍的人，他们的思维未必表现出异常，但是不能与其他人进行正常沟通，无法准确地表达自己的想法或者缺失组织语言的能力。针对语言障碍者，现有的比较成熟并投入使用的无障碍辅助产品包括键盘过滤器、触摸屏和语音合成器等。

2）无障碍人机交互

传统的人机交互设备如键盘、鼠标等给非肢体残障人士的日常生活带来了便捷。但是对于肢体障碍者来说，这些传统设备不能满足其特殊的需求，不能有效改善他们的生活质量。如果能够设计出一类适合这些人使用的无障碍人机交互系统，让他们依靠自己的意愿，独立地与外界进行信息交流，对于构建和谐社会具有深远的意义。目前，无障碍人机交互系统的研究得到了广泛的关注，比较有发展前景的人机交互系统有肌电控制的人机交互系统、脑机接口（BCI）系统和眼动控制的人机交互系统。

（1）肌电控制的无障碍人机交互

肌电信号（electromyography，EMG）是多个运动神经元细胞产生的动作电位叠加的结果，它是人体一切肢体运动的根本原因。与其他生理电信号相比，肌电信号的变化幅度较大，一般在 mV 量级，且变化频段也很广，从直流一直持续到 kHz 量级。通常使用表面电极和针电极两种方式采集肌电信号，但是这两种方式采集的信号频段存在一定的差异。表面电极采集的肌电信号是周围运动神经元细胞整体作用的结果，反映了整体机能状态，这种采集方式是无创的，适合于日常的科研和生活环境。针电极采集的肌电信号是少数几个细胞动作电位的叠加结果，能够反映局部的肌肉功能，但是由于针电极必须与细胞进行直接的接触，所以它是一种有创采集方式，比较适合应用于术中环境。

肌电控制人机接口系统示意如图9-14所示。该系统大致可分为四个模块，分别是电池模块、信号采集模块、信号处理模块和控制模块。

① 电池模块的作用是向整个系统提供电力支持。

② 信号采集模块将使用者的肌电信号采集到该系统内，采集过程包括信号的放大和数据类型的转换。

③ 信号处理模块是将采集的原始肌电信号经过去噪处理后，按照指定的数据处理流程提取出信号特征并将其转换成可识别的控制命令。

④ 控制模块是联系信号处理模块和假肢设备的中介，该模块根据前一级得到的控制命令控制假肢进行抓握等动作。同时，系统内的传感器采集假肢的运动信息，将其转换成电信号反馈到控制模块，指导控制模块对假肢进行相应的驱动调节。使用者则通过观察假肢的动作准确性来控制自身的肌电信号强度，尽可能地完成希望完成的动作。

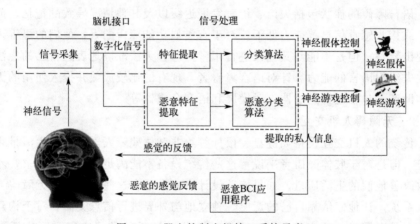

图9-14　肌电控制人机接口系统示意

传统的假肢控制系统由于方法简单，所以所能完成的动作比较少，随着模式识别中相关算法（如时域法、频域法、时频域法、高阶谱以及混沌与分形）等的不断挖掘，假肢所能完成的动作将更加灵活多样，并逐渐达到智能化的标准。

（2）脑机接口控制的无障碍人机交互

将存在于大脑中的想法转换成控制外部设备的命令，传统意义上，是由人体系统中的神经系统和运动系统相互协作、相互配合而完成的，而脑机接口（brain-computer interface，BCI）主要用于模拟神经系统和运动系统相互协作的过程，是一种独立于传统通路且可实现外部设备控制的人工智能系统。脑机接口的研究主要包括算法研究和脑电诱发规律研究。与肌电控制人机交互系统的信号处理流程类似，脑机接口也包括信号采集、分析和转换三个步骤。图 9-15 是脑电控制智能设备原理。由于脑机接口可以应用的模式识别算法比较丰富，所以脑机接口比肌电控制人机交互系统的应用范围更广。脑机接口的独特优越性为肢体障碍者提供了一种更加有效的辅助方式，在一定程度上降低了这些人与外界进行信息交流的限制。

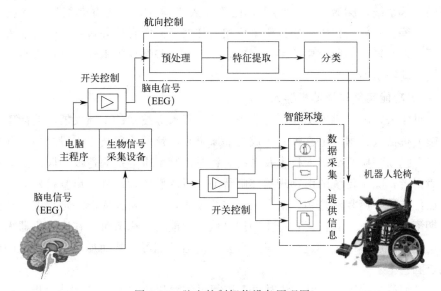

图 9-15　脑电控制智能设备原理图

由于脑机接口的研究起步较晚，所以大部分还处在试验研究阶段，但一些比较简易的脑机接口已经实现了商业化，如美国加州旧金山的神经科技公司 Emotive Systems 研发的意念控制器 Emotive Epoc 和加州硅谷的 NeuroSky 公司研发的脑波控制头盔 MindSet 等。此外，还有一些脑机接口开始尝试在家庭和医疗环境中使用，如用于控制家电的脑机接口。近年来，脑机接口已经成功地应用到残障人士身上，如帮助残障儿童完成相关课程学习。

3）医疗手术机器人

在过去几年中，发达国家的医疗手术机器人应用数量年增长率为 40％以上。医疗手术机器人最初主要应用于心胸外科、妇科、泌尿科等手术中，最近医疗手术机器人也开始广泛应用于整形外科、脑神经外科以及普通外科等手术中。统计表明，在外科手术中使用机器人能够减少 80％的并发症，可极大地缩短患者的住院治疗时间，从而使患者能更快地恢复其劳动力并正常生活。

目前，外科手术机器人在外科医生的操控下协助其完成手术过程。通常情况下，外科医生利用远程手术场景，操纵一个主输入装置，根据手术要求发出手术操作指令，置于病人床边的手术机器人接收手术指令后，按照外科医生输入的命令执行相应的手术操作。相比传统的微创手术，外科手术机器人可以让外科医生提高体内操作灵巧性，打破人类手术动作距离的局限，实现更微小的手术动作，完成更精准的手术操作。

我国在医疗辅助机器人方面取得了重要进展，例如，针对腹部手术的机器人辅助手术系统，具有自主控制、视觉定位和远程互动的神经微创外科机器人辅助手术系统，胸腹外科机器人，血管介入机器人，经皮穿刺腹腔介入机器人，等等。此外，我国一些科研单位相继开展了面向脊柱外科手术的机器人系统研究，取得了一些重要技术的突破和进展，一些脊柱手术辅助机器人系统已完成了动物实验。

4）功能康复与辅助机器人

近年来，随着机电交互、智能控制及机器人等技术的不断发展，功能康复与辅助机器人在国际上已经逐步成为临床康复治疗的重要技术手段之一，并催生了一批新型康复机器人技术及系统。针对由脑卒中等疾病造成的肢体运动功能障碍者，除了传统的由物理治疗师帮助进行的肢体训练外，康复机器人技术也已经应用于康复治疗中。诸多临床实验表明，康复机器人能一定程度上帮助长期瘫痪的中风患者恢复自身主动控制肢体的能力。患者可以在康复机器人的帮助下，对肢体的患侧进行准确、重复性的运动练习，从而加快运动功能的康复进程。

按照科学的运动学习方法对患者进行再教育以恢复其运动功能，患者积极参与到功能恢复训练中，能够获得更好的恢复效果。为此，人们开始在基于工业机器人控制模式的传统康复机器人中引入肢体-机器人互动功能，使患者能够主动参与到治疗过程中，从而有利于提高康复治疗效果。美国麻省理工学院研制了上肢康复机器人系统 MIT-MANUS，利用一系列视频游戏，可以实现脑卒中患者手臂肩关节及肘关节功能康复。随后，他们又进一步扩展了 MIT-MANUS 功能，开发了不同版本的上肢康复机器人系统。下肢功能康复机器人的典型产品是由瑞士医疗器械公司与瑞士苏黎世大学合作推出的洛克马（LOKOM-AT）。它是第一台通过外骨骼式假肢步态矫正驱动装置辅助的，用于有步态障碍的神经科患者的步态训练，如脑卒中、脊髓损伤、脑外伤等。

随着先进的信号处理技术和高性能微处理器的发展，一些先进的假肢控制方法得以实现。当截肢者通过"动作想象"做肢体动作时，大脑产生的运动神经信号使残存肌肉收缩，产生肌电信号。用模式识别的方法解码该肌电信号，可以得到截肢者想要做的肢体动作类型，控制系统便可驱动假肢完成相应的动作。利用这种控制方法的辅助外骨骼机器人是一种可穿戴的人机一体化机械装置，其中的下肢外骨骼机器人，是机器人与康复医学工程交叉领域的研究成

果，它将人和机器人整合在一起，利用人来指挥、控制机器人，通过机器人来
实现辅助患者正常站立行走功能。外骨骼机器人的应用使得丧失行走能力或有
行走障碍的患者能重新正常站立、行走，这极大地改善了患者的血管神经调节
功能，防止因久坐引起的肌肉萎缩等问题，还能防止下肢关节挛缩、减轻骨质
疏松、促进血液循环等。近些年，国内外外骨骼机器人研究取得令人瞩目的进
展，部分外骨骼机器人已经开始进入实际应用阶段。日本筑波大学 Cybernics
实验室研制了系列穿戴型助力机器人系统（HAL），帮助老年人和下肢残障者
完成正常步行运动。以色列埃尔格医学技术（Argo Medical Technologies）公
司研究了一套下肢助动外骨骼（ReWalk），可帮助下身麻痹患者站立、行走和
爬楼梯。与此同时，我国一些科研机构与大学也相继开展了辅助外骨骼机器人
的研发工作，取得了一些技术上的突破。

9.3.3.3 智能家居系统的安全人机交互应用

随着大数据时代及 5G 时代的到来，物联网给智能家电带来了更多的可能
性，特别是伴随着人们对于智能化家居设备需求的日益增长，营造一个绿色、
舒适、方便和安全的家庭已成为现代人们的美好期盼，这也是安全人机工程学
科建设的目标。在家居系统环境中，根据人作业特征，家庭劳务也是一种作
业，家居设备组成系统的一部分，可见智能家居的研究也属于安全人机工程的
范畴，其安全性也受到人机交互的影响。物联网时代下物与物之间的信息传输
方式，给智能设备带来了一系列的变化，传统的人机交互方式已经不能满足人
与家电设备之间的交互行为，家电设备的互联互通和协同管理需要构建新的人
机交互环境，因此人机交互在智能家居发展和应用的过程中显得尤其重要。图
9-16 显示了智能家居架构、内部和外部环境。

（1）家庭安防

家庭安防是智能家居中很重要的应用场景，是基于家居环境提供与安防相
关的产品及服务。家庭安防产品从大的方面来讲可以分为三类：安防报警类、
视频监控类、楼宇对讲类。其中，安防报警类产品包括智能门锁、紧急按钮开
关、门磁开关、多技术入侵传感器、入侵监测器（被动式红外、微波、超声
波、主动式红外）、烟感探测器、振动传感器、玻璃破碎探测器、漏水检测探
测器、可燃气体探测器、感温探测器等；视频监控类产品包括智能猫、智能摄
像头等；楼宇对讲类产品主要包括智能门铃等。

现有的一些家庭安防智能化监测装置基本都是对传统行业的智能化（互联
网化）改造，如智能门锁、智能猫眼、智能门铃。未来人机的交互成果将会更
多地应用于家庭安防领域，如人脸识别开锁、虹膜识别开锁、声纹开锁等，同
时人脸识别将会更多地应用于家庭安防产品上。

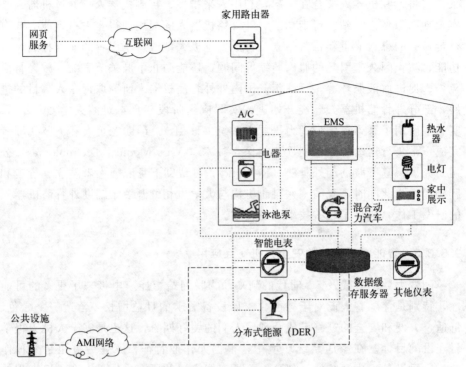

图 9-16　智能家居架构、内部和外部环境

EMS—能源管理系统；AMI—高级计量架构

（2）智能照明

智能照明是指利用物联网技术、有线或无线通信技术、电力线载波通信技术、嵌入式计算机智能化信息处理以及节能控制等技术组成的分布式照明控制系统，来实现对照明设备的智能化控制。

传统照明手段一般只能够实现开、关操作，也有能调节亮度的照明设备功能，但这些都需要人为操作，使用起来不够便利。智能照明开发相较于传统照明，摒弃原有缺点，改善了传统照明布线的烦琐、开关多和耗费能源的限制，智能照明实现的人机交互为人们带来更便捷的生活体验。智能照明可以实现以下功能。

① 全自动调光。智能照明开发采用的是全自动的工作系统，系统中有若干个基本状态，所有的状态都会按照预先设定好的时间自动切换，并且会根据需要将照度调整到最合适的水平。

② 充分利用自然光源。智能照明可以通过调节有控光功能的建筑设备来调节自然光，可以和灯光系统连接，如果天气发生变化，系统就可以自动调节，使光效始终保持在预先设定的水平。

③ 场景智能转换。智能照明可以预先设置不同的场景，只要在相应的控制面板上进行操作即可。此外，用户还可以通过控制面板对场景进行实时调节。

④ 智能化节能。智能照明可根据照明所需地点及所需时间给予充分的照明，并能实现对大多数灯具进行智能调光。智能照明控制一般可以节约 20%～40% 的电能，不但降低了用户的电费支出，也减轻了供电压力。

⑤ 智能化人机交互。通过搭建云平台，将传统灯控方式改变为智能云端控制，同时，基于人机交互功能，可以实现场景切换、亮度调节、远程控制等，大大提高生活便捷性。

（3）智能家电

智能家电就是将微处理器、传感器技术、网络通信技术引入家电设备后形成的家电产品，具有自动感知住宅空间状态和家电自身状态、家电服务状态的功能，能够自动控制及接收住宅用户在住宅内或远程的控制指令；同时，智能家电作为智能家居的组成部分，可通过人机交互实现住宅内其他家电与家居、设施互联组成系统，从而实现智能家居功能。

随着信息时代的到来，事物之间的联系比以往任何时候都更加紧密。特别是工业 4.0 时代的快速变化，垂直集成（例如智能家电、智能房屋、智能楼宇和智慧城市）和水平集成（例如智能冰箱、洗衣机、微波炉和具有语音功能的智能设备）建设过程增加了对特定物联网框架的需求，智能家电也变得更立体。同传统的家用电器产品相比，智能家电具有如下特点。

① 网络化功能。各种智能家电可以通过家庭局域网连接到一起，还可以通过家庭网关接口同制造商的服务站点相连，最终同互联网相连，从而实现信息的共享。

② 智能化。智能家电可以根据周围环境的变化做出响应，不需要人为干预。例如，智能空调可以根据不同季节、气候及用户所在地域，自动调整其工作状态以达到最佳效果。

③ 开放性、兼容性。由于用户家庭的智能家电可能来自不同的厂商，智能家电平台必须具有开放性和兼容性。

④ 节能化。智能家电可以根据周围环境自动调整工作时间、工作状态，从而实现节能。

⑤ 易用性。由于复杂的控制操作流程已由内嵌在智能家电中的控制器解决，因此用户只需了解非常简单的操作，且无需了解其复杂的工作原理。智能家电并不是单指某一个家电，而应是一个技术系统，随着人类应用需求和家电智能化的不断发展，其内容将会更加丰富，根据实际应用环境的不同，智能家电的功能也会有所差异。

智能家电是实现智能家居的基本保障。从智能家居建设的消费需求来看，不管是哪个品牌或怎样的产品，家电设备之间必须是互联、互控、互通的，这样有利于智能家居的建设。但目前的状况是，每个品牌基于自身能力的智能方案实为画地为牢，只关注自己能做什么，而无法满足消费者的真实需求。如果消费者想要实现智慧家庭梦想，就只能选择某品牌的整套方案。于是，要么是购买成本太高，要么是厂家无实力提供全套智能家居产品。消费者在日常生活中，需要使用不同品牌的家电产品，但它们却无法互联、互通、互控。最终，每个家庭都被不同品牌割裂成多个"孤岛"，这样也就失去了智能的效应，这也是智能家居建设过程中的壁垒。

9.4　新形势下人机界面安全技术的新发展

9.4.1　新形势下人机界面安全技术的现状

9.4.1.1　人机界面安全技术的发展历程

早期的人机界面是命令语言人机界面，人机对话是机器语言。人机交互只能是命令和查询，通过用户对系统的命令和用户查询，完全以文本的形式完成通信。这需要惊人的记忆力和大量的训练，要求操作人员有更高的专业水平。对于普通用户来说，命令语言用户界面容易出错，不友好，难学，错误处理能力弱。所以这个时期被认为是人机对抗的时期。

随着硬件技术的发展和计算机图形学、软件工程、窗口系统等软件技术的进步，图形用户界面（graphic user interface，GUI）已经产生并广泛应用，成为目前人机界面的主流。成熟的商用系统包括苹果的 Macintosh、IBM 的 PM（presentation manager）、微软的 Windows 等。图形用户界面也叫 WIMP 界面，即窗口、图标、菜单、指针四位一体的设备组成一个桌面。其中，窗口是交互的基础区域，主要包括标题栏、菜单栏、工具栏和操作区。窗口通常是长方形的，但是现在很多软件都把它做成不规则的，这样看起来会更有活力和个性。图标是用来标识一个物体的图形符号，很大一部分来自术语符号，第一次接触需要记住，比如最小化、闭合等。还有一些来自生活的图标，图标也是象形的。比如音箱是调节音量，房子是 HOME，信封是邮件，等等。菜单是供用户选择的操作命令。软件中的所有用户命令都包含在菜单中。菜单通常通过窗口显示。常见类型包括工具栏（包括图形工具栏）、下拉菜单、弹出菜单

（右键菜单）和级联菜单（多级菜单）。指针是一个图形，用于直观地描述输入系统的定点设备（鼠标或轨迹球）的位置。图形界面中的指针一般包括箭头、十字、文本输入、等待沙漏等等。图形用户界面可以同时显示不同种类的信息，使用户可以在多个环境之间切换，而不会失去作业之间的联系。用户可以通过下拉菜单方便地执行任务，大大提高了交互效率，键盘输入更少。这个时期被认为是人机协调期。

多媒体技术的快速发展为人机界面的进步提供了契机。在原本只有静态媒体的用户界面中，多媒体技术引入了动画、音视频等动态媒体，尤其是音频媒体，极大地丰富了计算机信息的形式，拓宽了计算机输出的带宽。同时，多媒体技术的引入也提高了人们对信息表达的选择和控制能力，增强了信息表达与人的逻辑和创造力的结合，拓展了人的信息处理能力。多媒体用户可以提高接收信息的效率，因此多媒体信息比单一媒体信息更有吸引力，更有利于人们对信息的主动探索。

遗憾的是，尽管多媒体用户界面在信息输出方面变得更加丰富，但它仍然迫使用户在信息输入方面使用常规的输入设备（键盘、鼠标和触摸屏），即输入为单通道，输入和输出呈现极大的不平衡性，限制了它的应用。虽然多媒体和人工智能技术的结合将改变这种状况，但今天的多媒体用户界面仍处于探索和改进的过程中。此时，多渠道用户界面研究的兴起无疑为解决人机界面的投入产出失衡带来了更大的希望。

自 20 世纪 80 年代末以来，多模态人机界面已经成为人机交互技术研究的一个全新领域，在国际上受到高度重视。多通道用户界面的研究正是为了消除目前图形用户界面——WIMP/GUI 和多媒体用户界面通信带宽不平衡的弊端。在多通道用户界面中，新增了交互通道、设备和技术，如视觉、语音、手势等，让用户可以通过多种渠道进行自然、并行、协作的人机对话，而机器则可以通过整合多种渠道准确、不准确的输入，捕捉用户的交互意图，从而提高交互的自然度和效率。在研究中，键盘和鼠标以外的输入通道主要是语音和自然语言、手势、书写和眼球运动。

多通道用户界面和多媒体用户界面共同提高了人机交互的自然性和效率。其中，多媒体用户界面主要关注用户理解和接收计算机输出信息的效率，多通道用户界面主要关注用户输入信息的方式和计算机对用户输入信息的理解。目前研究的多渠道人机界面的目标可以概括为：让用户尽可能利用现有的日常技能与电脑进行交互；使人机交流信息的吞吐量更大更丰富，充分发挥人机交流的不同认知潜能。它吸收了人机交互技术的成果，兼容传统的用户界面，尤其是广泛流行的 GUI，使老用户和专家用户的知识和技能得到利用。

在人机交互过程中，人们不满足于在屏幕上显示或打印出信息，还需要与视觉和听觉器官进行交互，于是就有了多媒体用户界面。人们不满足于单通道输入，应该更多地利用嗅觉、触觉以及身体、手势或密码交互，所以有了多通道的用户界面。人也需要更自然地"进入"环境空间，形成人与机器的"直接对话"，获得"身临其境"的体验。根据目前的预测，到 2030 年，HMI（人机交互）市场的复合年均增长率（CAGR）将达到约 10.4%，市场规模将达到 116 亿美元。随着许多传统工业系统和机器被替换、升级或改造为更现代化的 HMI 技术，对 HMI 的需求正日益增长。这些改造通常是为了提高效率、提供更高级别的操作数据和控制，以适应采用机器学习（ML）、人工智能（AI）和复杂分析的更先进技术。

当前的 HMI 由仍在运行的旧系统、现代化的系统和具有更加顺应未来的界面的新型实验性系统组成。与许多工业系统一样，由于安全考量、人员培训成本、供应商和分销商动态以及其他市场动态等因素，主流 HMI 在某种程度上落后于 HMI 的技术进步。新的 HMI 技术可能需要数年到数十年的时间才能渗透到特定应用中，一些传统的 HMI 技术甚至已被纳入标准、安全协议和法规中。

9.4.1.2　人机界面安全技术的现状

目前，大多数机器系统还在使用基于控制台和终端的界面，但触摸显示界面已普遍应用于现代化的机器系统中。另外，智能手机和平板电脑控制界面已经普及。这些界面通常可通过供应商的应用程序或第三方应用程序来实现，从而增强现有设备的控制选项。借助模块化升级或全套改造系统，可以对许多传统机器系统进行改造，使之具备触摸显示屏和基于网络/云界面以及平板电脑/智能手机界面等的更现代化的界面。

使用由 ML/AI 支持的自然语言处理的语音控制系统目前在智能家居控制器、扬声器和视听娱乐系统中无处不在，但由于安全和安保原因，在工业系统中的使用并不普遍。在工业和医疗保健应用中，语音控制界面通常只是起到辅助作用的 HMI，其中牵涉速度、安全/安保问题以及用户/操作员习惯等因素，主要的 HMI 通常还是涉及触觉输入或手动控制的方法。

对于大多数现代化系统而言，新界面通常采用由制造商或供应商授权或直接购买的模块，一般不会在内部自行设计。这与过去的情况大相径庭，以往许多供应商在产品开发周期中都会定制设计自己的界面。使用第三方界面模块的做法，会给故障排除和客户服务带来一些挑战。尽管如此，它仍能大大增强机器系统的功能，提供比传统接口复杂得多的现代化接口。

新进入 HMI 市场的是 AR/VR 和脑机接口。目前，AR/VR 头显还处于早期发布阶段，更多地用于故障排除、维护、培训和现场/系统评估等用途。

目前，HMI 仍然采用传统硬件和软件打造，依靠无线或有线模拟和数字通信来处理中央处理器、微控制器和外设之间的数据通信。现代 HMI 的组成部分包括通信协议、信息处理、存储、模拟和数字接口以及软件和操作系统。

许多现代 HMI 都采用微控制器或计算机系统，其主芯片组集成了各种数字接口和外设。这使得开发 HMI 的企业能够快速添加蓝牙、Wi-Fi® 和 USB 通信接口等功能，以及其他协议和外设，而无需从头开始创建这些功能。这种可扩展性有利于并行维护移动 HMI（如平板电脑和智能手机）和专用 HMI。

云服务必须托管应用程序，但如果应用程序可以通过蓝牙、Wi-Fi 或其他通用接口直接连接，用户通常就可以在没有互联网连接的情况下访问这些应用程序。这样，工作人员就可以使用平板电脑或智能手机直接控制或监控机器系统，而无需靠近系统。

基于网络的 HMI，也就是工作人员可用来进行监控和/或控制操作的网页界面，已经存在了数十年。近年来，云服务已经可以支持这些基于互联网的机器系统功能，甚至可以同时支持多个机器系统。传统的基于网络的系统通常需要直接连接网页界面 HMI。在某些情况下，专有系统可以轮训，甚至允许对内网连接的 HMI 进行一些控制。

不过，现代云端系统通常由软件即服务（SaaS）云产品提供支持，可适用于各种机器系统。这些可重新配置和重新编程的云系统通常具有提供分析、数据存储、自动化和从安全账户进行远程访问的功能。这一功能让熟练的工作人员可以访问机器系统数据，并通过接入云 HMI 的终端进行本地或远程控制。这样，无论机器位于何处，工作人员都可以通过同一终端同时操作多个机器系统。当需要高技能的工作人员来完成机器系统的某项任务，但该人员无法到达现场时，这种能力尤为有用。

远程手术（也称远程外科手术）就是这种需求的一个例子，熟练的外科医生可以借助云 HMI 服务，通过互联网远程操作机器人手术设备。远程手术为身处偏远地区或需要特殊类型手术的患者提供了机会，使他们能够接触到具有特定专业技能的外科医生，而外科医生无需靠近患者就可以完成特定手术。远程手术系统通常需要采用与现场自动手术设备兼容的机器人手术界面（即手术控制台）。不过，未来的技术发展可以使多种不同的机器人手术界面与不同类型的机器人手术系统兼容，从而进一步扩大这些系统的使用范围，提高工作人员的技能。

虽然 AR/VR 的早期原型和开创性方法早在几十年前就已出现，但直到近几年，这些 HMI 系统才变得越来越普遍。随着计算小型化和协同开发变得愈发成熟，AR/VR 系统对用户越来越友好，实用性也越来越高，AR/VR HMI 系统在业界正越来越受到重视。VR 的一大主要用途是培训练习和远程系统控制。部署 VR HMI 的一个主要限制是，用户通常会有意识地忽略沉浸式虚拟体验之外的外部世界，这在许多工业环境中可能会带来危险或麻烦。

不过，将 VR 用于远程机器人系统或其他机器系统的显示和控制机制，是 VR HMI 未来的一条可行之路，而且这种做法越来越受欢迎。例如，VR 操作员可以控制自主移动机器人（AMR），进行培训或处理超驰事件。

AR 技术正被用作建筑、排故、维护、检查、质控、装配和培训系统等应用的辅助技术。当今的 AR 系统包括带有类似护目镜、用于显示叠加画面的头显设备，这些设备可以将关键信息/屏幕画面通过投影或透明显示屏叠加到用户视野范围内（如微软 HoloLens、联想 ThinkReality、RealWear Navigator 和苹果 Vision Pro）。

还有一些 AR 系统会如同 VR 头显一样完全覆盖用户视野，它们使用摄像系统和显示器将现实世界画面和叠加层一起投射到用户眼中，但此类 AR 产品比较少见。与 AR 系统配合使用的通常是语音控制 HMI，以实现对 AR 头显的免提控制。这些语音控制系统往往会借助自然语言处理 ML/AI 技术来实现。

脑机接口（BCI）也是目前正在努力开拓推广的 HMI。此类技术仍处于实验阶段，通常使用脑电图（EEG）或肌电图（EMG）脑电波信号来获取用户控制信号。不过，植入式脑机接口也可以直接感知脑电信号，用户甚至可以通过训练来操作这些系统获得额外的能力。

未来的 BCI 可能会尝试提供双向通信，使神经或皮质分流器能够直接与人脑对接（如 Neuralink 的植入式 BCI 芯片）。目前，BCI 的主要用途是通过恢复失去的感官（如人工耳蜗和人造眼球）来帮助残障人士，通过实现更无缝的人机交流来增强人类的能力，以及促进大脑研究。

9.4.2　人机界面安全技术趋势分析

9.4.2.1　人机界面安全的现有趋势分析

在当今科技迅猛发展的时代，人机界面已深度融入众多领域，如工业自动化、医疗保健、智能交通、智能家居等。人机界面作为人与机器之间信息交互的关键桥梁，其安全技术的完善与否直接关系到系统的可靠性、用户的隐私保护以及整体运行的稳定性。随着信息技术的持续革新、人工智能的蓬勃兴起、物联网的广泛普及以及生物识别技术的不断演进，人机界面安全技术面临着前所未有的机遇与挑战。深入研究其未来趋势，对于构建更为安全、高效、智能的人机交互体系具有极为关键的意义。

目前来说，人机界面安全技术有以下类型。

1) **身份认证技术**

(1) 传统密码认证

传统密码认证是最为常见的身份认证方式之一,用户通过输入预先设定的密码来验证身份。然而,这种方式存在诸多弊端。密码的安全性很大程度上依赖用户的设置习惯,简单易记的密码往往容易被攻击者通过暴力破解或字典攻击等手段获取。例如,许多用户倾向于使用生日、电话号码、常用单词等作为密码,这些密码在面对复杂的破解工具时显得极为脆弱。此外,密码的管理对于用户来说也是一个难题,忘记密码或密码泄露后重置密码的过程可能会给用户带来不便,同时也增加了安全风险。

(2) 生物特征识别技术

指纹识别:指纹识别技术利用人体指纹的独特性进行身份认证。在现代智能手机、笔记本电脑以及门禁系统等设备中广泛应用。但是,指纹识别技术并非万无一失。一方面,指纹采集设备可能受到污垢、潮湿、磨损等因素的影响,导致采集到的指纹图像质量下降,从而影响识别准确率。另一方面,近年来出现的假指纹攻击手段,如使用硅胶等材料制作的假指纹模型,能够成功欺骗部分指纹识别系统。

人脸识别:人脸识别技术基于人的面部特征进行身份识别,具有非接触式、便捷性高等优点。在安防监控、金融支付等领域得到了大量应用。然而,人脸识别技术在复杂环境下的性能仍有待提高。例如,在光照条件较差(如强光直射、逆光、低光照等)的情况下,人脸图像的清晰度和特征辨识度会受到严重影响,导致识别错误率上升。此外,面部遮挡(如佩戴口罩、眼镜、帽子等)也会对人脸识别系统造成干扰。同时,人脸识别技术还面临着隐私泄露的风险,大量人脸图像数据的存储和传输可能会被不法分子窃取利用。

2) **访问控制技术**

(1) 基于角色的访问控制 (RBAC)

RBAC 是目前企业级信息系统中广泛采用的访问控制模型。它根据用户在组织中的角色来分配相应的访问权限,不同角色被赋予不同的操作权限,从而实现对系统资源的访问控制。例如,在一个企业资源规划 (ERP) 系统中,财务人员角色可能被授予财务数据的查看、修改和报表生成权限,而普通员工角色可能仅被允许查看部分与自身工作相关的数据。然而,RBAC 在面对复杂多变的业务场景时存在一定的局限性。在动态权限分配方面,当企业内部业务流程发生变化或员工临时承担特殊任务时,RBAC 模型难以快速、灵活地调整用户的访问权限。例如,在一个项目驱动型企业中,员工可能会在不同项目中扮演不同角色,需要不同的资源访问权限,RBAC 模型在这种情况下可能需要烦琐的手动配置才能满足需求。在跨组织协作场景下,不同组织之间的角色定义和权限分配标准往往存在差异，这使得 RBAC 模型在实现跨组织的无缝访问控制时面临挑战。例如，在一个供应链协同管理系统中，供应商、制造商、分销商等不同组织的用户需要在一定范围内共享信息和协同工作，但由于各组织的 RBAC 策略不同，可能导致信息共享不畅或访问权限冲突等问题。

（2）基于属性的访问控制（ABAC）

ABAC 模型则是根据用户、资源以及环境等多方面的属性来确定访问权限。例如，用户的职位、部门、工作时间，资源的类型、敏感程度，以及当前的网络环境、地理位置等属性都可以作为访问决策的依据。与 RBAC 相比，ABAC 具有更强灵活性和细粒度的访问控制能力。然而，ABAC 模型的复杂性也较高，其策略的定义和管理需要专业的知识和技能，对于普通系统管理员来说可能具有一定难度。同时，ABAC 模型在大规模系统中的性能表现也需要进一步优化，由于需要对大量的属性进行评估和计算，可能会导致访问决策的延迟。

3）数据加密技术

（1）对称加密算法

对称加密算法使用相同的密钥进行加密和解密操作，具有加密速度快的优点，适用于对大量数据进行加密处理。例如，在本地硬盘数据加密、数据库加密等场景中广泛应用。但是，对称加密算法的密钥管理是一个关键问题。由于加密和解密使用相同的密钥，所以密钥的分发和存储必须确保安全性。一旦密钥泄露，所有使用该密钥加密的数据都将面临被解密的风险。在多用户环境或分布式系统中，对称加密算法的密钥管理复杂度会显著增加，需要建立安全可靠的密钥分发中心或采用密钥协商协议来确保密钥的安全共享。

（2）非对称加密算法

非对称加密算法使用公钥和私钥两个不同的密钥进行加密和解密操作，公钥可以公开，私钥则由用户保密。非对称加密算法主要用于数字签名、密钥交换等场景，如在电子商务中的 SSL/TLS（安全套接层/传输层安全）协议中，用于保障客户端与服务器之间的数据传输安全。然而，非对称加密算法的计算复杂度较高，加密和解密速度相对较慢，尤其是在处理大量数据时，性能瓶颈较为明显。随着计算机计算能力的不断提升，非对称加密算法的密钥长度也需要不断增加以保证安全性，这进一步加剧了其性能问题。

9.4.2.2 相关领域技术发展动态

1）人工智能技术

（1）机器学习在异常行为检测中的应用

机器学习算法能够对大量的人机交互数据进行学习和分析，从而建立正常行为模式的模型。通过将实时的人机交互数据与正常行为模型进行对比，可以快速检测出异常行为。例如，在网络安全领域，机器学习算法可以分析用户在计算机系统中的操作行为，如鼠标点击、键盘输入、文件访问等序列模式，当检测到异常的操作行为序列时，如大量的文件批量下载、频繁的密码错误尝试等，系统可以及时发出警报并采取相应安全措施。在工业控制系统中，机器学习可以用于监测操作人员对设备的控制操作，识别出可能导致设备故障或安全事故的异常操作行为，如超出正常范围的设备参数设置、违规的操作流程等，从而保障工业生产过程的安全稳定运行。

（2）深度学习在身份认证中的突破

深度学习技术在图像识别、语音识别等领域取得了巨大的成功，为人脸识别、语音识别等身份认证技术带来了新的突破。深度学习算法通过构建深度神经网络结构，能够自动学习和提取图像、语音等数据中的高级特征，从而提高身份认证的准确性和鲁棒性。例如，在人脸识别技术中，深度学习算法可以学习到不同光照条件、不同角度、不同表情下的人脸特征，从而有效提高人脸识别系统在复杂环境下的识别准确率。在语音识别身份认证中，深度学习能够更好地处理不同口音、语速、语调等因素的影响，提高语音识别的可靠性。此外，深度学习技术还可以实现多模态身份认证的融合，将人脸、语音、指纹等多种生物特征进行联合识别，进一步提高身份认证的安全性。

2）物联网技术

（1）设备互联与安全挑战

随着物联网技术的发展，越来越多的设备接入网络，形成了庞大的物联网生态系统。在人机界面方面，这意味着用户可能需要通过多种不同类型的设备与系统进行交互，如智能手机、智能手表、智能家电等。这些设备之间的互操作性成为了一个关键问题。不同品牌、不同型号的设备可能采用不同的通信协议和数据格式，如何实现它们之间的无缝连接和协同工作是物联网发展面临的挑战之一。同时，大量设备接入网络也带来了严重的安全隐患。物联网设备往往资源有限，计算能力和存储能力相对较弱，这使得它们在安全防护方面存在先天不足。例如，许多物联网设备可能没有足够的能力安装复杂的防火墙或加密软件，容易成为攻击者的目标。一旦某个物联网设备被攻破，攻击者可能会利用该设备作为跳板，进一步入侵整个物联网网络，从而威胁人机界面的安全以及用户的隐私和财产安全。

（2）边缘计算与安全优化

边缘计算是一种将计算和数据存储靠近数据源或用户的分布式计算模式，在物联网中具有重要的应用价值。在人机界面安全方面，边缘计算可以将部分安全计算任务从云端转移到边缘设备上进行处理，从而减少数据传输延迟，提高实时性和响应速度。例如，在智能安防监控系统中，边缘设备（如智能摄像头）可以在本地对视频图像进行初步的分析和处理，如目标检测、行为识别等，只有当检测到异常情况时才将相关数据上传到云端进行进一步的分析和存储。这样可以有效减轻网络带宽压力，同时降低数据在传输过程中被拦截和窃取的风险。然而，边缘计算也带来了新的安全问题，如边缘设备的物理安全性、边缘计算平台的安全性以及边缘设备与云端之间的安全通信等都需要进一步加强保障。

3）生物技术

（1）新兴生物特征识别技术进展

除了传统的指纹、人脸等生物特征识别技术外，近年来新兴的生物特征识别技术不断涌现并取得了显著进展。例如，虹膜识别技术利用人眼虹膜的独特纹理结构进行身份识别，具有极高的准确性和稳定性，虹膜在人的一生中几乎保持不变，且不易受到外界环境的干扰，因此虹膜识别技术在高安全级别的应用场景中具有广阔的前景，如机场安检、金融机构的金库门禁等。静脉识别技术则是通过检测人体手指静脉或手掌静脉的血管图像进行身份认证，静脉血管位于人体内部，具有活体检测的特性，难以被伪造，安全性较高。此外，还有声纹识别技术，它根据人的语音特征来识别身份，声纹具有独特性和稳定性，且可以通过电话、语音助手等多种渠道进行采集，方便快捷。然而，新兴生物特征识别技术目前还面临着一些技术和应用方面的挑战。例如，虹膜识别设备的成本相对较高，对采集环境和用户配合度要求也较高；静脉识别技术的普及程度较低，设备的便携性有待提高；声纹识别技术在嘈杂环境下的识别准确率会受到较大影响；等等。

（2）生物特征加密技术创新

生物特征加密技术是将生物特征与密码学技术相结合的一种创新技术。它通过对生物特征数据进行加密处理，使得生物特征数据在存储和传输过程中更加安全。例如，在指纹识别中，可以将指纹特征提取后进行加密，然后将加密后的指纹模板存储在数据库中。当进行身份认证时，采集到的指纹特征同样进行加密处理后与数据库中的加密模板进行匹配，这样即使数据库中的指纹数据被泄露，攻击者也无法获取原始的指纹信息。生物特征加密技术还可以实现密钥生成与生物特征的绑定，利用生物特征作为密钥的生成因子，生成具有唯一性和安全性的密钥，进一步提高密码系统的安全性。然而，生物特征加密技术也面临着一些技术难题，如生物特征数据的加密算法设计、加密密钥的管理以及生物特征数据在加密和解密过程中的准确性保持等。

人机界面（HMI）技术已广泛应用于工业自动化、智能家居、汽车驾驶等领域，其设计越来越注重用户体验和直观操作，支持触控、语音、手势等多种交互方式。随着物联网的发展，HMI 正成为连接物理世界与数字世界的桥梁，促进了数据可视化和远程控制技术的融合。未来人机界面将更加智能化，集成机器学习和人工智能技术，实现预测性维护、情境感知及个性化界面设计。穿戴设备和可植入技术的进步可能为人机交互开辟全新途径，如脑机接口（BCI），为残障人士提供无障碍操作。同时，为了应对网络安全挑战，增强的数据加密和认证机制将成为 HMI 设计的关键要素。在新形势下，人机界面（HMI）的安全技术现状可以从多个角度来审视，包括但不限于安全性设计原则、市场趋势和技术进步。

人机界面的安全性设计是确保系统能够在最小化事故损失的情况下发挥其功能。设计人员需要考虑降低用户操作错误概率、加强对用户操作的确认和提示以及在误操作情况下如何阻止危险的发生等几个方面。具体措施包括：

① 人体工程学设计：确保用户在使用过程中保持舒适的姿势，减少疲劳导致的操作失误。

② 模块化布局：使用户界面逻辑清晰，将类似或安全等级相同的按钮排列在一起，以避免误操作。

③ 状态指示：通过颜色、声音或图形提供明确的状态反馈，帮助用户了解系统的当前状态。

④ 简化操作步骤：尽量让用户少操作，减少出错机会，并且可以通过软件处理复杂任务。

⑤ 互锁和连锁机制：限制某些操作组合，确保用户按照一定的规范进行操作。

⑥ 确认和提示机制：对于关键操作，如删除文件或更改重要设置，要求用户确认。

⑦ 权限管理：根据用户角色分配不同的操作权限，防止未经授权的操作。

随着科技的进步，人机界面行业迎来了前所未有的机遇和挑战。根据最新数据，2024 年我国人机界面行业市场规模超过 75 亿元，而全球基于触摸的人机界面市场规模达到了 450 亿元，显示出强劲的增长势头。中国作为全球最大的人机界面需求市场，虽然销售额不是最高，但民族品牌的迅速发展表明了低端产品的市场份额较大。同时，高端产品也在不断发展，例如结合云计算和 LinuxCNC 技术的工业机器人控制系统等创新成果正在改变行业格局。技术趋势分析了人机技术的出现、变迁、发展的过程，可以帮助我们理解领域的发展情况。人机交互的国家发文趋势见图 9-17，国家发文趋势分析显示当前人机交互领域研究热度较高的国家分别是中国、美国、韩国、英国、德国。可以看出中国对人机交互领域的研究热度高于其他国家，也为人机界面交互领域作出了较大的贡献。

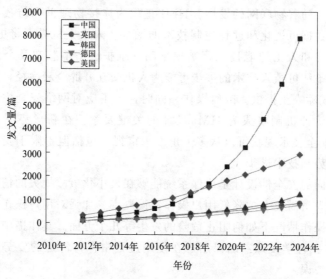

图 9-17　人机交互的国家发文趋势分析

新技术的应用为人机界面带来了更多的可能性，同时也提出了新的安全要求。通过主题趋势分析（图 9-18）可以发现当前该领域的人机设计、传感器、多媒体、机器学习等正逐渐成为人机交互领域的重点发展方向。这些技术可以提升用户体验，但也带来了隐私保护、数据安全等方面的挑战。因此，在设计和实施人机界面时，必须充分考虑并解决这些问题，比如通过加密通信、访问控制、匿名化处理等方式保障用户的数据安全和隐私。

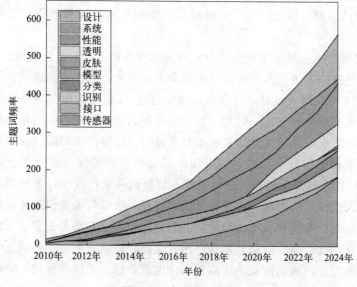

图 9-18　主题趋势分析

9.4.2.3　人机界面安全技术未来发展趋势分析

1）多模态融合身份认证

（1）技术原理与优势

多模态融合身份认证是将两种或两种以上的身份认证方式有机结合起来，通过综合分析多种生物特征或行为模式来验证用户身份。例如，将指纹识别、人脸识别、语音识别以及键盘敲击行为分析等多种方式相结合。这种融合方式的优势在于能够充分利用不同身份认证方式的互补性，提高身份认证的准确性和安全性。不同的生物特征或行为模式在不同的环境条件下具有不同的稳定性和可靠性。例如，指纹识别在手部清洁干燥的情况下准确率较高，但在手部潮湿或受伤时可能会受到影响；而人脸识别在光照良好的正面视角下效果较好，但在侧面或低光照条件下可能出现识别错误；语音识别则在安静环境下较为准确，但在嘈杂环境中效果下降。通过多模态融合，当一种身份认证方式受到环境因素或攻击影响而失效时，其他认证方式可以起到补充和纠正的作用，从而大大提高整个身份认证系统的可靠性。

（2）应用场景与案例分析

在高安全级别的金融交易场景中，多模态融合身份认证具有重要的应用价值。例如，在网上银行大额转账业务中，系统可以要求用户同时进行人脸识别、指纹识别以及语音验证。用户首先进行人脸识别，系统通过摄像头采集用户面部图像并与预先存储的人脸模板进行比对；然后进行指纹识别，用户在指纹识别设备上按压指纹，系统验证指纹的真实性；最后进行语音验证，用户朗读系统随机生成的验证码，系统分析语音特征并与注册时的声纹信息进行匹配。只有当这三种身份认证方式都通过验证时，系统才允许用户进行转账操作。这种多模态融合身份认证方式可以有效防止单一认证方式被攻破而导致的资金安全风险。在企业级的机密信息系统访问控制中，也可以采用多模态融合身份认证。例如，员工在登录企业内部的研发数据库时，除了输入密码外，还需要进行虹膜识别和键盘敲击行为分析。虹膜识别确保用户的生物特征身份，键盘敲击行为分析则可以检测用户的操作习惯是否与正常模式相符，如打字速度、按键间隔时间等。通过这种多模态融合的方式，可以有效防止密码泄露、假冒身份等安全威胁，保护企业的核心机密信息。

2）自适应访问控制

（1）基于人工智能的动态权限管理

自适应访问控制利用人工智能技术实现访问权限的动态调整。通过机器学习算法对用户的行为数据、环境数据以及任务需求等多方面因素进行实时监测和分析，根据分析结果自动调整用户的访问权限。例如，在企业办公网络中，系统可以收集员工的日常操作行为数据，如访问的文件类型、使用的应用程序、登录的时间和地点等信息，通过机器学习算法建立员工行为模型。当员工的行为模式发生异常变化时，如突然在非工作时间大量访问敏感文件或从陌生的网络环境登录系统，系统可以自动触发访问权限调整机制，限制该员工对敏感资源的访问权限，并发出安全警报。同时，自适应访问控制还可以根据任务需求动态分配权限。例如，在一个项目团队协作过程中，当员工被分配到某个特定项目任务时，系统可以根据项目的需求和员工在项目中的角色自动为其赋予相应的访问权限，当项目结束后，系统自动收回相关权限。这种基于人工智能的动态权限管理方式可以有效提高访问控制的灵活性和安全性，适应复杂多变的业务环境。

（2）跨组织跨平台的访问协同优化

在跨组织协作和多平台交互的场景下，自适应访问控制可以实现访问协同的优化。不同组织之间的信息系统往往采用不同的访问控制策略和权限管理模型，这给跨组织协作带来了困难。自适应访问控制可以通过建立统一的访问控制策略框架和权限互认机制，实现不同组织之间的访问权限协调。例如，在一个医疗联合体中，不同医院、医疗机构之间需要共享患者的医疗信息，但各医疗机构的信息系统可能由不同的供应商提供，访问控制策略存在差异。自适应访问控制技术可以通过分析各医疗机构的访问控制策略和患者信息的共享需求，建立一个统一的医疗信息访问控制模型，确保在遵循各医疗机构安全要求的前提下，实现患者医疗信息的安全共享和协同访问。在多平台交互方面，如用户在使用智能手机、平板电脑、笔记本电脑等不同设备访问同一云服务时，自适应访问控制可以根据设备的安全状态、用户的当前操作环境以及云服务的安全策略，动态调整用户在不同设备上的访问权限，实现无缝的跨平台访问体验。

3） 量子加密在人机界面中的应用前景

（1）量子加密原理与安全性优势

量子加密技术基于量子力学的原理，利用量子态的特性来实现信息的加密传输。其核心原理包括量子密钥分发和量子不可克隆定理。在量子密钥分发过程中，通信双方通过量子信道传输量子态，如光子的偏振态等，利用量子态的不确定性和测量坍缩原理来生成安全的密钥。由于量子态在测量时会发生不可逆转的坍缩，任何窃听者试图对量子态进行测量都会改变量子态的状态，从而被通信双方察觉。这种基于量子力学原理的加密方式具有前所未有的安全性优势，与传统的加密技术相比，量子加密能够有效抵御量子计算机的攻击。传统加密算法的安全性很大程度上依赖计算复杂度，随着量子计算机的发展，传统加密算法如 RSA（路由频谱分配）等面临着被破解的风险，而量子加密技术的安全性是基于物理定律，即使量子计算机的计算能力再强大，也无法突破量子加密的安全防线。

（2）在人机界面数据传输中的潜在应用

在人机界面数据传输方面，量子加密具有广阔的应用前景。例如，在远程医疗手术控制系统中，医生通过人机界面远程操控手术机器人进行手术操作，手术过程中的大量医疗数据（如患者的生理参数、手术器械的位置和状态等）需要在医生控制台和手术机器人之间进行实时、安全的传输。量子加密技术可以确保这些数据传输的保密性和完整性，防止数据被窃取或篡改，保障手术安全进行。在军事指挥控制系统中，人机界面用于指挥官与战场信息系统之间的交互，涉及大量的军事机密信息（如作战计划、部队部署、战场态势等）的传输。量子加密技术能够为这些数据提供高强度的安全保障，防止敌方的窃听和攻击，确保军事指挥的安全性和可靠性。

随着智能制造的发展，人机交互、自动化、智能化应用水平不断提高，对装备制造的工艺和产品质量的要求也越来越高，加之工业自动化控制产品的应用领域不断拓展，从而拉动了对工控产品的需求。除了广泛应用于机床、风电、纺织、起重、包装、电梯、食品、塑料、建筑、电子、暖通、橡胶、采矿、交通运输、印刷、医疗、造纸和电源等行业，工控产品在航空航天、海洋工程、新能源等新兴行业的应用也日益增多，应用领域的不断拓展将带动人机界面产品需求的持续增长。随着人工智能技术的发展，未来人机界面将在信息呈现方式、界面使用方式上发生变化，人机界面向智能化、多层次互动方向发展。

界面使用方式的改变如下：

① 身份识别方式多样化。未来个人身份认证功能将会逐渐普及，验证方式从单一生物指标识别转变为多重生物指标综合识别。

② 操作方式多元化。语音操作的方式比重逐渐增大，计算机对外部环境噪声进行降噪与语音提取，语音操作的交互体验将不断优化，实现高拟人化、高识别度的语音控制。

③ 信息搜索智能化。信息搜索的方式从单一的输入文字，转变为输入图像、语音文字等多种方式的综合搜索引擎。通过上下文语义分析、视觉感知、情感理解，快速精准地为用户进行多媒体内容的推荐。

④ 智能助理普遍化。通用型人工智能的出现，使智能助理能够覆盖更多的场景中，理想化的智能助理在不同应用场景中，提供更人性化的交互体验和更个性化的服务体验。

界面呈现方式的改变如下：

① 界面呈现载体变化。传统人机界面通过硬件载体实现信息的传递，而

未来人机界面将不拘泥于屏幕显示。视觉界面的呈现载体从二维平面向三维空间延伸，虚拟现实、增强现实、脑机接口、全息投影等新型交互方式将被逐渐应用于人机界面。用户通过语音和手势即可进行操作。

  ② 界面信息呈现形式改变。随着多媒体技术的发展，信息的呈现由静态向动态化转变，动态的视频信息将占据主导地位。越来越多的信息以三维形式呈现，更加直观、易理解，用户的体验更加真实。信息的呈现方式由单一的文字转变为语音、图像、视频的多样化呈现。

 习题

1. 安全人机工程研究有哪些新进展？简要论述不同背景下安全人机工程的发展历程。
2. 简述数字化安全人机工程的特点以及其与传统人机工程学研究内容的区别。
3. 举例说明大数据技术对安全人机工程的促进作用。
4. 简述大数据背景下安全人机工程学科的发展方向。
5. 简述智能化安全人机交互的含义及阻碍智能交互系统推广的因素。
6. 简述界面设计的原则、评估与优化的具体流程。
7. 简述协同工作人机交互的发展历程。
8. 讨论新形势下人机界面安全技术发展面临的挑战与应对策略有哪些。

参考文献

[1] 王保国，王新泉，刘淑艳，等．安全人机工程学［M］．2 版．北京：机械工业出版社，2016.

[2] 丁玉兰．人机工程学［M］．北京：北京理工大学出版社，2017.

[3] 郭伏，钱省三．人因工程学［M］．2 版．北京：机械工业出版社，2019.

[4] 陈波，邓丽，樊春明，等．人机工程学［M］．北京：化学工业出版社，2023.

[5] 董陇军．安全人机工程学［M］．北京：机械工业出版社，2022.

[6] 廖可兵，刘爱群．安全人机工程学［M］．2 版．北京：应急管理出版社，2020.

[7] 姚建，田冬梅．安全人机工程学［M］．北京：煤炭工业出版社，2012.

[8] 孙贵磊，胡广霞．安全人机工程学［M］．北京：机械工业出版社，2023.

[9] 景国勋，杨玉中．安全人机工程［M］．徐州：中国矿业大学出版社，2023.

[10] 赵江平，杨宏刚，杨小妮．安全人机工程学［M］．2 版．西安：西安电子科技大学出版社，2019.

[11] 李辉，程磊，景国勋．安全人机工程学［M］．徐州：中国矿业大学出版社，2018.

[12] 撒占友，程卫民，廖可兵．安全人机工程学［M］．徐州：中国矿业大学出版社，2012.

[13] 孟现柱．安全人机工程学［M］．徐州：中国矿业大学出版社，2019.

[14] 李红杰，鲁顺清，梁书琴，等．安全人机工程学［M］．武汉：中国地质大学出版社，2006.

[15] 邬堂春，牛侨，周志俊，等．职业卫生与职业医学［M］．8 版．北京：人民卫生出版社，2017.

[16] 陈建武，孙艳秋，张兴凯．职业工效学基础原理及应用［M］．北京：应急管理出版社，2020.

[17] 刘景良．安全人机工程［M］．2 版．北京：化学工业出版社，2018.

[18] 贾俊平，何晓群，金勇进．统计学［M］．6 版．北京：中国人民大学出版社，2014.

[19] 国际劳工局．工效学检查要点［M］．2 版．张敏，译．北京：中国工人出版社，2021.

[20] 陈东生，吕佳．现代服装测试技术［M］．上海：东华大学出版社，2019.

[21] 王富江，张忠彬，何丽华．我国职业工效学研究历程和进展［J］．工业卫生与职业病，2019，45 (6)：485-488.

[22] 隋雪，高敏，向慧雯．视觉认知中的眼动理论与实证研究［M］．北京：科学出版社，2018.

[23] 王黎，韩清鹏．人体生理信号的非线性分析方法［M］．北京：科学出版社，2011.

[24] 闫国利，白学军．眼动分析技术的基础与应用［M］．北京：北京师范大学出版社，2018.

[25] 郭玉麟，丁尔良，齐翠莲，等．烟台市 1985—2010 年城市汉族中小学生身高生长变化分析［J］．中国儿童保健杂志，2014，22 (5)：470-472.

[26] 赵宏林，布仁巴图，崔丹，等．蒙古族 7～18 岁学生身高生长趋势分析［J］．中国公共卫生，2013，29 (9)：1263-1266.

[27] 朱云霞，王锋锋．不同岗位急救人员腰背痛患病率及其危险因素研究［J］．工业卫生与职业病，2022，48 (1)：34-38.

[28] 陶克雪，陈建武，蒋引，等．作业人员疲劳测量量表应用研究分析 [J]．中国安全生产科学技术，2023，19 (7)：186-191．

[29] 国家市场监督管理总局，国家标准化管理委员会．中国成年人人体尺寸：GB/T 10000—2023 [S]．北京：中国标准出版社，2023．

[30] 国家市场监督管理总局，国家标准化管理委员会．用于技术设计的人体测量基础项目：GB/T 5703—2023 [S]．北京：中国标准出版社，2023．

[31] 张佳凡，陈鹰，杨灿军．柔性外骨骼人机智能系统 [M]．北京：科学出版社，2011．

[32] 沈瑜，韩瑶华，赵青，等．达芬奇机器人辅助胸腔镜肺部手术护理配合中常见机器人设备相关问题的回顾性分析 [J]．机器人外科学杂志 (中英文)，2021，2 (1)：17-22．

[33] 国家质量监督检验检疫总局，国家标准化管理委员会．人体测量仪器：GB/T 5704—2008 [S]．北京：中国标准出版社，2008．

[34] 隋雪，高敏，向慧雯．视觉认知中的眼动理论及实证研究 [M]．北京：科学出版社，2018．

[35] 孙贵磊，李琴，傅佩文，等．基于人因工程的汽车仪表盘信息编码分析与优化 [J]．中国安全科学学报，2018，28 (8)：68-74．

[36] 王黎，韩清鹏．人体生理信号的非线性分析方法 [M]．北京：科学出版社，2011．

[37] 闫国利，白学军．眼动分析技术的基础与应用 [M]．北京：北京师范大学出版社，2018．

[38] Ji W J, Liu H, Pan K, et al. Knowledge mapping analysis of safety ergonomics: A bibliometric study [J]. Ergonomics, 2024, 67 (3): 398-421.

[39] Joanna O, Magdalena M, Emilia I. The effect of exposure to cold on dexterity and temperature of the skin and hands [J]. International Journal of Occupational Safety and Ergonomics, 2024, 30: 1, 64-71.

[40] Matthew R, Michael K, Heather C. A review of cold exposure and manual performance: Implications for safety, training and performance [J]. Safety Science, 2019, 115: 1-11.

[41] 袁保宗，阮秋琦，王延江，等．新一代 (第四代) 人机交互的概念框架特征及关键技术 [J] 电子学报，2003 (S1)：1945-1954．

[42] Marco S, Anna M F, Pascal Z, et al. Selection-based text entry in virtual reality [C/OL]. In Proceedings of the 2018 CHI Conference on Human Factors in Computing Systems, Association for Computing Machinery, 2018: 1-13.

[43] Kyungha M. Text input tool for immersive VR based on 3 × 3 screen cells [J]. Lecture Notes in Computer Science, 2011, 6935: 778-786.

[44] Chen S B, Wang J, Santiago G, et al. Exploring word-gesture text entry techniques in virtual reality [C/OL]. Extended Abstracts of the 2019 CHI Conference on Human Factors in Computing Systems, 2019: 1-6.

[45] Xu W G, Liang H N, He A Q, et al. Pointing and selection methods for text entry in augmented reality head mounted displays [C/OL]. 2019 IEEE International Symposium on Mixed and Augmented Reality (ISMAR), 2019: 279-288.

[46] 孙贵磊．视觉疲劳检测技术及应用 [M]．北京：气象出版社，2019．

[47] 孙贵磊，李琴，孟燕华，等．基于眼动分析的汽车仪表盘设计 [J]．包装工程，2020，41 (2)：148-153．

[48] 赵默涵．车载娱乐系统人机交互设计研究 [D]．长春：吉林大学，2018．

[49] 朱文凯，王佳．浅谈智能化的单兵系统 [J]．国防技术基础，2008 (12)：52-55．

[50] 傅耀威，孟宪佳，王涌天．可穿戴移动终端的多感官人机交互技术发展现状与趋势 [J]．科技

中国，2017 (7)：12-15.

[51] 孙金山 . 基于体感技术的人机交互设计在游戏领域的应用 [J] . 艺术科技，2017, 30 (10)：103.

[52] 董方旭，王从科，凡丽梅，等 . X 射线检测技术在复合材料检测中的应用与发展 [J] . 无损检测，2016, 38 (2)：67-72.

[53] 陈照峰 . 无损检测 [M] . 西安：西北工业大学出版社，2015.

[54] 汤志荔，张安，曹璐，等 . 复杂人机智能系统功能分配方法综述 [J] . 人类工效学，2010, 16 (1)：68-71.

[55] 杨宏刚，赵江平，郭进平，等 . 人-机系统事故预防理论研究 [J] . 中国安全科学学报，2009, 19 (2)：21-26.

[56] 汤松龄 . 电子产品之触摸屏技术浅析 [J] . 家用电器，2009 (5)：68-69.

[57] 董陇军，周盈，邓思佳，等 . 磷矿清洁安全生产的人-机-环境系统评价方法案例研究 [J] . 中南大学学报（英文版），2021, 28 (12)：3856-3870.

[58] 林春花 . 基于压裂作业的班组人因失误影响因素研究 [D] . 成都：西南石油大学，2021.

[59] 田彬，胡瑾秋，王海涛，等 . 压裂作业人因事故影响因素指标体系研究与案例分析 [C] //第三届行为安全与安全管理国际学术会议会议集，2015：192-197.

[60] 庞茜月 . 基于压裂人因失误机理的班组情景意识增强设计研究 [D] . 成都：西南石油大学，2022.

[61] 蒋英杰 . 认知模型支持下的人因可靠性分析方法研究 [D] . 长沙：国防科学技术大学，2012.

[62] 邓丽 . 舱室人机界面布局设计与评估优化方法研究 [D] . 西安：西北工业大学，2016.

[63] 苏建宁，白兴易 . 人机工程设计 [M] . 北京：中国水利水电出版社，2014.

[64] 袁修干 . 人体热调节系统的数学模拟 [M] . 北京：北京航空航天大学出版社，2005.

[65] 杨欣，许述财 . 数字样机建模与仿真 [M] . 北京：清华大学出版社，2014.

[66] 袁修干，庄达民，张兴娟 . 人机工程计算机仿真 [M] . 北京：北京航空航天大学出版社，2005.

[67] 周前祥，谌玉红，牛海燕，等 . 工效虚拟人建模技术与应用 [M] . 北京：国防工业出版社，2013.

[68] 郝建平 . 虚拟维修仿真理论与技术 [M] . 北京：国防工业出版社，2008.

[69] 孙守迁，吴群，吴剑锋 . 虚拟人技术及应用 [M] . 北京：高等教育出版社，2010.

[70] 孙守迁，徐江，曾宪伟，等 . 先进人机工程与设计 [M] . 北京：科学出版社，2017.

[71] 陈晓，钮建伟，蒋毅 . 单兵装备人机工程建模仿真与评价（基础篇）[M] . 北京：科学出版社，2013.

[72] 王贤坤 . 数字化人机工程设计 [M] . 北京：清华大学出版社，2022.

[73] 林歆远，张韶岷，陈光弟，等 . 一种基于眼动和脑机接口技术的人机交互方法：CN111158471A [P] . [2020-05-15].

[74] 靳慧斌，于桂花，刘海波 . 瞳孔直径检测管制疲劳的有效性分析 [J] . 北京航空航天大学学报，2018, 44 (7)：1402-1407.

[75] 中国企业管理百科全书编辑委员会 . 中国企业管理百科全书 [M] . 北京：企业管理出版社，1984.